国家电网有限公司

技能人员专业培训教材

计量检验检测

国家电网有限公司　组编

图书在版编目（CIP）数据

计量检验检测 / 国家电网有限公司组编. —北京：中国电力出版社，2020.5（2024.1 重印）
国家电网有限公司技能人员专业培训教材
ISBN 978-7-5198-4227-7

Ⅰ. ①计…　Ⅱ. ①国…　Ⅲ. ①电能计量-计量检测-技术培训-教材　Ⅳ. ①TM933.4

中国版本图书馆 CIP 数据核字（2020）第 022867 号

出版发行：中国电力出版社
地　　址：北京市东城区北京站西街 19 号（邮政编码 100005）
网　　址：http://www.cepp.sgcc.com.cn
责任编辑：崔素媛（010-63412392）
责任校对：王小鹏
装帧设计：赵姗姗
责任印制：杨晓东

印　　刷：北京天泽润科贸有限公司
版　　次：2020 年 5 月第一版
印　　次：2024 年 1 月北京第三次印刷
开　　本：710 毫米×980 毫米　16 开本
印　　张：28
字　　数：532 千字
定　　价：84.00 元

版 权 专 有　侵 权 必 究

本书如有印装质量问题，我社营销中心负责退换

本 书 编 委 会

主　　任　吕春泉

委　　员　董双武　张　龙　杨　勇　张凡华

　　　　　王晓希　孙晓雯　李振凯

编写人员　浦国培　陈亚彬　丁爱玲　王　涛

　　　　　肖文飚　张国静　曹爱民　战　杰

　　　　　张　冰　陈　楷

前　言

为贯彻落实国家终身职业技能培训要求，全面加强国家电网有限公司新时代高技能人才队伍建设工作，有效提升技能人员岗位能力培训工作的针对性、有效性和规范性，加快建设一支纪律严明、素质优良、技艺精湛的高技能人才队伍，为建设具有中国特色国际领先的能源互联网企业提供强有力人才支撑，国家电网有限公司人力资源部组织公司系统技术技能专家，在《国家电网公司生产技能人员职业能力培训专用教材》（2010 年版）基础上，结合新理论、新技术、新方法、新设备，采用模块化结构，修编完成覆盖输电、变电、配电、营销、调度等 50 余个专业的培训教材。

本套专业培训教材是以各岗位小类的岗位能力培训规范为指导，以国家、行业及公司发布的法律法规、规章制度、规程规范、技术标准等为依据，以岗位能力提升、贴近工作实际为目的，以模块化教材为特点，语言简练、通俗易懂，专业术语完整准确，适用于培训教学、员工自学、资源开发等，也可作为相关大专院校教学参考书。

本书为《计量检验检测》分册，由浦国培、陈亚彬、丁爱玲、王涛、肖文飚、张国静、曹爱民、战杰、张冰、陈楷编写。在出版过程中，参与编写和审定的专家们以高度的责任感和严谨的作风，几易其稿，多次修订才最终定稿。在本套培训教材即将出版之际，谨向所有参与和支持本书籍出版的专家表示衷心的感谢！

由于编写人员水平有限，书中难免有错误和不足之处，敬请广大读者批评指正。

目　录

第二部分　互感器的室内检定

第三部分　电能计量装置现场检验

第四部分　电能计量标准的维护

第五部分　计量检验检测业务系统

第一部分

电能表、采集终端的室内检定

第一章

机电式交流电能表检定

模块1　机电式交流电能表检定（Z28E1001Ⅰ）

【模块描述】本模块包含机电式交流电能表检定项目、检定方法和检定数据修约，通过学习掌握机电式电能表的检定方法，并能正确出具检定证书（检定结果通知书）。

【模块内容】

一、检定目的

新购进的、检修后的和定期轮换的机电式电能表，都要经过实验室检定与误差调整，使其误差和技术性能达到相关规程所规定的要求，从而保证电能表在现场运行中计量正确。

二、检定依据和检定条件

1. 检定依据

电能表检定所遵循的依据是：JJG 307—2006《机电式交流电能表检定规程》。

2. 检定条件

（1）环境温度：对常用1级、2级有功电能表为标准温度±3℃。

（2）计度器为字轮式的电能表，只有末位字轮转动。

（3）没有可以觉察到的振动，悬挂电能表位置偏斜与垂直位置不超过1°。

（4）周围无强磁场干扰。

（5）其他影响量允许偏差应符合相关检定规程要求。

三、电能表室内检定的项目及其技术要求和检定方法

（一）检定项目

直观检查、基本误差测定、交流耐压试验、潜动试验、起动试验、常数试验。

（二）检定方法及技术要求

1. 直观检查

对新购电能表、修理后的电能表都要进行直观检查。直观检查就是用目测的方法或简单的工具对被检电能表的外观和内部进行的检查。

（1）外观检查：铭牌标志应完整、清楚；计度器数字显示是否正常；表外壳、表

底座、端钮盒、固定表挂钩和接地螺钉、封印部位应完好无损坏；转盘上应有供计读转数的色标；端钮盒盖上应有接线图标识。

（2）内部检查：各部位固定螺钉紧固无缺少；各调整装置位置适中，不在极限位置；永久磁铁、电磁铁间隙中无铁屑和其他杂物；转盘质量及安装位置适中；蜗轮与蜗杆啮合深度合适；结构制造、焊接工艺精细。

2. 绝缘电阻测试

用1000V绝缘电阻表，测量各电压回路和电流回路对地，不相连接的电压回路与电流回路之间的绝缘电阻，其值应不小于5MΩ，否则，要查明原因。

3. 交流耐压试验

对新生产的和检修后的电能表，在绝缘电阻测试合格后，进行该项试验。

（1）在检定规程规定的试验环境和被检电能表表盖、端子盒盖都盖好的条件下，用测量误差不超过±3%的交流电压表示值。

（2）把试验电压加在连接在一起的所有电压、电流线路与表外壳的接地螺钉或紧固螺钉、紧靠表底的金属平板之间；经互感器接入的电能表，试验电压加在工作中不相连的所有电压线路与所有电流线路之间。

（3）试验电压在5～10s内由零升至规程规定值，保持1min，随后以同样速度将试验电压降到零，试验过程中，被检电能表绝缘不应击穿或电弧放电。

4. 潜动试验

将被检电能表电压回路依次并联接入检定装置，电流回路依次串联接入检定装置；在接线正确和对好光电采样装置的情况下，对新购进的电能表检定时，被检定电能表各电压线路先后加110%和80%额定电压；周期轮换或修理后的电能表检定时一般只加110%参比电压；各电流线路通0.25倍起动电流，$\cos\varphi(\sin\varphi)=1$的条件下，字轮式计度器末位字轮不在进位情况下，在潜动试验规定的时限内，转盘转动不应超过1整圈。

经互感器接入的电能表，若其转盘没有防潜孔，潜动试验时限应为$1.5t_{Js}$。潜动试验时限根据其统计数据可适当增减。

【例1-1-1】一只2级的单相电能表进行后续检定，电能表常数为C=720r/kWh，220V，5(20)A。求潜动时间为多少？

解：设潜动时间为t_{Js}，电压回路加试验电压(U_s)220×110%V，电流回路通试验电流I_{Js}为5×0.005×0.25A，电能表相数m=1，则

$$t_{Js}=\frac{20\times1000}{CmU_sI_{Js}}=\frac{20\times1000}{720\times1\times220\times110\%\times5\times0.005\times0.25}=18.37\text{（min）}$$

答：被检电能表在18.37min内，转盘转动不能超过1整圈。

式中：m为系数，对单相有功电能表，m=1；对三相四线有功电能表，m=3；对三相三线

两元件有功电能表、内相角为60°的三相三线两元件无功电能表和跨相（90°$-\varphi$）的三元件无功电能表，$m=\sqrt{3}$。

5. 起动试验

被检电能表在接线正确和对好光电采样装置的情况下，在电压回路加额定电压（对三相电能表加对称的三相额定电压）和$\cos\varphi(\sin\varphi)=1$的条件下，通入电流回路的电流为不同准确度等级所对应的起动电流规定值，电能表转盘应连续转动且在规定的起动时限内不少于1转。

根据规程规定，不同类别的电能表的起动电流是不一样的，见表1–1–1。

表1–1–1　有功和无功电能表的起动电流

类别	有功电能表准确度等级			无功电能表准确度等级	
	0.5	1	2	2	3
	起动电流 I_Q				
直接接入的电能表	—	$0.004I_b$	$0.005I_b$	$0.005I_b$	$0.01I_b$
经互感器接入的电能表	$0.002I_n$	$0.002I_n$	$0.003I_n$	$0.003I_n$	$0.005I_n$
有止逆器的电能表	— $0.003I_n$	$0.005I_b$ $0.003I_n$	$0.005I_b$ $0.003I_n$	$0.005I_b$ $0.003I_n$	$0.01I_b$ $0.005I_n$
轮换检修后的单相电能表	—	—	$0.007I_b$ $0.004I_n$	—	—

【例1–1–2】一只新购进的2级机电式（感应式）单相电能表，电能表常数为C=720r/kWh，220V，5（20）A。求起动时间为多少？

解：设起动时间为t_Q，电压回路加参比电压220V，电流回路通起动电流0.005×5A，相数m=1，其起动时限为

$$t_Q=\frac{80\times1000}{CmU_nI_Q}=\frac{80\times1000}{720\times1\times220\times5\times0.005}=20.2\text{（min）}$$

答：被检电能表在20.2min内，转盘转动不能少于1整圈。

式中：m也为1。起动试验过程中，起动功率和起动电流的测量误差不应超过±5%，字轮式计度器同时转动的字轮不多于两个。

6. 基本误差测定

（1）将被检电能表电流回路依次串联、电压回路并联，确认接线无误后进行下一步操作。

（2）根据被检电能表的额定电压、标定电流和额定最大电流、等级、常数在检定装置上设置参数。

（3）给被检电能表预热，在 $\cos\varphi=1$（对有功电能表）或 $\sin\varphi=1$（对无功电能表）的条件下，电压回路加额定电压 1h，电流回路通最大额定电流 30min，对 2 级单相表 15min；按下检定装置上的光电采样器集中控制按钮使光电采样器下翻对准被检表计转盘色标进行采样灵敏度调节。

（4）参比频率和额定电压下，根据被检表是直接接入还是经互感器接入的接线方式以及被检表是进行首次检定还是后续检定，在不同的功率因数下，按检定规程要求选择负载点，按负载电流逐次减小的顺序测定基本误差，中间过程不再预热。

（5）在每一负载电流下，要适当选定被检电能表转数和电流互感器量程，使标准电能表算定脉冲数符合相关检定规程的要求，同时每个误差测试点时限不少于 5s。按负载电流逐次减小的顺序测定基本误差；并且在每一负载电流下，至少记录两次误差测定数据，取其平均值。有明显错误的误差数据应舍去。求得的相对误差为 0.8～1.2 倍被检表的基本误差限时，应再进行两次测定，取各次测定误差数据的平均值计算相对误差。

7. 常数试验

一般对规格相同的批次，被检定电能表常用的试验方法是“走字试验法”。走字误差不大于 1.5 倍被检表基本误差限。

【例 1–1–3】用走字试验法校核 2 级单相电子式电能表的常数，选择两参照表的误差分别为 0.4%、0.6%，一位小数，参照表示数分别改变了 9.9、10.1 个字，被检电能表走字前后表示数见表 1–1–2，请计算走字误差，并判断表是否合格。

表 1–1–2　　**被检表走字前后示数**

表位号	走字前示数	走字后示数	误差（%）	结论
1	0000.2	0010.4	2.5	合格
2	0000.3	0010.8	2.5	不合格

解：因为被检电能表为 2 级

所以被检电能表走字误差（%）应不超过 1.5×2.0=3.0

因为两参照表走字示数分别为 9.9、10.1

所以两只参照表示数的平均值 $D_0=(9.9+10.1)\div 2=10$

两只参照表相对误差的平均值(%)$\gamma_0=(0.4+0.6)\div 2=0.5$

因为 1 号表走字示数　$D_1=10.4-0.2=10.2$

2 号表走字示数　$D_2=10.8-0.3=10.5$

所以 1 号表的走字误差　（%）

$$\gamma_1=[(D_1-D_0)\div D_0]\times 100+\gamma_0=[(10.2-10)\div 10]\times 100+0.5=2.5<3.0$$

2 号表的走字误差（%）

$$\gamma_2=[(D_2-D_0)\div D_0]\times100+\gamma_0=[(10.5-10)\div10]\times100+0.5=5.5>3.0$$

所以 1 号表的走字合格，2 号表的走字不合格。

四、机电式（感应式）电能表的调整

下面以单相电能表的调整为例。

（一）单相电能表调整

1. 满负载调整

在 $\cos\varphi=1$ 的情况下，电压回路加参比电压，电流回路通标定电流（I_b 或 I_n）。调整永久磁钢和分磁滑块或分磁螺钉的位置，改变圆盘转速，使被检电能表在 100%额定负载时的误差达到最小。

2. 功率因数（相位角）调整

在 $\cos\varphi=0.5L$ 的情况下，电压回路加参比电压，电流回路通标定电流（I_b 或 I_n）调整相位角误差调整装置，使被检电能表在 $\cos\varphi=0.5L$ 时的误差符合规程要求。

3. 轻负载调整

在 $\cos\varphi=1$ 的情况下，电压回路加参比电压，电流回路通 $10\%I_b$ 或 $5\%I_n$ 调整轻负载调整装置，使被检电能表在轻负载时的误差在规程允许的范围内。

4. 补偿力矩的初步调整

被检电能表的电压线路加参比电压、电流回路不通电流，调整轻载调整装置，使补偿力矩稍大于摩擦力矩，在防潜针远离磁化钢片的位置时转盘应向正方向蠕动，靠近磁化钢片位置相吸引时应不动，初步调整是保证正确地进行满载调整的必要条件。它可以把计度器和轴承之间的摩擦力矩，电磁元件装配稍不对称或稍微倾斜引起的潜动力矩补偿掉。

5. 潜动调整

在 $\cos\varphi=1$ 时，对新购的电能表电压回路先后加 80%、110%参比电压，轮换的或修理后检定时一般只加 110%参比电压，被检电能表的电流回路通 0.25 倍起动电流，字轮式计度器末位字轮不在进位状态。调整防潜动装置或重新进行轻负载调整，使转盘在潜动时限内转动不超过 1 整圈。

6. 起动电流调整

在 $\cos\varphi=1$ 时，被检电能表电压回路加参比电压，电流回路通起动电流，调整防潜动装置，被检电能表转盘应不停地转动，且在规定的起动时限内不少于 1 转。

（二）三相有功（无功）电能表的调整

调整三相有功（无功）电能表与调整单相电能表的不同之处在于：三相有功（无功）电能表要先进行分元件调整，然后再进行合元件调整。

五、电能表检定数据修约与检定证书（检定结果通知书）的填写

1. 电能表检定数据修约

将被检电能表的相对误差原始数据，按照被检电能表准确度等级的 1/10 修约间距进行数据化整（其中 3 级电能表执行 2 级电能表的修约间距）。判断被检电能表相对误差是否合格，要以化整后的数据为准。

2. 检定证书（检定结果通知书）的填写

对于检定合格的电能表，应出具检定证书；不合格的电能表，应出具检定结果通知书。

检定证书（检定结果通知书）不得涂改。检定证书（检定结果通知书）填写的内容包括：被检计量器具的名称、型号、制造厂家、出厂编号、送检单位名称、准确度等级、参比电压、标定电流和额定最大电流、常数、参比频率、出厂日期、检定时环境的温湿度、各检定负载点的基本误差值、起动试验和潜动试验结果等内容。

根据检定结果，写明检定结论（合格或不合格），检定员、核验员和批准人分别签字，在检定证书上填写检定日期和有效期，加盖检定单位印章。

六、电能表检定中应注意的问题

（1）工频耐压试验时，试验设备接地线要良好、可靠，电压线夹绝缘良好；工作人员要站在绝缘垫上。

（2）检查被检电能表时要轻拿轻放，使用合适规格的工具。

（3）被检电能表悬挂位置要端正倾斜度，与垂直位置不超过 1°。

（4）表内部各固定螺钉要紧固，磁极间隙中无铁屑和其他杂物。

（5）各种调整装置要位置适中，不处于极限位置。

（6）检定三相电能表时，三相电压、电流相序应符合接线图要求，三相电压、电流应基本对称，其不对称度不应超过相关检定规程规定。

（7）在调整过程中，注意潜动与起动电流调整之间的相互影响。

（8）试验过程中防止电压回路短路和电流回路开路。

【思考与练习】

1. 什么是潜动？造成潜动的原因是什么？

2. 机电式有功电能表等级为 2 级，规格为 3×220/380V，3×1.5（6）A，电能表常数为 c=1200r/kWh，计算电能表的起动试验时限。

3. 机电式电能表检定中应注意哪些问题？

4. 简述机电式单相电能表满载调整的方法。

5. 机电式电能表检定证书填写的内容有哪些？

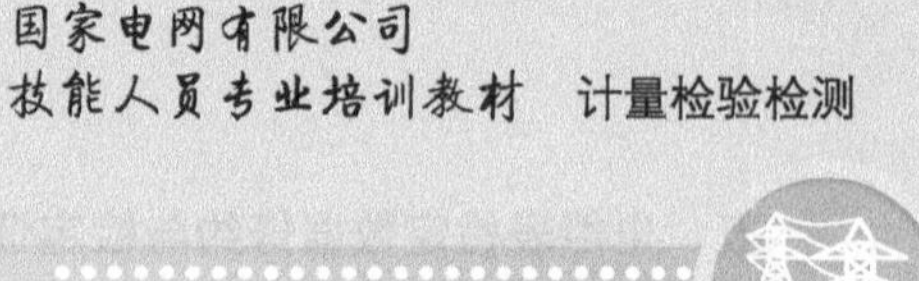

第二章

安装式电子电能表检定

◢ 模块 1　电子式交流电能表检定（Z28E2001Ⅰ）

【模块描述】 本模块包含安装式电子交流电能表室内检定的目的、依据和条件，检定项目及其技术要求和检定方法，检定数据修约等内容。通过概念描述、举例说明、要点归纳，掌握安装式电子式交流电能表室内检定方法。

【模块内容】

一、检定目的

新购进的、修理后的和定期轮换的电子式交流电能表，在安装使用前都要经过实验室检定，使其误差和性能达到检定规程要求后才能使用，以确保准确计量和可靠运行。

二、检定依据和检定条件

1. 检定依据

电能表检定所遵循的依据是：JJG 596—2012《电子式交流电能表检定规程》（以下简称规程）。

2. 检定条件

（1）环境温度：参比温度±2℃。

（2）电压、频率、电压与电流波形、外磁场、功率因数等影响量允许偏差应符合相关检定规程要求。

三、安装式电子电能表的检定项目及其技术要求和检定方法

（一）检定项目

外观检查、交流电压试验、潜动试验、起动试验、基本误差测定、仪表常数试验、时钟日计时误差。

（二）检定方法及技术要求

1. 外观检查

外观检查除与机电式电能表相同部分外，还要检查如下内容：

开关、操作键、按钮操作灵活，无损坏；脉冲输出、通信接口输出和控制信号输出应有接线图，并与端钮标志相符；有生产厂家封印、安全认证等防止非授权人输入数据或开表操作的措施。

2. 交流电压试验

对首次检定的电能表进行 50Hz 或 60Hz 的交流电压试验。

（1）所有的电流线路和电压线路以及参比电压超过 40V 的辅助线路连接在一起为一点，另一点接地，试验电压施加于该两点间；对于互感器接入式的电能表，应增加不相连接的电压线路与电流线路间的试验。

（2）试验电压应在 5～10s 内由零升到规程的规定值，保持 1min，随后以同样速度将试验电压降到零。试验中，电能表不应出现闪络、破坏性放电或击穿；试验后，电能表无机械损坏，电能表应能正常工作。

3. 潜动试验

试验时，电流线路不加电流，电压线路施加电压为参比电压的 115%，$\cos\varphi$（$\sin\varphi$）=1，测试输出单元所发脉冲不应多于 1 个。

【例 2–1–1】检定一只 2 级单相电子式电能表，电压 220V，电流 10（40）A，常数为 1600imp/kWh，求潜动试验最短试验时间。

解：潜动试验最短试验时间 Δt 为：

$$\Delta t \geqslant \frac{480\times10^6}{CmU_\text{n}I_\text{max}} = \frac{480\times10^6}{1600\times1\times220\times40} = 34.1\ (\text{min})$$

答：潜动试验最短试验时间为 34.1min。

4. 起动试验

在电压线路加额定电压、$\cos\varphi$（$\sin\varphi$）=1 的条件下，电流线路的电流根据被检电能表的准确度等级选取所对应的起动电流值，在规程规定的起动电流值和起动时间内，应有不少于 1 个脉冲输出或代表电能输出的指示灯闪烁。

（1）如果该电能表为用于双向电能测量仪表，则该试验应用于每一个方向的电能测量。

（2）起动试验过程中，字轮式计度器同时转动的字轮不多于两个。

根据［例 2–1–1］，在电压线路加参比电压 220V，电流线路通 $0.005I_\text{b}$ 电流，$\cos\varphi=1$ 的条件下，求电能表发出一个脉冲所需的时间是多少？

解：电能表发出一个脉冲所需的时间为

$$t_\text{Q} \leqslant 1.2\times\frac{60\times1000}{CmU_\text{n}I_\text{Q}} = \frac{60\times1000}{1600\times1\times220\times10\times0.005} = 4.1\ (\text{min})$$

答：电能表发出一个脉冲所需的时间是4.1min。

5. 电能表基本误差测试

（1）按规程的检定接线图接线。

（2）对被检电能表在 $\cos\varphi=1$（对有功电能表）或 $\sin\varphi=1$（对无功电能表）的条件下，电压线路加参比电压，电流线路通参比电流 I_b 或 I_n 预热30min（对0.2S级、0.5S级电能表）或15min（对1级以下的电能表）后，按负载电流逐次减小的顺序测量基本误差，中间过程不再预热。

（3）误差检定常用的方法是标准表法。将标准表测定的电能或脉冲与被检表测定的电能或脉冲相比较，以确定被检表的相对误差。

（4）在参比频率、额定电压下，在不同的功率因数下，按规程要求的负载功率点进行基本误差试验；在不同功率因素下，按负载电流逐次减小的顺序测量基本误差。根据需要，允许增加误差测试点。

（5）在每一负载功率下，至少要进行2次基本误差测量，然后取其平均值作为测量结果。

（6）要适当地选择被检表的低频脉冲数 N 和标准表外接的互感器量程或标准表的倍率开关挡，使算定（或预置）脉冲数和实测脉冲数满足规程规定。

（7）电能表的基本误差极限值不超过检定规程所规定误差限的60%。

【例2-1-2】如用0.05级，3×(57.7～380)V，3×(0.01～100)A，$C_{H0}=6\times10^6$imp/kWh宽量限三相标准电能表，检定一只3×220/380V，3×1.5（6）A，1级，常数 C_L=5000imp/kWh的三相多功能电能表，被检表的低频脉冲数 N 为多少算定脉冲数满足规程要求？

解：因为对0.05级标准表算定脉冲数不低于20 000，根据式

$$m_0=\frac{C_0\cdot N}{C_L\cdot K_1\cdot K_U}$$

得 $N=\dfrac{m_0\cdot C_L\cdot K_1\cdot K_U}{C_{H0}}=\dfrac{20\,000\times5000\times1\times1}{6\times10^6}=16.7$（imp）≈17（imp）

答：被检电能表的低频脉冲数 N 为17imp时算定脉冲数才能满足规程要求。

6. 电能表标准偏差估计值测试

在额定电压（对三相电能表加对称三相额定电压）U_n、标定电流 I_b（对三相电能表通对称三相标定电流 I_b）下，在功率因数1和0.5（L）两个负载点分别做不少于5次的相对误差测量，然后按式（2-1-1）计算标准偏差估计值 S（%）。

$$S=\sqrt{\frac{1}{n-1}\sum_{i=1}^{n}(r_i-\overline{r})^2} \tag{2-1-1}$$

$$\overline{r}=\frac{r_1+r_2+\cdots+r_n}{n}$$

式中　r_i——第 i 次测量得出的相对误差，%；

$\overline{r}$——各次测量得出的相对误差平均值，%；

n——对每个负载点进行重复测量的次数，$n \geqslant 5$。

计算结果应不大于被检表准确度等级的1/5。

【例 2-1-3】 用一台电能表标准装置测定一只短时稳定性较好的电能表某一负载下的相对误差，在较短的时间内，在等同条件下，独立的测量5次，所得的误差数据分别为0.23%，0.20%，0.21%，0.22%，0.23%，试计算单次测量的标准偏差估计值。

解：步骤如下：

$$\text{平均值}\overline{\gamma}=\frac{0.23+0.21+0.22+0.23+0.20}{5}=0.218(\%)$$

$$\text{残余误差}\Delta\gamma_1=\gamma_i-\overline{\gamma}$$

$$\Delta\gamma_1=+0.012(\%)$$
$$\Delta\gamma_2=-0.018(\%)$$
$$\Delta\gamma_3=-0.008(\%)$$
$$\Delta\gamma_4=+0.002(\%)$$
$$\Delta\gamma_5=+0.012(\%)$$

标准偏差估计值：

$$S=\sqrt{\frac{\sum\Delta\gamma_i^2}{n-1}}$$
$$=\sqrt{\frac{0.012^2+(-0.018)^2+(-0.008)^2+0.002^2+0.012^2}{5-1}}$$
$$=0.013(\%)$$

答：单次测量的标准偏差是0.013%。

7. 仪表常数试验

该项试验的方法有计读（规程）脉冲法、走字试验法、标准表法三种。

（1）对规格相同的一批被检电能表，试验方法是走字试验法，选用误差较稳定（在试验期间误差的变化不超过 1/6 基本误差限）而常数已知的两只电能表作为参照表。各表中电流线路串联，电压线路并联，在参比电压和最大电流及 $\cos\varphi$（$\sin\varphi$）=1 的条件下，当计度器末位（是否是小数位无关）改变不少于 15（对 0.2S 和 0.5 级表）或 10（对 1～3 级表）个数字时，参照表与其他表的示数（通电前后示值之差）应符合式（2–1–2）的要求：

$$\gamma = \frac{D_i - D_0}{D_0} \times 100 + \gamma_0 \leqslant 1.5E_b \text{（\%）} \tag{2–1–2}$$

式中 E_b——电能表基本误差限；

D_i——第 i 只被检电能表示数（i=1，2，…，n）；

D_0——两只参照表示数的平均值；

γ_0——两只参照表相对误差的平均值，%。

（2）对标志完全相同的一批被检电能表，可用一台标准电能表校核常数。将各被检表与标准表的同相电流线路串联，电压线路并联，在参比电压和最大电流及 $\cos\varphi$（$\sin\varphi$）=1 的条件下，运行一段时间。停止运行后，按式（2–1–3）计算每个被检表的误差 γ，要求 γ 不超过基本误差限。

$$\gamma = \frac{W' - W}{W} \times 100\% + \gamma_0 \leqslant \text{基本误差限} \tag{2–1–3}$$

式中 γ_0——标准表的已定系统误差，不需修正时 γ_0=0；

W'——每台被检电能表停止运行与运行前示值之差，kWh；

W——标准电能表显示的电能值，kWh。

在此，要使标准表与被检电能表同步运行，运行的时间要足够长，以使得被检电能表计度器末位一字（或最小分格）代表的电能值，与所记的 W' 之比（%）不大于被检电能表准确度等级的 1/10。

若标准表显示位数不够多，可用计度器记录标准表的输出脉冲数 m。

若标准表经外配电流、电压互感器接入，则 W 要乘以电流、电压互感器的变比 K_I、K_U。

假如被检表有两位小数，准确度等级分别为 0.5S 级，那么被检表计度器末位一个数字代表的电能值为 0.01kWh，所以准确度等级为 0.5S 级的电能表至少要走 W'=0.01×10/0.5=0.2kWh 才能满足规程要求。

8. 时钟日计时误差

电压线路（或辅助电源线路）施加参比电压 1h 后，用标准时钟测试仪测电能表时基频率输出，连续测量 5 次，每次测量时间为 1min，取其算术平均值，试验结果应满足规程的要求。

四、检定数据修约

（1）按表 2–1–1 的规定，将电能表相对误差修约为修约间距的整数倍。

表2-1-1　　相对误差修约间距

电能表准确度等级	0.2S	0.5S	1	2	3
修约间距（%）	0.02	0.05	0.1	0.2	0.2

电能表标准偏差估计值按照被检电能表准确度等级的 1/50 修约间距，进行数据化整。

判断电能表相对误差是否超过规程的规定，一律以修约后的结果为准。

（2）日计时误差的修约间距为 0.01s/d。

五、检定证书（检定结果通知书）

检定合格的电能表，出具检定证书或检定合格证，由检定单位在电能表上加上封印或加注检定合格标记；检定不合格的电能表发给检定结果通知书，并注销原检定合格封印或检定合格标记。

六、检定周期

0.2S 级、0.5S 级有功电能表，其检定周期一般不超过 6 年；1 级、2 级有功电能表和 2 级、3 级无功电能表，其检定周期一般不超过 8 年。

七、电能表检定中应注意的问题

（1）工频耐压试验时，参比电压小于 40V 的辅助线路应接地。

（2）被检电能表预热时间要符合技术要求。

（3）其他注意事项与机电式电能表相同。

【思考与练习】

1. 简述安装式电子交流电能表外观检查的内容。

2. 简述电子式交流电能表的时钟日计时误差检定方法。

3. 0.5S 三相三线电子式交流电能表的负载点有哪些？

4. 检定一只三相三线电子式交流有功电能表，已知被检表为 3×100V，3×1.5（6）A，1 级，常数为 1800imp/kWh，标准表为 0.1 级三相宽量程标准电能表，标准常数为 6×10^6imp/kWh，若检验 100%标定电流，功率因数为 1.0 负载点。计算当被检表取多少个脉冲时，得到的标准表的高频脉冲数才能满足规程要求。

5. 电子式交流电能表的首次检定与后续检定项目有何区别？

模块 2　常用多功能电能表编码识读（Z28E2002Ⅰ）

【模块描述】本模块包含常用多功能电能表编码的用途、显示内容的基本分类、屏幕显示的模式等内容。通过概念描述、术语说明、要点归纳、示例介绍，掌握常用多功能电能表编码识读的方法。

【模块内容】

一、多功能电能表编码的用途

多功能电能表电力行业标准经历了1997版和2007版两个标准，目前执行的最新标准是2007版。

根据DL/T 614—2007《多功能电能表》的规定，多功能电能表是由测量单元和数据处理单元等组成，除计量有功（无功）电能量外，还具有分时、测量需量等两种以上功能，并能显示、储存和输出数据的电能表。因此，多功能电能表记录、显示的数据较普通的电能表要多，而这些内容都要求能在显示屏上显示，由于显示屏的中文显示是有限的，为了能准确地解读这些内容，每个多功能电能表的厂家都使用显示代码来对显示的内容进行了定义。

二、显示内容的基本分类

由于DL/T 614—1997《多功能电能表》显示代码没有统一规定，因此在DL/T 645—2007《多功能电能表通讯协议》规定以通信标识码显示8位编码前，各个厂家的代码都各不相同，但就显示的内容来看，主要有以下几类。

（1）电能量：该部分主要包括正反向有功、无功的总及分时电量，一般都具备当前及上*X*月的电量数据。

（2）需量：该部分主要包括正反向有功、无功的总及分时需量，一般都具备当前及上*X*月的需量数据。

（3）需量时间：该部分主要包括正反向有功、无功的总及分时最大需量时间，一般都具备当前及上*X*月的需量时间数据。

（4）实时数据：该部分包括电能表当前的运行数据，如电流、电压、功率、功率因数等内容。

（5）事件记录：这一部分包括的内容较多，国内的多功能电能表厂家在这一部分开发的功能也比较齐全，大致来说包括有失压、失流、编程、清零、清需量、逆相序、开盖、负荷曲线等事件记录，而且这些记录大多都有时间、日期、数量等数据，因此这一部分数据在存储中需占据较多的内存空间。

（6）设置参数：这里包括了当前的时间、日期、需量周期、滑差时间、时区、时段等在电能表正式投入运行前就必须设置的数据。

三、多功能电能表屏幕显示的模式

多功能电能表一般有以下四种显示模式。

（1）自动循环显示：上电情况下按照设定的时间间隔、设定的显示内容及顺序的自动循环显示，一般来说自动循环显示的内容数目都是有规定的，基本上能满足平时抄表工作的要求，如需从显示屏查看更多的内容，就要用到其他显示方式。

（2）按钮切换显示：在自动循环显示状态下，按表面上的按钮后，进入按钮切换显示。

目前各个厂家的按钮方式很多，归纳有：① 组合按钮方式：采用这种方式的电能表上一般有三个按钮，通过不同的按钮控制显示代码的不同数位，结合说明书就可以查看你想看的内容了。② 上、下翻屏按钮方式：采用这种方式的电能表上一般只有两个按钮，通过上、下翻屏按钮依次显示表内存储的信息，由于电能表内存储的信息比较多，因此采用这种按钮显示方式的电能表都规定有按钮显示的内容，并且尽量不与自动循环显示的内容重合，以达到最大限度地利用资源。

（3）遥控器方式：利用红外遥控器控制，结合说明书查找代码即可查看相关内容。

（4）停电循环显示：在停电后，电能表进入睡眠状态，按动某一按钮或使用遥控器唤醒，电能表将被唤醒，进入自动循环显示，显示内容与上电时相同。

四、国产多功能电能表屏幕显示举例

举例一：湖南威胜 DTSD 341–MB3 型多功能电能表。

湖南威胜公司“MB3”型多功能电能表，其编码长度为 6 位，其排列方式见表 2–2–1。

00AAAA 为电量数据；01AAAA 为需量数据；02AAAA 为需量时间数据；03AAAA 为瞬时功率数据；04AAAA 为瞬时电压数据；05AAAA 为瞬时电流数据；06AAAA 为瞬时功率因数、相角数据；07AAAA 为事件记录及时间、通信数据；08AAAA 为参数数据；09AAAA 为时区、时段数据。

其中，X=0～3，表示当前及上 3 个月；V=0～3，表示总、A、B、C 相；T=0～8，表示费率（注：正向有功电量 X=0～D）。

表 2–2–1　　湖南威胜显示内容

<table>
<tr><th colspan="2" rowspan="2">项目</th><th colspan="3">液晶上显示内容</th><th rowspan="2">说明</th></tr>
<tr><th>代码</th><th>汉字</th><th>显示含义</th></tr>
<tr><td rowspan="2">正向（输入）电量</td><td rowspan="2">有功</td><td>00X00T</td><td>本月（上 X 月），正向（输入），有功电量，总（T）</td><td>当前及上 X 月 T 费率正向（输入）有功电量</td><td>kWh</td></tr>
<tr><td>00XV00</td><td>本月（上 X 月），正向（输入），有功电量，总（A/B/C）</td><td>当前及上 X 月 V 元件正向（输入）有功电量</td><td>kWh</td></tr>
</table>

续表

项目		液晶上显示内容			说明
		代码	汉字	显示含义	
正向（输入）电量	无功	00X01T	本月（上X月），正向（输入），无功电量，总（T）	当前及上X月T费率组合无功Ⅰ电量	kvarh
		00XV10	本月（上X月），正向（输入），无功电量，总（A/B/C）	当前及上X月V元件组合无功Ⅰ电量	kvarh
四象限无功	Ⅰ	00X04T	本月（上X月），Ⅰ，无功电量、总（T）	当前及上X月T费率Ⅰ象限无功电量	kvarh
	Ⅱ	00X05T	本月（上X月），Ⅱ，无功电量、总（T）	当前及上X月T费率Ⅱ象限无功电量	kvarh
	Ⅲ	00X06T	本月（上X月），Ⅲ，无功电量、总（T）	当前及上X月T费率Ⅲ象限无功电量	kvarh
	Ⅳ	00X07T	本月（上X月），Ⅳ，无功电量、总（T）	当前及上X月T费率Ⅳ象限无功电量	kvarh
需量	正向（输入）需量	01X00T	正向（输入），有功，总（T），需量	当前及上X月T费率正向（输入）有功最大需量	kW
		02X00T	本月（上X月），正向（输入），有功，总（T），需量，时间	当前及上X月T费率正向（输入）有功最大需量发生时间（年：月：日：时：分）	kW
		01X01T	本月（上X月），正向（输入），无功，总（T），需量	当前及上X月T费率正向（输入）无功最大需量	kvar
		02X01T	本月（上X月），正向（输入），无功，总（T），需量，时间	当前及上X月T费率正向（输入）无功最大需量发生时间（年：月：日：时：分）	kvar
瞬时量	功率	030V00	有功功率，总（A/B/C）	V相有功功率	kW
		030V10	无功功率，总（A/B/C）	V相无功功率	kvar
		030V80	功率，总（A/B/C）	V相视在功率	kVA
	电压	040V00	A/B/C，电压	V相电压（V=1～3，代表A、B、C相）	V
	电流	050V00	A/B/C，电流	V相电流（V=1～3，代表A、B、C相）	A
		060V00	（A/B/C）$\cos\varphi$	当前V相功率因数	
	相角	160V00	A/B/C φ	当前V相（V=1～3，代表A、B、C相）相角	°
	频率	070000		当前频率	Hz

举例二：深圳浩宁达DTSD22-SS1型。

深圳浩宁达生产的 DTSD22–SS1 型多功能电能表的代码为 2～5 位，分为 5 大项：本月电量/需量、历史电量、历史需量、实时数据、事件记录和参数。分电能表使用分为关口平衡表和多功能电能表两种显示模式，见表 2–2–2 和表 2–2–3。

表 2–2–2　　深圳浩宁达显示模式一（关口平衡表）

显示代码	显示内容	说明
1.8.0	当前正向有功累计总电量	kWh，2 位小数
1.8.1	当前正向有功累计尖电量	kWh，2 位小数
1.8.2	当前正向有功累计峰电量	kWh，2 位小数
1.8.3	当前正向有功累计平电量	kWh，2 位小数
1.8.4	当前正向有功累计谷电量	kWh，2 位小数
2.8.0	当前反向有功累计总电量	kWh，2 位小数
2.8.1	当前反向有功累计尖电量	kWh，2 位小数
2.8.2	当前反向有功累计峰电量	kWh，2 位小数
2.8.3	当前反向有功累计平电量	kWh，2 位小数
2.8.4	当前反向有功累计谷电量	kWh，2 位小数
3.8.0	当前正向无功累计总电量	kvarh，2 位小数
3.8.1	当前正向无功累计尖电量	kvarh，2 位小数
3.8.2	当前正向无功累计峰电量	kvarh，2 位小数
3.8.3	当前正向无功累计平电量	kvarh，2 位小数
3.8.4	当前正向无功累计谷电量	kvarh，2 位小数
4.8.0	当前反向无功累计总电量	kvarh，2 位小数
4.8.1	当前反向无功累计尖电量	kvarh，2 位小数
4.8.2	当前反向无功累计峰电量	kvarh，2 位小数
4.8.3	当前反向无功累计平电量	kvarh，2 位小数
4.8.4	当前反向无功累计谷电量	kvarh，2 位小数
52	有功总功率	kW，4 位小数
52.1	A 相有功功率	kW，4 位小数
52.2	B 相有功功率	kW，4 位小数
52.3	C 相有功功率	kW，4 位小数
54	无功总功率	kvar，4 位小数
54.1	A 相无功功率	kvar，4 位小数

续表

显示代码	显示内容	说明
54.2	B 相无功功率	kvar，4 位小数
54.3	C 相无功功率	kvar，4 位小数
32.7	A 相电压	V，1 位小数
52.7	B 相电压	V，1 位小数
72.7	C 相电压	V，1 位小数
31.7	A 相电流	A，3 位小数
51.7	B 相电流	A，3 位小数
71.7	C 相电流	A，3 位小数
0.9.1	当前时间	时:分:秒
0.9.2	当前日期	年:月:日
0.0.0	电能表号	表号高 6 位
0.0.0	电能表号	表号低 6 位
0.0.1	资产编号 1（设备号）	12 位资产编号的前 6 位
0.0.2	资产编号 2（设备号）	12 位资产编号的后 6 位
C.90.0	通信地址	9 位通信地址的高 2 位
C.90.1	通信地址	9 位通信地址的低 8 位
C.90.2	通信地址	9 位通信地址的低 4 位

表 2–2–3 深圳浩宁达显示模式二（多功能）

显示代码	显示内容	说明
20	当前正向有功累计总电量	kWh，2 位小数
8.0	当前正向有功累计尖电量	kWh，2 位小数
8.1	当前正向有功累计峰电量	kWh，2 位小数
8.2	当前正向有功累计平电量	kWh，2 位小数
8.3	当前正向有功累计谷电量	kWh，2 位小数
21	当前反向有功累计总电量	kWh，2 位小数
7.0	当前反向有功累计尖电量	kWh，2 位小数
7.1	当前反向有功累计峰电量	kWh，2 位小数
7.2	当前反向有功累计平电量	kWh，2 位小数
7.3	当前反向有功累计谷电量	kWh，2 位小数
22.1	当前 A 相正向有功累计电量	kWh，2 位小数
22.2	当前 B 相正向有功累计电量	kWh，2 位小数

续表

显示代码	显 示 内 容	说　明
22.3	当前C相正向有功累计电量	kWh，2位小数
38.1	当前A相反向有功累计电量	kWh，2位小数
38.2	当前B相反向有功累计电量	kWh，2位小数
38.3	当前C相反向有功累计电量	kWh，2位小数
23	当前正向无功累计总电量	kvarh，2位小数
9.0	当前正向无功累计尖电量	kvarh，2位小数
9.1	当前正向无功累计峰电量	kvarh，2位小数
9.2	当前正向无功累计平电量	kvarh，2位小数
9.3	当前正向无功累计谷电量	kvarh，2位小数
24	当前反向无功累计总电量	kvarh，2位小数
39.0	当前反向无功累计尖电量	kvarh，2位小数
39.1	当前反向无功累计峰电量	kvarh，2位小数
50.1	A相电压	V，1位小数
50.2	B相电压	V，1位小数
50.3	C相电压	V，1位小数
51.1	A相电流	A，3位小数
51.2	B相电流	A，3位小数
51.3	C相电流	A，3位小数
52	有功总实时功率	kW，4位小数
52.1	A相有功实时功率	kW，4位小数
52.2	B相有功实时功率	kW，4位小数
52.3	C相有功实时功率	kW，4位小数
12	日期	年:月:日
11	时间	时:分:秒
0.0	出厂编号前6位	
0.0	出厂编号后6位	
0.1	局编号前6位	
0.1	局编号后6位	
0.2	设备号前6位	
0.2	设备号后6位	
0.3	通信表地址前6位	
0.3	通信表地址后6位	

举例三：宁波三星 DTSD188–E 型多功能电能表。

宁波三星生产的 DTSD188–E 型多功能电能表的代码分为 41 大项，其代码为 4 位，每两位为一组，中间以小点分隔。第 1 大项为通信数据；第 2～5 大项为电量数据；第 6～9 大项为需量及需量时间数据；第 10～11 大项为即时数据；第 12 大项为参数；第 13～16 大项为时区、时段数据；第 17 大项为负荷曲线数据；第 18～37 大项为事件记录；第 38～41 大项为四象限无功及无功历史数据。见表 2–2–4。

表 2–2–4　宁波三星多功能电能表显示内容

显示代码	内　容		标识编码	轮显编码
	按键显示第 1 大项			
01.01	日期	YYMMDD 年.月.日	C010H	01
01.02	时间	××:××:×× 时分秒	C011H	02
01.03	485 通信前 6 位地址	××××××		03
01.04	485 通信后 6 位地址	××××××		04
01.05	串口 1 通信波特率	××××（bps）		05
01.06	威胜规约通信地址	×××		06
	按键显示第 2 大项			
02.01	（当前）正向有功总电能	××××××.×× kWh	9010H	16
02.02	（当前）正向有功尖电能	××××××.×× kWh	9011H	17
02.03	（当前）正向有功峰电能	××××××.×× kWh	9012H	18
02.04	（当前）正向有功平电能	××××××.×× kWh	9013H	19
02.05	（当前）正向有功谷电能	××××××.×× kWh	9014H	20
	按键显示第 3 大项			
03.01	（当前）反向有功总电能	××××××.×× kWh	9020H	41
03.02	（当前）反向有功尖电能	××××××.×× kWh	9021H	42
03.03	（当前）反向有功峰电能	××××××.×× kWh	9022H	43
03.04	（当前）反向有功平电能	××××××.×× kWh	9023H	44
03.05	（当前）反向有功谷电能	××××××.×× kWh	9024H	45
	按键显示第 4 大项			
04.01	（当前）正向无功总电能	××××××.×× kvarh	9110H	66
04.02	（当前）正向无功尖电能	××××××.×× kvarh	9111H	67
04.03	（当前）正向无功峰电能	××××××.×× kvarh	9112H	68
04.04	（当前）正向无功平电能	××××××.×× kvarh	9113H	69
04.05	（当前）正向无功谷电能	××××××.×× kvarh	9114H	70

续表

显示代码	内　容		标识编码	轮显编码
	按键显示第 1 大项			
按键显示第 5 大项				
05.01	（当前）反向无功总电能	××××××.×× kvarh	9120H	91
05.02	（当前）反向无功尖电能	××××××.×× kvarh	9121H	92
05.03	（当前）反向无功峰电能	××××××.×× kvarh	9122H	93
05.04	（当前）反向无功平电能	××××××.×× kvarh	9123H	94
05.05	（当前）反向无功谷电能	××××××.×× kvarh	9124H	95

注意：在宁波三星提供的显示代码表中有一列为标识编码，标识编码即指为 DL/T 645—1997《多功能电能表通信规约》规定的编码。

五、进口多功能电能表屏幕显示举例

（1）某些进口多功能电能表的显示代码是由用户进行设定的，如 ELSTER 的 AIN 系列 Alpha 表，用户可以通过 AlphaPlus 软件指定每个显示项的编号。编号最多可以用到左边的前 3 位数字，剩下的 2 位用来在显示多月电量时表示月份。

（2）兰吉尔 ZD 大用户电子表抄表代码见表 2–2–5。

表 2–2–5　　兰吉尔 ZD 大用户电子表抄表代码显示内容

显示代码		代码含义	顺序号	循环显示	按键显示	IEC 规约读出	备注
F		出错信息（表计本身出错时显示）	1	√	√	√	—
11，12		当前时间/日期	2	√	√	√	
0.0		表号	3	√	√	√	
0.1		局编号 1	4	√	√	√	
0.2		局编号 2	5	√	√	√	
总电量	20	正向有功总电量（+A）	44	√	√	√	—
总电量	20.VV	正向有功总电量存储值（+A）	45		√	√	
总电量	21	反向有功总电量　（–A）	46	√	√	√	
总电量	21.VV	反向有功总电量存储值（–A）	47		√	√	
总电量	23	正向无功总电量（+R）	48	√	√	√	
总电量	23.VV	正向无功总电量存储值（+R）	49		√	√	
总电量	24	反向无功总电量（–R）	50	√	√	√	
总电量	24.VV	反向无功总电量存储值（–R）	51		√	√	

续表

显示代码		代码含义	顺序号	循环显示	按键显示	IEC 规约读出	备注
总电量	25	无功总电量（R）	52	√	√	√	
	25.VV	无功总电量存储值（R）	53		√	√	
	22.1	A（AB）相有功电量（+A/L1）	54		√	√	三相三线（ZFD）表无此功能
	22.1.VV	A（AB）相有功电量存储值（+A/L1）	55		√	√	
	22.2	B 相有功电量（+A/L2）	56		√	√	
	22.2.VV	B 相有功电量存储值（+A/L2）	57		√	√	
	22.3	C（CB）相有功电量（+A/L3）	58		√	√	
	22.3.VV	C（CB）相有功电量存储值（+A/L3）	59		√	√	
分时电量	8.1	峰费率正向有功分时电量（+A1）	20	√	√	√	—
	8.1.VV	峰费率正向有功分时电量存储值（+A1）	21		√	√	
	8.2	平费率正向有功分时电量（+A2）	22	√	√	√	
	8.2.VV	平费率正向有功分时电量存储值（+A2）	23		√	√	
	8.3	谷费率正向有功分时电量（+A3）	24	√	√	√	
	8.3.VV	谷费率正向有功分时电量存储值（+A3）	25		√	√	
	8.4	预留费率正向有功分时电量（+A4）	26		√		

【思考与练习】

1. 通常多功能电能表有哪些显示方式？
2. 抄读一块国产多功能电能表最后一次失电压、编程、清需量的事件记录。
3. 抄读一块进口多功能电能表正、反向有功总电量及无功总电量的记录。

模块 3　预付费电能表、载波电能表、谐波电能表等功能测试（Z28E2003Ⅱ）

【模块描述】本模块包含预付费电能表、载波电能表、谐波电能表的特点、基本功能及测试方法等内容。通过概念描述、术语说明、要点归纳，电能表的介绍，掌握预付费电能表、载波电能表、谐波电能表功能测试方法。

【模块内容】

电能表最主要的功能是计量功能，随着电子技术的发展、电力营销和管理的需要，逐步衍生出了一些具有附加功能的特殊电能表，目前常见的有预付费电能表、载波电能表、谐波电能表、多功能电能表等。下面重点介绍预付费电能表、载波电能表、谐波电能表的一些特殊功能的测试方法。

一、预付费电能表

预付费电能表是一种“先付费后用电”的电能表，它除了具有普通电能表的计量功能和显示功能外，还具有记忆、剩余电量报警、叠加、自动冲减、辨伪、限购、跳闸等功能。通常它采用全电子结构，具有一定的防窃电能力。

为了实现“费控功能”，除了有集计量和费控器一体的预付费表外，还有采用普通表+预付费控制器的方式。下面举例说明。

1. 深圳浩宁达DDS22–Y型预付费表开户和购电操作

在用户安装的预付费表正式投运前，在售电系统中为用户建立必要的档案，并向一电卡写入相关的预付费参数及写卡电费。在建立用户档案时，必须确定如下信息、参数。

（1）电卡流水号：一般由售电系统自动生成。

（2）剩余报警电量阈值：一般根据用户的历史平均用电量，将“剩余报警电量阈值”设置为用户2～3天的用电量。需要注意的是，如果设置的“剩余报警电量阈值”过小，可能会因电能表剩余电量报警后来不及购电而导致电能表断电控制；而如果设置的“剩余报警电量阈值”过大，可能会在电能表剩余电量报警时因用户麻痹而不及时购电导致电能表断电控制。

（3）超负荷报警阈值：一般按允许用户的最大负荷或用户的报装容量计算得到。如果对用户不实施负荷控制时，将“超负荷报警阈值”设置为“0”。

（4）脉冲常数：严格按照电能表铭牌标识设置。

（5）写卡电费：由用户的购电费和规定由供电公司预支给用户的电费确定。

（6）设置电价：对三相预付费装置来讲，其电价构成存在不确定因素，而且一般三相预付费装置仅作考核和催缴电费用，所以其电价一般为一“估算电价”。而且有时为了加速陈欠电费的回收，可根据和用户协商将购电电价设置成大于用户的使用电价。对于Y型系列多功能预付费装置来说，由于要实现分时计量和电量与电费的换算，电价必须包括尖峰电价、峰电价、平电价、谷电价，对单相预付费表来讲，因为其单价构成简单，可按用户的实际结算电价进行设置。

（7）设置计费倍率：因为Y型系列预付费装置以电费为结算单位，而电能表实际计量的为电量，所以必须在倍率参与计算的情况下，方可实现由电量到电费的换算。

（8）设置费率时段：要实现分时计量，必须设置费率时段及相应的费率电价。

2. 无锡恒通电器有限公司 DTYF8型预付费控制器的接线、参数设置

DTYF8型预付费控制器接线：分为FKI和FBI型两种，分别接低压断路器分励脱扣和选失压脱扣机构。

DTYF8–FKI型三相预付费用电控制器接线图（见图2–3–1），低压断路器选分励脱扣式。

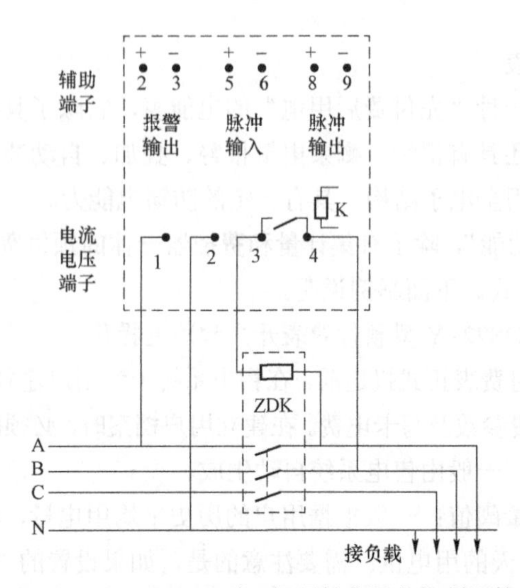

图 2-3-1 DTYF8-FKI 型三相预付费用电控制器接线图

注：① 端子 1 和 2 是电源；② 端子 3 和 4 是跳闸控制端；③ 辅助端子 2 和 3 是 12V 报警输出；④ 辅助端子 5 和 6 是脉冲输入；⑤ 辅助端子 8 和 9 是脉冲输出；⑥ ZDK 为分励脱扣式低压断路器。

DTYF8-FBI 型三相预付费用电控制器接线图（见图 2-3-2），低压断路器选失电压脱扣式。

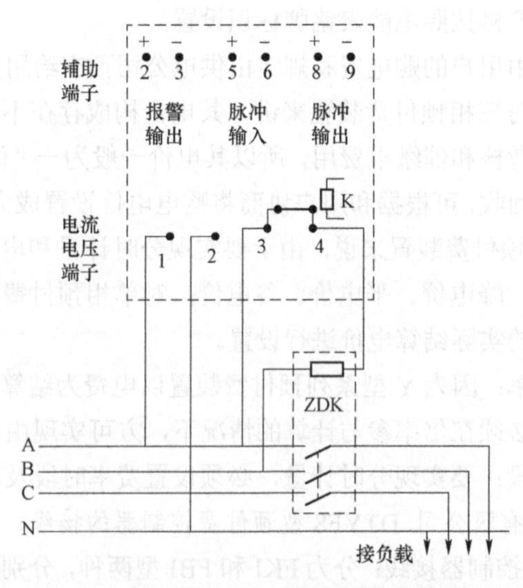

图 2-3-2 DTYF8-FBI 型三相预付费用电控制器接线图

注：① 端子 1 和 2 是电源；② 端子 3 和 4 是跳闸控制端；③ 辅助端子 2 和 3 是 12V 报警输出；④ 辅助端子 5 和 6 是脉冲输入；⑤ 辅助端子 8 和 9 是脉冲输出；⑥ ZDK 为失电压脱扣式低压断路器。

安装完毕后由供电公司在售电系统中制作参数设置卡设置控制器表号、计量表计脉冲常数、互感器倍率等参数，预置透支电量（用户以后买电时由计算机售电系统自动扣除）。

3. 预付费表常用功能的测试方法

（1）记忆功能。

给表计断电 24h 后恢复送电，观察表计中的剩余电量和当前用电量以及其他的信息不应丢失或发生错误。

（2）剩余电量报警功能。

假设表计有两次报警。做一张预置卡，设卡中预置电量 5kWh，第一次报警电量为 2kWh，第二次报警电量为 0kWh。把此卡插入加有电压的表计，读卡成功后，在功率因数为 1.0 时，给表计通入额定最大电流，进行走字。当表计走到剩余电量 2kWh 时，第一次报警表计应发出声音或背光灯和报警灯亮等报警信号。此时表计继续运行，当表计走到剩余电量 0kWh 时，第二次报警表计应发出跳闸控制信号，表计停止运行。

（3）叠加功能。

设被检表计为现场运行状态，如果插入存有电量的用户充值卡，观察表计中新的剩余电量是否为新输入电量与原剩余电量之和。

（4）自动冲减功能。

当表计已有赊欠电量，那么用户充值卡购买大于赊欠电量的电量，插入表计成功后，观察表计中新的剩余电量应为本次新购电量减去赊欠电量。一般表计透支用电记录数据前面加“–”或“欠”表示。

（5）辨伪功能。

电能表在现场运行状态下，拿一张用户卡或检查卡以外的其他非指定卡插入表中时，此时电能表应显示插卡不成功错误代码。

（6）限购功能。

做一张用户充值卡，假设卡中第一次购电量 10kWh，设置电能表的囤积电量为 5kWh。把此卡插入表计读卡成功后，进行第二次购电，在电能表运行剩余电量为 8kWh 时，插入该用户充值卡，此时电能表应提示插卡失败，因剩余电量 8kWh 大于囤积电量 5kWh。

（7）继电器跳闸功能。

用一张继电器卡插入运行的表计，此时应听到表中继电器跳闸声音，同时表计停止运行。再用继电器卡重新插入表计，此时应听到表中继电器闭合的声音，同时表计开始运行。这一操作说明表计继电器的好与坏，从而确保当表计剩余电量走完时，表内继电器应正常动作。

二、载波电能表

载波电能表是利用低压电力线载波技术作为数据传输方式的电能表，日常使用中载波表数据传输的正确性很重要，下面重点介绍用软件检查载波电能表数据传输正确性的方法。由于不同厂家的载波芯片有不同的载波通信方案，通信是否成功是衡量载波表重要指标之一，下面举例说明如何进行载波通信检查。

1. 深圳浩宁达公司 DDS22–Z 型载波电能表通信功能检查

（1）将抄控器与 PC 通过串口线或者 USB 线相连，接上载波表，如图 2–3–3 所示。

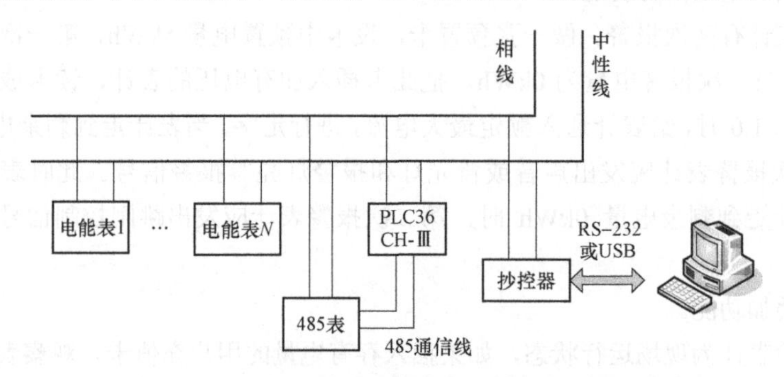

图 2–3–3 载波电能表通信功能检查接线示意图

（2）打开通信软件，配置好串口参数。

（3）录入表号以后，选择读数据操作的控制码。

（4）单击数据标识来进行数据项选择，选择完毕，即可单击发送按钮来执行电能表读操作。

（5）在消息栏目中可以看到软件与电能表的交互报文，在状态栏中可以看到返回报文的数据体内容。若无返回报文，则电能表的载波通信失败。

2. 湖南威胜 DTSD341–MB3 型（“东软载波”芯片）电源断相情况下载波通信测试

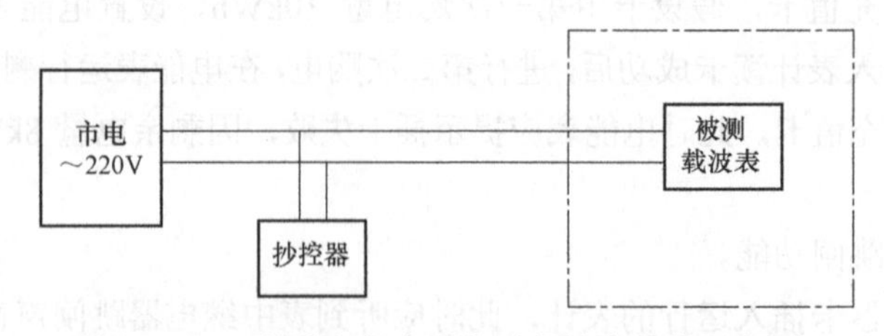

图 2–3–4 载波电能表通信功能检查接线示意图

（1）按图2–3–4接好设备。

（2）将交流电源断一相电压，两相电压，电源剩余相电压降为90%U_n。

（3）用抄控器连续抄读被测载波表时，抄读电能表内部存储数据无异常。

三、谐波电能表

随着社会经济的快速发展，涌现出大量的非线性用电负荷，它们产生大量的谐波，使电力系统中的电压、电流波形产生畸变，给电力系统造成污染，使电力设备受到危害，而且还将其吸收的一部分基波电能转化为谐波电能，影响电能计量的准确性。

谐波电能表就是专门用来计量谐波电能的，它一般采用带阻滤波器的方法来计算谐波电能。它不仅能正确计量与基波方向一致和相反的谐波有功电能，还能指示当前各相谐波有功功率、谐波总有功功率；指示谐波总有功功率的功率方向，并且具有谐波总有功脉冲输出功能。从而保证了电能计量的准确性，减少了供电企业的经济损失。

目前谐波电能表的国家标准和检定规程都没有颁布，检测谐波电能表的计量准确性和功能，各个电能表制造商都制订了企业标准。下面举例简要介绍谐波电能表谐波误差测试和谐波功能的测试方法。

1. 深圳市科陆公司DTSD719–B3型谐波电能表谐波误差测试

（1）使用能输出谐波电压和电流的三相功率源、谐波标准表，采用比较法进行误差测量。

（2）测试点基波功率因数为1.0/0.5L/0.8C，在基波电压U_n的基础上加一定比例的谐波成分，在JJG 596要求的电流测量范围内加一定比例的谐波成分（与电压通道是同一次谐波）。

（3）连续二次测量值作为谐波电能表的测量误差。

2. 湖南威胜电子有限公司DTSD341–9A型谐波电能表谐波功能测试

（1）电能表清零，表计加额定电压、额定电流，加5次（或其他次谐波）谐波电压、谐波电流，走字30min。

（2）切换相位，使四个象限都走字30min。

（3）查看显示和抄读的谐波功率方向、谐波电能。

（4）核查总输入有功电能–总输出有功电能是否等于（基波输入有功电能–基波输出有功电能）+（谐波输入有功电能–谐波输出有功电能）。

（5）查看分相的谐波电能是否与总电能相等。

注意：当调整的谐波功率为正值时，此时输入谐波电能；若调整的谐波功率为负值时，此时输出谐波电能。

【思考与练习】

1. 预付费有哪两种实现方式？有何区别？

2. 简述预付费电能表剩余电量报警功能的测试方法。

3. 如何测试三相载波电能表在二相电源断相情况下载波通信数据传输？

4. 简述谐波电能表误差的测试方法。

模块4 电子式电能表常见故障的分析处理（Z28E2004Ⅱ）

【模块描述】本模块包含电子式电能表常见故障的现象、原因分析及处理方法等内容。通过要点归纳，掌握电子式电能表常见故障的处理。

以下重点介绍具有单一计量功能的普通电子式电能表的常见故障的处理。

【模块内容】

电能表安装在千家万户，因为安装环境和使用条件以及电能表本身质量的好坏等因素，所以在运行过程中会发生各种各样的问题。

运行中的普通电子式电能表常见故障有显示器或计度器的故障、死机故障、潜动故障、无脉冲信号输出故障、通信故障等。

一、显示器或计度器方面的故障

1. 显示器显示的数字笔画不完整缺笔故障的处理

原因：① 显示器插脚接触不好；② 显示器笔画段损坏。

处理方法：① 调整显示器插脚使其接触良好；② 更换显示器。

2. 字轮式计度器卡字故障的处理

原因：此故障发生在有字轮计度器的电子式电能表，除计度器卡死不计电量外，此故障大部分由计度器芯片锁死或步进电动机损坏造成的。

处理方法：若芯片的+5V工作电源正常，CPU向计度器的芯片输出的平（谷）端头有高电平，而计度器芯片无驱动步进电动机的脉冲信号，则可断定芯片锁死，应更换芯片。若芯片有脉冲输出，电动机的+12V工作电源也正常，则判定步进电动机停走，更换电动机即可。

3. 显示器无规律跳字故障的处理

原因：① 受强电磁干扰；② 单片机系统损坏。

处理方法：现场检查时发现已经恢复正常工作，但还应作定时访问，查看这类表的抗干扰性能；更换损坏的元器件。

二、死机故障

1. 死机故障的处理

死机一般指电能表通电后没有任何反应。

原因：① 单片机复位电路不工作，导致死机；② 电流电压取样线虚焊或断开；

电压分压电阻断裂；③ 脉冲线碰到强电而损坏光耦；④ PCB 板上元件虚焊；⑤ 电能表元件烧毁。

处理方法：① 调整复位电路，单片机重新启动恢复正常工作；② 电能表损坏，退回厂家维修。

2. 显示器显示数值锁死不动故障的处理

原因：单片机复位电路不工作，导致死机。

处理方法：调整复位电路，单片机重新启动恢复正常工作。

三、潜动故障

原因：当电子式电能表在轻载情况下，产生的误差不呈线性，或受电磁干扰产生没有规律的脉冲，就有可能产生潜动；当测量回路出现故障，可能在无负载情况下产生脉冲，出现潜动现象。

处理方法：先检测采样芯片（AD7755）脉冲输出端的引脚是否与电路板上的高电平短接，若短接，相当于采样芯片一直向 CPU 输入采样信号，使内存累加、计度器走字。若没有短接，则是采样芯片工作异常。电能表损坏，退回厂家维修。

四、无脉冲信号输出故障

1. 电能表无脉冲信号输出故障的处理

原因：输出光耦损坏；负载没有用电；③ 光耦输出未接拉高电阻。

处理方法：① 更换新的光耦器件；② 电能表损坏，退回厂家维修。

2. 显示器无显示黑屏且无脉冲信号输出故障的处理

原因：① 电能表电源电路的元器件损坏；② 电能表电源变压器烧坏。

处理方法：① 检查电能表电压是否按铭牌标注的额定电压接入，查看电源部件输出直流电压是否正常，查看线路是否有电压；② 更换损坏器件；更换变压器；返回厂家维修。

五、通信故障

1. RS–485 通信接口不通故障的处理

原因：① 通信口损坏；② 受到电磁场干扰。

处理方法：① 数字万用表直流挡，测量 RS–485 口电压应为 4V 左右，否则更换电能表；② 选择合格的电能表安装环境。

2. 编程不成功故障的处理

原因：① 电能表通信协议选择不对；② 串口、波特率、表密码等参数选择错误；③ 通信线不通或通信口损坏。

处理方法：① 选择正确的通信协议；② 选择正确的串口、波特率和表密码等通信参数；③ 更换新的通信线；④ 更换电能表或返厂维修。

六、其他故障

（1）误差大幅度超差：电能表过快或过慢故障的处理。

原因：① 电流采样部件采用锰铜连接片的电能表，由于锰铜连接片之间的焊接发生变化，导致电流采样值偏离；② 电压调整回路的焊接出现虚焊、短路；③ 电子元件的晶振坏，出现时序混乱；④ 用软件调整电能表误差曲线时出现失误；⑤ 检定时，接线方式、电流规格、电能表脉冲常数设置错误；⑥ 电能表损坏。

处理方法：除认为造成电能表损坏以外，应进行参数设置检查或退回厂家维修。

（2）电子式电能表中，显示器正常，电能脉冲也正常，但保存数据丢失的故障处理。

原因：① 单片机受到强磁场干扰；② 环境温、湿度超过允许值；③ 存储器备用电池失电。

处理方法：① 加强抗干扰试验，不满足要求的电能表应更换、检修；② 按技术标准规定的使用条件选择合适的安装地点；③ 应定期检查存储器电池使用时间。

【思考与练习】

1. RS–485 通信接口故障原因是什么？如何处理？
2. 电子式电能表无脉冲信号输出的故障原因是什么？如何处理？
3. 电子式电能表潜动的故障原因是什么？如何处理？
4. 电子式电能表出现大幅度超差有哪些原因？

◢ 模块 5　多功能电能表检定（Z28E2005Ⅱ）

【模块描述】本模块包含安装式多功能电能表室内检定的目的、依据和条件、检定方法及技术要求、检定数据修约等内容。通过概念描述、术语说明、条文解释、举例说明、要点归纳，掌握多功能电能表室内检定。

以下重点介绍用标准表法检定安装式多功能电能表的检定依据、检定条件、检定项目、检定程序和方法、检定数据修约和注意事项。

一、检定依据

安装式多功能电能表的检定依据是 JJG 596—2012《电子式交流电能表检定规程》、JJG 691—2014《多费率交流电能表检定规程》及 JJG 569—2014《最大需量电能表检定规程》。新购和修理后的多功能电能表都需要进行检定。

二、检定条件

（1）参比条件及其允许偏差不超过 JJG 596—2012《电子式交流电能表检定规程》表 5 的规定。

（2）检定三相电能表时，三相电压电流的相序应符合接线图规定，电压和电流平衡条件应符合 JJG 596—2012《电子式交流电能表检定规程》表 6 的规定。

（3）有功电能表在 $\cos\varphi=1$（对无功电能表在 $\sin\varphi=1$）的条件下，电压线路加参比电压、电流线路通参比电流 I_b 或 I_n，对于 0.2S 级、0.5S 级电能表预热 30min；对于 1 级及以下的电能表预热 15min。

（4）检定电能表所用的检定装置的准确度等级及最大允许误差和允许的实验标准差应满足 JJG 596—2012《电子式交流电能表检定规程》表 7、表 8 的规定。

（5）检定装置所用的监视仪表要有足够的测量范围，各监视仪表常用示值的测量误差应满足 JJG 597—2005《交流电能表检定装置》的要求。

（6）在每次测量期间，检定装置输出的功率稳定度应满足 JJG 597—2017《交流电能表检定装置检定规程》的要求。

（7）时钟日计时误差：在参比条件下，电能表内部时钟的日计时误差限为±0.5s/d。

（8）电能示值组合误差应不大于（n−1）$\times10^{-\alpha}$，其中 n 为费率数，α为总计度器位数。

（9）时钟示值误差：电能表日期时间应准确，首次检定时，时间设定后与国家授时中心的标准时间指示的误差应优于 5s，后续检定时时钟示值误差应优于 10min。

（10）需量示值相对误差在参比条件下应小于 $|X+0.05P_n/P|\times100\%$，其中 X 为电能表有功等级，P_n 为额定功率，P 为测量负载点功率。

（11）对于有预付费功能的电能表，累计用电量增加数与剩余电能量减少数不大于计度器的一个最小分辨率值的计量单位。

三、检定项目

根据 JJG 596—2012《电子式交流电能表检定规程》、JJG 691—2014《多费率交流电能表检定规程》及 JJG 569—2014《最大需量电能表检定规程》，对安装式多功能电子式电能表首次检定的项目有：外观检查、交流电压试验、潜动试验、起动试验、基本误差、仪表常数试验、时钟日计时误差、确定电能测量标准偏差估计值、时钟示值误差、需量示值误差、电能示值的组合误差；后续检定在上述项目中交流电压试验、电能示值的组合误差可不做。

四、检定程序和方法

（一）外观检查

（1）检查电能表铭牌上是否有下面标识：名称和型号、制造厂名、制造计量器具许可证和编号、产品所依据的标准、顺序号和制造年份、参比频率、参比电压、参比电流最大电流、仪表常数、准确度等级、仪表适用的相数和线数单位，如Ⅱ类防护绝缘包封仪表检查是否有双方框符号。

（2）检查在电能表上是否标识出接线图，对于三相电能表是否标识出接入的相序。

（3）检查接线端子是否有编号，如果对接线端子进行了编号，则此编号应在接线图对应的位置体现。

（4）检查有时钟、需量功能的电能表是否有供测试的功能输出端子标志。

（二）交流电压试验

（1）所有的电流线路和电压线路以及参比电压超过 40V 的辅助线路连接在一起为一点，另一点是地，试验电压施加于该两点间；对于互感器接入式的电能表，应增加不相连接的电压线路与电流线路间的试验。

（2）试验电压为 50Hz 或 60Hz 的交流电，在 5～10s 内由零升到规定值，保持 1min，随后以同样速度将试验电压降到零。试验中，电能表不应出现闪络、破坏性放电或击穿；试验后电能表无机械损坏，电能表应能正确工作。

（三）设定检定方案

根据 JJG 596—2012《电子式交流电能表检定规程》，确定多功能电能表的检定方案，其主要内容为潜动试验最短时间Δt、最短启动时间 t_Q 和负载点、预置脉冲数和误差判断限。

1. 潜动试验最短时间Δt

根据 JJG 596—2012《电子式交流电能表检定规程》，电流线路不加电流，电压线路施加电压为参比电压的 115%，$\cos\varphi=1$（对无功电能表在 $\sin\varphi=1$），在Δt 时间内，测试输出单元所发脉冲不应多于 1 个。

【例 2-5-1】检定一只常数为 12 000imp/kWh，3×100V，3×1.5（6）A 的 0.5S 级多功能电能表，试计算潜动试验最短时间Δt。

解：潜动试验最短时间

$$\Delta t=\frac{60\times10^6}{CmU_nI_{max}}k=\frac{60\times10^6}{12\,000\times1.732\times100\times6}\times10=48.1\text{（min）}$$

即电能表至少在 48.1min 内，电能表不发出一个脉冲。

需要注意的是：在计算潜动试验最短时间Δt 时，k 值和电能表等级有关，0.2S 级表 k 取 15；0.5S、1 级表 k 取 10；2 级表 k 取 8。m 值和电能表接线有关，对单相有功电能表，m=1；对三相四线有功电能表，m=3；对三相三线有功电能表，$m=\sqrt{3}$。

2. 启动时间 t_Q

根据 JJG 596—2012《电子式交流电能表检定规程》，在电压线路加参比电压 U_n 和 $\cos\varphi=1$（对无功电能表 $\sin\varphi=1$）的条件下，电流线路的电流升到 JJG 596—2012《电子式交流电能表检定规程》表 3 规定的起动电流 I_Q 后，电能表在起动时限 t_Q 内应能起动并连续记录。

【例 2-5-2】检定一只常数为 12 000imp/kWh，3×100V，3×1.5（6）A 的 0.5S 级多

功能电能表，试计算起动时间 t_Q。

解：起动时间

$$t_Q=1.2\times\frac{60\times1000}{CmU_nI_Q}=1.2\times\frac{60\times1000}{12\,000\times1.732\times100\times0.001\,5}=19.25\ \text{(min)}$$

即电能表至少在 19.25min 内应起动并连续记录。

需要注意的是，起动电流和接入电网方式和等级有关，其取值详见 JJG 596—2012《电子式交流电能表检定规程》表 3。

3. 负载点和检定顺序

（1）根据 JJG 596—2012《电子式交流电能表检定规程》表 10 和表 11 规定的设定负载点。

（2）按负载电流逐次减小的顺序测量基本误差的原则安排检定顺序。

4. 设定预置脉冲数

根据 JJG 596—2012《电子式交流电能表检定规程》，预置脉冲数和显示被检电能表误差的小数位数，计算并应满足表 12 规定。

【例 2-5-3】一台 0.1 级电能表检定装置（配备常数为 C_H=3.6×10^{7}imp/kWh，C_L=3600imp/kWh 的 0.1 级宽量程标准表）检定一只 3×100V，3×1.5（6）A，常数为 12 000imp/kWh 的 0.5S 级多功能电能表，试根据检定要求，计算 N 最小值。

解：按照检定规程要求，该次检定中，预置脉冲数 $m_0=\dfrac{C_0\cdot N}{C_L\cdot K_I\cdot K_U}\geqslant 20\,000$（imp）

由此可知：

当标准表选用高频脉冲常数时，

$$N\geqslant 20\,000\times\frac{C_L}{C_0}K_IK_U=20\,000\times\frac{12\,000}{3.6\times10^7}\times1\times1=6.7\ \text{(r)}$$

当标准表选用低频脉冲常数时，

$$N\geqslant 20\,000\times\frac{C_L}{C_0}K_IK_U=20\,000\times\frac{12\,000}{3600}\times1\times1=66\,666.7\ \text{(r)}$$

即在检定多功能电能表时，标准表选用高频脉冲常数，N 取值为 7r；标准表选用低频脉冲常数，N 取值为 66 667r。

需要说明的是，一般情况下标准表选用高频脉冲常数，能缩短检定时间，提高工作效率，但计算的 N 值应大于 1，并进位取整数。

5. 误差判断限

根据 DL/T 448—2016 中 9.4 b）的要求，首次检定多功能误差判断限应设置为 JJG 596—2012《电子式交流电能表检定规程》表 1、表 2 最大误差限的 70%，后续检定设置为 JJG 596—2012《电子式交流电能表检定规程》表 1、表 2 最大误差限。

6. 重复测量次数

每一个负载点，至少记录两次误差测定数据，取其平均值作为实测基本误差值。若测得的误差值等于 0.8 倍或 1.2 倍被检电能表的基本误差限，再进行两次测量，取这两次与前两次测量数据的平均值作为最后测得的基本误差值。

（四）潜动试验、起动试验和基本误差检定

根据确定检定方案，对于采用自动控制的检定装置起动电源和检定软件进行潜动试验、起动试验和基本误差检定，检定结果自动判断。对于手动操作的检定装置，根据试验方法和顺序操作检定装置逐项完成。

（五）仪表常数试验

仪表常数试验有三种，一是计读脉冲法，二是走字试验法，三是标准表法。通常首次检定采用走字试验法进行试验，详见 JJG 596—2012《电子式交流电能表检定规程》6.4.6 a)。下面重点介绍走字试验法。

在规格相同的一批被检电能表中，选用误差较稳定（在试验期间误差的变化不超过 1/6 基本误差限）而常数已知的两只电能表作为参照表。各表电流线路串联而电压线路并联，在参比电压和最大电流及 $\cos\varphi=1$（对无功电能表 $\sin\varphi=1$）的条件下，当计度器末位（与是否为小数位无关）改变不少于 15（对 0.2S 和 0.5 级表）或 10（对 1～3 级表）个数字时，参照表与其他表的示数（通电前后示值之差）应符合式（2-5-1）的要求。

$$\gamma=\frac{D_i-D_0}{D_0}\times 100+\gamma_0\leqslant 1.5E_b\ (\%) \tag{2-5-1}$$

式中 E_b——电能表基本误差限；

D_0——两只参照表示数的平均值；

γ_0——两只参照表相对误差的平均值，%；

D_i——第 i 只被检电能表示数（i=1，2，…，n）。

（六）测定时钟日计时误差

电压线路（或辅助电源线路）施加参比电压 1h 后，用标准时钟测试仪测电能表时基频率输出，连续测量 5 次，每次测量时间为 1min，取其算术平均值，日计时误差限为±0.5s/d。

（七）电能示值组合误差

电能表进行首次检定时需要进行电能示值组合误差测试。测试时，电能表加参比电压，$\cos\varphi=1.0$（无功 $\sin\varphi=1.0$），电流回路加负载电流 $0.1I_b$（I_n）、I_b（I_n）、I_{max}，$\cos\varphi=1.0$。

对于可以进行费率时段编程的电能表，可以将电能表的各时段按 15～60min 交替编制，费率时段切换不少于 5 次，电能表运行时间不少于 4h 或总计度器记录的电能增

量不少于 $200\times10^{-\alpha}$kWh（kvarh），各费率电能增量不少于 $1\times10^{-\alpha}$kWh（kvarh）。

读取试验开始前和试验结束后总电能表和各费率计度器电能示值，按照式（2–5–2）计算出电能表组合误差。

$$|\Delta W_D-(\Delta W_{D1}+\Delta W_{D1}+\cdots+\Delta W_{Dn})| \tag{2–5–2}$$

对于不具费率时段编制权限的电能表，线读取总电能和各费率电能示值。

在参比电压、参比频率、$\cos\varphi$=1 条件下，电流从小到大分别加载到 I_b（I_n）或 I_{max} 一个测量点，在默认费率时段运行不少于 24h，读取各费率电能示值。

按照式（2–5–2）计算电能组合误差。

（八）需量示值误差

具有最大需量计量功能的安装式电能表要确定需量示值误差。试验前将电能表需量清零，并将需量周期设为 15min，滑差时间设为 1min。

在参比电压、参比频率、$\cos\varphi$=1.0 条件下，电流从小到大分别加载到 $0.1I_b$（$0.1I_n$）、I_b（I_n）、I_{max} 三个测量点，每个测量点运行 20min，读取电能表最大需量，按式（2–5–3）计算需量示值误差。

$$\gamma_P=\frac{P-P_0}{P_0}\times100 \tag{2–5–3}$$

式中　P——被检表需量示值，kW；

P_0——加在需量表上的实际功率，即标准功率表示值，kW。

（九）剩余电能量递减准确度

具有预付费功能的电能表应进行剩余电能量递减准确度试验。试验时应使电能表有足够电能量在试验中不跳闸。

电能表加电压和电流，电能表剩余电能的减少量 E_0 为 2～4 倍脉冲数的电能量，计算运行期间电能表计度器显示电能增加量 ΔE 与 E_0 的差值。

五、检定数据修约

电能基本误差、需量示值误差的修约间距：2 级及以上的表为等级的 1/10，3 级表修约间距同 2 级表；标准偏差的修约间距为 1/50；日计时误差的修约间距为 0.01s/d；时钟示值误差修约间距为 1s；电能示值的组合误差应保留到计度器的最小有效位。

六、检定数据修约

（1）检定完毕核查检定项目和试验数据是否异常，审核后数据上传营销业务系统存储。

（2）检定合格的电能表由检定单位加封，如需出具证书应使用检定证书和检定合格证；检定不合格的电能表注销原检定合格封印，根据需要出具检定结果通知书。

七、注意事项

（1）观察环境监测仪器仪表，如温、湿度计是否满足检定条件。

（2）检查检定装置及主标准器是否在检定有效期内。

（3）检查检定装置操作部件是否灵活，调节设备是否在“零位”。

（4）应保证接线正确无误，接线牢固，防止相间及电压回路短路，电流回路开路，电压夹子的绝缘应良好，严防电流回路与电压回路碰触，严防辅助端子的引出线碰触电压回路。

（5）对于用于双向计量的多功能电能表有功双向、无功四象限进行误差测试。

（6）根据技术协议，对批量供货的多功能电能表进行首次检定时，抽取一定量的表对时段、需量周期等参数进行检查。

（7）电能表检定完毕应对电能表底度、最大需量和事件记录进行清零操作。

（8）当电能表检定完毕后，应先降下电压、电流、切断功率源输出，再取下电能表，如检定工作全部结束，应关闭检验装置及相关电源。

【思考与练习】

1. 一只 0.5S 级安装式多功能电能表，电能表常数为 5000imp/kWh，3×100V，1.5（6）A，如用标准表法对其进行检定，请计算预置脉冲数。

2. 结合使用的多功能电能表，检定电能表的时钟示值误差、需量示值误差。

3. 如何确定时钟日计时误差？

4. 自选一只多功能电能表，检定其反向计量功能的误差。

模块 6 普通电子式电能表的验收（Z28E2006Ⅲ）

【模块描述】本模块包含普通电子式电能表验收试验的目的和依据、项目、方法与技术要求、结果处理等内容。通过概念描述、要点归纳，掌握新购入电子式电能表的验收。

本模块中所讲普通电子式电能表指由一个测量单元和一个或多个计度器装在统一表壳内的电子式电能表，如符合 Q/GDW 1828—2013《单相静止式多费率电能表技术规范》的电能表。本模块重点介绍普通电子式电能表的抽样验收。

【模块内容】

一、验收试验的目的与依据

1. 验收试验的目的

为了保证普通电子式电能表（以下简称电能表）的计量性能和技术指标应符合国

家或电力行业标准，符合电能计量装置的设计和使用方与生产厂家签订的技术协议，对订购的电能表采取全性能试验、抽样试验、全检验验收等方式，按照相应的试验项目、试验要求和试验方法进行验收检验。采用抽样方案进行验收，供货方和验收方都应承担一定风险。

2. 验收试验的依据

符合 Q/GDW 1206—2013《电能表抽样技术规范》、JJG 596—2012《电子式交流电能表检定规程》、Q/GDW 1828—2013《单相静止式多费率电能表技术规范》等普通电子式电能表的订货技术协议。

二、验收试验分类和适用场所的项目

电能表验收主要涉及供电企业和供货商在从签订供货合同后到供电企业进行检测这个环节。其验收种类有全性能试验、抽检检验、全检验收三种。

1. 全性能验收试验

全性能验收试验是在产品到货前进行的试验，由各省公司计量中心负责进行。具体做法是，样品从生产的小批量（单相 1000 只以上，最大不超过中标批次 3%）中抽取 6 只。试验前从样品中任意抽取 2 只，同招标中全性能试验留存的元器件和软件进行比对。合格样品留存 2 只。

2. 抽样验收

电能表到货后，省公司计量中心对按照 Q/GDW 1206—2013《电能表抽样技术规范》规定的抽样方法进行抽样验收，抽样试验前应从总抽取样品中任选 2 只与供货前全性能试验留存样品进行元器件、软件和工艺进行比对。

3. 全检验收

抽样验收合格后，省公司计量中心按照 JJG 596—2012《电子式交流电能表检定规程》规定的检定项目对到货电能表逐个检定，检定误差限按照规程误差限的 60%。

三、抽样检验方法

（1）验收试验的抽样方案按 GB 2828.1—2012《计数抽样检验程序　第 1 部分：按接收质量限（AQL）检索的逐批检验抽样计划》选择判别水平Ⅱ，AQL=1.0（%）的一次抽样方案。

（2）抽样检验有正常、加严和放宽验收三个方案，其转换条件见 Q/GDW 1206—2013《电能表抽样技术规范》。

（3）验收试验开始时，应采取正常验收条件，其一次抽样方案见表 2–6–1。

表 2–6–1 正常验收条件一次抽样方案

批量（N）	样本大小（n）	Ac	Re
5～280	3	0	1
281～500	50	1	2
501～1200	80	2	3
1201～3200	125	3	4
3201～10 000	200	5	6
10 001～35 000	315	7	8
35 001～150 000	500	10	11
150 001～500 000	800	14	15
≥500 001	1250	21	22

四、验收试验的技术要求及试验

普通电子式电能表的直观检查、冲击电压试验、工频交流电压试验、基本误差试验、常数试验、起动试验、潜动试验和功率消耗试验等常规试验项目的试验方法与技术要求在模块 Z28E2001 Ⅰ 中均有介绍，此处不再介绍。本模块主要介绍电源电压影响、剩余电量递减准确度、误差一致性、费控功能等试验项目的验收方法。

1. 功率消耗试验

功率消耗试验在正常工作条件下进行，通以三相参比电压、基本电流，显示器应在全显状态。电压线路的有功功耗宜用低功率因数瓦特表测量，电压线路的视在功耗宜用高内阻伏安表测量；电流线路视在功耗宜用伏安法测量，测量的准确度应优于 5%。电能表采用线路供电时，每一电压线路的有功功率和视在功率消耗 1.5W、6VA；电能表采用外部辅助电源供电时，每一电压线路的视在功率消耗 0.5VA，辅助电源功耗小于 10VA。电能表每一电流线路的视在功率消耗不应超过 0.2VA。

2. 电源电压影响试验

（1）短时过电压试验。给电能表的电压线路施加 380V 的电压值，持续性 1h，电能表应无损坏，且试验后能正常工作。

（2）电源电压中断影响试验。首先给电能表电压回路加参比电压，电流回路无电流，然后按以下步骤进行：

1）把电压降为零，中断时间为 1s，然后再把电压升到 100%参比电压，经过 50ms，再次把电压降至零，中断时间 1s，这样重复 3 次。

2）完成上述操作后，再把电压降为零，中断时间为 20ms，然后再把电压升到参比电压做 1 次。

3）把 100%参比电压降落为 50%的参比电压，降压时间为 1min，然后把电压再升至 100%参比电压做 1 次。

经过以上三个步骤的操作后，电源电压降落和适时中断不应使计度器产生大于 x（kWh）的改变。

$$x = 10^{-6} m U_{n} I_{max}$$

式中　m——接线系数，单相时为 1，三相三线为 1.732，三相四线为 3；

U_{n}——电能表额定电压；

I_{max}——电能表最大电流。

【例 2-6-1】 对一只 2 级单相电子表，参比电压 220V，参比电流 5（60）A，经过电源中断影响试验后，计度器不应产生多少电量的改变？

解：经过电源中断试验后，计度器不应产生的电量为

$$x = 10^{-6} m U_{n} I_{max} = 10^{-6} \times 1 \times 220 \times 60 = 0.013\,2 \text{（kWh）}$$

需要说明的是，式中，m 为电能表工作元件数。

3. 误差一致性试验

被试表精度为 1 级，在参比电压、基本电流加载 30min 后，对同一批次多只被试表，在参比电压、电流和功率因数按照表 2-6-2 进行测量，被试表的测量结果与同一测试点多只表的平均值的最大差值不应超过表 2-6-2 规定值。注意：被试表应使用同一台多表位校验装置同时测试。

表 2-6-2　误差一致性限制表

误差限	I_{b}、功率因数1.0和0.5L	10%I_{b}、功率因数1.0
	±0.3%	±0.4%

4. 电磁兼容性试验

电能表的静电放电抗扰度、射频电磁场抗扰度、快速瞬变脉冲群抗扰度、射频场感应的传导骚扰抗扰度、浪涌抗扰度、衰减振荡波抗扰度、无线电干扰抑制等电磁兼容试验应符合 GB/T 17215.211—2016《交流电测量设备　通用要求、试验和试验条件　第 11 部分：测量设备》及 GB/T 17215.321—2008《交流电测量设备　特殊要求　第 21 部分：静止式有功电能表（1 级和 2 级）》的规定。试验后电能表应能正常工作存储的信息无变化。

五、验收结果的处理

（1）经过验收试验的电能表填写验收试验记录并存档。

（2）试验合格的，该批电能表验收通过，办理入库手续并建立计算机资产档案。剩余电能表再进行逐块检定，检定不合格的，退回供货商。

（3）试验不合格的，整批电能表作退货处理。

六、验收试验时注意事项

（1）新购电能表首先应具有制造计量器具许可证（CMC）和生产许可证。

（2）电能表应在盖表和不损坏生产厂家封印的条件下进行试验。

（3）电能表常数和绝缘不合格的电能表是不能验收的。

（4）检验过程中发现样品存在因生产工艺、元器件等同一原因引起的质量隐患，视为验收不合格。

（5）全检验收合格率不能低于98.5%。

除了常规试验的项目外，还有冲击电压试验、功率消耗试验、短时过电压试验、电源电压中断影响试验等项目。

【思考与练习】

1. 单相电子式多费率电能表规定功率消耗是多少？如何测试？

2. 一只1级三相普通电子式电能表，规格3×220/380V，3×5（60）A，经过电源中断影响试验后，计度器不应产生多少电量的改变？

3. 写出单相电子式多费率电能表抽样检验有正常、加严和放宽验收转换条件。

模块7 多功能电能表常见故障的分析处理（Z28E2007 Ⅲ）

【模块描述】本模块包含多功能电能表常见故障的类型、现象、原因分析及处理方法等内容。通过要点归纳，掌握多功能电能表常见故障的处理。

【模块内容】

由于多功能电能表较普通电子式电能表结构复杂，因而故障种类也相对复杂，常见的多功能电能表故障主要有电池失电，显示屏黑屏或花屏，日期、时钟错误，通信故障，计量错误，总电量不等于费率电量。

一、电池失电

1. 故障现象

当电能表有电压时，电能表屏幕上有电池形状的图标闪烁；或者在电能表无电压时，按唤醒键屏幕无显示。

2. 分析与处理

多功能电能表都装有两块电池，一块为时钟电池，安装在表内部以维持时钟的正常运行；一块为停电抄表电池，安装的位置通常在面板的小门内以便更换，用于在停电时支持屏显、故障判断等功能，因此电池的运行状况对多功能电能表是很重要的，当电池的电压低于设定值或电池与主板接触不良时，显示屏上会有缺电池的指示，如出现缺电池的指示时，应先判断是哪块电池故障。一般来说屏幕上会有详细的提示，提示的方法及错误代码参考各生产厂家的说明书。

（1）安装在小门内的停电抄表电池出现故障时，可在现场进行处理，方法是拆除面板上的小门封印，打开小门，取出电池，用直流电压表测量电池“+”“-”极的电压，如符合要求，则重新安装进去，调整电池位置，使其接触良好。如电压低于额定值，则应更换电池。在取下电池进行测量和更换时，注意必须在电能表正常上电运行的状态下进行（有工作电压即可），避免数据的丢失，另外，某些厂家的电能表在未上电的状态下更换电池可能会造成电池功耗增大，电池使用寿命缩短。若更换电池后仍未解决问题，厂家的电池一般都是安放在专用的电池盒中的，可更换电池盒。

（2）如果出现故障的是时钟电池，由于时钟电池安装在表内部，需要拆表进行处理。

二、显示屏黑屏或花屏

1. 故障现象

电能表屏幕无显示或显示乱码，表现为电能表加上电压后，屏幕无显示或者显示为错误的符号，缺少笔画，也有的为屏幕上出现一条多余的线条等。

2. 分析与处理

目前，大多数的多功能电能表都采用液晶屏显示。当屏幕无显示时，即通常说的黑屏；当屏幕上的笔画显示出现错误或缺笔画时，通常称之为乱码。

首先应先察看是否有电源供电，解决的方法是先用万用表查看线路是否有电压，一般在电能表的电压端子排上测量，然后查看电能表的电压是否按电能表上所标定的额定电压接入。如以上的检查都是正常的，则可先将电源断电后再上电，因为有时因电能表短时过电压或接收到错误的通信命令都可能导致显示故障，再重新上电后电能表显示能恢复正常。如采取以上措施后，屏幕仍无显示，则有可能是驱动 LCD 的 IC 坏或液晶管脚虚焊、液晶屏损坏的原因，应联系生产厂家进行维修。

三、日期、时钟错误

1. 故障现象

电能表上显示的日期、时间与标准时间不相符，或者为乱码。

2. 分析与处理

（1）首先判断电能表是处于上电的状态还是掉电的状态，因为某些厂家的多功能电能表在掉电的情况下显示的时间是最后一次掉电的时间，这时上电即可显示当前时间。

（2）在上电的情况下，在时钟误差小于 5min 内，可在实验室利用检定装置或专用电能表设置终端进行校时；电能表安装现场也可以利用用电信息采集系统或专用校时设备（安装校时软件的笔记本电脑或专用终端）进行校时。通常情况下对于时钟误差大于 5min 电能表，可以打开电能表编程开关进行调时。如果电能表无法调时，一般应联系生产厂家检查时钟电路是否有故障而需要进行维修。

（3）一般用电营销业务系统上安装 GPS 授时设备，校时设备使用前应首先进行对时，确保调试设备时钟正确性。

四、通信故障

1. 故障现象

与用电信息采集系统或抄表终端无法通信，无法抄到数据。

2. 分析与处理

（1）首先检查电能表通信接线是否正确，连接是否良好。其次检查通信地址是否正确，如果不能确定通信地址可重新设置或使用通用地址。最后检查后台通信的波特率是否与电能表一致，使用的通信端口是否正确。

（2）如通过以上检查电能表仍不能正常通信，则应检查通信硬件是否正常，通信软件在发命令时用万用表的 10V 直流挡在电能表的 RS–485 通信口高、低端之间测量应有跳变的电压，如无电压跳变则应联系生产厂家维修。

（3）在对电能表进行参数设置时不成功，除按上述方法查找原因外，还应查找密码是否正确，是否有相应的权限控制字，编程键是否按下。如果出现需量不能清零的情况，则应查看清需量的功能是否被锁住，某些厂家对清需量的功能有一定限制，如两次清需量的时间间隔不得少于 5min 等。

（4）如使用红外通信，还要考虑到红外源的干扰及反射干扰的问题。

五、计量错误

1. 故障现象

表现为电量不累加或者虽然累加，但与实际的电量有出入。

2. 分析与处理

（1）电能表出现不计电量或计量错误的情况时，可以先查看电能表接入的电压是否正常，电流接线是否符合要求。现在的多功能电能表都具有逆相序，一相或两相电流反相的报警指示，可以从屏幕上对接线错误进行判断。

（2）如果接线正确，可通过屏幕检查电能表的电流及电压指示值，同时用万用表或相位伏安表测量表头上的电压和接入的实际电流，看看是否一致。也可对功率进行测量，看看与电能表上的显示是否一致。最后可以对电能表的误差进行检定。

（3）如果出现电能表误差合格，接线无误，但电能表计量的总有功、无功电能与计算值相差较大的情况，应对电能表的计量方式设置进行检查，是否与技术要求相统一，无功的四象限分布方式是否符合 DL/T 645—2007《多功能电能表通信规约》中附录 C 的要求。

六、总电量不等于费率电量

1. 故障现象

电能表的总电量和各费率电量存在较大的误差。

2. 分析与处理

多功能电能表在设计上要求总和各个费率电量分别设置存储器，因此电能表显示的末位数是经过数据修约而得到的，从而造成“末位显示误差”，当然也有可能是由于电能表软件设计缺陷和元器件失效而产生的。

下面介绍采用电子计度器的总电量不等于费率电量的检查方法。

首先可以通过计算各费率电量 ΔW_i 和总电量 ΔW_Σ 与电量显示器的小数位数之间的关系是否满足式（2–7–1）。

$$|\Delta W_D-(\Delta W_{D1}+\Delta W_{D1}+\cdots+\Delta W_{Dn})|\leqslant(n-1)\times10^{-\alpha} \quad (2\text{–}7\text{–}1)$$

对于采用机电计度器的电能表，可以用式（2–7–2）来进行判定：

$$|\Delta W_D-(\Delta W_{D1}+\Delta W_{D1}+\cdots+\Delta W_{Dn})|\leqslant2(n-1)\times10^{-(\alpha+1)} \quad (2\text{–}7\text{–}2)$$

式中　ΔW_D——总电能量；

ΔW_{D1}、$\Delta W_{D1}\cdots\Delta W_{Dn}$——各费率电能量；

n——费率数；

α——总计度器的小数位数。

当不同种类的计度器满足式（2–7–1）或式（2–7–2）时电能表合格，当不满足式（2–7–1）时，退回厂家修理。

【思考与练习】

1. 现场安装式多功能电能表出现“黑屏”如何处理？
2. 停电时安装式多功能电能表无法用键“唤醒”进行抄表，请问应如何检查和处理？
3. 安装式多功能电能表不计量或计量错误的原因有哪些？
4. 写出安装式电能表总电量不等于费率电量的两种判别方法。

◢ 模块 8　多功能电能表的验收（Z28E2008Ⅲ）

【模块描述】本模块包含多功能电能表验收试验的目的和依据、项目、方法和技术要求、结果处理等内容。通过概念描述、术语说明、要点归纳，掌握新购入多功能电能表的验收方法。

【模块内容】

多功能电能表指由测量单元和数据处理单元等组成，除计量有功、无功电能量外，还具有分时、测量需量等两种以上功能，并能显示、存储和输出数据的电能表。根据国家电网公司智能电能表系列标准生产的多功能智能电能表虽属于多功能电能表范畴，但由于其对费控、远程通信要求较高，试验项目、要求和按照 DL/T 614—2007《多功能电能表》生产的表有差异，故智能电能表的验收另列一个模块阐述。本模块重点介绍根据 DL/T 614—2007《多功能电能表》生产的多功能电能表的抽样验收。

一、验收试验的目的

多功能电能表是按国家相关规定属于强制检定的器具，所有用于计量收费的多功能电能表必须全部进行检定。对于购入的某一批电能表，为验证是否满足订货时提出的各项要求，是否可以接收这批电能表，应按照 Q/GDW 1206—2013《电能表抽样技术规范》进行全性能验收、抽样验收和全检验收。

二、验收试验的依据

符合国家电网公司企业标准 Q/GDW 1206—2013《电能表抽样技术规范》、JJG 596—2012《电子式交流电能表检定规程》、DL/T 614—2007《多功能电能表》、DL/T 645—2007《多功能电能表通信协议》的电能表订货技术协议。

三、验收试验项目

多功能电能表应根据 DL/T 614—2007《多功能电能表》进行抽样试验，试验项目包括外观与标志、准确度要求试验（基本误差、仪表常数、起动试验、潜动试验、计度器总电能示值误、费率时段电能示值误、日计时误、环境温度对日计时误差的影响、最大需量误差）、电气要求试验（功率消耗、电源电压工作范围、电压暂停和短时中断、电压逐渐变化、自热试验）、基本功能测试（电能计量功能、最大需量功能、费率和时段功能、事件记录功能、脉冲输出功能、显示功能、电能表预置内容检查、扩展功能）、电磁兼容试验（静电放电抗扰度试验、射频电磁场抗扰度试验、快速瞬变脉冲群抗扰度试验、浪涌抗扰度试、射频场感应的传导骚扰抗扰、衰减振荡波抗扰）、通信功能（通信规约一致性检验、数据传输线抗干扰试验）、绝缘性能（脉冲电压试验、交流电压试验）、一致性试验（误差变差试验、误差一致性试验、负载电流升降变差试验、电流过载试验）共计 8 类 38 个试验项目。

四、验收试验的方法和技术要求

验收试验方法在前面的模块中大多已有介绍，本模块重点介绍基本功能试验、通信功能试验和误差一致性试验。

1. 基本功能试验

基本功能试验包括电能计量功能、最大的需量功能、费率和时段功能、事件记录功能、脉冲输出功能、显示功能、电能表预置内容检查、扩展功能等试验项目。

（1）电能计量功能指电能表具有正向有功、反向有功电能、四象限无功电能计量功能，并可以据此设置组合有功和组合无功电能；具有分时计量功能；具有计量分相有功电能量功能，并不应采用分相电能量算术加的方式计算总电能量；能存储12个结算电量数据；电能量不得修改，只能清零；清零可使用硬件编程键、操作密码或封印管理。

（2）最大需量功能是指能测量双向最大需量、分时段最大需量及记录其出现的日期和时间，并存储带时标的数据；最大需量值应能手动（或使用抄表器）清零，需量手动清零应有防止非授权人操作的措施；最大需量测量采用滑差方式，需量周期和滑差时间可设置，出厂默认值：需量周期15min，滑差时间1min。当发生电压线路上电、时段转换、清零、时钟调整等情况时，电能表应从当前时刻开始，按照需量周期进行需量测量。

（3）智能电能表要求至少具有两套费率时段，可通过预先设置的时间点实现两套费率时段的自动切换。

（4）多功能电能表应记录编程、需量清零、校时（不包含广播校时）、各相失电压、各相断相、各相失电流、电压（流）逆相序、开端钮盖、各相过负荷、掉电、全失压的总次数，以上的事件每件应至少能记录最近10次事件发生的开始时刻、结束时刻、对应的电能量数据等信息，并可抄读每种事件记录总发生次数和（或）总累计时间。在发生任意相失电压、断相时，电能表应能发出正确提示信息。

（5）多功能电能表需具备与所计量的电能成正比的LED脉冲和电量脉冲输出功能。

以上试验主要通过改变接入的电流、电压、相位角等来模拟现场工作环境，改变电能表的日期、时间来获得记录，通过电量、需量的改变及抄读电能表内部存储的记录来进行测试。

（6）显示功能的测试应包括自动循环显示与手动按键（遥控按键）显示。

（7）电能表预置内容应包括电能表的日期、时间、结算日、需量周期、滑差时间、负荷曲线记录间隔、时区、时段、各类报警值的设置、跳闸次数的限制等，可利用手抄器或计算机对其进行抄读，检查设置是否符合相关要求。

2. 通信功能试验

通信功能试验包括通信规约一致性检查、数据传输线抗干扰试验和载波通信性能试验。

（1）通信规约一致性检查。应由公司系统内有资质的检测机构对通信规约一致性进行检查，检查依据 DL/T 645—2007《多功能电能表通信协议》及其备案文件执行，主要应对智能电能表与系统的通信或购电接口、不同厂家的多功能电能表与远抄负控终端的通信进行测试。

（2）对于与通信接口连接的，长度超过 2m 的脉冲传输线和数据传输线，应进行数据传输线抗干扰试验，即电快速瞬变脉冲群抗扰度试验。试验按照 GB/T 17215.211—2006《交流电测量设备 通用要求、试验和试验条件 第 1 部分：测量设备》规定，在下列条件下进行：电能表处于正常工作状态，使用电容耦合夹将试验电压以共模方式耦合至输入/输出脉冲和数据通信线路；严酷等级 3 级；耦合在脉冲/数据传输线上的试验电压为 1kV；试验时间为 60s。在脉冲群的作用下，电能表及组成系统的各设备不应出现损坏，并能正常工作。试验后，系统应能正常工作和通信。

（3）载波通信性能指通过载波方式与上位机通信，读回的数据应准确无误。并且应对不同厂家的载波电能表与集抄器的交叉通信进行测试。

电能表通信时，电能表内存储的计量数据和参数不应受到影响和改变。

3. 误差一致性试验

被试电能表在参比电压、基本电流加载 30min 后，对同一批次 n 个被试样品（典型为 3～6 只电能表），在参比电压、I_b、10%I_b、功率因数 1.0 和 0.5L 条件下，被试样品的测量结果与同一测试点 n 个样品的平均值的最大差值不应超过表 2-8-1 的限值。测试时需注意：被试样品应使用同一台多表位校验装置同时测试。

表 2-8-1　　误差一致性限值（%）

电流	功率因数	0.2S 级	0.5S 级	1 级	2 级
I_b	1.0	±0.06	±0.15	±0.3	±0.6
	0. 5L				
10%I_b	1.0	±0.08	±0.20	±0.4	±0.8

【例 2-8-1】省计量中心用一台 0.05 级电能计量检定装置对某供货商提供的一批 0.5S 级电能表进行误差一致性测试，在参比电压、10%I_b、功率因数为 1.0 情况下对 3 只表测试的数据（二次误差平均值）为–0.115%、–0.082%、+0.103%，请判断该批表在该测量点是否符合误差一致性要求。

解： 该三只表在参比电压、10%I_b、功率因数为 1.0 情况下的最大误差为 $\Delta_{max}=|-0.115-0.103|=0.218(\%)>0.2\%$，故三只电能表虽然合格，但整批表的误差一致性不合格。

五、验收结果的处理

如果该批次多功能电能表满足验收条件，则整批通过验收，若该批次未能通过验收，则全部退货。有下列情形之一者则判定验收不合格。

（1）依据检测样品中，未经招标方有效书面确认，出现元器件不符、工艺简化、软件改动等改动产品的情况。

（2）依据 GB/T 17215.211—2006《交流电测量设备通用要求、试验和试验条件　第11部分：测量设备》，样品中出现电磁兼容、功能、通信测试不通过。

（3）依据 GB/T 17215.211—2006《交流电测量设备通用要求、试验和试验条件　第11部分：测量设备》，试验检测结果不满足判定标准要求。

（4）检测过程中发现有 3 只及以上样品存在因生产工艺、元器件等同一原因引起的质量隐患问题。

【思考与练习】

1. 安装式多功能电能表验收的抽样试验项目有哪些？

2. 写出本单位使用的多功能电能表对失电压、失电流的技术要求。

3. 写出三相多功能电能表对误差一致性的判别要求。

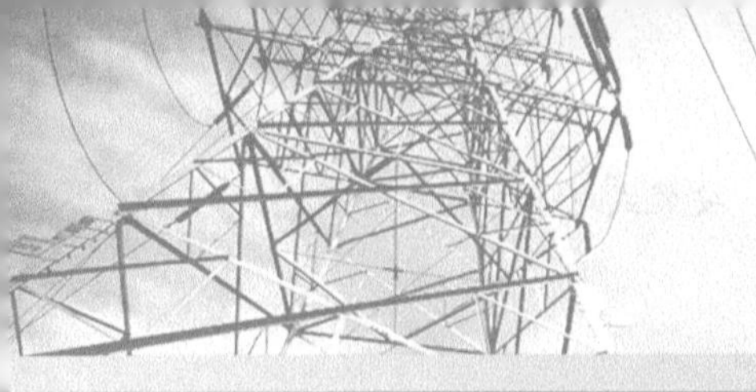

第三章

智能电能表检定

模块1　智能电能表检定（Z28E3001Ⅰ）

【模块描述】本模块介绍智能电能表室内检定，通过对智能电能表室内检定项目、检定方法的操作过程说明及检定数据修约的详细介绍，达到掌握智能电能表室内检定操作方法的目的。

【模块内容】

智能电能表在多功能电能表的基础上重点扩展了信息存储及处理、实时监测、自动控制、信息交互等功能，从本质上来说，智能电能表也是多功能电能表的一种。

目前国家电网公司有 Q/GDW 1354—2013《智能电能表功能规范》、Q/GDW 1355—2013《单相智能电能表型式规范》、Q/GDW 1356—2013《三相智能电能表型式规范》、Q/GDW 1364—2013《单相智能电能表技术规范》、Q/GDW 1365—2013《智能电能表信息交换安全认证技术规范》、Q/GDW 1827—2013《三相智能电能表技术规范》六个企业标准。按接线方式分成单相智能电能表和三相智能电能表两大类，因此智能电能表按照接线方式、数据通信信道与费控方式组成多款表型。

一、检定依据

智能电能表的检定规程是国家质量技术监督部门颁布的 JJG 596—2012《电子式交流电能表检定规程》、JJG 1099—2014《预付费交流电能表检定规程》、JJG 691—2014《多费率电能表检定规程》、JJG 569—2014《最大需量电能表检定规程》。这些检定规程适用于智能电能表的首次检定和后续检定。

二、检定项目及检定方法

（1）智能电能表的检定条件应满足 JJG 596—2012《电子式交流电能表检定规程》检定条件 6.2 款要求。

（2）根据 JJG 596—2012《电子式交流电能表检定规程》，智能电能表首次检定的项目有外观检查、交流电压试验、潜动试验、起动试验、基本误差、仪表常数试验、时钟日计时误差试验、时钟显示误差、需量示值误差、电能示值组合误差、剩余电能量递减准确度，后续检定在上述项目中去除交流电压试验、电能示值组合误差。

（3）智能电能表检定方法参照“多功能电能表检定（Z28E2005Ⅱ）”。

三、智能电能表的准确度、电气性能测试和显示、设置功能的检查

根据 DL/T 1485—2015、DL/T 1487—2015 中 5.5.1 的要求，首次检定智能电能表误差判断限应设置为 JJG 596—2012《电子式交流电能表检定规程》表 1、表 2 最大误差限的 60%，后续检定设置为 JJG 596—2012《电子式交流电能表检定规程》表 1、表 2 最大误差限。

智能电能表除了按照检定规程要求的检定项目外，还可根据需要和智能电能表的特点，利用检定装置和一些常用仪器仪表做一些准确度、电气性能测试和显示、设置功能的检查。

下面根据 Q/GDW 1364—2013《单相智能电能表技术规范》、Q/GDW 1827—2013《三相智能电能表技术规范》、Q/GDW 1354—2013《智能电能表功能规范》和 Q/GDW 1365—2013《智能电能表信息交换安全认证技术规范》，重点介绍电能表常数检查、计度器总电能示值组合误差、需量示值误差、误差变差试验、负载电流升降变差试验、测量重复性试验、显示功能测试、参数设置正确性检查方法。

1. 电能表常数检查

JJG 596—2012《电子式交流电能表检定规程》对电能表常数检查分为走字试验法和标准表法。下面介绍利用检定装置进行检查常用的计读脉冲法。

电能表接入检定装置或试验功率源，在参比电压，电流线路通以最大电流 I_{max}，功率因数为 1 条件下，被检智能电能表末位至少改变 1 个字时，输出电能表脉冲数 $N=bC\times10^{-\alpha}$（其中，b 为计度器倍率；C 为智能电能表常数）。

【例 3-1-1】已知一只 3×220/380V，3×1.5（6）A 的智能电能表，常数为 6400imp/kWh；显示屏显示的电能量最小值为 0.01，请问在参比电压，电流线路通以最大电流 I_{max}，功率因数为 1 条件下，记录电能表变动最后 5 个字时输出的脉冲数应为多少。

解：一般智能电能表器计度倍率为 1 度，根据 JJG 596—2012《交流电子式检定规程》，当计度器末位变动 5 个字时，$N=5\times1\times6400\times10^{-2}=320$（imp）。

即：该表在显示屏上电能量示值最后位改变 5 个字后，电能表应输出脉冲数 320 个。

2. 计度器总电能示值组合误差

电能表接入检定装置或试验功率源，在参比电压、参比频率、I_b、$\cos\varphi=1$（或 $\sin\varphi=1$）条件下，智能电能表各费率时段任意交替编制，日切换 7 次；读取总电能计度器和各费率计度器电能（初始）示值；连续运行 24h 后读取总电能计度器和各费率时段相应计度器的电能示值；计算出总电能计度器及各费率时段计度器所计的电能增量，通过计算总电量和各时段电量的误差来判定计度器总电能示值组合误差。

【例 3–1–2】一只 3×100V，3×1.5（6）A 的智能电能表，常数为 20 000imp/kWh；电能表示值显示 6 位整数 2 位小数，设置为峰、平和谷三个时段，电量清零后按照 Q/GDW 1827—2013《三相智能电能表技术规范》试验方法进行计度器总电能示值组合误差试验，读得电能表总和峰、平、谷电量分别为 25.01、7.25、7.63、10.1。请判断该智能电能表计度器总电能示值组合误差为多少，是否合格？

解：由公式 $\left|\Delta W_{\mathrm{D}}-(\Delta W_{\mathrm{D1}}+\Delta W_{\mathrm{D2}}+\cdots\Delta W_{\mathrm{Dn}})\right|\leqslant(n-1)\times10^{-\alpha}$ 可知

$$\left|\Delta W_{\mathrm{D}}-(\Delta W_{\mathrm{D1}}+\Delta W_{\mathrm{D2}}+\cdots\Delta W_{\mathrm{Dn}})\right|=\left|25.01-7.25-7.63-10.1\right|$$
$$=0.03>(3-1)\times10^{-2}=0.02$$

即：该智能电能表组合误差为 0.03（kWh），不合格。

3. 需量示值误差

电能表接入检定装置或试验功率源，试验开始前将仪表需量清零，并将仪表的需量周期设置为 15min。在电压线路通以参比电压，电流线路通以电流 $0.1I_{\mathrm{b}}$（I_{n}）、I_{b}（I_{n}），功率因数为 1 条件下，仪表连续运行 15min 以上，读取仪表的最大需量，根据标准表的功率示值和被测仪表的需量示值计算需量示值误差。

【例 3–1–3】一只 0.2S 级的 3×57.7/100V，3×1.5（6）A 的智能电能表，按照 Q/GDW 1827—2013《三相智能电能表技术规范》试验方法进行需量示值误差测试，测得 $0.1I_{\mathrm{n}}$、I_{n} 和 $I_{\max}$ 三个点的智能电能表需量值和标准表功率值见表 3–1–1，请计算需量示值误差并判断是否合格？

表 3–1–1　　需量示值误差测试记录

电流	$0.1I_{\mathrm{n}}$	I_{n}	$I_{\max}$
智能电能表需量值（kW）	0.087	0.866	1.039
标准表功率值（kW）	0.087 1	0.865 6	1.040 1

解：根据 Q/GDW 1827—2013《三相智能电能表技术规范》：

$$需量示值误差\gamma_{\mathrm{p}}=\frac{P-P_0}{P_0}\times100\%\leqslant\delta P=X+\frac{0.05P_{\mathrm{n}}}{P}$$

根据测试值将计算结果填入表 3–1–2。

表 3–1–2　　需量示值误差测试计算表

电流	$0.1I_{\mathrm{n}}$	I_{n}	$I_{\max}$
智能表需量值 P（kW）	0.087	0.866	1.039
标准表功率值 P_0（kW）	0.087 1	0.865 6	1.040 1

续表

电流	$0.1I_n$	I_n	I_{max}
额定功率 P_n（kW）	0.086 6	0.865 5	1.038 6
$r_P = \frac{P-P_0}{P_0} \times 100(\%)$	−0.114 81	0.046 211	−0.105 76
$P = X + \frac{0.05P_0}{P}(\%)$	0.249 77	0.249 971	0.249 981
结论	$\lvert\gamma_P\rvert < \lvert\delta P\rvert$		

答：该表需量示值误差合格。

4. 误差变差试验

电能表接入检定装置或试验功率源，电能表在参比电压、参比电流加载30min后，对同一被试样品，在参比电压、I_b、功率因数1和0.5L条件下，对样品做第一次测试；在试验条件不变的条件下间隔5min后，对样品做第二次测试，同一测试点处的两次测试结果的差的绝对值不应超过智能电能表技术规范的规定。

【例3–1–4】一只1级的3×220/380V，3×5（60）A的智能电能表，在参比电压、I_b、功率因数1和0.5L条件下，分别连续测得误差数据见表3–1–3，请判断其误差的变差是否合格？

表3–1–3　　智能电能表误差测试记录表

电流	功率因数	1	2	3	4	5	6
I_b	1	+0.21	+0.18	+0.23	+0.22	+0.19	+0.19
	0.5L	+0.35	+0.28	+0.33	+0.28	+0.29	+0.28

解：从表3–1–3可以看出，功率因数等于1的测量点，第2个和第3个数据变差最大，$\Delta\gamma = 0.05\%$；同样，在功率因数等于0.5L的测量点，第2个和第3个数据变差最大$\Delta\gamma = 0.07\%$。

Q/GDW 1827—2013《三相智能电能表技术规范》表9中，1级表误差的最大允许变差为0.2%，所以该智能电能表误差的变差合格。

5. 负载电流升降变差试验

电能表接入检定装置或试验功率源，在参比电压、参比电流加载30min后，电能表基本误差按照负载电流从小到大，然后从大到小的顺序进行两次测试，记录负载点误差；在功率因数1、负荷电流$0.05I_b$（I_n）～I_{max}变化范围内，同一只被试样品在相同负载点处的误差变化的绝对值不应超过智能电能表技术规范限定值。

【例 3–1–5】一只 1 级的 3×220/380V，3×5（60）A 的智能电能表，在参比电压、功率因数 1 的情况下，分别测得表 3–1–4 负荷点在上升和下降中的误差值，请判断其负载电流升降变差是否合格？

表 3–1–4　　智能电能表误差负载电流升降变差试验记录表

	I_{max}	$50\%I_{max}$	I_b	$10\%I_b$	$5\%I_b$
下降误差（%）	+0.18	+0.15	+0.13	+0.05	–0.10
上升误差（%）	+0.11	+0.17	+0.08	–0.05	–0.05

解：从表 3–1–4 可以计算得到在检定规程调定负载点的负载电流升降变差最大值出现在 $10\%I_b$，其值为 0.10%小于 Q/GDW 1827—2013《三相智能电能表技术规范》表 10 中 1 级表误差的最大允许变差为 0.25%，所以该智能电能表误差的负载电流升降变差合格。

6. 测量重复性试验

电能表接入检定装置或试验功率源，在参比电压、参比频率和参比电流下，对功率因数为 1.0 和 0.5（L）两个负载点分别做不少于 5 次的相对误差测量，按照下式计算的标准偏差估计值，不应超过智能电能表技术规范限定值。

【例 3–1–6】一只 1 级的 3×220/380V，3×5（60）A 的智能电能表，在规定的测试条件下，测得误差见表 3–1–3，请计算其标准偏差估计值并判断其测量重复性试验是否合格？

解：电能表的标准偏差估计值由贝塞尔公式计算得到，其测量次数 n 不小于 5 次，为方便计算一般可取 6 次。

$$\text{当}\cos\varphi = 1\text{时，}S = \sqrt{\frac{1}{n-1}\sum_{i=1}^{n}(r_i - \overline{r})^2} = 0.019\,7\ (\%)$$

$$\text{当}\cos\varphi = 0.5L\text{时，}S = \sqrt{\frac{1}{n-1}\sum_{i=1}^{n}(r_i - \overline{r})^2} = 0.030\,6\,(\%)$$

化整值为：1.0 时 S=0.02%，0.5L 时 S=0.04%。

Q/GDW 1827—2013《三相智能电能表技术规范》表 11 中 1 级表误差的最大允许变差为 0.2%，所以该智能电能表测量重复性试验合格。

7. 显示功能测试

智能电能表显示有两种方式，分别为自动循环显示（简称循显）和手工按键显示（简称按显），表 3–1–5 和表 3–1–6 分别为三相智能电能表循显和按显内容。由于智能电能表经历了 2009 版和 2013 版两个版本，在按显内容上有细微不同，单循显内容相同。

表 3–1–5 三相智能电能表循显参数表

序号	显示项目	2009版标准			2013版标准		
		智能电能表	远程费控表	本地费控表	智能电能表	远程费控表	本地费控表
1	当前日期	√	√	√	√	√	√
2	当前时间	√	√	√	√	√	√
3	当前剩余金额			√			√
4	当前组合有功总电量	√	√	√	√	√	√
5	当前正向有功总电量	√	√	√	√	√	√
6	当前正向有功尖电量	√	√	√	√	√	√
7	当前正向有功峰电量	√	√	√	√	√	√
8	当前正向有功平电量	√	√	√	√	√	√
9	当前正向有功谷电量	√	√	√	√	√	√
10	当前正向有功总最大需量	√	√	√	√	√	√
11	当前组合无功 1 总电量	√			√		
12	当前组合无功 2 总电量	√			√		
13	当前第 1 象限无功总电量	√	√	√	√	√	√
14	当前第 2 象限无功总电量	√	√	√	√	√	√
15	当前第 3 象限无功总电量	√	√	√	√	√	√
16	当前第 4 象限无功总电量	√	√	√	√	√	√
17	当前反向有功总电量	√	√	√	√	√	√
18	当前反向有功尖电量	√	√	√	√	√	√
19	当前反向有功峰电量	√	√	√	√	√	√
20	当前反向有功平电量	√	√	√	√	√	√
21	当前反向有功谷电量	√	√	√	√	√	√

表 3–1–6 三相智能电能表按显参数表

序号	显示项目	2009版标准			2013版标准		
		智能电能表	远程费控表	本地费控表	智能电能表	远程费控表	本地费控表
1	当前日期	√	√	√	√	√	√
2	当前时间	√	√	√	√	√	√
3	当前剩余金额	√	√	√	√	√	√

续表

序号	显示项目	2009版标准			2013版标准		
		智能电能表	远程费控表	本地费控表	智能电能表	远程费控表	本地费控表
4	当前组合有功总电量	√	√	√	√	√	√
5	当前正向有功总电量	√	√	√	√	√	√
6	当前正向有功尖电量	√	√	√	√	√	√
7	当前正向有功峰电量	√	√	√	√	√	√
8	当前正向有功平电量	√	√	√	√	√	√
9	当前正向有功谷电量	√	√	√	√	√	√
10	当前正向有功总最大需量	√	√	√	√	√	√
11	当前正向有功总最大需量发生日期	√	√	√	√	√	√
12	当前正向有功总最大需量发生时间	√	√	√	√	√	√
13	当前反向有功总电量	√	√	√	√	√	√
14	当前反向有功尖电量	√	√	√	√	√	√
15	当前反向有功峰电量	√	√	√	√	√	√
16	当前反向有功平电量	√	√	√	√	√	√
17	当前反向有功谷电量	√	√	√	√	√	√
18	当前反向有功总最大需量	√	√	√	√	√	√
19	当前反向有功总最大需量发生日期	√	√	√	√	√	√
20	当前反向有功总最大需量发生时间	√	√	√	√	√	√
21	当前组合无功1总电量	√			√		
22	当前组合无功2总电量	√			√		
23	当前第1象限无功总电量	√	√	√	√	√	√
24	当前第2象限无功总电量	√	√	√	√	√	√
25	当前第3象限无功总电量	√	√	√	√	√	√
26	当前第4象限无功总电量	√	√	√	√	√	√
27	上1月正向有功总电量	√	√	√	√	√	√
28	上1月正向有功尖电量	√	√	√	√	√	√
29	上1月正向有功峰电量	√	√	√	√	√	√

续表

序号	显示项目	2009版标准			2013版标准		
		智能电能表	远程费控表	本地费控表	智能电能表	远程费控表	本地费控表
30	上1月正向有功平电量	√	√	√	√	√	√
31	上1月正向有功谷电量	√	√	√	√	√	√
32	上1月正向有功总最大需量	√	√	√	√	√	√
33	上1月正向有功总最大需量发生日期	√	√	√	√	√	√
34	上1月正向有功总最大需量发生时间	√	√	√	√	√	√
35	上1月反向有功总电量	√	√	√	√	√	√
36	上1月反向有功尖电量	√	√	√	√	√	√
37	上1月反向有功峰电量	√	√	√	√	√	√
38	上1月反向有功平电量	√	√	√	√	√	√
39	上1月反向有功谷电量	√	√	√	√	√	√
40	上1月反向有功总最大需量	√	√	√	√	√	√
41	上1月反向有功总最大需量发生日期	√	√	√	√	√	√
42	上1月反向有功总最大需量发生时间	√	√	√	√	√	√
43	上1月第1象限无功总电量	√	√	√	√	√	√
44	上1月第2象限无功总电量	√	√	√	√	√	√
45	上1月第3象限无功总电量	√	√	√	√	√	√
46	上1月第4象限无功总电量	√	√	√	√	√	√
47	电能表通信地址（表号）低8位	√	√	√	√	√	√
48	电能表通信地址（表号）高4位	√	√	√	√	√	√
49	通信波特率	√	√	√	√	√	√
50	有功脉冲常数	√	√	√	√	√	√
51	无功脉冲常数	√	√	√	√	√	√
52	时钟电池使用时间	√	√	√	√	√	√
53	最近一次编程日期	√	√	√	√	√	√
54	最近一次编程时间	√	√	√	√	√	√

续表

序号	显 示 项 目	2009版标准			2013版标准		
		智能电能表	远程费控表	本地费控表	智能电能表	远程费控表	本地费控表
55	总失电压次数	√	√	√	√	√	√
56	总失电压累计时间	√	√	√	√	√	√
57	最近一次失压起始日期	√	√	√	√	√	√
58	最近一次失压起始时间	√	√	√	√	√	√
59	最近一次失压结束日期	√	√	√	√	√	√
60	最近一次失压结束时间	√	√	√	√	√	√
61	最近一次A相失压起始时刻正向有功电量	√	√	√	√	√	√
62	最近一次A相失电压结束时刻正向有功电量	√	√	√	√	√	√
63	最近一次A相失电压起始时刻反向有功电量	√	√	√	√	√	√
64	最近一次A相失电压结束时刻反向有功电量	√	√	√	√	√	√
65	最近一次B相失电压起始时刻正向有功电量	√	√	√	√	√	√
66	最近一次B相失电压结束时刻正向有功电量	√	√	√	√	√	√
67	最近一次B相失电压起始时刻反向有功电量	√	√	√	√	√	√
68	最近一次B相失电压结束时刻反向有功电量	√	√	√	√	√	√
69	最近一次C相失电压起始时刻正向有功电量	√	√	√	√	√	√
70	最近一次C相失电压结束时刻正向有功电量	√	√	√	√	√	√
71	最近一次C相失电压起始时刻反向有功电量	√	√	√	√	√	√
72	最近一次C相失电压结束时刻反向有功电量	√	√	√	√	√	√
73	A相电压	√	√	√	√	√	√
74	B相电压	√	√	√	√	√	√
75	C相电压	√	√	√	√	√	√
76	A相电流	√	√	√	√	√	√
77	B相电流	√	√	√	√	√	√

续表

序号	显示项目	2009版标准			2013版标准		
		智能电能表	远程费控表	本地费控表	智能电能表	远程费控表	本地费控表
78	C相电流	√	√	√	√	√	√
79	瞬时总有功功率	√	√	√	√	√	√
80	瞬时A相有功功率	√	√	√	√	√	√
81	瞬时B相有功功率	√	√	√	√	√	√
82	瞬时C相有功功率	√	√	√	√	√	√
83	瞬时总功率因数	√	√	√	√	√	√
84	瞬时A相功率因数	√	√	√	√	√	√
85	瞬时B相功率因数	√	√	√	√	√	√
86	瞬时C相功率因数	√	√	√	√	√	√
87	当前尖费率电价	√	√	√	√	√	√
88	当前峰费率电价	√	√	√	√	√	√
89	当前平费率电价	√	√	√	√	√	√
90	当前谷费率电价	√	√	√	√	√	√
91	阶梯1电量			√			
92	阶梯2电量			√			
93	阶梯3电量			√			
94	阶梯4电量			√			
95	阶梯1电价			√			
96	阶梯2电价			√			
97	阶梯3电价			√			
98	阶梯4电价			√			
99	阶梯5电价			√			
100	阶梯1电价						√
101	阶梯2电价						√
102	阶梯3电价						√
103	阶梯4电价						√
104	阶梯5电价						√
105	报警金额1			√			√
106	报警金额2			√			√
107	透支金额						√
108	结算日	√	√		√	√	√

具体操作方法如下：

（1）电能表接入电源，查看循显和按显内容是否符合供货技术协议和技术标准要求。

（2）查看显示位数和单位是否正确，如：查看电能表电量显示单位是否为千瓦时（kWh），显示位数是否为8位，小数位2位。

（3）分别通过按键、红外设备、插卡等方式验证LCD背光是否能唤醒，当费控卡从卡槽中拔出后背光应熄灭。

（4）当电能表在断电状态时，通过按显方式查看显示屏是否能唤醒（此时背光灯可以不点亮）；唤醒后不做其他操作显示屏在自动显示一个循环后应自动关闭；当显示屏唤醒后停止按键操作设定时间内显示屏也应自动关闭。

8. 参数设置正确性检查

通常电能表一些需要设置的参数在技术协议中予以明确，可以通过设置掌机或检定设备的软件检查电能表需要设置的一些参数是否符合约定，主要有电能计量模式、时段参数、事件判定阈值，需量参事、显示参数、结算日、负荷记录参数、冻结日、通信波特率、设备地址信息、主动上报模式字、电能表位置信息拉合闸参数、费控参数等其他信息，详见表3–1–7。常见的需要设置的电能表参数有：① 费率和时段设置；② 如设有两套可以的费率和时段，启用时间点；③ 电能表约定自动冻结电量数据的结算日；④ 本地费控电能表第二套阶梯电价启用时间。

表3–1–7 三相智能电能表参数设置

参数名称	参数子项	可设置范围	默认值	适用表型
电能计量模式	组合有功电能			三相智能电能表 三相远程费控智能电能表 三相本地费控智能电能表
	组合无功1电能			
	组合无功2电能			
时段参数	年时区数	≤14		
	日时段表数	≤8		
	费率数	≤8		
	日时段切换数	≤14		
	第1套1～14年时区表			
	第2套1～14年时区表			
	第1套第1～8日时段表			
	第2套第1～8日时段表			
	周休日			

续表

参数名称	参数子项	可设置范围	默认值	适用表型
	周休日采用时段表号			
	公共假日数	≤254		
时段参数	第1～254公共假日			
	两套时区表切换时间			
	两套日时段表切换时间			
	失电压事件电压触发上限（V）		78%参比电压	
	失电压事件电压恢复下限（V）		85%参比电压	
	失电压事件电流触发下限（A）		0.5%额定 （基本）电流	
	失电压事件判定延时时间（s）		60	
	欠电压事件电压触发上限（V）		78%参比电压	
	欠电压事件判定延时时间（s）		60	
	过电压事件电压触发下限（V）		120%参比电压	
	过电压事件判定延时时间（s）		60	
	断相事件电压触发上限（V）			三相智能电能表 三相远程费控智能电能表 三相本地费控智能电能表
	断相事件电流恢复上限（A）			
	断相事件判定延时时间（s）			
	电压不平衡率限值（%）		30	
事件判定阈值	电压不平衡率判定延时时间（s）		60	
	电流不平衡率限值（%）		30	
	电流不平衡率判定延时时间（s）		60	
	失电流事件电压触发下限（V）		70%参比电压	
	失电流事件电流触发上限（A）		0.5%额定 （基本）电流	
	失电流事件电流触发下限 （其他相的负荷电流限值）（A）		5%额定 （基本）电流	
	失电流事件判定延时时间（s）		60	
	过电流事件电流触发下限（A）		$1.2I_{max}$	
	过电流事件判定延时时间（s）		60	
	断流事件电压触发下限（V）		60%参比电压	
	断流事件电流恢复上限（A）		0.5%额定 （基本）电流	

续表

参数名称	参数子项	可设置范围	默认值	适用表型
事件判定阈值	断流事件判定延时时间（s）		60s	三相智能电能表 三相远程费控智能电能表 三相本地费控智能电能表
	潮流反向事件有功功率触发下限（kW）		0.5%单相基本功率	
	潮流反向事件判定延时时间（s）		60s	
	过载事件有功功率触发下限（kW）		$1.2I_{max}$ 和 100%参比电压下的单相有功功率	
	过载事件判定延时时间（s）		60s	
	电压合格上限（V）			
	电压合格下限（V）			
事件判定阈值	电压考核上限（V）			
	电压考核下限（V）			
	有功需量超限事件需量触发下限（kW）		$1.2I_{max}$ 和 100%参比电压下的合相有功功率	
	无功需量超限事件需量触发下限（kvar）		$1.2I_{max}$ 和 100%参比电压下的合相无功功率	
	需量超限事件判定延时时间（s）		60s	
	功率因数超下限阈值		0.3	
	功率因数超下限判定延时时间（s）		60s	
	*有功功率反向事件有功功率触发下限（kW）		0.5%单相基本功率	
	*有功功率反向事件判定延时时间（s）		60s	
	电流严重不平衡限值（%）		90%	
	电流严重不平衡触发延时时间（s）		60s	
	正向有功功率上限值（kW）			
	反向有功功率上限值（kW）			
需量参数	最大需量计算方式		滑差计算方式	
	需量周期		15min	
	滑差时间		1min	

续表

参数名称	参数子项	可设置范围	默认值	适用表型
显示参数	显示电能小数位数	0～3	2	
	显示功率（最大需量）小数位数	0～4	默认4	
	循显时间	5～30	默认5	
	上电全显时间	5～30	默认5	
	自动循显屏数	≤99		
	按键循显屏数	≤99	≤99	
	自动循环显示第1～99屏显示数据项		见显示参数表	
	按键循环显示第1～99屏显示数据项		见显示参数表	
结算日	第一结算日			
	第二结算日			
	第三结算日			
负荷记录参数	负荷记录起始时间			
	1～6类负荷记录间隔时间			
	负荷记录模式字	1～6类可选	1～6类可选	
冻结参数	定时冻结数据模式字			
	瞬时冻结数据模式字			
	约定冻结数据模式字			
	整点冻结数据模式字			
	日冻结数据模式字			
	定时冻结周期设置			
	整点冻结起始时间			
	整点冻结时间间隔			
	日冻结时间			
通信口波特率	485通信口波特率	1200、2400、4800、9600	1200、2400、4800、9600	
	调制式红外通信口波特率	1200	1200	
设备地址信息	通信地址			
	资产管理编码			
	表号			

续表

参数名称	参数子项	可设置范围	默认值	适用表型
时钟信息	日期			三相智能电能表 三相远程费控智能电能表 三相本地费控智能电能表
	时间			
主动上报模式字	*主动上报模式字			
电能表位置信息	*经度			
	*纬度			
	*高度			
其他参数	*密钥总条数			
	电能表运行特征字			
拉合闸参数	跳闸延时时间			三相远程费控智能电能表 三相本地费控智能电能表
费控参数	电流互感器变比	本地表通过插预置卡设置		三相远程费控智能电能表 三相本地费控智能电能表
	电压互感器变比			
	报警金额 1 限值			三相本地费控智能电能表
	报警金额 2 限值			
	参数更新标志位			
	两套费率电价切换时间			
	预置金额			
	预置购电次数			
	当前套费率电价			
	当前套阶梯值			
	当前套阶梯电价			
	*当前套年结算日			
	备用套费率电价			
	备用套阶梯值			
	备用套阶梯电价			
	*备用套年结算日			
	两套阶梯电价切换时间			

续表

参数名称	参数子项	可设置范围	默认值	适用表型
费控参数	阶梯数			三相本地费控智能电能表
	透支金额限值			
	囤积金额限值			
	合闸允许金额限值			
	客户编号			三相远程费控智能电能表 三相本地费控智能电能表
	身份认证有效时间			

* 为2013版标准增加内容。

四、检定数据修约

（1）智能电能表检定和功能检查完毕后，所有内容合格才能判定电能表合格，检定数据审核后应上传营销业务系统存储。

（2）检定合格的电能表由检定单位加封，如需出具证书应使用检定证书和检定合格证；检定不合格的电能表注销原检定合格封印，根据需要出具检定结果通知书。

五、注意事项

（1）观察环境监测仪器仪表，如温、湿度计是否满足检定条件。

（2）检查检定装置及主标准器是否在检定有限期内。

（3）检查检定装置操作部件是否灵活，调节设备是否在“零位”。

（4）应保证接线正确无误，接线牢固，防止相间及电压回路短路，电流回路开路，电压夹子的绝缘应良好，严防电流回路与电压回路碰触，严防辅助端子的引出线碰触电压回路。

（5）用于双向计量的智能电能表，应对有功双向、无功四象限进行误差测试。

（6）根据技术协议，对批量供货的智能电能表进行首次检定时，抽取一定量的表对设置时段、需量周期等参数进行检查。

（7）电能表检定完毕应对时，电能表底度、最大需量和事件记录进行清零操作。

（8）当电能表检定完毕后，应先降下电压、电流、切断功率源输出，再取下电能表，如检定工作全部结束，应关闭检验装置及相关电源。

【思考与练习】

1. 智能电能表有哪些特点？

2. 选定一款三相智能电能表，进行电压、电流线路功耗测试。

3. 选定一款三相智能电能表，进行需量示值误差测试并判断是否合格。

4. 写出测量重复性试验的方法，列出计算公式并说明公式中各参数的含义。

模块 2 智能电能表常见故障的分析处理（Z28E3002Ⅱ）

【模块描述】本模块包含常用智能电能表常见故障的介绍。通过对智能电能表几种常见故障的举例分析，达到掌握智能电能表常见故障处理操作技能的目的。

【模块内容】

智能电能表是根据国家电网公司技术标准设计制造的多功能电能表，对一些故障具备“自我诊断”功能，通过故障代码形式在显示屏上进行显示，由于国家电网公司智能电能表技术标准经历了 2009 版和 2013 版两个版本，在故障代码设置上是有不同的，2013 版的技术标准除本地费控表有插卡操作异常代码提示外，其他类型异常电能表没有错误提示代码提示。两个版本的智能电能表常见故障代码见表 3–2–1。

表 3–2–1　　智能电能表常见故障代码

序号	故障代码	故 障 说 明	版本
1	Err–01	控制回路错误	2009
2	Err–02	ESAM 错误	2009
3	Err–03	内卡初始化错误	2009
4	Err–04	电池电压低	2009
5	Err–05	内部程序错误	2009
6	Err–06	存储器故障或损坏	2009
7	Err–08	时钟故障	2009
8	Err–10	认证错误	2009
9	Err–11	ESAM 验证失败	2009
10	Err–12	客户编号不匹配	2009
11	Err–13	充值次数错误	2009
12	Err–14	购电超囤积	2009
13	Err–15	现场参数设置卡对本表已经失效	2009
14	Err–16	修改密钥错误	2009
15	Err–17	未按铅封键	2009
16	Err–18	提前拔卡	2009
17	Err–19	修改表号卡满（该卡无空余表号分配）	2009

续表

序号	故障代码	故 障 说 明	版本
18	Err-20	修改密钥卡次数为0	2009
19	Err-21	表计已开户（开户卡插入已经开过户的表计）	2009
20	Err-22	表计未开户（用户卡插入还未开过户的表计）	2009
21	Err-23	卡损坏或不明类型卡（如反插卡、插铁片等）	2009
22	Err-24	表计电压过低(此时表计操作IC卡可能导致表计复位或损害IC卡)	2009
23	Err-25	卡文件格式不合法（包括帧头错、帧尾错、校验错）	2009
24	Err-26	卡类型错	2009
25	Err-27	已经开过户的新开户卡（新开户卡回写区有数据）	2009
26	Err-28	其他错误（卡片选择文件错、读文件错、写文件错等）	2009
27	Err-31	电能表故障(表计电压过低、操作ESAM错、ESAM损坏或未安装)	2013
28	Err-32	无效卡片（卡片复位错误、身份认证错误、外部认证错误、未发行的卡片、卡类型错误）	2013
29	Err-33	卡与表不匹配（表号不一致、客户编号不一致、卡序列号不一致）	2013
30	Err-34	售电操作错误（卡片文件格式不合法、购电卡插入未开户表、补卡插入未开户表、购电次数错误、用户卡返写信息文件不为空）	2013
31	Err-35	接触不良（操作卡片通信错误、提前拔卡）	2013
32	Err-36	剩余金额超囤积	2013
33	Err-51	过载	2009
34	Err-52	电流严重不平衡	2009
35	Err-53	过电压	2009
36	Err-54	功率因数超限	2009
37	Err-55	超有功需量	2009
38	Err-56	有功电能方向改变（双方向计量除外）	2009

下面针对一些常见的故障电池故障、采样电路故障、显示故障、唤醒按键失效、计量故障、时钟故障、继电器故障、RS485通信故障、密钥下装故障进行分析和处理。

一、电池故障

1. 故障现象

电池爆炸造成电能表破损；电池焊接处单边断裂或脱落；电池失电压显示“Err–04”。

2. 分析与处理

（1）电池爆炸。

造成电池爆炸主要原因有：电池正负极短路或者之间的器件运行一段时间后失效造成电池正负极短路、电池回路二极管失效导致电池被强制充电、电能表本身起火等原因导致急剧升温或者直接与火焰接触。目前解决此类问题的处理方法主要有：供货商优化设计，例如，在电路设计时电池回路与其他回路之间留出安全距离，电池回路选用高可靠性的保护器件，选用有防爆设计理念的电池，电能表选用阻燃材质防止起火等安全事故；同时电能表在运输过程中采用避震措施，避免电池短路。

（2）电池脱落。

电池焊接处单边断裂或脱落会引起电能表液晶无显示或时钟错乱。其主要原因有：电池焊接不牢靠，在长途运输过程中的振动下，电池焊脚发生脱落和断裂。该故障主要通过目测发现，目前解决此类问题的处理方法主要有：厂家优化设计和工艺，如加粗焊脚和焊盘、采用两边焊接，增加焊接强度；电能表在运输过程中采用避震措施，避免电池震落。

（3）电池欠电压。

电池失电压除了人为原因漏掉一些焊接点或者一些焊接点出现短路，造成电池放电电流过大，提前消耗完电量外，程序不完善使电能表某些功能一直运行、电池本身质量、运行环境温度过高和超期使用、锂电池长期不用电极钝化等都会造成电池欠电压。可以通过测量电池电压、查阅电池运行记录的方式判断电池是否欠电压。目前解决此类问题的处理方法主要有：供货商选用优质电池、优化程序设计（侦测电池钝化并起动电池激活机制、避免在电池工作模式下长期工作）、根据电池寿命及时更换电池。

二、采样电路故障

1. 故障现象

智能电能表计电量飞跑，甚至没负载电量也飞跑。

2. 分析与处理

电能表采样电路有电流采样器和电压采样器。它们其中一个发生故障都会造成智能电能表计电量飞跑。通常检定时，各点误差都“溢出”。

电流采样器故障主要由 TA 次级采样电阻变大或开路产生的，它使得 TA 次级输出电压变大，使电能表误差超差，甚至没负载电量也飞跑。引起采样电阻变化或开路的原因是电能表经常瞬时超电流运行或现场发生短路故障，当电网发生短路事故时，将产生几十千安的短路电流，强大的短路电流迅速使断路器保护跳闸；短路电流与供电变压器容量、距离（短路点与变压器距离）、接触电阻有关。

电流采样器故障通常由电压采样电阻变值引起，电压采样电阻变大或开路，使得电压 A/D 采样值变大，从而使电能表的电压显示不准和误差超差，如采样电阻金属膜受到腐蚀，其阻值会发生改变或开路。

目前采取的措施是供货商在设计时对电流电压采样电路加保护，对于电流采样回路增大采样电阻的功率，对于电压采样增加限伏电路，同时使用优质金属膜电阻作为采样电阻。

三、显示故障

1. 故障现象

黑屏（电能表电压线施加正常电压，电能表液晶屏无显示，发光二极管无反应）、白屏（电能表电压线施加正常电压，电能表液晶屏无显示，但背光灯发光，液晶看上去为白色屏幕）、屏幕显示不完整（电能表屏幕显示缺笔）。

2. 分析与处理

（1）黑屏。

电能表“黑屏”一般是电源出现故障，对于三相电能表，只要有一相施加正常电压，电能表就能显示，如果施加正常的三相电压，电能表不能正常显示，则故障出在电源三相的公共部分，典型的故障是电源芯片炸裂。这种故障大多是过电压引起，常见的是在验表或装表时，接错电压线引起，例如 57.7V 或 100V 的表接到 220V 或 380V 上，由于大大超出电源芯片的电压承受范围，而且是工频过压，因此能量很大，芯片急剧发热炸裂。电源的保护器件没有起作用，是因为这种过电压对压敏电阻来说，其电压还较低，压敏电阻还未启动。另外，由于速度较快，电能表的热敏电阻还未反应过来，芯片就炸裂。

避免“黑屏”现象需要在检定或现场装表时，仔细核对电能表的额定工作电压，同时在上电之前要检查台体设定的电压，在现场则要测量电压，然后再对表上电。

（2）白屏。

电能表“白屏”故障有两种情况：一种是液晶片本身故障，在高温潮湿环境下，液晶偏光膜受损，屏幕显示白屏；另一种是显示驱动芯片损坏，电能表计量正常，背光灯点亮正常，液晶不能显示，背光灯点亮时屏幕为白屏。白屏故障发生概率较小，驱动芯片损坏一般是较强的电磁辐射造成，在强电磁辐射作用下，驱动芯片可能产生闩锁现象，轻则显示芯片暂时失去作用（重上电恢复正常），重则显示芯片损坏。

避免“白屏”现象，一方面需要制造商加强表壳密封设计，选用优质液晶片；另一方面在电能表安装时应避免潮湿的环境。

（3）屏幕显示不完整。

电能表“屏幕显示不完整”故障有两种情况：一种是液晶片某些引脚焊接不良或导电橡胶接触不良；另一种是受到强烈辐射干扰，电能表程序进入死循环，显示的内容非法或不完整，通常是程序设计存在BUG。

避免“屏幕显示不完整”现象，一方面需要制造商加强程序抗干扰设计，采用硬件看门狗防止电能表死机，同时PCB板加强防电磁干扰设计，减小回路面积；另一方面在电能表搬运过程中防止剧烈冲击。

四、唤醒按键失效

1. 故障现象

停电时，按键无法唤醒，或者本次唤醒后，再次按键表计无反应。

2. 分析与处理

该类故障主要有三个原因：一是软件有BUG；二是硬件设计有缺陷；三是按键质量问题。

（1）软件BUG。

表计软件设计中为了降低电池功耗，限制了表计低功耗唤醒次数，存在BUG。这需要供货商发现问题后不断优化程序，同时供电公司要加强验收。

（2）硬件设计缺陷。

停电时，智能电能表处于“低功耗工作模式”，电能表“按键唤醒”电能表工作，此时处于待机模式或STOP模式，整个系统电流很低，一般在几十微安左右。如果此时硬件设计不合理，“低功耗工作模式”下电流过大，如毫安级以上，电池会很快耗完。这需要供货商完善硬件设计，同时供电公司要加强验收。

（3）按键质量问题。

制造商使用按键质量不过关，智能电能表经过长时间的高温湿热交变等试验后，按键生锈和失效。这需要供货商完善质量管控，同时供电公司要加强验收。

五、计量故障

1. 故障现象

停止计量（电能表不走字，无电压、电流、功率等瞬时量示值）、计量超差。

2. 分析与处理

（1）停止计量。

造成停止计量的主要原因：一是计量芯片损坏；二是计量芯片与MCU之间通信异常；三是电压或电流采样电阻网络异常。遇到此类情况时，应打开表盖检查电压和电流采样电阻是否有异常，如无异常，可以通过重新起动电源观察电能表是否能够恢复正常；如不正常返厂维修。

（2）计量超差。

影响计量精度的因素很多，常见的原因主要有：一是校验常数设置错误；二是采样电阻失效；三是计量芯片或采样电阻受潮。遇到此类情况，应检查检测设备被检表电能表常数是否有错误，如正常则电能表返厂维修。

六、时钟故障

1. 故障现象

通过检测或用电信息采集系统召测，电能表时钟误差大于±0.5s/d。

2. 分析与处理

电能表时钟方案有两种：一种是软时钟方案；一种是硬时钟方案。智能电能表技术标准要求使用带温度补偿的硬时钟方案。如果是软时钟方案，由于电能表受到干扰产生复位，因此很难保证时钟精度。硬时钟方案能保证时钟精度，但在电能表停电时，时钟芯片是由电池供电，当时钟电池欠电压时，将产生时钟误差。

时钟超差5min内利用用电信息采集系统或手持终端直接进行对时；如时钟误差大于5min，原则上拆回供电公司检查时钟电池，时钟电池欠电压时更换电池，否则返厂维修。

七、继电器故障

1. 故障现象

主要有两种现象：一是拉合闸不成功（智能电能表处于“拉闸”状态，但实际处于“合闸”状态；智能电能表处于“合闸”状态，但实际处于“拉闸”状态）；二是内置继电器智能电能表无法升流或者在检测过程中突然跳闸。

2. 分析与处理

（1）拉合闸不成功。

主要原因有：继电器控制部分电源不正常；CPU的拉合闸信号没有送到继电器控制线；继电器质量问题，造成继电器合闸时触点没有闭合到位或者继电器触点黏结在一起。首先检查继电器是否有触点黏合在一起的现象，其次检查继电器控制电压是否正常，最后检查继电器结构尺寸是否存在误差造成触点没有闭合到位。

避免产生继电器拉合闸不成功事件发生，智能电能表实际同时应避免频繁的拉合闸操作；同时加强继电器质量验收。

（2）内置继电器智能电能表无法升流或者在检测过程中突然跳闸。

智能电能表出厂时，内置继电器是默认合闸的，造成上述故障原因有：一是制造商在出厂时将继电器默认“拉闸”状态；二是运输或搬运过程中随意抛丢振动继电器触点开路；三是软件设计BUG，在上电时误跳闸；四是智能电能表功率限额设置过小，导致表计超功率跳闸；五是本地预付费表计的剩余电费预置过少，造成检测过程中跳闸；六是继电器本身故障。

对于以上故障，可以按以下步骤处理：检查表计参数是否合理，如功率限额是否设置合理，剩余电费是否预置合理，电价和TA、TV是否设置合理等；如排除后无法解决送厂维修。

为避免产生上述故障，一是需要制造商完善软件，把好继电器质量关；二是需要在智能电能表运输和搬运过程中避免振动。

八、RS485通信故障

1. 故障现象

目前国家电网公司系统用电信息采集系统建设基本完成，在现场智能电能表的RS485通信故障归纳起来主要有以下几种状况：

（1）总线锁死，由于RS485总线中某块表计的原因，导致整个总线无法通信，将问题表计拆除则总线恢复正常。

（2）通信在低波特率通信正常，在高波特率通信不稳定，或者在高波特率常温下正常，高温时候通信不稳定。

（3）总线通信不稳定，表现在有时候通信成功率较好，有时候成功率很差。

（4）在一对一时，通信正常，在组网时则通信不上，这在不同厂家产品组网时候尤为突出。

2. 分析与处理

对于以上故障，总结起来有以下原因：一是设计差异，不同厂家的RS485电路在设计上存在差异，如有些厂家设计RS485电路时，为了节省成本，采用的方式为两个光隔离的方式，其数据发送方式和三个光隔离的方式完全不一样。这两种不同的设计方案在一起组网时候，如果设计时不充分考虑余量和现场情况，则有可能导致通信不成功。二是设计余量考虑不够，在高温、高湿等极端情况下，问题就会暴露出来，在RS485硬件电路中，有一组光隔离RS485部分硬件和表计管理MCU，该光隔离的限流电阻阻值如果取值不合理，过大或过小，都会导致传输波形畸变，导致通信在极端情况下（如高低温、高波特率等）通信失败。三是外界干扰，在外界干扰下表计软件处理不当或者该RS485电路某些器件失效，有可能导致整个网络瘫痪。同时电磁干扰、雷击等因素有可能损坏保护器件或RS485专门芯片。四是因为RS485的A、B端要防380V高压错接要求，一般的做法是在RS485的A或B串接一个热敏电阻，然后在A、B两端并接双向TVS管。如果热敏电阻选择不好、TVS管漏电流太大都会影响RS485的通信成功率。

对于RS485通信故障，可以充分利用用电信息采集系统提供的数据召测、采集成功率统计分析功能，按照厂家、采集设备类型、安装区域等进行分析，通过检查排除接线原因，确定RS485通信故障。

为避免RS485通信故障发生，可以在智能电能表设计上考虑：一是软件处理上要有重复的防锁死机制，如增加最大连续发送时间，超过该时间则复位UART口，增加连续多久时间没有收到任何数据时，则复位该UART口；二是热敏电阻要选择合适的阻值；三是要选择漏电流低于50μA的TVS管，最大限度减小负载；四是RS485芯片尽量选择防静电等级高的芯片，一般要求能承受15kV的人体模式放电。

九、密钥下装故障

1. 故障现象

在各个制造商的费控表仓库到安装现场的过程中，需对费控智能电能表进行本地和远程密钥下装，将表计的公开密钥替换为各自的私钥，在密钥替换过程中，尤其是远程密钥私钥化过程中，部分表计密钥私钥化不成功，具体表现为：

（1）表计不认密钥更新命令。

（2）在更新总共4条密钥中的前1条密钥成功，后面不成功。

（3）密钥更新提示成功，但是换成私钥认证不成功。

（4）在同一个检定装置上，前面的表密钥更新能成功，但是更新时间排在后面的几块表更新总是不成功。

2. 分析与处理

发生上述问题主要原因有：一是检定装置软件和电能表在通信延时上不匹配、无重发机制；二是通信通道不稳定，导致有时候更新了前面两条密钥后，接下来需要更新的密钥不成功；三是ESAM模块故障，重新更换ESAM解决。

【思考与练习】

1. 试述显示屏出现“白屏”的原因及处理措施。

2. 发生内置继电器故障的智能电能表无法升流应如何处理？

3. 试述密钥下装失败的原因。

4. 故障代码 “Err-56”说明智能电能表出现了什么故障？

模块3 智能电能表的验收（Z28E3003Ⅲ）

【模块描述】本模块包含智能电能表验收方法的介绍，通过智能电能表的验收方法、试验项目的流程描述，达到掌握智能电能表验收方法的目的。

本模块重点介绍智能电能表供货前和到货后的验收。

【模块内容】

根据《国家电网公司智能电能表质量监督管理办法（试行）》要求，智能电能表供货商中标后，在供货前、到货后应进行验收。

一、验收试验的目的

智能电能表是按照国家电网智能电能表系列标准生产的多功能电能表，它由测量单元、数据处理单元、通信单元等组成，具有电能量计量、信息存储及处理、实时监测、自动控制、信息交互等功能，所有用于贸易结算的智能电能表必须全部进行检定。供电企业为了验证采购的智能电能表是否满足技术要求，在智能电能表检定前，按照验收规则进行验收，以确定是否接受供货商提供的产品。

二、智能电能表验收试验的依据

1. JJG 596—2012《电子式交流电能表检定规程》
2. Q/GDW 1206—2013《电能表抽样技术规范》
3. Q/GDW 1354—2013《智能电能表功能规范》
4. Q/GDW 1364—2013《单相智能电能表技术规范》
5. Q/GDW 1827—2013《三相智能电能表技术规范》
6. Q/GDW 1365—2013《智能电能参照表信息交换安全认证技术规范》
7. 标书

三、验收试验分类及项目

（1）智能电能表的验收分为供货前验收、全性能验收和到货后验收，其中供货前验收应进行全性能验收，到货后验收分为抽样验收和全检验验收。

（2）智能电能表全性能试验验收和抽样验收试验内容应按照 Q/GDW 1354—2013《智能电能表功能规范》、Q/GDW 1364—2013《单相智能电能表技术规范》、Q/GDW 1827—2013《三相智能电能表技术规范》、Q/GDW 1365—2013《智能电能表信息交换安全认证技术规范》进行，全性能验收试验和抽样验收和试验项目见表 3–3–1，其中 A 类为否决项，B 为非否决项。

表 3–3–1　　智能电能表全性能验收试验和抽样验收和试验项目

试验项目		判定级别	全性能试验		抽样验收	
			三相表	单相表	三相表	单相表
外观、标志、通电检查		B	√	√	√	√
准确度要求试验	基本误差（电流变化引起的百分误差）	A	√	√	√	√
	电能表常数试验	A	√	√	√	√
	起动试验	A	√	√	√	√
	潜动试验	A	√	√	√	√
	环境温度影响	A	√	√	√	√
	影响量试验	A	√	√		

续表

试验项目		判定级别	全性能试验		抽样验收	
			三相表	单相表	三相表	单相表
准确度要求试验	计度器总电能示值误差	A	√	√	√	√
	需量示值误差	A	√		√	
	日计时误差	A	√	√	√	√
	环境温度对日计时误差的影响	A	√	√	√	√
	测量重复性试验	A	√	√		
	误差变差试验	A	√	√		√
	误差一致性试验	A	√	√	√	√
	负载电流升降变差试验	A	√	√	√	√
电气要求试验	功率消耗	A	√	√	√	√
	电源电压影响试验	A	√	√		
	短时过电流影响试验	A	√	√		
	自热试验	A	√	√		
	温升试验	A	√	√		
	短时过电压	A		√		
	（三相四线互感器接入式表）抗接地故障抑制试验	A	√			
	电流回路阻抗测试	A	√	√		
	通信模块接口带载能力测试	A	√	√		
	通信模块互换能力测试	A	√	√		
绝缘	脉冲电压试验	A	√	√	√	√
	交流电压试验	A	√	√	√	√
电磁兼容试验	静电放电抗扰度试验	A	√	√	√	√
	射频电磁场抗扰度试验	A	√	√	√	√
	快速瞬变脉冲群抗扰度试验	A	√	√	√	√
	浪涌抗扰度试验	A	√	√	√	√
	射频场感应的传导骚扰抗扰度	A	√	√	√	√
	衰减振荡波抗扰度	A	√	√	√	
	无线电干扰抑制	A	√	√		

续表

试验项目		判定级别	全性能试验		抽样验收	
			三相表	单相表	三相表	单相表
气候影响试验	高温试验	A	√	√		
	低温试验	A	√	√		
	交变湿热试验	A	√	√		
	阳光辐射保护试验	A	√	√		
	极限工作环境试验	A	√	√		
机械试验	防尘试验	A	√	√		
	防水试验	A	√	√		
	弹簧锤试验	A	√	√		
	冲击试验	A	√	√		
	振动试验	A	√	√		
	耐热和阻燃试验	A	√	√		
	接线端子压力试验	A	√	√		
费控安全试验	费控功能试验	B	√	√		
	密钥更新试验	B	√	√		
	参数变更试验	B	√	√		
	远程控制试验	B	√	√		
	安全认证试验	A	√	√		
通信功能	通信规约一致性检查	B	√	√		
功能检查	电能计量功能	B	√	√		
	最大需量功能费率和时段功能	A	√	√		
	时间记录功能	A	√	√		
	脉冲输出功能	A	√	√		
	显示功能	A	√	√		
	电能表预置内容检查	A	√	√		
	扩展功能	A	√	√		

四、验收试验的项目和方法

验收项目中外观检查、交流电压试验、潜动试验、起动试验、基本试验、基本误差、时钟日计时误差、计度器总电能示值组合误差、需量示值误差、误差变差试验、负载电流升降变差试验、测量重复性试验、显示功能检查、参数设置正确性检查参照智能电能表检定模块。抽样验收抽样方案在多功能电能表验收模块中已经说明，在这里不再叙述，下面重点介绍三相智能电能表抽样验收项目中通电检查、电能表常数检查、环境温度影响试验、环境温度对日计时误差的影响、误差一致性试验、功率消耗、脉冲电压试验、交流电压试验的验收方法，全性能试验中重点介绍（单相表）短时过电压试验、（三相四线互感器接入式表）抗接地故障抑制试验、电流回路阻抗测试、通信模块接口带载能力测试、通信模块互换能力测试、通信规约一致性检查、费控安全试验，其余全性能验收中一些项目的验收见相应智能电能表的技术标准。

1. 通电检查

电能表接上电源，检查电能表显示屏是否正常、显示内容是否有缺笔画现象，结合功能检查，检查“循显”和“按显”内容是否设置正确。当上述项目不合格允许供货商整改后继续试验。

2. 电能表常数检查

JJG 596—2012《电子式交流电能表检定规程》对电能表常数检查分为计读脉冲法、走字试验法和标准表法，其试验方法 Q/GDW 1827—2013《三相智能电能表技术规范》和 Q/GDW 1364—2013《单相智能电能表技术规范》不同，对于智能电能表验收推荐使用 Q/GDW 1827—2013《三相智能电能表技术规范》和 Q/GDW 1364—2013《单相智能电能表技术规范》确定的电能表常数检查方法。下面介绍其方法。

电能表接入检定装置或试验功率源，在参比电压，电流线路通以最大电流 I_{max}，功率因数为 1 条件下，记录计度器在时间间隔 t 内的电能值 E 以及测试输出的脉冲数 n，计度器示值误差应小于 $10^{-\alpha}$（α 为电能表计度显示的小数位数），见式（3-3-1）。

$$\Delta E=\left|\frac{n}{c}-E\right|<1\times10^{-\alpha} \tag{3-3-1}$$

【例 3-3-1】已知一只 3×220/380V，3×1.5（6）A 的智能电能表，常数为 6400imp/kWh，显示屏显示的电能量最小值为 0.01，请问在参比电压，电流线路通以最大电流 I_{max}，功率因数为 1 条件下，记录电能表变动最后 5 个字时输出的脉冲数为多少范围时，智能电能表常数正确。

解：

根据智能电能表的技术标准，$\Delta E=\left|\frac{n}{c}-E\right|<10^{-\alpha}$

由此可知：$(E-10^{-\alpha})C<n<(E+10^{-\alpha})C$

$$(0.05-10^{-2})\times 6400 < n < (0.05+10^{-2})\times 6400$$

$$256 < n < 384$$

答：该表在显示屏上电能量示值最后改变 5 个字后，电能表输出脉冲数应在 256 和 384 之间，才能说明电能表常数是正确的。

3. 环境温度影响试验

电能表接入检定装置或试验功率源，在参比温度下检定电能表误差，然后将电能表置于高低温试验箱中，将温度分别调至 60℃和–25℃，保持 2h 后再测量电能表误差，其在不同接入方式下电能表平均温度系数应符合表 3–3–2。

表 3–3–2　　智能电能表平均温度系数

负荷电流			功率因数	平均温度系数（1/K）			
三相表（直接接入）	三相表（互感器接入）	单相表		三相表（0.2S 级）	三相表（0.5S 级）	三相表（1 级）	单相表
$0.1I_b \sim I_{max}$	$0.05I_n \sim I_{max}$	$0.1I_b \sim I_{max}$	1	0.01%	0.03%	0.05%	0.05%
$0.2I_b \sim I_{max}$	$0.1I_n \sim I_{max}$	$0.2I_b \sim I_{max}$	0.5L	0.02%	0.05%	0.07%	0.07%

4. 环境温度对日计时误差的影响

电能表接入检定装置或试验功率源，在参比温度下测量时钟日计时误差，然后将电能表置于高低温试验箱中，将温度分别调至 60℃和–25℃，保持 2h 后再次测量电能表时钟日计时误差，电能表的时钟日计时误差小于 0.1s/d • ℃，同时在此温度范围内，时钟日计时误差为 1s/d。

【例 3–3–2】 一只三相远程费控智能电能表，在参比温度和 60℃、–25℃时分别测得该表日计时误差为–0.85s/d、+0.27s/d、+1.15s/d，请计算该表时钟日计时误差并判断其是否合格？

根据–25℃日计时误差，可以计算得到：$\dfrac{|-0.85-0.27|}{|-25-23|} = 0.02\text{s/d} \bullet \text{C}^{\circ}$

根据 60℃日计时误差，可以计算得到：$\dfrac{|1.15-0.21|}{|60-23|} = 0.03\text{s/d} \bullet \text{C}^{\circ}$

环境温度对该表影响为 0.03s/d•℃，但在 60℃时日计时误差大于 1s/d，不合格。

5. 误差一致性试验

被试电能表在参比电压、基本电流加载 30min 后，对同一批次 n 个被试样品（典型为 3～6 只电能表），在参比电压、I_b、10%I_b、功率因数 1.0 和 0.5L 时，被试样品的测量结果与同一测试点 n 个样品的平均值的最大差值不应超过表 3–3–3 的限值。测试时需注意：被试样品应使用同一台多表位校验装置同时测试。

表 3–3–3　　误差一致性限值（%）

电流	功率因数	三相表（0.2S 级）	三相表（0.5S 级）	三相表（1 级）	单相表
I_b	1.0	±0.06	±0.15	±0.3	±0.3
	0.5L				
10%I_b	1.0	±0.08	±0.20	±0.4	±0.4

需要说明的是，国家电网智能电能表对于单相表误差一致性要求同三相 1 级表，而 DL/T 614—2007《多功能电能表》对 2 级表误差一致性要求比 1 级表大一倍。

【例 3–3–3】省计量中心用一台 0.1 级电能计量检定装置对某供货商提供的一批 2 级单相电能表进行误差一致性测试，在参比电压、I_b、功率因数为 1 情况下对 6 只表测试的数据（二次误差平均值）为–0.23%、–0.31%、+0.12%、+0.18%、–0.15%、–0.21%、–0.16%，请判断该批表分别按照 Q/GDW 1827—2013《三相智能电能表技术规范》和 DL/T 614—2007《多功能电能表》进行误差一致性验收，结果如何？

解：该 6 只表在参比电压、I_b、功率因数为 1 情况下的最大“正误差”为+0.18%；最大“负误差”为–0.23%，所以 $\Delta_{max}=|-0.31-0.18|=0.49(\%)$，由此可见：$0.3\% \leqslant \Delta_{max} \leqslant 0.6\%$，故该批表按照 DL/T 617—2007《多功能电能表》，误差一致性符合要求；按照 Q/GDW 1827—2013《三相智能电能表技术规范》验收：误差一致性不合格。

6. 功率消耗

智能电能表的功率消耗试验分别由电压线路、电流线路和辅助电源线路三个试验组成，试验时都要求显示背光关闭。

电流线路和辅助电源线路由于有功功率较小，只需要测试视在功率，通常在电流测量回路接入毫安表，通过计算输入参比电压和毫安表读数的乘积来确定回路功耗。电压回路功耗除了测量视在功率，还需要用数字功率表测量有功功率。智能电能表功耗要求见表 3–3–4。

表 3–3–4　　智能电能表每相回路功耗要求

表型	电压回路功耗			电流回路功耗		辅助电源功耗
	通信状态	非通信状态	外部电源供电	I_b<10A	I_b≥10A	
三相表	8W	1.5W/6VA	0.5VA	0.2VA	0.4VA	10VA
单相表	3W	1.5W/10VA	—	1VA		—

7. 脉冲电压试验

用电快速瞬变脉冲群发生器电源能量 0.5J±0.05J、阻抗 500Ω±50Ω，脉冲波形 1.2/50μs，电压上升时间±30%、下降时间±20%。试验时试验设备输出 2500V 和 6000V 脉冲电压，对地电压分别不大于 100V 和 300V 的电子设备进行试验，每次试验以一种极性施加 10 次脉冲，然后以另一种极性再施加 10 次，两个脉冲间最小时间为 3s，试验中电能表不出现闪络、破坏性放电或击穿。

8. 交流电压试验

交流电压试验分为线路间和线路对地的交流电压试验。试验时电能表应装上表壳和端子盖，在无法触及试验电压施加点的情况下，可用直径不超过接线孔的导线将各试验线路引出，将所有电压线路和电流线路以及参比电压超过 40V 的辅助线路连在一起作为一点，对地电压 4kV；工作中无连接的各线路之间试验电压 2kV。

试验电源容量至少 500VA，频率 45～65Hz，试验电压波形近似正弦波。试验电压应在 5～10s 内由零升到规定值并保持 1min，随后试验电压以同样速度降到零。试验中电能表不出现闪络、破坏性放电或击穿；试验后电能表无机械损伤并能正常工作。

9. 电磁兼容试验

单相智能电能表的电磁兼容试验项目有静电放电抗扰度试验、射频电磁场抗扰度试验、快速瞬变脉冲群抗扰度试验、浪涌抗扰度试验、射频场感应的传导骚扰抗扰试验，三相智能电能表试验项目除上述试验外还需增加衰减振荡波抗扰度试验。其试验方法参照 GB/T 17215.211—2006《交流电测量设备　通用要求　试验和试验条件　第 11 部分：测量设备》7.5 方法和要求进行。

10. （单相表）短时过电压试验

本试验只限于单相智能电能表。该试验是模拟 3×220V 系统中，变压器中性线发生断线后，由于三相用电负荷不对称，造成电源中性点偏移，从而使某相电能表电压升高的状况。

试验时，在电能表电压线路施加 380V 电压 1h，试验过程中电能表应无损坏，试验结束后电能表在参比电压、参比电流和功率因数为 1 的条件下，电能误差满足等级要求。

11.（三相四线经互感器接入式表）抗接地故障抑制试验

本试验仅对三相四线互感器接入的电能表。该试验是模拟在电源电压 110%参比电压情况下，发生接电故障，从而引起其他两相对地电压升高约 1.9 倍参比电压的情况（1.732×1.1≈1.9）。

试验时，在电能表中性线接入端和试验设备的地端断开，并与试验设备中模拟接地故障的一端相连。试验设备相电压升到 110%参比电压，历时 4h，试验过程中电能表应无损坏并能正确工作，试验结束后电能表在参比电压、参比电流和功率因数为1的条件下，电能误差的变差应符合 Q/GDW 1827—2013《三相智能电能表技术规范》要求（0.2S、0.5S、1 级电能表应分别小于 0.1%、0.3%、0.7%）。

【例 3-3-4】一只1级采用 CPU 卡的智能电能表，规格为 3×220/380V，3×1.5（6）A，在参比电压、参比电流和功率因数为1的条件下测得误差为+0.52%、经过 4h 抗接地故障抑制试验后，在同样参比条件下测得误差为+1.20%，请问该表是否合格？

解：

$$\Delta=|1.20-0.58|=0.62(\%)<0.7(\%)$$

答：该表在参比电压、参比电流和功率因数为1的参比条件下测得误差为+0.52%小于国家电网公司内控指标，基本误差合格；根据 Q/GDW 1827—2013《三相智能电能表技术规范》要求：1 级智能电能表经过抗接地故障抑制试验后，在上述参比条件下误差的变差应小于 0.7%，所以虽然在经过抗接地故障抑制试验后该表误差为+1.20%，大于基本误差限，但其在该点试验后变差小于 0.7%，其变差还是合格的。综上所述，该表合格。

12. 电流回路阻抗测试

电能表在参比电压、最大电流、功率因数为1的条件下，进行 10 次实负荷拉合闸操作。每次操作断 20s，通 10s。

在电流回路通以最大电流 I_{max} 时，测试电流回路进出两端电压，然后除以最大电流 I_{max} 计算所得为电能表电流回路每次阻抗，10 次阻抗值的平均值为电流回路阻抗，内置负荷开关电能表在负荷开关通断后，其电流回路阻抗平均值要求小于 2mΩ。

【例 3-3-5】一只 220/380V，3×5（60）A 智能电能表，在进行电流回路阻抗测试后，得到阻抗（mΩ）数据为 1.6、1.7、1.8、1.8、1.7、1.8、1.9、2.0、2.1、2.2，请问该表是否合格？

解：根据 Q/GDW 1827—2013《三相智能电能表技术规范》计算该表电流回路阻抗：

答：Z=(1.6+1.7+1.8+1.8+1.7+1.8+1.9+2.0+2.1+2.2)/10=1.86（mΩ）＜2，因此该表电流回路阻抗合格。

13. 通信模块接口带载能力测试

本试验适用于带通信模块的智能电能表。试验时在通信模块接口的 V_{CC} 和“地”之间接入 30Ω的纯阻性负载（±5%），用万用表测量 V_{CC} 和“地”之间电压，电压值应在 12V±1V 之间。

14. 通信模块互换能力测试

本试验适用于带通信模块的智能电能表。试验时给电能表接入通信测试平台，施加参比电压、参比电流：

（1）在热插拔更换通信模块前抄读电能表设置参数表和冻结数据情况下，在热插拔更换通信模块后，上述数据应无变化。

（2）互换模块接入电能表 10s 后，通信测试平台以 10s 时间间隔对电能量和时间数据进行抄读，共抄读 5 次，电能表应能正确应答。

15. 通信规约一致性检查

试验时给电能表接入通信测试平台，对电能表进行读写操作判断其通信是否成功，同时根据招标时和供货前、供货时备案软件版本进行比对，对于更新版本应通过省级供电企业计量中心检测并确认。

16. 费控安全试验

费控功能有远程费控和本地费控两种方式。本地费控表支持 CPU 卡等固态介质进行充值及参数设置，同时也支持虚拟介质运程充值和参数设置。本地费控电能表的费控功能是本地实现的。远程费控电能表本地实现计量，计费功能由远程主站售电系统实现，不支持本地费控，费控远程实现。

费控安全试验包含费控功能试验、密钥更新试验、参数更新试验、远程控制试验、安全认证试验。除了安全认证试验外，其余试验判定级别均为 B。

费控安全试验内容和要求见 Q/GDW 1365—2013《智能电能表信息交换安全认证技术规范》8.1～8.5。

五、验收规则

1. 供货前全性能验收

（1）供货前全性能验收有省级计量中心组织实施，样品从供货商已生产的小批量（除 0.2S 三相表外，三相表 100 只以上、单相表 1000 只以上，最大不超过该中标批次 3%）产品中抽样，抽样数量 6 只。

（2）供货前的全性能试验，从样品中抽取 2 只与招标前的全性能试验对应厂家的备案资料进行元器件、软件和工艺比对，并将合格样品留样两只，用于到货后样品比对。有下列情形之一者判断为不合格：

1）依据生产厂家有效书面确认，对比样品出现元器件不符、工艺简化、软件改动情况。

2）试验中样品出现任一项 A 类否决项则判验收不通过，出现 B 类非否决项经整改后试验通过，判定样品合格。

2. 到货后的抽样验收

（1） 到货后验收由省级计量中心组织实施，抽样方法按照 Q/GDW 1206—2013《电能表抽样技术规范》确定抽样方案进行试验和判别。

（2）抽样试验前从样品中抽取 2 只与供货前全性能试验对应厂家的留样进行元器件、软件和工艺比对。有下列情形之一者判断为不合格：

1）依据生产厂家有效书面确认，对比样品出现元器件不符、工艺简化、软件改动情况。

2）试验中样品出现任一项 A 类否决项则判验收不通过，出现 B 类非否决项经整改后试验通过，判定样品合格。

3）检测过程中发现有 3 只及以上样品存在因生产工艺、元器件等同一原因引起的质量隐患问题。

3. 到货后的全检验验收

（1）到货后产品通过抽样验收后，由省级计量中心对供货产品进行 100%检定，检定依据为 JJG 596—2012《电子式交流电能表检定规程》。

（2）电能表的基本误差应满足 JJG 596—2012《电子式交流电能表检定规程》中误差限的 60%之内。

（3）有下列情形之一者全检验验收判定为不合格：

1）验收合格率小于 99%。

2）检测过程中发现有 3 只及以上样品存在因生产工艺、元器件等同一原因引起的质量隐患问题。

【思考与练习】

1. 智能电能表的全性能验收和抽样验收项目哪些是相同的？

2. 为什么进行短时过电压试验？短时过电压试验使用哪种类型的智能电能表？

3. 简述智能电能表检定规程中使用的计读脉冲法检查电能表常数和智能电能表技术标准中电能表常数检查方法有何不同。

4. 智能电能表有哪几种费控方式？它们有何区别？

5. 简述通信模块互换能力测试方法和要求。

第四章

标准电能表检定

模块1　标准电能表的检定（Z28E4001Ⅲ）

【模块描述】本模块包含标准电能表检定的目的、依据和条件、检定方法及技术要求、检定数据修约等内容。通过概念描述、术语说明、条文解释、要点归纳，掌握标准电能表的检定方法。

以下重点介绍标准电能表的检定方法、技术要求及检定数据修约。通过标准电能表室内检定方法的描述，达到掌握标准电能表室内检定方法的目的。

【模块内容】

标准电能表是电能表检定装置的主标准，主要用于安装式电能表检定和电能量值传递工作。

一、标准电能表室内检定的检定依据和检定条件

1. 标准电能表室内检定的检定依据

标准电能表的检定所遵循的依据是：JJG 1085—2013《标准电能表检定规程》。

2. 标准电能表室内检定的工作条件

（1）室内环境温、湿度：对0.2级电能表为标准温度±2℃，相对湿度为50%±20%；其余为标准温度±1℃，相对湿度为50%±15%。

（2）对电子式标准电能表进行基本误差试验时，各级被检电子式标准电能表所用试验装置的准确度等级、功率稳定度要求应符合相关检定规程规定。

（3）电压、频率、电压与电流波形、外磁场、功率因数等影响量允许偏差应符合相关检定规程要求，无可觉察到的振动、无较强的电磁辐射干扰。

二、标准电能表的检定项目

直观检查、通电检查、绝缘电阻试验、工频耐压、起动和停止试验、确定基本误差、确定标准偏差估计值、确定8h连续工作基本误差改变量、确定24h变差。

三、标准电能表的技术要求及检定方法

(一) 通用技术要求

被检标准电能表上的标志应符合国家标准或有关规定，至少应包括以下内容：厂名、型号、出厂编号、准确度等级、脉冲常数、额定电压、基本电流及额定最大电流。

(二) 检定方法

1. 绝缘电阻和交流电压试验

（1）绝缘电阻测试：在允许的温度、湿度范围内，可用1000V的绝缘电阻测试仪测试其输入端子和辅助电源端子对机壳（或同机壳相连的接地端子）、输入端子对辅助电源端子的绝缘电阻应不低于100MΩ。

（2）工频耐压试验的方法及技术要求与机电式电能表相同。

2. 直观检查和通电试验

（1）直观检查：标志是否完全，字迹是否清楚；开关旋钮、拨盘等换挡是否正确，外部端钮是否损坏。

（2）通电检查：显示数字是否清楚、正确；显示位数和显示其被检表误差的分辨率是否符合规程的规定；在额定输入功率下，脉冲输出频率应符合检定规程要求；基本功能是否正常。

3. 起动和停止试验

（1）标准电能表，在参比电压、参比频率和功率因数为1.0的条件下，负载电流升到规定值后，标准电能表应起动并连续累计计数。

如果电能表用于测量双向电能，重复上述试验。

（2）标准电能表起动并累计计数后，用控制脉冲或切断电压使它停止计数，显示数字应保持3s不变化。

4. 确定基本误差

在每一负载下，至少做2次测量，取其平均值作为测量结果。如计算得到的相对误差等于该表基本误差限的80%～120%，应再做2次测量，取这2次和前几次测量的平均值作为测量结果。

5. 电能表标准偏差估计值测试

在参比电压、参比频率和I_b电流下，对功率因数为1.0和0.5（L）两个负载点分别做不少于5次的相对误差测量，然后计算标准偏差估计值S（%）。

$$S=\sqrt{\frac{1}{n-1}\sum_{i=1}^{n}(r_i-\overline{r})^2} \qquad (4\text{–}1\text{–}1)$$

式中　r_i——第i次测量得出的相对误差，%；

$\overline{r}$ ——各次测量得出的相对误差平均值，%，即$\overline{r}=\dfrac{r_1+r_2+\cdots+r_n}{n}$；

n ——对每个负载点进行重复测量的次数，$n\geqslant 5$。

计算结果应不大于被检表准确度等级的1/10。

【例4-1-1】用电能表标准装置测定一只短时稳定性较好的0.1级标准电能表某一负载下的相对误差，在较短的时间内，在等同条件下，独立测量5次，得到的误差数据分别为：0.012 6%，0.013 2%，0.021 5%，0.020 2%，0.012 3%，试计算标准电能表在该负载点单次测量的标准偏差估计值，并判断是否合格。

解：步骤如下：

$$\text{平均值}\overline{\gamma}=\frac{0.012\,6+0.013\,2+0.021\,5+0.020\,2+0.012\,3}{5}=0.015\,96(\%)$$

$$\text{残余误差}\Delta\gamma_1=\gamma_i-\overline{\gamma}$$

$$\Delta\gamma_1=-0.003\,36(\%)$$
$$\Delta\gamma_2=-0.002\,76(\%)$$
$$\Delta\gamma_3=+0.005\,54(\%)$$
$$\Delta\gamma_4=+0.004\,24(\%)$$
$$\Delta\gamma_5=-0.003\,66(\%)$$

标准偏差估计值：

$$\begin{aligned}S&=\sqrt{\frac{\sum\Delta\gamma_i^2}{n-1}}\\&=\sqrt{\frac{(-0.003\,36)^2+(-0.002\,76)^2+0.005\,54^2+0.004\,24^2+(-0.003\,66)^2}{5-1}}\\&=0.004\,499(\%)\end{aligned}$$

化整值为：0.004%。

答：单次测量的标准偏差是0.004%，合格。

6. 确定电能测量的24h变差

（1）被检标准电能表在确定基本误差之后关机，在实验室内放置24h。

（2）再次测量在参比电压、参比频率和I_b条件下，功率因数为1.0和0.5（L）两个负载点的基本误差（%）。

（3）测量结果不得超过该表基本误差限，且标准电能表在24h内的基本误差改变量的绝对值不得超过基本误差限绝对值的1/5。

7. 确定8h连续工作基本误差改变量

标准电能表在预热结束时测量1次基本误差，测量点为参比电压、I_b、参比频率，功率因数为1.0和0.5（L）。以后每隔1h测量1次基本误差，共测9次。9次测量结果不得超过基本误差限，且基本误差改变量的绝对值应不超过被检表准确度等级的3/10。

四、检定数据修约

电能测量相对误差结果处理与普通电子表相同；电能测量标准偏差估计值S（%），应按被检标准电能表准确度等级的1/100的化整间距进行化整。

需要考虑用标准表或检定装置的已定系统误差修正检定结果时，应先修正检定结果，再进行误差修约。

五、检定证书（检定结果通知书）的填写

标准电能表经检定合格，符合规程要求的发给检定证书；检定不合格的发给检定结果通知书，并注明不合格项目。

根据检定结果，得出检定结论（合格或不合格），检定员、核验员和批准人分别签字，在检定证书上注明检定日期和有效期，加盖检定单位印章。

六、标准电能表检定中应注意的问题

（1）被检电能表试验放置位置和预热时间要符合生产厂家要求。

（2）其他注意事项与普通电子式交流电能表检定相同。

【思考与练习】

1. 标准电能表室内检定的检定项目有哪些？

2. 简述标准电能表24h变差的测量方法。

3. 简述标准电能表8h连续工作误差改变量的测量方法。

4. 简述0.1级标准电能表与0.2S级多功能电能表检定的方法差异。

第五章

用电信息采集终端的检测

模块 1　采集终端的检测（Z28E5001Ⅱ）

【模块描述】本模块包含用电信息采集终端功能检测和计量性能检定。通过学习了解采集终端功能检测项目和方法，掌握采集终端计量性能检验项目和方法。

【模块内容】

一、检验的目的

为了建设覆盖全部用户，实现用电信息实时采集，全面支持预付费控制，即“全覆盖、全采集、全费控”的采集系统，为确保集抄终端与采集主站、电能表之间正确可靠地进行数据采集、存储、处理以及交换。本章节适用于用电信息采集终端（集中器、采集器）型式检验、出厂检验、符合性检验、到货验收（批次抽查、全数检验）、周期巡检、故障检测等检验环节。采集器的计量功能检定方法同智能电能表。

二、检验的气候环境条件

除静电放电抗扰度试验，相对湿度应在 30%～60%外，各项试验均在以下大气条件下进行，即：

（1）温度：+15～+35℃；

（2）相对湿度：25%～75%；

（3）大气压力：86～108kPa。

在每一项目的试验期间，大气环境条件应相对稳定。

三、检验分类

1. 全性能试验

全性能试验包括招标前的选型试验和到货前的全性能抽样试验，试验项目包括外观检查、功能、数据传输、电气要求、电磁兼容、机械性能、集中器检测等。

2. 抽样验收

抽样验收项目包括外观检查、功能检查、集中器检测。

3. 全检

全检项目包括外观检查、集中器检测。

四、用电信息采集终端的分类

1. 集中器

集中器是指收集各采集器或电能表的数据，并进行处理储存，同时能和主站或手持设备进行数据交换的设备。

2. 采集器

采集器是用于采集多个或单个电能表电能信息，并可与集中器交换数据的设备。采集器依据功能可分为基本型采集器和简易型采集器。基本型采集器抄收和暂存电能表数据，并根据集中器的命令将储存的数据上传给集中器。简易型采集器直接转发低压集中器与电能表间的命令和数据。

3. 专变采集终端

专变采集终端是对专变用户用电信息进行采集的设备，可以实现电能表数据采集、电能计量设备工况和供电电能质量监测，以及用户用电负荷和电能量监控，并对采集数据进行管理和双向传输。

五、用电信息采集终端工作原理

中央处理单元接收数据、存储数据、发送数据，扣减电量，根据设定好的判断条件生成报警事项等。

显示模块显示终端的一些信息，便于现场查看。包括电压、电流、是否接跳闸端口、是否保电、剩余电量等，一般采用液晶显示屏。

1. 终端内部结构（见图 5-1-1）

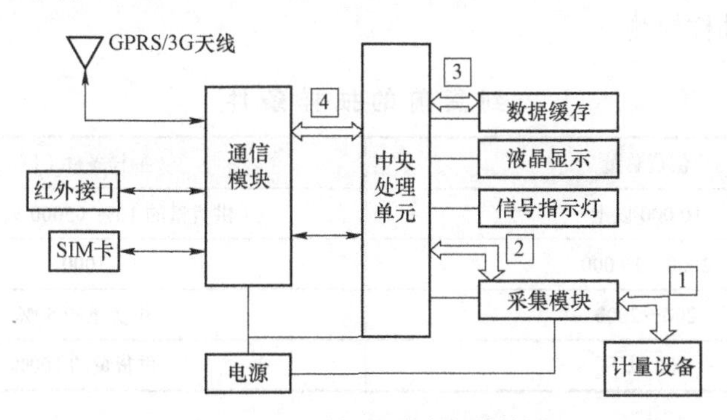

图 5-1-1　采集终端内部结构图

2. 电源模块

（1）有交采功能：接线方式与三相电能表相同。

（2）无交采功能：只需接入220V交流电压即可。

3. 采集模块

（1）专变终端：多采用RS485串口通信方式与电能表连接，实现数据采集。

（2）集中抄表终端：多采用载波或RS485总线通信方式与电能表连接，一个采集器可连接多个电能表，一个集中器可连接多个采集器，实现数据采集。

（3）通信：终端（采集器）与电能表之间按照DL/T 645或DL/T 698.45完成数据交换。

4. 通信模块（支持热插拔）

（1）专变终端：主要有光纤网络、公用无线（GPRS、CDMA、4G）、230MHz无线专网及中压载波通信等。

（2）集中抄表终端：上行信道主要有光纤网络、公用无线（GPRS、CDMA、4G）；下行信道主要有宽（窄）低压载波、公用无线等。

（3）通信模块：通过通信规约（与电能表通信规约有别）与主站实现对话。

六、采集终端的验收

1. 到货前的全性能试验

集抄终端生产厂家根据省公司要求进行生产，前期生产达到一定数量标准，可以向省计量中心申请全性能验收，省计量中心根据省公司的技术标准开展试验验收，不合格的厂家必须及时整改。全性能试验合格后，生产厂家方可向市计量技术机构供货。

具备全性能试验抽样条件的数量要求：依据GB/T 2828.1—2012《计数抽样检验程序 第1部分：按接收质量限（AQL）检索的逐批检验抽样计划》，对被抽样品数量的下限有一定的要求。省公司任务下达后，制造单位的生产数量必须达到表5–1–1要求后，才能进行抽样检测。

表5–1–1 到货前的抽样条件 单位：只

供货总量	抽样条件下限
10 000以上	供货量的10%（5000只封顶）
2000～10 000	1000
200～2000	供货量的50%
200以下	供货量的100%

2. 到货后的抽样验收

生产厂家经省计量中心的全性能抽样验收合格后，根据省公司的要求继续进行批量生产，并及时向市计量技术机构供货。市计量技术机构接收后，向省计量中心提交本批次集抄终端的全部资产编码，由省计量中心组织抽样验收工作。抽样验收合格，市计量技术机构方可入库，抽样验收不合格，市计量技术机构向厂家退货。

确定样本的大小：根据 Q/GDW 1206—2013 有关要求，按照订货合同的集抄终端批量总数，随机抽取的试验样本 *n*，合格判定数 *Ac*，不合格判定数 *Re*，见表 5–1–2。当样品不合格数≤*Ac* 时，判为验收合格；样品不合格数≥*Re* 时，判为验收不合格。

表 5–1–2　　抽样方案

批　量（*N*）	样本大小（*n*）	*Ac*	*Re*
281～500	50	1	2
501～1200	80	2	3
1201～3200	125	3	4
3201～10 000	200	5	6
10 001～35 000	315	7	8
35 001～150 000	500	10	11
150 001～500 000	800	14	15
≥500 001	1250	21	22

3. 到货后的全检

到货前的全性能试验和抽样验收试验合格后，市计量技术机构接收并入库，进行全检，全检项目见表 5–1–3。

七、集中抄表终端检验项目

集中抄表终端检验项目见表 5–1–3。

表 5–1–3　　集抄终端检测项目

序号	检测项目		全性能试验	抽样验收	全检
1	外观检查	外观、标志	•	•	•
2	功能	数据采集	•	•	
3		数据处理	•	•	
4		参数设置和查询	•	•	
5		事件记录	•	•	
6		本地功能	•	•	
7		终端维护功能	•	•	
8	数据传输	通信协议一致性验证	•		
9		数据转发	•		

续表

序号	检测项目		全性能试验	抽样验收	全检
10	电气要求	功率消耗	•		
11		电源电压影响	•		
12		温升试验	•		
13		脉冲电压试验	•		
14		交流耐压试验	•		
15		绝缘电阻	•		
16		连续通电稳定性	•		
17	电磁兼容	静电放电抗扰度试验	•		
18		射频电磁场抗扰度试验	•		
19		快速瞬变脉冲群抗扰度试验	•		
20		浪涌抗扰度试验	•		
21		射频场感应传导骚扰抗扰度	•		
22		衰减振荡波抗扰度	•		
23	气候影响	高温试验	•		
24		低温试验	•		
25		湿热试验	•		
26	机械性能	防尘和防水试验	•		
27		弹簧锤试验	•		
28		冲击试验	•		
29		振动试验	•		
30		耐热和阻燃试验	•		

八、终端测试方法与判定依据

（一）一般检查

进行外观和结构检查时，不应有明显的凹凸痕、划伤、裂缝和毛刺，镀层不应脱落，标牌文字、符号应清晰、耐久，接线应牢固；应符合相关规定要求。

（二）数据采集

1. 状态量采集

（1）设置终端状态量输入参数（F_n=12）。

（2）设置终端事件记录参数（F_n=9），对时（F_{31}）。

（3）改变台体遥信信号，使状态量变位事件发生（对应 a 型，要变位的话，将原状态位取反，然后输出遥信量；对应 b 型，要变位的话，直接用原状态位，然后输出遥信量）。

（4）等待终端形成事件记录。

（5）召测终端当前事件记录，并判断生成事件是否正确（ERC=04）。

（6）召测终端状态量及变为标志（APN=0CH，F_n=9），判断终端各项数据是否正确。

（7）综合以上各分步的结果，得出最终的测试结论。

2. 电能表数据采集

（1）设置终端抄表日、终端配置数量表、终端电能初交流采样装置配置参数、终端抄表间隔、测量点基本参数（F_n=10，33）。

（2）等待一个抄表周期（抄表间隔+模拟量等待时间，默认 2min）。

（3）召测终端当前电能表测量点的日历时钟及状态、电能量数据等（APN=0CH，F_n=27，33，34，35，36）。

（4）比较终端的数据与电能表实际数据，得出最终的测试结论。

（三）数据处理

1. 实时/当前数据

（1）终端数据区初始化（F_n=4）。

（2）等待终端初始化完成时间（AFN=05，F_n=31），禁止主动上报 F_n=35。

（3）设置终端抄表日、终端配置数量表、电能表/交采装置配置参数、抄表间隔、测量点基本参数（F_n=10，33）。

（4）等待终端数据刷新，等待时间＞抄表周期（抄表间隔+模拟量等待时间，默认 2min）。

（5）召测终端的实时数据项，与实际数据进行比较，得出最终的测试结论（AFN=0A，F_n=f129，f130，f131，f132）。

2. 历史日数据测试

（1）终端数据区初始化（F_n=2）。

（2）等待终端初始化完成时间。

（3）设置终端抄表日、终端配置数量表、终端电能/交流采样装置配置参数、终端脉冲配参数、终端电压/电流模拟量配置表、终端总加组配置、终端抄表间隔、测量点基本参数、测量点限值参数、测量点冻结参数、测量点功率因数分段限值、总加组数据冻结参数、电能表异常判别阈值设定等（F_n=10，33，14，31）。

（4）设终端时间为昨日 23:59:59，目的是让终端自动过日，清除相应的数据。

（5）设置模拟电能表的值，设置其断项次数，令其电压、电流三项越限、不平衡。

（6）等待一个抄表周期（抄表间隔+模拟量等待时间，默认 2min）。

（7）设置模拟电能表的值，使其为正常值，模拟表电流为 0，使其示数不变。

（8）设置时间时为当日 23:55:00。

（9）等待 15min，让终端自动过日。

（10）召测终端日冻结数据，并与模拟表数据比较，得出最终的测试结论。

3. 历史月数据测试

（1）终端数据区初始化（F_n=2）。

（2）等待终端初始化完成时间。

（3）设置终端抄表日，终端配置数盘表，电能表/交采装置配置参数，总加组配置参数（配置只有脉冲测量点的总加组 1，只有电能表测量点的总加组 2），抄表间隔，测量点基本参数，测量点的电压电流越限阈值，功率因数分段限值等（F_n=10，33，14，31）。

（4）设终端时间为 2018-10-31 23:59:59，目的是让终端自动过月，清除相应的数据。

（5）设置模拟电能表的值，设置其断相次数，令其电压、电流三项越限，不平衡。

（6）等待一个抄表周期（抄表间隔+模拟量等待时间，默认 2min）。

（7）设置模拟电能表的值，使其为正常值，模拟表电流为 0，使其示数不变。

（8）终端月冻结数据前，召测各项实时数据并保存（AFN=0CH，F_n=33，34，37）。

（9）设置终端时间为 2018-11-30 23:55:00。

（10）等待 15min，让终端自动过月。

（11）召集终端 11～18 的月冻结数据，并与第 8）步保存的数据比较，得出最终测试结论。

（四）设置参数和查询

1. 时钟召测和对时

（1）设置终端时间为系统时间。

（2）召测终端时钟。

（3）终端时间——系统时间＜5s，为合格，否则不合格。

2. 参数设置与查询

设置并召测以下参数，并判断正确：

（1）TA 变化、TV 变化以及电能表常数、终端参数、抄表参数、费率/时段等参数。

（2）限制参数、功率控制参数、电能量控制参数。

（五）控制

1. 时段功控

（1）禁止终端主动上报。

（2）设置终端功率控制的功率计算滑差时间、功控轮次、功控告警时间等（F_n=43，45，49）。

（3）设置终端抄表日，终端配置数量表，电能表/交采装置配置参数，总加组配置参数（配置只有脉冲测量点的总加组1、只有电能表测量点的总加组2），抄表间隔，测量点基本参数（F_n=7，9，10，14，24，25）。

（4）下发终端保电解除及所有功控的解除命令。

（5）设置终端时间，使其工作进入对应时段。

（6）下发时段功控投入命令。

（7）根据系统相应时段控定值，台体发相应频率的脉冲，使终端功率越限。

（8）等待终端功率滑差时间。

（9）召测终端当前控制状态、功控告警及跳闸状态（APN=0CH，F_n=5，6），此时终端应为时段功控投入、时段功控告警，无轮次跳闸）。

（10）等待功控告警时间。

（11）召测功控告警及跳闸状态（APN=0CH，F_n=6），此时终端应只有第1轮跳闸，无告警。

（12）终端跳闸后等待2min，召测终端当前事件，此时终端应为功控第1轮跳闸事件。

（13）召测功控告警及跳闸状态（APN=0CH，F_n=F6），此时终端应时段功控告警，第1轮跳闸。

（14）等待终端第二轮告警结束。

（15）召测功控告警及跳闸状态（APN=0CH，F_n=F6），此时终端应第1～2轮跳闸，无告警。

（16）终端跳闸后等待2min，召测终端当前事件，此时终端应为功控第2轮跳闸事件。

（17）改变台体输出脉冲功率，使其下降到当前功率定值以下。

（18）召测终端当前控制状态、功控告警及跳闸状态（APN=0CH，F_n=6），此时终端应时段控投入、第1～2轮仍为跳闸，无告警。

（19）下发时段控解除命令。

（20）等待1min。

（21）召测终端当前控制状态、功控告警及跳闸状态（APN=0CH，F_n=6），此时终端应时段控解除、无跳闸，无告警。

2. 月电量控

（1）禁止终端主动上报。

（2）设置终端月电控定值浮动系数、月电控定值、电控轮次等（F_n=20，46，48）。

（3）终端数据区初始化（F_n=2）。

（4）等待终端初始化完成时间。

（5）设置终端抄表日，终端配置数量表，电能表/交采装置配置参数，总加组配置参数（配置只有脉冲测量点的总加组 1、只有电能表测量点的总加组 2），抄表间隔，测量点基本参数（F_n=7，9，10，14，24，25）。

（6）下发终端保电解除及所有电控的解除命令。

（7）等待一个抄表周期（抄表间隔+模拟量等待时间，默认 2min）。

（8）下发月电控投入命令。

（9）改变模拟电能表当前正向有功总电能，电能表增加的电量值＞80%×［月电控定值×（1+浮动系数）］。

（10）等待一个抄表周期（抄表间隔+模拟量等待时间，默认 2min）。

（11）召测终端控制状态、电控告警及跳闸状态（APN=0CH，F_n=5，6），此时终端应月电控投入，月电控越限告警，无轮次跳闸）。

（12）改变模拟电能表当前正向有功总电能，电能表增加的电量值＞月电控定值×（1+浮动系数）。

（13）等待一个抄表周期（抄表间隔+模拟量等待时间，默认 2min）。

（14）召测电控告警及跳闸状态（APN=0CH，F_n=5，6），终端应为月电控投入，各轮次已跳闸，无告警。

（15）召测月电控事件，应该有轮次跳闸的月电控事件记录。

（16）下发月电量控解除命令。

（17）等待一段时间（默认 10s）。

（18）召测终端控制状态、电控告警及跳闸状态（APN=0CH，F_n=5，6），此时终端应为月电控解除状态，无跳闸，无告警。

3. 购电量控

（1）禁止终端主动上报。

（2）设置终端购电量控参数、电控轮次等（F_n=47，48）。

（3）终端数据区初始化（F_n=2）。

（4）等待终端初始化完成时间。

（5）设置终端抄表日，终端配置数量表，电能表/交采装置配置参数，总加组配置参数（配置只有脉冲测量点的总加组 1、只有电能表测量点的总加组 2），抄表间隔，测量点基本参数（F_n=7，9，10，14，24，25）。

（6）下发终端保电解除及所有电控的解除命令。

（7）等待一个抄表周期（抄表间隔+模拟量等待时间，默认 2min）。

（8）下发购电控投入命令。

（9）改变模拟电能表当前正向有功总电能，电能表增加的电量值＞购电控参数中购电量–报警门限值。

（10）等待一个抄表周期（抄表间隔+模拟量等待时间，默认 2min）。

（11）召测终端控制状态、电控告警及跳闸状态（APN=0CH，F_n=5，6），此时终端应购电控投入，购电控越限告警，无轮次跳闸）。

（12）改变模拟电能表当前正向有功总电能，电能表增加的电量值＞购电控参数中购电量–跳闸门限值。

（13）等待一个抄表周期（抄表间隔+模拟量等待时间，默认 2min）。

（14）召测电控告警及跳闸状态（APN=0CH，F_n=5，6），终端应为购电控投入，各轮次已跳闸，无告警。

（15）召测购电控事件，应该有轮次跳闸的购电控事件记录。

（16）下发购电控解除命令。

（17）等待一段时间（默认 10s）。

（18）召测终端控制状态、电控告警及跳闸状态（APN=0CH，F_n=5，6），此时终端应为购电控解除状态，无跳闸，无告警。

（六）事件记录

1. 电能表常数变更事件

（1）禁止终端主动上报。

（2）设置终端抄表日、终端事件记录配置、终端配值数量表、终端电能表/交流采样装配置参数、终端电电压/电流模拟量配置参数、终端抄表间隔设置，测量点基本参数等（F_n=10，33）。

（3）等待一个抄表周期（抄表间隔+模拟量等待时间，默认 2min）。

（4）改变模拟电能表脉冲常数。

（5）等待一个抄表周期（抄表间隔+模拟量等待时间，献认 2min）。

（6）召测终端事件，判断生成事件是否正确。

2. 电能表时段变更事件

（1）禁止终端主动上报。

（2）设置终端抄表日、终端事件记录配置、终端配置数量表、终端电能表/交流采样装置配置参数、终端电压/电流模拟量配置参数、终端抄表时间间隔设置、测量点基本参数等（F_n=10，33）。

（3）等待一个抄表周期（抄表间隔+模拟量等待时间，默认 2min）。

（4）改变模拟电能表费率时段参数。

（5）等待一个抄表周期（抄表间隔+模拟量等待时间默认 2min）。

（6）召测终端事件，判断生成事件是否正确。

3. 电能表抄表日变更事件

（1）禁止终端主动上报。

（2）设置终端抄表日、终端事件记录配置，终端配置数量表，表、终端电能表/交流采样装置配置参数，终端电压/电流模拟量配置参数、终端抄表间隔设置、测量点基本参数等（F_n=10，33）。

（3）等待一个抄表周期（抄表间隔+模拟量等待时间默认 2min）。

（4）改变模拟电能表抄表日。

（5）等待一个抄表周期（抄表间隔+模拟量等待时间默认 2min）。

（6）召测终端事件，判断生成事件是否正确。

4. 电能表电池欠电压事件

（1）禁止终端主动上报。

（2）设置终端抄表日、终端事件记录配置，终端配置数量表，表、终端电能表/交流采样装置配置参数，终端电压/电流模拟量配置参数、终端抄表间隔设置、测量点基本参数等（F_n=10，33）。

（3）等待一个抄表周期（抄表间隔+模拟量等待时间默认 2min）。

（4）改变模拟表电能表状态字，使电池欠电压位置 1。

（5）等待一个抄表周期（抄表间隔+模拟量等待时间默认 2min）。

（6）召测终端事件，判断生成事件是否正确。

5. 电能表最大需量清零次数变更事件

（1）禁止终端主动上报。

（2）设置终端抄表日、终端事件记录配置，终端配置数量表，表、终端电能表/交流采样装置配置参数，终端电压/电流模拟量配置参数、终端抄表间隔设置、测量点基本参数等（F_n=10，33）。

（3）等待一个抄表周期（抄表间隔+模拟量等待时间默认 2min）。

（4）改变模拟表最大需量清零次数。

（5）等待一个抄表周期（抄表间隔+模拟量等待时间默认 2min）。

（6）召测终端事件，判断生成事件是否正确。

6. 电能表断相次数变更事件

（1）禁止终端主动上报。

（2）设置终端抄表日、终端事件记录配置、终端电能表/交流采样装置配置参数、终端电压/电流模拟量配置参数、终端抄表时间间隔设置、测量点基本参数等（F_n=10，33）。

（3）等待一个抄表周期（抄表间隔+模拟量等待时间，默认 2min）。

（4）改变模拟表断相次数。

（5）等待一个抄表周期（抄表间隔+模拟量等待时间，默认值 2min）。

（6）召测终端事件，判断生成事件是否正确。

7. 电能表示度下降事件

（1）禁止终端主动上报。

（2）设置终端抄表日、终端事件记录配置、终端电能表/交流采样装置配置参数，终端电压/电流模拟量配置参数，终端抄表时间间隔设置，测量点基本参数等（F_n=10，33，59）。

（3）等待一个抄表周期（抄表间隔+模拟量等待时间，默认 2min）。

（4）改变模拟电能表正向有功电能量，使该值下降。

（5）等待一个抄表周期（抄表间隔+模拟量等待时间，默认 2min）。

（6）召测终端事件，判断生成事件是否正常。

8. 电能表飞走事件

（1）禁止终端主动上报。

（2）设置终端抄表日、终端事件记录配置、终端电能表/交流采样装置配置参数，终端电压/电流模拟量配置参数，终端抄表时间间隔设置，测量点基本参数等（F_n=10，33，59）。

（3）等待一个抄表周期（抄表间隔+模拟量等待时间，默认 2min）。

（4）改变模拟表电能表正向有功电能量。

（5）等待一个抄表周期（抄表间隔+模拟量等待时间，默认 2min）。

（6）召测终端事件，判断生成事件是否正常。

注：（电能表实际发生电量/由电能表示值计算的电量）＞电能表飞走阈值，即判为电能表飞走）。

9. 电能表停走事件

（1）禁止终端主动上报。

（2）设置终端抄表日、终端事件记录配置、终端电能表/交流采样装置配置参数，终端电压/电流模拟量配置参数，终端抄表时间间隔设置，测量点基本参数等（F_n=10，

33，59）。

（3）等待一个抄表周期（抄表间隔+模拟量等待时间，默认 2min）。

（4）不改变模拟表电能表正向有功电能量。

（5）等待电能表停走阈值时间（默认 15min）。

（6）等待一个抄表周期（抄表间隔+模拟量等待时间，默认 2min）。

（7）召测终端事件，判断生成事件是否正常。

注：在电能表停走阈值时间内，电能表示值不变，即判为停走。

10. 电能表时间超差事件

（1）禁止终端主动上报。

（2）设置终端抄表日、终端事件记录配置、终端电能表/交流采样装置配置参数，终端电压/电流模拟量配置参数，终端抄表时间间隔设置，测量点基本参数等（F_n=10，33，59）。

（3）等待一个抄表周期（抄表间隔+模拟量等待时间，默认 2min）。

（4）改变模拟表电能表时钟，使得|模拟电能表–标准时钟|＞电能表校时阈值。

（5）等待一个抄表周期（抄表间隔+模拟量等待时间，默认 2min）。

（6）召测终端事件，判断生成事件是否正常。

注：（电能表实际发生电量/由电能表示值计算的电量）＞电能表飞走阈值，即判为电能表飞走）。

11. 终端参数变更事件

（1）禁止终端主动上报。

（2）设置终端事件记录配置（F_n=8）。

（3）设置终端某项参数。

（4）等待 2min。

（5）召测终端事件，判断生成时时间是否正确。

12. 电流反相时间

（1）禁止终端主动上报。

（2）设置终端抄表日、终端事件记录配置、终端电能表/交流采样装置配置参数，终端电压/电流模拟量配置参数，终端抄表时间间隔设置，测量点基本参数等（F_n=10，33，26）。

（3）使电流反向。

（4）等待终端数据刷新时间。

（5）召测终端事件，判断生成事件是否正确。

（6）使电流反向恢复。

（7）等待终端数据刷新时间。

（8）召测终端事件，判断生成事件是否正确。

13. 电压断相事件

（1）禁止终端主动上报。

（2）设置终端抄表日、终端事件记录配置、终端电能表/交流采样装置配置参数，终端电压/电流模拟量配置参数，终端抄表时间间隔设置，测量点基本参数等（F_n=10，33）。

（3）使某项电压低于电压断相门限，且该项电流为零。

（4）等待终端数据刷新时间。

（5）召测终端事件，判断生成事件是否正确。

（6）使电压恢复正常。

（7）等待终端数据刷新时间。

（8）召测终端事件，判断生成事件是否正确。

14. 失压事件

（1）禁止终端主动上报。

（2）设置终端抄表日、终端事件记录配置、终端电能表/交流采样装置配置参数，终端电压/电流模拟量配置参数，终端抄表时间间隔设置，测量点基本参数等（F_n=10，33，26）。

（3）使某项电压低于终端工作电压（60%额定电压），且该项电流不为零。

（4）等待终端数据刷新时间。

（5）召测终端事件，判断生成事件是否正确。

（6）使电压恢复正常。

（7）等待终端数据刷新时间。

（8）召测终端事件，判断生成事件是否正确。

15. 终端相序异常事件

（1）禁止终端主动上报。

（2）设置终端抄表日、终端事件记录配置、终端电能表/交流采样装置配置参数，终端电压/电流模拟量配置参数，终端抄表时间间隔设置，测量点基本参数等（F_n=10，33，26）。

（3）使相序异常发生。

（4）等待终端数据刷新时间。

（5）召测终端事件，判断生成事件是否正确。

（6）使电压恢复正常。

（7）等待终端数据刷新时间。

（8）召测终端事件，判断生成事件是否正确。

16. 终端停上电事件

（1）禁止终端主动上报。

（2）设置终端抄表日、终端事件记录配置、终端电能表/交流采样装置配置参数，终端电压/电流模拟量配置参数，终端抄表时间间隔设置，测量点基本参数等（F_n=10，33，26）。

（3）使台体输出电压为零。

（4）使台体输出电压正常。

（5）等待终端数据刷新时间。

（6）召测终端事件，判断生成事件是否正确。

17. 电压/电流不平衡事件

（1）禁止终端主动上报。

（2）设置终端抄表日、终端事件记录配置、终端电能表/交流采样装置配置参数，终端电压/电流模拟量配置参数，终端抄表时间间隔设置，测量点基本参数等（F_n=10，33，26）。

（3）等待终端数据刷新时间。

（4）使某项电流/电压在不平衡限值下。

（5）等待终端数据刷新时间。

（6）使电压/电流恢复正常。

（7）等待终端数据刷新时间。

（8）召测终端事件，判断生成事件是否正确。

注：三相电压不平衡率=（最大电压–最小电压）/最大电压。三相电流不平衡率=（最大电流–最小电流）/最大电流。

18. 购电参数设置事件

（1）禁止终端主动上报。

（2）设置终端事件记录配置（F_n=8）。

（3）设置终端购电控参数。

（4）等待数据刷新时间。

（5）读取终端事件，判断生成事件是否正确，此时终端应生成参数变更和购电参数设置两个事件。

19. 电压（电流）越限事件

（1）禁止终端主动上报。

（2）设置终端抄表日、终端事件记录配置、终端电能表/交流采样装置配置参数，终端电压/电流模拟量配置参数，终端抄表时间间隔设置，测量点基本参数等（F_n=10，

33，25，26）。

（3）等待终端数据刷新时间。

（4）使某项电压（电流）越限。

（5）等待终端数据刷新时间。

（6）使该项电压（电流）恢复正常。

（7）等待终端数据刷新时间。

（8）召测终端事件，判断生成事件是否正确。

注：电压（电流）上上限＜实际电压（电流）——此时终端应生成电压（电流）上上限事件。

电压（电流）越下限/下下限事件同上。

电压（电流）上限＜实际电压（电流）上限＜电压（电流）上上限——此时终端应生成电压（电流）越上限事件。

20. 视在功率越限事件

（1）禁止终端主动上报。

（2）设置终端抄表日、终端事件记录配置、终端电能表/交流采样装置配置参数，终端电压/电流模拟量配置参数，终端抄表时间间隔设置，测量点基本参数等（F_n=10，33，25，26）。

（3）等待终端数据刷新时间。

（4）使视在功率发生越限。

（5）等待终端数据刷新时间。

（6）使视在功率恢复正常。

（7）等待终端数据刷新时间。

（8）召测终端事件，判断生成事件是否正确。

注：1. 视在功率上限＜实际视在功率上限＜视在功率上上限——此时终端应生成视在功率越上限事件；

2. 视在功率上上限＜实际视在功率——此时终端应生成视在功率上上限事件；

3. 视在功率越下限/下下限事件同上。

（七）任务上报

1. 定时一类任务

（1）允许终端主动上报。

（2）对终端下发对时命令。

（3）设置终端参数（AFN=0CH，F_n=65，67）。

（4）等待终端任务上报，并判断上报是否正确。

2. 定时二类任务

（1）允许终端主动上报。

（2）对终端下发对时命令。

（3）设置终端参数（AFN=0CH，F_n=66，68）。

（4）等待终端任务上报，并判断上报是否正确。

九、测试原理图

采集终端测试原理图如图 5–1–2 所示。

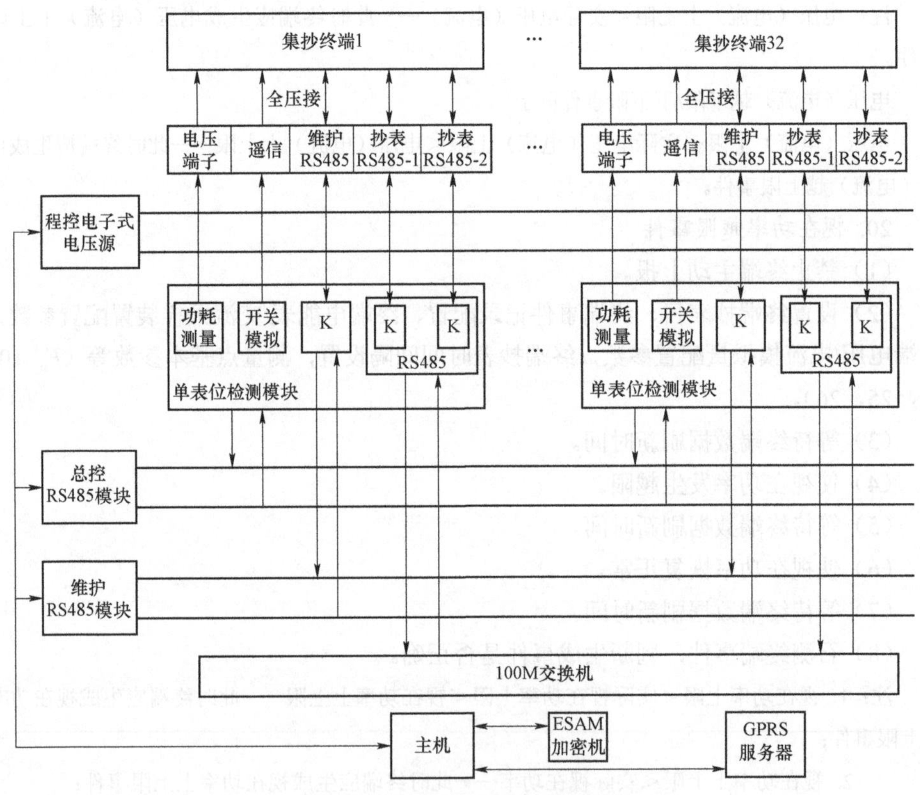

图 5–1–2 采集终端测试原理图

【思考与练习】

1. 用电信息采集终端按应用场所可分为哪几种？
2. 数据采集包括哪些内容？
3. 终端的控制功能主要分为哪几类？
4. 采集终端的检测项目有哪些？

第六章

电能表测量结果的不确定度分析

模块1　安装式电能表测量结果的不确定度分析（Z28E6001Ⅲ）

【模块描述】本模块包含对安装式电能表测量结果不确定度分析与评定的方法介绍等内容。通过概念描述、术语说明、公式运算、要点归纳、计算示例，掌握安装式电能表测量结果的不确定度分析与评定的方法。

以下以案例介绍安装式电能表两个负载点测量结果的不确定度分析与评定方法，其他负载点的分析方法可参照此步骤。

【模块内容】

一、环境条件

环境条件：温度为22℃，湿度为65%RH。

测量装置：SJJ–1型0.05级三相电能表校验装置（装置不带互感器、使用宽量程三相标准电能表）。

测量标准：DSB–301型、0.05级。

测量对象：DSSD22型、3×100V、3×1.5（6）A、0.5S级、脉冲常数12 000imp/kWh三相三线安装式多功能电能表。

二、不确定度评定

测量方法和测量过程：采取直接比较法。用标准电能表测定的电能与被检电能表测定的电能相比较来确定被检电能表的基本误差。

1. 数学模型

$$\gamma_H = \gamma_0 + \gamma_1 + \gamma_2 + \gamma_3 + \gamma_4$$

式中 γ_H——基本误差；

γ_0——测量重复性的影响；

γ_1——标准电能表误差的影响；

γ_2——SJJ–1型三相电能表校验装置电源输出不稳定的影响；

γ_3——同名端钮间电位差引起的影响；

γ_4——数据修约的影响。

2. 计算过程

确定各输入量的估计值 X_i 以及对应于各输入量估计值的标准不确定度 $u(x_i)$ 。

（1）标准偏差估计值。

测得的数据见表 6–1–1，计算其扩展不确定度。

表 6–1–1　　测量重复性误差数据

功率因数	测试数据及误差（%）						标准偏差（%）
	1	2	3	4	5	6	
1.0	−0.064 8	−0.066 6	−0.067 5	−0.068 3	−0.065 7	−0.066 6	0.001
0.5L	−0.061 2	−0.062 1	−0.063 0	−0.063 0	−0.062 1	−0.063 9	0.001

$$S=\sqrt{\frac{1}{n-1}\sum_{i=1}^{n}(X_i-\bar{X})^2}$$

由此数据修约可得：

$$S_{1.0}=0.001\ 2\%\quad S_{0.5\mathrm{L}}=0.000\ 9\%$$

电能表误差测定以最少是两次重复测量的平均值为测量结果，则该平均值的实验标准差为：

$$u(\bar{x}_{1.0})=S_{1.0}/\sqrt{2}=0.000\ 84\%$$

$$u(\bar{x}_{0.5\mathrm{L}})=S_{0.5\mathrm{L}}/\sqrt{2}=0.000\ 64\%$$

自由度：　$\nu_s=n-1=6-1=5$

（2）确定对应于各输入量的标准不确定度 u_i（x）。

1）DSB–301 型标准表的最大允许误差为±0.05%，引起的标准不确定度分量 u_1（x）属均匀分布，$K=\sqrt{3}$ 。

$$u_2(x)=\frac{0.05}{\sqrt{3}}=0.029\%$$

自由度：$\nu_1\to\infty$。

2）SJJ–1 型三相电能表校验装置电源输出不稳定引起的不确定度分量 u_2（x）。

根据 SJJ–1 型的技术指标，电源变化±10%引起的输出值变化小于满量程的 0.01%，属均匀分布，$K=\sqrt{3}$ 。

$$u_2(x)=\frac{0.01\%}{\sqrt{3}}=0.005\ 77\%$$

自由度：$\nu_2\to\infty$。

3）同名端钮间电位差引起的不确定度分量 u_3（x）。

不接入电压互感器的装置，标准表与被检表电压高端间电位差与电压低端间电位差之和与装置输出电压的百分比应不超过装置最大允许误差的 1/6，属均匀分布，$K=\sqrt{3}$。

$$u_3(x)=\frac{0.05\%}{6\sqrt{3}}=0.004\,8\%$$

自由度：$\nu_3\to\infty$。

4）数据化整引起的不确定度分量，$u_4(x)$。

多功能电能表为 0.5S 级，化整间距为 0.05%，化整间距引起的误差为 0.05%/2=0.025%，属均匀分布，$K=\sqrt{3}$。

$$u_4(x)=\frac{0.025\%}{\sqrt{3}}=0.014\%$$

其自由度为：$\nu_4\to\infty$。

对于带标准电压互感器及标准电流互感器的装置，还要考虑标准电压、电流互感器的比差及角差引起的不确定度。

（3）列出各不确定度分量的汇总表，见表 6-1-2。

表 6-1-2　　不确定度分量汇总表

不确定度来源	u_i（x）		灵敏系数 c	u_i（y）$=cu_i$（x）
测量重复性	$\cos\varphi=1.0$	0.000 84	1	0.000 84
	$\cos\varphi=0.5\text{L}$	0.000 64	1	0.000 64
标准表误差影响	0.029		1	0.029
电源输出不稳定	0.005 77		1	0.005 77
同名端钮间电位差	0.004 8		1	0.004 8
数据修约	0.014		1	0.014

（4）计算合成标准不确定度 u_c（y）。

$\cos\varphi=1.0$ 时

$$u_c^2=u^2(x)+u_1^2(x)+u_2^2(x)+u_3^2(x)+u_4^2(x)$$
$$=(0.000\,84)^2+(0.029)^2+(0.005\,77)^2+(0.004\,8)^2+(0.014)^2$$
$$u_c=0.033\%$$

$\cos\varphi=0.5\text{L}$ 时

$$u_c^2=u^2(x)+u_1^2(x)+u_2^2(x)+u_3^2(x)+u_4^2(x)$$
$$=(0.000\,64)^2+(0.029)^2+(0.005\,77)^2+(0.004\,8)^2+(0.014)^2$$
$$u_c=0.033\%$$

有效自由度：

$$\gamma'_{\text{eff}} = u_{\text{c1.0}}^4 / u_1^4 / \nu_1 \to \infty$$

（5）扩展不确定度（取 k=2）

$$U_{1.0}=ku_{\text{c1.0}}=2\times0.033\%=0.066\%\approx0.07\%$$

$$U_{0.5\text{L}}=ku_{\text{c0.5L}}=2\times0.033\%=0.066\%\approx0.07\%$$

（6）结论：被测试电能表符合 JJG 596—2012《电子式交流电能表检定规程》的相关规定。

【思考与练习】

1. 报告测量不确定度的有效位通常用几位来表述？

2. 不确定度的 B 类评定中需要估计被测量值落于某区间的概率分布，在缺乏更多其他信息的情况下，一般估计为什么分布是较合理的？

3. 不确定度的值有正负之分吗？为什么？

4. 对 1 级三相四线电子式电能表在 3×220V/380V，3×1.5（6）A，功率因数为 1.0，精度为 1 级时的测量结果进行不确定度分析。

模块 2 标准电能表测量结果的不确定度分析（Z28E6002Ⅲ）

【模块描述】本模块包含对标准电能表测量结果不确定度分析与评定的方法介绍等内容。通过概念描述、术语说明、公式运算、要点归纳、计算示例，掌握标准电能表测量结果的不确定度分析与评定的方法。

以下重点介绍标准电能表测量结果的不确定度评定举例。

【模块内容】

标准电能表是检定普通电能表必不可少的标准设备，为了保证电能表的检定质量，必须对标准电能表进行定期校准和检定。在检定标准电能表测量误差的同时，还要按要求计算出测量结果的不确定度。测量结果的不确定度分析，一般根据被测量对象的测量条件、测量原理和测量方法，分析出对其测量结果有明显影响的实验设备和外界因素的不确定度分量，最后计算出合成不确定度，确定扩展不确定度。

下面用案例介绍标准电能表一个负载点测量结果的不确定度分析与评定方法，其他负载点的分析方法可参照此步骤。

用 SJJ–1 型 0.03 级电能表标准装置（标准电能表的准确度等级为 0.02 级，型号 RD–31–211，宽量程，检定装置没有使用互感器），对 0.1 级 BY2463S 型三相标准电能表进行检定。

1. 建立测量的数学模型

标准电能表的检定与普通电能表的检定方法是相同的，都是采用比较法。用比较法检定电能表，就是将标准表测定的电能与被检表测定的电能相比较，即能确定被检表的相对误差γ

$$\gamma=\frac{W_x-W_0}{W_0}\times100\% \tag{6-2-1}$$

式中 γ——被检电能表的相对误差；

W_x——被检电能表显示的电能值；

W_0——标准电能表显示的电能值。

从上述可看出，影响电能表误差的因素有：① 标准电能表的上级传递误差限γ_1；② 检定装置中电压回路导线压降误差γ_2；③ 标准电能表的年稳定性引起的误差γ_3；④ 数据修约的影响γ_4；⑤ 测量重复性误差γ_0。

因此，电能表误差的数学模型为：

$$\gamma_H=\gamma_0+\gamma_1+\gamma_2+\gamma_3+\gamma_4$$

式中 γ_0——测量重复性误差，%；

γ_1——标准电能表的上级传递误差，%；

γ_2——检定装置中电压回路导线压降误差，%；

γ_3——标准电能表的年稳定性引起的误差，%；

γ_4——数据修约的影响，%。

其中，γ_0是A类不确定度，γ_1、γ_2、γ_3、γ_4是B类不确定度。

2. 测量结果不确定度的评定

（1）不确定度的A类评定。

检定准确度等级0.1级，BY2463S型三相标准电能表，对三相三线3×100V、3×5A、cosφ=1.0，在重复测量条件下，进行6次测量，所得数据见表6–2–1。

表6–2–1　测量重复性误差数据

x	1	2	3	4	5	6
相对误差（%）	–0.047 9	–0.059 5	–0.060 4	–0.062 1	–0.059 5	–0.068 3

$$S=\sqrt{\frac{\sum_{i=1}^{n}(X_i-\bar{X})^2}{n-1}}=0.006\,626\%$$

在实际工作中，通常以两次测量的平均值为测量结果。所以

$$u_A(\bar{x}) = s / \sqrt{2} = 0.004\ 7\%$$

自由度：$\nu_A = n-1 = 6-1 = 5$。

（2）不确定度的 B 类评定。

电能表的测量误差以相对误差表示，它的不确定度为相对误差的不确定度，用 u_B 表示。

1）u_1 表示标准电能表的上级传递误差引起的不确定度分量（上级标准最大允许误差 0.03%，属均匀分布，$k=\sqrt{3}$ 。

$$u_1 = 0.03\% / \sqrt{3} = 0.018\%$$

自由度：$\nu_1 \to \infty$。

2）u_2 表示标准电能表的年稳定引起的不确定度分量。

上级标准电能表的年稳定度可用上六年的证书数据，三相三线 3×100V、3×5A（$\cos\varphi=1$）的数据见表 6–2–2。

表 6–2–2　　标准电能表年稳定性数据

量程	cosφ	相对误差（%）					
		2013 年	2014 年	2015 年	2016 年	2017 年	2018 年
3×100V、3×5A	1.0	0.002	0.004	0.002	0.004	0.002	0.002

用贝赛尔公式计算出年稳定度的标准偏差为 S=0.002%。

$$u_2 = \frac{S}{\sqrt{6}} = 0.000\ 9\%$$

自由度：$\nu_2 = n-1 = 6-1 = 5$。

3）u_3 表示装置中电压回路导线压降误差引起的不确定度分量。

0.03 级标准电能表检定装置电压回路导线压降最大允许误差为±0.005%，属均匀分布；$k=\sqrt{3}$ 。

$$u_3 = 0.005\% / \sqrt{3} = 0.002\ 9\%$$

自由度：$\nu_3 \to \infty$。

4）数据化整引起的不确定度分量，u_4。

标准电能表为 0.1 级，化整间距为 0.01%，化整间距引起的误差为 0.01%/2=0.005%

$$u_4 = \frac{0.005\%}{\sqrt{3}} = 0.002\ 9\%$$

其自由度为：$\nu_4 \to \infty$。

（3）列出各不确定度分量的汇总表见表 6–2–3。

表 6–2–3　　不确定度分量汇总表

不确定度来源	u_i（x）		灵敏系数 c	u_i（y）$=cu_i$（x）
测量重复性	$\cos\varphi$=1.0	0.004 7	1	0.004 7
标准表上级传递	0.018		1	0.018
标准表年稳定	0.000 9		1	0.000 9
同名端钮间电位差	0.002 9		1	0.002 9
数据修约	0.002 9		1	0.002 9

所以，B 类标准不确定度为$u_{\mathrm{B}}=\sqrt{u_1^2+u_2^2+u_3^2+u_4^2}$

$$=(\sqrt{0.018^2+0.000\,9^2+0.002\,9^2+0.002\,9^2})\ \%=0.019\%$$

（4）合成不确定度。

$$u_{\mathrm{C}}=\sqrt{u_{\mathrm{A}}^2+u_{\mathrm{B}}^2}=\sqrt{0.004\,7^2+0.019^2}=0.020\%$$

有效自由度：

$$\gamma'_{\mathrm{eff}}=u_{\mathrm{C1.0}}^4/u_1^4/v_1\to\infty$$

（5）扩展不确定度（取 k=2）。

$$U=2u_{\mathrm{C}}=2\times0.020\%=0.04\%$$

（6）结论：标准表在三相三线 3×100V、3×5A、$\cos\varphi$=1.0 负载点的不确定度为 0.04%，被测试标准电能表符合 JJG 1085—2013《标准电能表检定规程》的相关规定。

【思考与练习】

1. 测量结果不确定度是如何进行分类的？

2. 一只 0.05 级单相标准电能表送省电力研究院进行周期检定，用 0.01 级电能表标准装置（无电压和电流互感器，标准表为 0.01 级）进行检定。其中，负载点 $\cos\varphi$=1，220V，5A。独立重复测量的次数和相对误差见表 6–2–4，分析该标准电能表在此负载点的不确定度。

表 6–2–4　　标准电能表重复测量数据

r_1	r_2	r_3	r_4	r_5	r_6
−0.006 6	−0.004 4	−0.002 2	0.000 0	−0.002 2	−0.004 4

3. 在缺乏任何信息的情况下，B 类标准不确定度的评定一般可以估计为正态分布吗？为什么？

4. B 类标准不确定度的来源可以是以前的观察数据吗？

第二部分

互感器的室内检定

第七章

互感器的检定

◢ 模块1　电流互感器检定（Z28F1001Ⅰ）

【模块描述】本模块包含电流互感器室内检定的目的、依据和条件、检定方法及技术要求、检定结果的处理等内容。通过概念描述、术语说明、条文解释、要点归纳，掌握电流互感器室内检定。

【模块内容】

一、电流互感器检定的目的

新购进、修理后的电流互感器，在安装投运前若具备条件都要在室内进行首次检定，只有在误差和性能都达到要求后才能投入运行，以确保电流互感器计量的准确和可靠。

二、电流互感器室内检定的检定依据和检定条件

1. 检定依据

电流互感器的检定依据是JJG 313—2010《测量用电流互感器检定规程》，该规程适用于额定频率为50（60）Hz的新制造、使用中和修理后的0.001～0.5级的测量用电流互感器的检定。

2. 检定条件应满足规程要求

标准器应比被检电流互感器高两个准确度级别，其实际误差应不超过被检电流互感器误差限值的1/5。不具备上述条件时，也可以选用比被检电流互感器高一个级别的标准器作为标准，此时，计算被检电流互感器的误差应按规程规定将标准器的误差进行修正。

检定时周围温度为+10～+35℃，相对湿度不大于80%。用于检定工作的升流器、调压器、大电流电缆线等所引起的测量误差，不应大于被检电流互感器误差限值的1/10。由外界电磁场引起的测量误差不大于被检电流互感器误差限值的1/20。

三、电流互感器的检定项目、检定方法及技术要求

1. 检定项目

电流互感器的检定项目包括外观检查、绝缘电阻的测定、工频电压试验、绕组极性的检查、退磁、基本误差的测量、稳定性试验。

2. 电流互感器比较法检定的检定方法及技术要求

（1）外观检查的内容包括：① 铭牌和标记；② 接线端钮、极性标记；③ 多变比电流互感器必须标注不同电流比的接线方式；④ 绝缘表面；⑤ 内部结构件；⑥ 严重影响检定工作进行的其他缺陷。

（2）绝缘电阻的测定：用 500V 绝缘电阻表测量各绕组之间和各绕组对地的绝缘电阻，应符合 JB/T 5472 第 6.7 款要求；额定电压 3kV 及以上的电流互感器使用 2.5kV 绝缘电阻表测量一次绕组与二次绕组之间以及一次绕组对地的绝缘电阻，应不小于 500MΩ。

（3）工频耐压试验：试验过程中如果没有发生绝缘损坏或放电闪络，则认为通过试验。试验室作标准用的互感器，在周期复检时可根据用户要求进行工频耐压试验。JJG 313—2010《测量用电流互感器检定规程》中工频电压试验包括工频耐压试验和匝间绝缘强度试验。

进行工频电压试验时，应严格遵守《电业安全工作规程》。

（4）退磁：最佳的退磁方法应按厂家在标牌上标注的或技术文件中所规定的退磁方法和要求为宜。如果制造厂未做规定，可根据具体情况，选择开路退磁法或闭路退磁法进行退磁。

（5）绕组极性的检查：测量用电流互感器的绕组极性规定为减极性。当一次电流从一次绕组的极性端流入互感器时，二次电流从二次绕组的极性端流出互感器。

推荐使用装有极性指示器的误差测量装置按正常接线进行绕组的极性检查。使用没有极性指示器的误差测量装置根据检查极性时，应在工作电流不大于 5%进行，如果测得的误差超出校验仪测量范围，则极性异常。

允许用其他方法，如交流法（或直流法）直接检查绕组的极性。

（6）误差的测量。

1）测量误差时，应按被检电流互感器的准确度级别和规程的要求，选择合适的标准器及测量设备。而且，无论采用何种测量装置，均应按下面的规定接线：把一次绕组的 L_1 端和二次绕组的 K_1 端定义为相对应的同名测量端。将标准器和被检电流互感器的一次绕组的同名测量端连接在一起，并根据不同情况将升流器输出端中的一端接地或通过对称支路（或其他方法）间接接地。相应二次绕组的同名测量端也连接在一起，接至互感器校验仪上的差流支路接线端子 K，并使其等于或接近于地电位，但不

能直接接地。标准器、被检电流互感器二次绕组的 K_2 端分别接至互感器校验仪上的二次标准接线端子 T_0 及二次被试接线端子 T_X。负载（阻抗箱）接在被检电流互感器的二次绕组上。

具体的接线原理图如图 7–1–1 所示。

2）误差测量时所用的电流、负荷及功率因数。周期检定时，二次负荷可以置额定值或实际值。电流互感器的误差测量，应在额定功率因数、额定负荷下测量1%（对 s 级）、5%、20%、100%和120%额定电流时的误差；在额定功率因数、1/4 额定负荷（① 额定二次电流为5A、额定负荷为 7.5VA 及以下的电流互感器，其下限负荷由制造厂规定；制造厂未规定下限负荷的，下限负荷为2.5VA。② 额定负荷电阻小于 0.2Ω 的电流互感器下限负荷为 0.1Ω），或被检电流互感器铭牌标注的下限负荷下，测量 5%、20%、100%额定电流时的误差。检定新制造的和修理后的电流互感器的二次负荷规定为额定值。

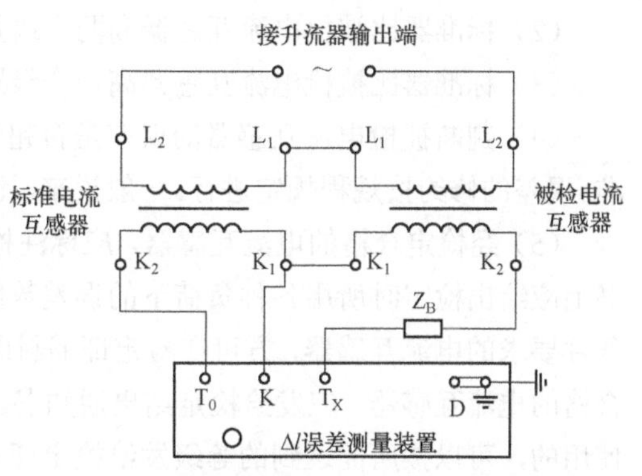

图 7–1–1 电流互感器比较法检定接线原理图

当检定大批新制造的同型号电流互感器时，经计量机构或有关主管部门的监督抽检后，在确认符合本规程要求的前提下可以减少误差的测量点。

3）除首次检定外，允许用户根据其实际使用情况仅对部分功率因数（如 $\cos\varphi$=0.8～1 时，仅选择其中的 0.8 或 1 ）申请检定。但未经检定的功率因数，不许在工作中使用。

4）多变比电流互感器，所有的电流比都应检定。母线型电流互感器可以在每一额定安匝下只检定一个电流比。

5）额定一次电流大于 2.5kA 的母线型互感器检定，在一次导体磁场对其误差影响不大于其误差限值的 1/10 时，允许用等安匝法检定的分布：如一次导体磁场对其误差影响不大于其误差限值的 1/6 时，且标准器实际误差不超过被检电流互感器误差限值的 1/10 时，也可以用等安匝法检定。检定时：一次导体与中心轴线的位置偏差，应不大于穿心孔径的 1/10，一次返回导体与绕组的距离，不得小于互感器几何尺寸，如果一次导体为对称分布的分裂母线，可按分裂根数的比例降低距离要求。

6）作一般测量用的 0.2 级及以下的电流互感器，每个测量点只需测量电流上升时的误差。

7）稳定性试验。将后续检定和使用中检验的检定结果，与上个周期的检定结果进行比较，互感器误差值的偏差不应大于误差限值的 1/2。

四、检定结果的处理

（1）检定数据应按规定的格式和要求做好原始记录。0.2 级及以上等级作标准用的电流互感器，其检定数据的原始记录至少保存 2 个检定周期，其余的应至少保存 1 个检定周期。

（2）标准器比被检电流互感器高两个级别时，直接从互感器校验仪上读取误差。

（3）标准器比被检电流互感器高一个级别时，进行误差修正。

（4）判断被检电流互感器的误差是否超过给出的误差限值，应以修约后的数据为准。误差的修约按规程规定进行。一般说来，比值差的误差修约间隔为准确度等级 1/10。

（5）经检定合格的电流互感器，应标注检定合格标志并发给检定证书。① 检定证书上应给出检定时所用各种负荷下的误差数值。② 只有对全部电流比均符合规程技术条件要求的电流互感器，方可在检定证书封面上填写准予作某等级使用。③ 经检定不合格的电流互感器，应发给检定结果通知书。④ 检定结果超差，经用户要求并能降级使用的，可以按所能达到的等级发给检定证书或标注检定合格标志。

（6）检定周期一般为 2 年，在连续 2 个周期 3 次检定中，最后一次检定结果与前 2 次检定结果中的任何一次比较，误差变化不大于其误差限值的 1/3，检定周期可以延长至 4 年。

对于安装在电力系统中使用的低压电流互感器可依据 DL/T 448—2016《电能计量装置技术管理规程》，从运行的第 20 年起，每年应抽取总量的 1%～5%进行后续检定，检定合格率应不低于 98%，否则应加倍抽取、检定、统计合格率，直至全部轮换。

五、电流互感器检定中应注意的问题

（1）绝缘电阻测试前后应对被检验品进行充分放电。

（2）进行工频电压试验时，必须严格遵守安全工作规程。试验时应集中精力，戴绝缘手套，穿绝缘靴、站在绝缘垫上。试验区域应有安全警示线，并悬挂警示牌。

（3）退磁时，工作人员应集中精力，谨慎操作，密切监视仪表读数。

（4）电流的上升和下降，均需平稳而缓慢地进行。

【思考与练习】

1. 怎么用绝缘电阻表来测量电流互感器的绝缘电阻值？

2. 画出室内检定电流感器误差的原理接线图。

3. 对被检电流互感器每个误差测量点的测量次数是如何规定的？

4. 对 0.2S 级被检电流互感器进行测量，得到的测量数据见表 7–1–1，请判断该被检电流互感器是否符合要求。

表 7-1-1　　0.2S 级电流互感器测量数据

额定电流（%）	上限额定负荷					下限额定负荷				
	1	5	20	100	120	1	5	20	100	120
比值差（%）	0.385	0.192	0.156	0.113	0.134	0.368	0.187	0.132	0.078	0.084
相位差（′）	23.4	15.5	10.3	8.8	9.5	25.7	14.7	10.2	8.4	8.6

模块 2　电磁式电压互感器检定（Z28F2001Ⅱ）

【模块描述】本模块包含电磁式电压互感器室内检定的目的、依据和条件、检定方法及技术要求、检定数据修约等内容。通过概念描述、术语说明、条文解释、要点归纳，掌握电磁式电压互感器室内检定。

【模块内容】

一、电磁式电压互感器检定的目的

新制造的、使用中和修理后的电磁式电压互感器，在安装使用前具备条件都要经过实验室进行检定，只有在误差和性能都达到要求后才能投入使用，以确保计量准确和可靠运行。

二、电磁式电压互感器室内检定的检定依据和检定条件

1. 检定依据

电磁式电压互感器的检定依据是 JJG 314—2010《测量用电压互感器检定规程》，该规程适用于额定频率为 50（60）Hz 的新制造、使用中和修理后的 0.001～0.5 级的测量用电压互感器的检定。

2. 检定条件

检定时对设备、环境的要求必须符合相关规程的规定。

（1）标准器应比被检电压互感器高两个准确度级别；其实际误差应不超过被检电压互感器误差限值的 1/5。

标准器的升降变差不大于误差限值的 1/5。

在检定周期内，标准器的误差变化，不得大于误差限值的 1/3。

标准器必须具有法定计量检定机构的检定证书。标准器比被检电压互感器高出两个准确级别时，其实际二次负荷应不超出额定和下限负荷范围；标准器比被检电压互感器高出一个准确级别时，使用时的二次负荷实际值与证书上所标负荷之差应不超过±10%。

（2）由误差测量装置所引起的测量误差，不得大于被检电压互感器误差限值的 1/10。

（3）检定时，外接监视用电压表的准确度级别应不低于 1.5 级。

（4）环境温度 10～35℃，相对湿度不大于 80%。

（5）用于检定的设备如升压器、调压器等在工作中产生的电磁干扰引入的测量误差不大于被检电压互感器误差值的 1/10。

（6）其他检定条件必须符合 JJG 314—2010《测量用电压互感器检定规程》的相关规定。

三、电磁式电压互感器的检定项目、检定方法及技术要求

（一）检定项目

外观检查、绝缘电阻的测定、绝缘强度试验、绕组极性检查、基本误差测量、稳定性试验。

（二）电磁式电压互感器比较法检定的检定方法及技术要求

1. 外观检查

① 铭牌和标记；② 接线端钮；③ 不同变比的接线方式；④ 绝缘表面破损、油位或气体压力；⑤ 内部结构件；⑥ 严重影响检定工作进行的其他缺陷。

2. 绝缘电阻的测定

1kV 及以下的电压互感器用 500V 绝缘电阻表测量，一次绕组对二次绕组及接地端子之间的绝缘电阻不小于 20MΩ，1kV 以上的电压互感器用 2500V 绝缘电阻表测量，不接地互感器一次绕组对二次绕组及接地端子之间的绝缘电阻不小于 10MΩ/kV，且不小于 40MΩ；二次绕组对接地端子之间以及二次绕组之间的绝缘电阻不小于 40MΩ。

3. 绝缘强度试验

绝缘强度试验包括一次绕组或二次绕组的外加电压试验，试验电压可从一次绕组或二次绕组施加。有多个电压比的互感器选择额定一次电压最高的绕组进行。

特殊用途的电压互感器，可根据用户要求进行绝缘强度试验。

实验室作标准用的互感器。在周期复检时可根据用户要求进行工频耐压试验。

进行绝缘强度试验时，必须严格遵守国家电网公司电力安全工作规程。

4. 绕组极性的检查

（1）测量用电压互感器绕组极性规定为减极性。

（2）推荐使用装有极性指示器的误差测量装置按正常接线进行绕组的极性检查。使用没有极性指示器的误差测量装置检查极性时，应在工作电压不大于 5%时进行，如果测得的误差超出校验仪测量范围，则极性异常。

（3）电压互感器绕组的极性检查允许用其他方法，如直流法或交流法。

5. 误差的测量

（1）检定线路。

当标准电压互感器和被检电压互感器的变比相同时，可根据误差测量装置的类型，从高电位端取出差压或从低电位端取出差压进行误差测量。接线时，标准电压互感器和被检电压互感器的一次对应端子连接，低电位端必须接地。当差压从低电位端取出时，标准器与被检电压互感器的二次高电位端连接，两者的二次低电位端接至电压互感器校验仪。导纳箱并联在被检电压互感器的二次侧。高端测差法和低端测差法的接线原理图如图 7–2–1 和图 7–2–2 所示。

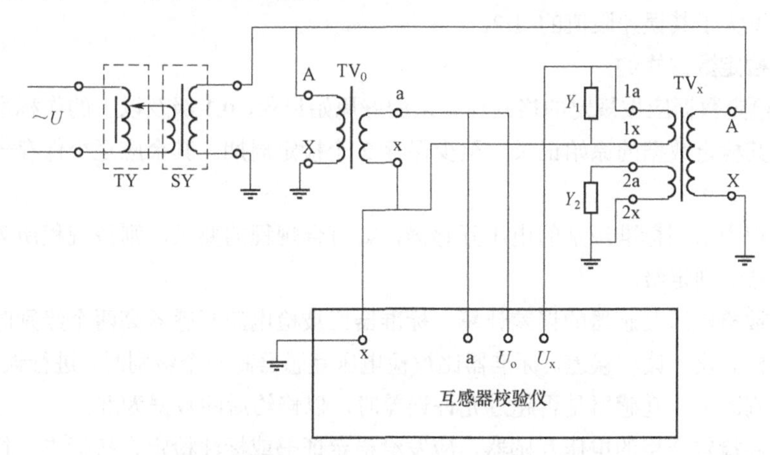

图 7–2–1 高端测差法检定电磁式电压互感器接线图

（2）测量误差时的电压百分数、负荷及功率因数。

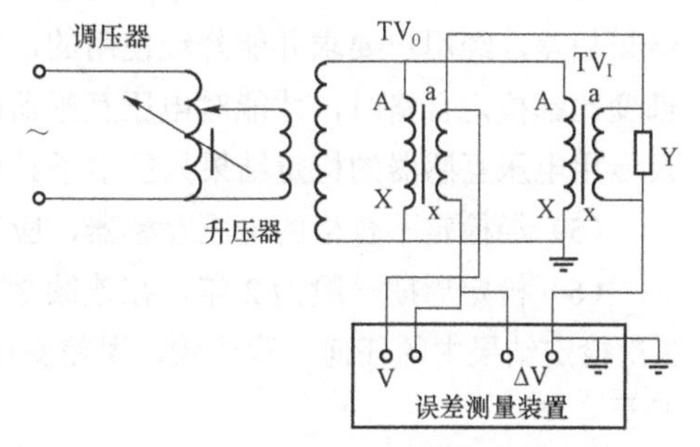

图 7–2–2 低端测差法检定电磁式电压互感器接线图

1）周期检定时，一般测量用的电压互感器误差的测量点在额定功率因数下，额定伏安值时检定额定电压的 20%、50%、80%、100%、120%，1/4 额定伏安值时检定额定电压的 20%、100%。其他检定要求见规程。

2）对于被检互感器的额定负荷小于等于 0.2VA 时，下限负荷按 0VA 考核。

3）新制造和修理后的电压互感器，一般测量用的电压互感器误差的测量与周期检定时一致，其他检定要求见规程。

4）具有特殊用途的电压互感器，可以在实际使用的负载及功率因数条件下进行互感器的误差测试。

5）当检定大批新制造的同型号电压互感器时，经计量机构或主管部门的监督抽检后，在确认符合本规程要求的前提下，可以减少误差的测量点。

（3）作一般测量用 0.2 级及以下的电压互感器，每个测量点误差测一次（电压上升）。

（4）共用一次绕组的电压互感器的两个二次绕组，应各自在另一个绕组接入额定负荷和空载时的测量误差，并按规定接地。

6. 稳定性试验

将后续检定和使用中检定的检定结果，与上个周期的检定结果比较，互感器的误差值偏差不大于其误差限值的 1/2。

四、检定数据修约

（1）检定数据应按规定的格式和要求做好原始记录，0.1 级及以上的作标准用电压互感器，其检定数据的原始记录，至少保存 2 个检定周期。其余应至少保存一个检定周期。

非规程中所列标准级别的电压互感器，如符合规程的要求，则按规程所列标准级别相近的低级别定级。

（2）被检电压互感器的误差计算。标准器比被检电流互感器高两个级别时，直接从互感器校验仪上读取误差。标准器比被检电压互感器高一个级别时，进行误差修正。

（3）判断电压互感器是否超过允许误差时，以修约后的数据为准。

（4）经检定合格的电压互感器，应发给检定证书或标注检定合格标志。检定证书上应给出检定时所用各种负荷下的误差数值，作标准用的还应给出最大变差值。检定结果超差，经用户要求并能降级使用的，可按所能达到的等级发给检定证书。只有全部变比都检定合格时，才能对电压互感器的准确度级别下结论。对于只检定部分变比及专用电压互感器的检定结果只能给予具体说明。

（5）经检定不合格的电压互感器，应发给检定结果通知书，并指明不合格项。

（6）检定周期一般为 2 年，在连续 2 个周期 3 次检定中，最后一次检定结果与前 2 次检定结果中的任何一次比较，误差变化不大于其误差限值的 1/3，检定周期可以延长至 4 年。

五、电磁式电压互感器检定中应注意的问题

（1）测试时作业人员不得少于两人，一人监护。

（2）接线应正确无误，压线牢固。

（3）进行绝缘强度试验时，必须严格遵守电力安全工作相关规程。试验时应集中精力，戴绝缘手套，穿绝缘靴、站在绝缘垫上。试验区域应有安全警示线，并悬挂警示牌。

（4）测试过程中，工作人员应集中精力，谨慎操作，密切监视仪表读数。整个过程应严格按照操作程序进行。

【思考与练习】

1. 请描述电压互感器的比差、角差的概念。
2. 画出电磁式电压互感器低端测量差压误差的比较接线原理图。
3. 电磁式电压互感器首次检定项目的顺序是什么？
4. 如何使用绝缘电阻表来测量电磁式电压互感器的绝缘电阻？

模块 3　互感器的异常测试结果分析（Z28F3001Ⅲ）

【模块描述】本模块包含电流互感器、电磁式电压互感器测试结果出现异常时的分析。通过概念描述、术语说明、图解示意、要点归纳，掌握互感器测试结果分析方法。

【模块内容】

一、外观、绝缘

根据规程要求，外观检查不合格、绝缘电阻值小于规程要求，以及没有合格的绝缘强度试验报告等，均不予检定。

二、极性反

电流互感器测试时，将电流升至额定值的1%～5%时提示极性、变比、接线为“错”或报警时，应为互感器极性错误。此时应先检查变比选择是否正确，接线是否正确，所有的接线接触是否良好。排除上述故障，继续极性测试时仍报错误，则基本可断定是被检互感器的极性错误，为进一步判断，可将被测互感器的二次接线或一次接线互换后再进行极性测试，此时如测试正确，则该被试互感器极性标志错误，做不合格处理。

三、误差超差

1. 电流互感器误差超差分析

当测试数据显示被测互感器误差超过规定值时，作为测试人员，可首先检查校验装置的回路阻抗值是否符合基本要求，电流互感器的二次回路实际负载是否合格，直接影响到它的准确测量。一般来说，二次负载越大，互感器的误差也越大，只要实际二次负载不超过厂家的整定值，生产厂应保证互感器所产生的误差在其准确度等级或10%误差曲线范围内。因此，电流互感器在测试过程中，必须了解其额定二次负载和实际二次负载，只有实际二次负载在额定二次负载的25%～100%之间，误差才能符合要求。

误差超限还应进行下列检查：

（1）检查所有的外连接线连接是否牢固。

（2）现在所使用的互感器校验仪都具有测量二次回路阻抗值的功能，可对二次回路阻抗进行测试，测试出来的结果应根据所选的阻抗值和功率因数来计算是否合格。如不合格，则根据测量值的大小对二次线进行调整，使其符合校验规程对二次导线阻值的要求。测试方法有如下两种：

1）二次导线阻抗测试法。

如图 7–3–1 所示，在检定的电流互感器比较法接线基础上，将被试电流互感器的二次端子以及电流负荷箱的两个端子短接，互感器校验仪挡位置为阻抗量限 Z 上，校验仪的 D 端子与地连接，测出的阻值即为二次导线阻抗值。

TY
T2
~
L2
A
TAx
L1
L1
B
TA0
L2
K2
K1
K1
K2
Z
Tx
T0
K
D
Z

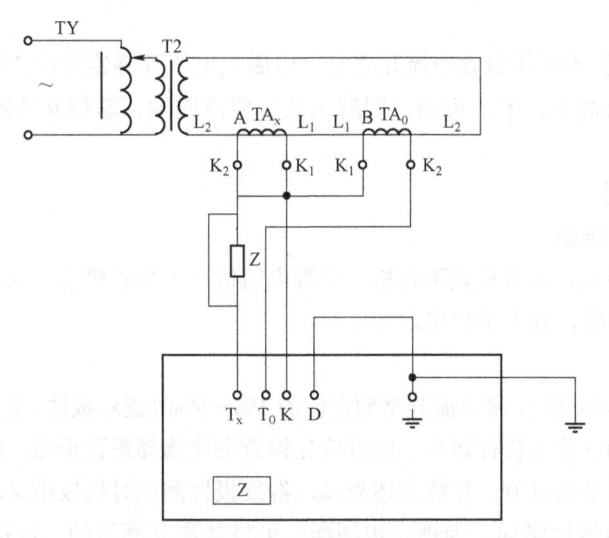

图 7–3–1　二次阻抗测试法接线

2）阻抗测量法。

如图 7–3–2 所示，将校验仪置为阻抗挡，升流器的一端直接接入校验仪的 T_0 端子，升流器的另一端与校验仪的 K 端和二次导线的一端连接，校验仪的 T_x 和 D 端子接在二次导线的另一端上。校验仪的 D 端子与地断开，短接电流负荷箱，测出的阻值即为二次导线的阻值。

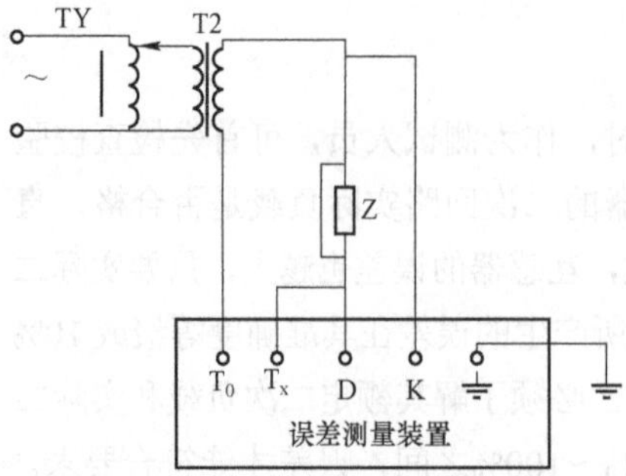

TY
T2
~
Z
T0
Tx
D
K
误差测量装置

图 7–3–2　阻抗测量接线

（3）退磁，电流互感器在电流突然下降的情况下，互感器铁芯可能产生剩磁。互感器铁芯有剩磁，使铁芯磁导率下降，影响互感器性能。虽然在进行误差测试前互感器都做了退磁处理，但有可能退磁处理没有到位，因此按要求进行退磁后再重新测试误差。

（4）是否有可靠接地的接地线，由于是工频测量，空间电磁场及浮动电势，对测量有较大影响，在测试中，地线起着重要作用。因此必须按规程正确接地线。

2. 电压互感器误差超差分析

（1）检查测试接线方式是否正确。负载线与校验仪电压取样线，要分别从互感器端子上引出，如果共用一根线，会因为导线上的压降引入测试误差。

（2）检查接线是否牢固，导纳值是否超过规定。

（3）是否有可靠接地的接地线。

经以上处理后互感器的误差依然超过规定值，则可判断该互感器存在问题，比如互感器匝间短路、变比错误等。

【思考与练习】

1. 电流互感器二次回路阻抗测试有哪两种方法？请分别加以说明。

2. 互感器检定时显示接线错误或报警应如何处理？

3. 画出电流互感器二次回路阻抗测试原理图。

模块4　互感器的验收（Z28F3002Ⅲ）

【模块描述】本模块包含电流互感器、电磁式电压互感器验收试验的目的和依据、项目、方法与技术要求、结果处理等内容。通过概念描述、术语说明、要点归纳，掌握新购入电流互感器、电磁式电压互感器的验收。

【模块内容】

一、验收试验的目的

为确保购入的互感器符合检定规程和技术协议的要求，按照相应的抽样方案抽取一定的数量，进行计量性能和技术指标的检测、试验，以判断购入的某一批次互感器可以接收入网。

互感器验收试验的抽样数量按 GB/T 2828.1—2003《计数抽样检验程序　第 1 部分：按接受质量限（AQL）检索的逐批检验抽样计划》和 GB/T 2828.2—2008《计数抽样检验程序 第 2 部分：按极限质量（LQ）检索孤立批检验抽样方案》。

二、验收试验项目

1. 电流互感器的验收试验项目

电流互感器的验收试验项目包括：出线端子标志检验；一次绕组工频耐压试验；二次绕组工频耐压试验；局部放电试验（对 10kV 的电流互感器）；二次绕组对外部表

面的耐压试验（对低压的电流互感器）；变差测试；误差的重复性测试；误差测试；过电流能力测试；剩磁影响测试；邻近一次导体影响测试；一次导体分布测试。其中局部放电试验可提供型式试验报告。

试验项目二次绕组对外部表面的耐压试验（对低压的电流互感器）、变差测试、误差的重复性测试、过电流能力测试、剩磁影响测试、邻近一次导体影响测试、一次导体分布测试的受试数量按模式A或模式B进行。

2. 电磁式电压互感器的验收试验项目

电磁式电压互感器的验收试验项目包括：出线端子标志检验；一次绕组接地端、绕组段间及接地端子之间的工频耐压试验；一次绕组工频耐压和感应耐压试验；过电压能力测试；局部放电试验；误差的重复性测试；误差测试；励磁特性试验。其中局部放电试验及励磁特性试验，可以由厂家提供相关的试验报告。

试验项目中：过电压能力测试、误差的重复性测试的受试数量按模式A或模式B进行。

三、验收试验方法和技术要求

1. 电流互感器验收试验方法及技术要求

试验项目出线端子标志检验、一次绕组工频耐压、二次绕组工频耐压的试验方法可参照DL/T 725—2013《电力用电流互感器使用技术规范》中相应的试验方法。

试验项目误差测试的试验方法依据JJG 313—2010《测量用电流互感器检定规程》。

（1）二次绕组对外部表面的耐压实验（对低压的电流互感器）。将互感器放在一个盛有淡盐水的金属容器内，使得互感器的二次接线端子的金属部分离盐水的表面高度为15mm，金属容器的外壳接地。在互感器的二次接线端子与金属容器间施加3kV的电压历时1min，其二次绕组对外部表面不应击穿。

（2）变差测试。被试样品不进行退磁，记录在电流上升和下降时的误差，两者在同一试验点的误差之差应不超过相应等级的2个化整单位。试验时的负荷点和误差测试时相同，负载为额定值。

（3）误差的重复性测试；电流互感器在20%I_n时重复测量5次以上，其比值差和相位差的标准偏差应≤1个化整单位。

（4）电流扩大值测试。在0.1～1级的电流互感器中，可以规定电流的扩大值，它表示为额定一次电流的百分数。电流的扩大值应满足以下要求：

1）额定连续热电流就是扩大一次电流值。

2）额定扩大一次电流下的电流误差和相角差应不超过规程中对120%额定一次电流下所规定的限值。

3）额定扩大一次电流的标值为120%、150%或200%。

（5）剩磁影响测试。电流互感器充磁处理前后的误差之差，不得超过JJG 313—2010《测量用电流互感器检定规程》中相应准确等级允许误差限的1/3，且充磁处理后的误差均应满足JJG 313—2010《测量用电流互感器检定规程》的要求。

（6）邻近一次导体影响测试。在被试的样品旁边放置一个通有2倍额定一次电流的电流导线，测试其在正常工作状况下的误差，与无电流导体时的误差比较，其误差的改变应≤1/4的允许误差。试验时的负荷点和误差测试时相同，负载为额定值。

（7）一次导体分布测试。对穿心式的电流互感器，穿心导线的分布位置应不受限制。在电流导线位于穿心孔边缘位置和位于中心位置分别检定其误差，其一次导线在不同位置引起的误差变化最大值（最大误差—最小误差的绝对值）应≤1/5的允许误差。试验时的负荷点和误差测试时相同，负载为额定值。

一次导线在下述位置时其误差都应满足JJG 313—2010《测量用电流互感器检定规程》中的要求。圆孔：孔内的任何位置；长方孔：距垂直中心线的距离≤孔长的40%的任何位置。

2. 电磁式电压互感器验收试验方法及技术要求

试验项目出线端子标志检验；一次绕组接地端、绕组段间及接地端子之间的工频耐压；一次绕组工频耐压和感应耐压的试验方法可参照DL/T 726—2013《电力用电磁式电压互感器使用技术规范》中相应的试验方法。

试验项目误差测试的试验方法依据JJG 314—2010《测量用电压互感器检定规程》。

（1）过电压能力测试。在额定负荷下加200%的U_n测试被试样品的误差，其比差不超过±0.3%；角差不超过±15′。

（2）误差的重复性测试。被试样品按照误差测试接好线，在100%U_n时重复测量5次以上，每次测量不必重新接线，但必须从开机初始状态重新调整至测量状态。其标准偏差S按以下公式计算：

$$S=\sqrt{\frac{1}{n}\sum_{i=1}^{n}(\gamma_i-\overline{\gamma})^2}$$

式中 n——测量次数；

γ_i——第i次测量时的误差；

$\overline{\gamma}$——各次测量误差的平均值。

比值差和相位差的标准偏差应≤1个化整单位。

四、验收结果的处理

如果该批次电力互感器满足验收条件，则整批通过验收；若该批次未能通过验收，则全部退货。

对通过批量验收的电力互感器都应按照 JJG 313—2010《测量用电流互感器检定规程》及 JJG 314—2010《测量用电压互感器检定规程》的要求进行检定，其中的不合格品应予以替换。

【思考与练习】

1. 电流互感器的验收试验项目包括什么？
2. 电磁式电压互感器的验收试验项目包括什么？
3. 试述电流互感器邻近一次导体影响测试的试验方法。
4. 试述电磁式电压互感器误差的重复性测试的试验方法。

第八章

互感器测量结果的不确定度分析

模块 1　互感器测量结果的不确定度分析（Z28F3003Ⅲ）

【模块描述】本模块包含对电流互感器、电磁式电压互感器测量结果不确定度分析与评定的方法介绍等内容。通过概念描述、术语说明、公式运算、要点归纳、计算示例，掌握电流互感器、电磁式电压互感器测量结果的不确定度分析与评定的方法。

【模块内容】

一、电流互感器检测过程中不确定度分析与评定

【例 8–1–1】下面通过分析 0.01S 级电流互感器检定装置检定 0.2S 级电流互感器的过程，来进行测量不确定度评定。

1. 电流互感器检定装置技术指标

（1）标准电流互感器等级：0.01S。

（2）互感器检验仪等级：2 级。

（3）被检电流互感器型号：LMZJ6–10；等级：0.2S 级；变比：50/5。

2. 检测过程

在相同测试条件下进行 6 次检测（数据见表 8–1–1，每次取电流上升和下降值的平均值 f、δ 作为其测量结果。

表 8–1–1　　电流互感器检测结果统计表

测试次数	x_1	x_2	x_3	x_4	x_5	x_6	$\overline{x}$
比值差（%）	0.082	0.076	0.085	0.081	0.082	0.079	0.080 8
相位差（′）	0.046	0.039	0.044	0.043	0.042	0.040	0.042 3

平均比值差为：0.080 8%，平均相位差为：0.042 3。

3. 电流互感器比值差测量不确定度评定

数学模型

$$f = f_0 + \Delta f_x \tag{8–1–1}$$

f 的方差： $$u^2(f)=c_1^2u_1^2(f_0)+c_2^2u_2^2(\Delta f_x) \quad (8\text{–}1\text{–}2)$$

各项的灵敏度系数分别为

$$c_1=\frac{\partial f}{\partial f_0}=1 \quad (8\text{–}1\text{–}3)$$

$$c_2=\frac{\partial f}{\partial(\Delta f_x)}=1 \quad (8\text{–}1\text{–}4)$$

（1）输入量的Δf_x标准不确定度评定。

$$S_f=\sqrt{\frac{\sum_{i=1}^{n}(\overline{x}-x_i)}{(n-1)}}=0.003\,1\% \quad (8\text{–}1\text{–}5)$$

$$u_1(\Delta f_x)=S_f\sqrt{n}=0.003\,1\%/\sqrt{6}=0.001\,27\% \quad (8\text{–}1\text{–}6)$$

自由度 $$v_1=n-1=6-1=5 \quad (8\text{–}1\text{–}7)$$

（2）输入量f_0的标准不确定度评定。

1）由本标准装置准确度引起不确定度分量 f_{01}。本装置的准确等级为 0.01 级，允许误差限为±0.01%，在整个区间内误差为均匀分布，包含因子 $k=\sqrt{3}$，则

$$u_{01}(f_{01})=a/k=0.01\%/\sqrt{3}=0.005\,8\% \quad (8\text{–}1\text{–}8)$$

假定该项不确定度的可靠性为 90%，则不可靠性，即相对标准不确定度为 10%，那么自由度

$$v_{01}=\frac{1}{2}\times\left[\Delta u_{01}(f_{01})/u_{01}(f_{01})\right]^{-2}=\frac{1}{2}\times(10\%)^{-2}=50 \quad (8\text{–}1\text{–}9)$$

2）由上级标准传递误差引起的标准不确定度分量 f_{02}。上级标准的准确等级为 0.002 级，允许误差限为±0.002%，在整个区间内误差为均匀分布，包含因子 $k=\sqrt{3}$，则

$$u_{02}(f_{02})=a/k=0.002\%/\sqrt{3}=0.001\,1\% \quad (8\text{–}1\text{–}10)$$

假定该项不确定度的可靠性为 90%，则不可靠性，即相对标准不确定度为 10%，那么自由度

$$v_{02}=\frac{1}{2}\times\left[\Delta u_{02}(f_{02})/u_{02}(f_{02})\right]^{-2}=\frac{1}{2}\times(10\%)^{-2}=50 \quad (8\text{–}1\text{–}11)$$

3）互感器校验仪引起的标准不确定度分量 f_{03}。互感器校验仪准确度为 2 级，允许误差限为±2%，对装置比值差的贡献为±0.001%，在整个区间内误差为均匀分布，包含因子 $k=\sqrt{3}$，则

$$u_{03}(f_{03})=a/k=0.001\%/\sqrt{3}=0.000\,58\% \quad (8\text{–}1\text{–}12)$$

假定该项不确定度的可靠性为90%，则不可靠性，即相对标准不确定度为10%，那么自由度

$$v_{03}=\frac{1}{2}\times[\Delta u_{03}(f_{03})/u_{03}(f_{03})]^{-2}=\frac{1}{2}\times(10\%)^{-2}=50 \tag{8-1-13}$$

注：由于2)、3)项的影响相对1)来说较小，在装置等级较低时可以忽略。

(3) 输入量f_0的标准总不确定度为：

$$\begin{aligned}u_2(f_0)&=\sqrt{[c_{01}u_{01}(\Delta f_{01})]^2+[c_{02}u_{02}(f_{02})]^2+[c_{03}u_{03}(\Delta f_{03})]^2}\\&=\sqrt{0.005\,8^2+0.001\,1^2+0.000\,58^2}\,\%\approx0.005\,9\%\end{aligned} \tag{8-1-14}$$

自由度为：

$$\begin{aligned}v_2&=\frac{u_2^4(f)}{\frac{[c_{01}u_{01}(\Delta f_{01})]^4}{v_{01}}+\frac{[c_{02}u_{02}(f_{02})]^4}{v_{02}}+\frac{[c_{03}u_{03}(f_{03})]^4}{v_{03}}}\\&=\frac{0.059^4}{\frac{0.005\,8^4}{50}+\frac{0.001\,1^4}{50}+\frac{0.000\,58^4}{50}}\approx49.9\end{aligned} \tag{8-1-15}$$

(4) 合成标准不确定度的评定。

输入量标准不确定度汇总见表8-1-2。

表8-1-2　输入量标准不确定度汇总表

标准不确定度分量	不确定度来源	标准不确定度值（%）	c_i	c_iu_i（%）	自由度v_i
$u_1(f_x)$	测量重复性	0.001 27	1	0.001 27	5
$u_2(f_0)$	标准装置	0.005 9	1	0.005 9	50

输入量f_x与f_0彼此独立，互不相关，则合成不确定度

$$u_c(f)=\sqrt{[c_1u_1(\Delta f_x)]^2+[c_2u_2(f_0)]^2}=\sqrt{0.001\,27^2+0.005\,9^2}\,\%\approx0.005\,94\% \tag{8-1-16}$$

有效自由度：

$$v_{\text{eff}}=\frac{u_c^4(f)}{\frac{[c_1u_1(\Delta f_x)]^4}{v_1}+\frac{[c_2u_2(f_0)]^4}{v_2}}=\frac{0.005\,94^4}{\frac{0.001\,27^4}{5}+\frac{0.005\,9^4}{49.9}}\approx54 \tag{8-1-17}$$

（5）扩展不确定度的评定。

取置信概率 P=95%，有效自由度为 54，查 t 分表得 K_p=2.01，则扩展不确定度：

$$U_{95} = k_{95} \times u_c(f) = 2.01 \times 0.005\,94\% \approx 0.011\,94\% \tag{8-1-18}$$

4. 电流互感器相位差测量不确定度评定

数学模型：
$$\delta = \delta_0 + \Delta\delta_x \tag{8-1-19}$$

δ 的方差：
$$u^2(\delta) = c_1^2 u_1^2(\delta_0) + c_2^2 u_2^2(\Delta\delta_x) \tag{8-1-20}$$

各项的灵敏度系数分别为

$$c_1 = \frac{\partial\delta}{\delta_0} = 1 \tag{8-1-21}$$

$$c_2 = \frac{\partial\delta}{\partial(\Delta\delta_x)} = 1 \tag{8-1-22}$$

（1）输入量的 $\Delta\delta_x$ 标准不确定度评定。

$$S_\delta = \sqrt{\frac{\sum_{i=1}^{n}(x_i - \overline{x})^2}{(n-1)}} = 0.002\,6' \tag{8-1-23}$$

$$u_1(\delta) = S_\delta / \sqrt{n} = 0.002\,6' / \sqrt{6} = 0.0011' \tag{8-1-24}$$

自由度为
$$v_1 = n - 1 = 6 - 1 = 5 \tag{8-1-25}$$

（2）输入量 δ_0 的标准不确定度评定。

本装置的准确等级为 0.01 级，允许误差限为±0.3，在整个区间内误差为均匀分布，包含因子 $k=\sqrt{3}$，则

$$u_{01}(\delta_{01}) = a / k = 0.3' / \sqrt{3} = 0.173' \tag{8-1-26}$$

假定该项不确定度的可靠性为 90%，则不可靠性，即相对标准不确定度为 10%，那么自由度

$$v_{01} = \frac{1}{2} \times \left[\Delta u_{01}(\delta_{01}) / u_{01}(\delta_{01})\right]^{-2} = \frac{1}{2} \times (10\%)^{-2} = 50 \tag{8-1-27}$$

（3）合成标准不确定度的评定。

输入量标准不确定度汇总见表 8-1-3。

表 8-1-3　　输入量标准不确定度汇总表

标准不确定度分量	不确定度来源	标准不确定度值（′）	c_i	$c_i u_i$（′）	自由度 v_i
$u_1(\delta_x)$	测量重复性	0.001 1	1	0.001 1	5
$u_2(\delta_0)$	标准装置	0.173	1	0.173	50

（4）合成标准不确定度估算。

输入量 δ_x 与 δ_0 彼此独立，互不相关，则合成不确定度为

$$u_c(\delta)=\sqrt{[c_1u_1(\Delta\delta_x)]^2+[c_2u_2(\delta_0)]^2}=\sqrt{0.0011'^2+0.173'^2}\approx 0.173' \tag{8-1-28}$$

有效自由度为

$$v_{\text{eff}}=\frac{u_c^4(\delta)}{\frac{[c_1u_1(\Delta\delta_x)]^4}{v_1}+\frac{[c_2u_2(\delta_0)]^4}{v_2}}=\frac{0.173^4}{\frac{0.000\,4^4}{5}+\frac{0.173^4}{50}}\approx 50 \tag{8-1-29}$$

（5）扩展不确定度的评定。

取置信概率 P=95%，有效自由度为 50，查 t 分表得 K_p=2.01

则扩展不确定度：

$$U_{95}=k_{95}\times\mu_c(\delta_x)=2.01\times0.173'\approx0.348' \tag{8-1-30}$$

二、电压互感器检测过程中不确定度分析与评定

【例 8-1-2】下面通过分析 0.05 级电压互感器检定装置检定 0.2 级电压互感器的过程，来进行测量不确定度评定。

1. 电压互感器检定装置技术指标如下

（1）测量标准：0.05 级电压互感器标准装置。

（2）互感器检验仪等级：2 级。

（3）被测电压互感器：精度 0.2 级，变比 35kV/100V，型号：JDZ9-35。

2. 检测过程

对被检电压互感器在额定电压为 100%时连续测量 10 次，得到比值差和相位差的测量列见表 8-1-4。

表 8-1-4　　电压互感器检测结果统计表

次数	测量值 f_i（%）	次数	测量值 δ_i（′）
1	0.150	1	2.0
2	0.152	2	1.8
3	0.153	3	1.8
4	0.154	4	1.8
5	0.153	5	1.9
6	0.149	6	2.1
7	0.155	7	2.1

续表

次数	测量值f_i（%）	次数	测量值δ_i（′）
8	0.148	8	2.0
9	0.148	9	2.0
10	0.150	10	1.8
平均值$\bar{f}$	0.151	平均值$\bar{\delta}$	1.93
实验标准差S_f	0.002 5	实验标准差S_δ	0.125
平均值的实验标准差$\bar{S}_f$	0.000 8	平均值的实验标准差$\bar{S}_\delta$	0.040

表中：

$$S_f = \sqrt{\frac{\sum_i (f_i - \bar{f})^2}{n-1}} \quad (8\text{-}1\text{-}31)$$

$$S_\delta = \sqrt{\frac{\sum_i (\delta_i - \bar{\delta})^2}{n-1}} \quad (8\text{-}1\text{-}32)$$

$$\bar{S}_f = S_f / \sqrt{n} \quad (8\text{-}1\text{-}33)$$

$$\bar{S}_\delta = S_\delta / \sqrt{n} \quad (8\text{-}1\text{-}34)$$

3. 电压互感器比值差测量不确定度评定

数学模型：

$$f = f_0 + \Delta f_x \quad (8\text{-}1\text{-}35)$$

f的方差：

$$u^2(f) = c_1^2 u_1^2(f_0) + c_2^2 u_2^2(\Delta f_x) \quad (8\text{-}1\text{-}36)$$

各项的灵敏度系数分别为

$$c_1 = \frac{\partial f}{\partial f_0} = 1 \quad (8\text{-}1\text{-}37)$$

$$c_2 = \frac{\partial f}{\partial(\Delta f_x)} = 1 \quad (8\text{-}1\text{-}38)$$

（1）输入量的Δf_x标准不确定度评定。

$$u_1(f_x) = S_f \sqrt{n} = 0.002\,5\% / \sqrt{10} = 0.000\,79\% \quad (8\text{-}1\text{-}39)$$

自由度为

$$v_1 = n - 1 = 10 - 1 = 9 \quad (8\text{-}1\text{-}40)$$

（2）输入量f_0的标准不确定度评定。

输入量f_0的不确定度主要由本标准装置准确度引起，可根据本装置的技术说明书用B类方法进行评定。

1）由本标准装置准确度引起不确定度分量 f_{01}。

本装置的准确等级为 0.05 级，允许误差限为±0.05%，在整个区间内误差为均匀分布，包含因子 $k=\sqrt{3}$，则

$$u_{01}(f_{01})=a/k=0.05\%/\sqrt{3}=0.029\% \tag{8-1-41}$$

假定该项不确定度的可靠性为 90%，则不可靠性，即相对标准不确定度为 10%，那么自由度为

$$v_{01}=\frac{1}{2}\times[\Delta u_{01}(f_{01})/u_{01}(f_{01})]^{-2}=\frac{1}{2}\times(10\%)^{-2}=50 \tag{8-1-42}$$

2）由上级标准传递误差引起的标准不确定度分量 f_{02}。

上级标准的准确等级为 0.01 级，允许误差限为±0.01%，在整个区间内误差为均匀分布，包含因子 $k=\sqrt{3}$，则

$$u_{02}(f_{02})=a/k=0.01\%/\sqrt{3}=0.005\,8\% \tag{8-1-43}$$

假定该项不确定度的可靠性为 90%，则不可靠性，即相对标准不确定度为 10%，那么自由度为

$$v_{02}=\frac{1}{2}\times[\Delta u_{02}(f_{02})/u_{02}(f_{02})]^{-2}=\frac{1}{2}\times(10\%)^{-2}=50 \tag{8-1-44}$$

3）互感器校验仪引起的标准不确定度分量 f_{03}。

互感器校验仪准确度为 2 级，允许误差限为±2%，对装置比值差的贡献为±0.001%，在整个区间内误差为均匀分布，包含因子 $k=\sqrt{3}$，则

$$u_{03}(f_{03})=a/k=0.001\%/\sqrt{3}=0.000\,58\% \tag{8-1-45}$$

假定该项不确定度的可靠性为 90%，则不可靠性，即相对标准不确定度为 10%，那么自由度为

$$v_{03}=\frac{1}{2}\times[\Delta u_{03}(f_{03})/u_{03}(f_{03})]^{-2}=\frac{1}{2}\times(10\%)^{-2}=50 \tag{8-1-46}$$

注：由于 2）3）项的影响相对 1）来说较小，在装置等级较低时可以忽略。

（3）B 类标准总不确定度为：

$$\begin{aligned}u_2(f_0)&=\sqrt{[c_{01}u_{01}(\Delta f_{01})]^2+[c_{02}u_{02}(f_{02})]^2+[c_{03}u_{03}(\Delta f_{03})]^2}\\&=\sqrt{0.029^2+0.005\,8^2+0.000\,58^2}\,\%\approx 0.030\%\end{aligned} \tag{8-1-47}$$

自由度为：

$$\nu_2 = \frac{u_2^4(f)}{\frac{[c_{01}u_{01}(\Delta f_{01})]^4}{\nu_{01}} + \frac{[c_{02}u_{02}(f_{02})]^4}{\nu_{02}} + \frac{[c_{03}u_{03}(f_{03})]^4}{\nu_{03}}} \tag{8-1-48}$$

$$= \frac{0.030^4}{\frac{0.029^4}{50} + \frac{0.005\,8^4}{50} + \frac{0.000\,58^4}{50}} \approx 49.9$$

（4）合成标准不确定度的评定。

输入量标准不确定度汇总见表 8–1–5。

表 8–1–5　　输入量标准不确定度汇总表

标准不确定度分量	不确定度来源	标准不确定度值（%）	c_i	$c_i u_i$（%）	自由度 ν_i
$u_1(f_x)$	测量重复性	0.000 79	1	0.000 79	9
$u_2(f_0)$	标准装置	0.030	1	0.030	50

输入量 f_x 与 f_0 彼此独立，互不相关，则合成不确定度为：

$$u_c(f) = \sqrt{[c_1u_1(\Delta f_x)]^2 + [c_2u_2(f_0)]^2} = \sqrt{0.000\,79^2 + 0.03^2}\,\% \approx 0.030\% \tag{8-1-49}$$

有效自由度为

$$\nu_{\text{eff}} = \frac{u_c^4(f)}{\frac{[c_1u_1(\Delta f_x)]^4}{\nu_1} + \frac{[c_2u_2(f_0)]^4}{\nu_2}} = \frac{0.030}{\frac{0.000\,79^4}{9} + \frac{0.030^4}{49.9}} \approx 50 \tag{8-1-50}$$

（5）扩展不确定度的评定。

取置信概率 P=95%，有效自由度为 50，查 t 分表得 K_p=2.01，则扩展不确定度

$$U_{95} = k_{95} \times u_c(f) = 2.01 \times 0.030\% \approx 0.060\,3\% \tag{8-1-51}$$

4. 电压互感器相位差测量不确定度评定

数学模型：

$$\delta = \delta_0 + \Delta\delta_x \tag{8-1-52}$$

δ 的方差：

$$u^2(\delta) = c_1^2 u_1^2(\delta_0) + c_2^2 u_2^2(\Delta\delta_x) \tag{8-1-53}$$

各项的灵敏度系数分别为：

$$c_1 = \frac{\partial\delta}{\partial\delta_0} = 1 \tag{8-1-54}$$

$$c_2 = \frac{\partial\delta}{\partial(\Delta\delta_x)} = 1 \tag{8-1-55}$$

（1）输入量的 $\Delta\delta_x$ 标准不确定度评定。

输入量 $\Delta\delta_x$ 的不确定度来源主要是被测对象的测量重复性、外磁场的影响、互感器校验仪的分辨率等引起，可以通过连续测量得到测量列，这里采用 A 类方法评定。参照表 17–4–1 计量标准重复性考核数据中的 δ_i，计算得出输入量 δ_x 的测量结果 $\bar{\delta}$ 的标准不确定度

$$u_1(\delta)=S_8/\sqrt{n}=0.125'/\sqrt{10}=0.040' \quad (8\text{–}1\text{–}56)$$

自由度为
$$v_1=n-1=10-1=9 \quad (8\text{–}1\text{–}57)$$

（2）输入量 δ_0 的标准不确定度评定。

输入量 δ_0 的标准不确定度评定用 B 类方法进行评定。输入量 δ_{01} 的不确定度主要由本标准装置准确度引起，可根据本装置的技术说明书用 B 类方法进行评定。

本装置的准确等级为 0.05 级，允许误差限为 $\pm 2'$，在整个区间内误差为均匀分布，包含因子 $k=\sqrt{3}$，则

$$u_{01}(\delta_{01})=a/k=2'/\sqrt{3}=1.15' \quad (8\text{–}1\text{–}58)$$

假定该项不确定度的可靠性为 90%，则不可靠性，即相对标准不确定度为 10%，那么自由度

$$v_{01}=\frac{1}{2}\times[\Delta u_{01}(\delta_{01})/u_{01}(\delta_{01})]^{-2}=\frac{1}{2}\times(10\%)^{-2}=50 \quad (8\text{–}1\text{–}59)$$

（3）合成标准不确定度的评定。

输入量标准不确定度汇总见表 8–1–6。

表 8–1–6　　输入量标准不确定度汇总表

标准不确定度分量	不确定度来源	标准不确定度值（′）	c_i	c_iu_i（′）	自由度 v_i
$u_1(\delta_x)$	测量重复性	0.040	1	0.040	9
$u_2(\delta_0)$	标准装置	1.15	1	1.15	50

（4）合成标准不确定度估算。

输入量 δ_x 与 δ_0 彼此独立，互不相关，则合成不确定度为

$$u_c(\delta)=\sqrt{[c_1u_1(\Delta\delta_x)]^2+[c_2u_2(\delta_0)]^2}=\sqrt{0.125'^2+1.15'^2}\approx 1.16' \quad (8\text{–}1\text{–}60)$$

有效自由度为

$$v_{\text{eff}}=\frac{u_c^4(\delta)}{\frac{[c_1u_1(\Delta\delta_x)]^4}{v_1}+\frac{[c_2u_2(\delta_0)]^4}{v_2}}=\frac{1.16^4}{\frac{0.125^4}{9}+\frac{1.15^4}{50}}\approx 52 \quad (8\text{–}1\text{–}61)$$

（5）扩展不确定度的评定。

取置信概率 P=95%，有效自由度为 52，查 t 分表得 K_p=2.01，则扩展不确定度

$$U_{95}=k_{95}\times\mu_c(\delta_x)=2.01\times1.16'\approx2.33' \tag{8–1–62}$$

三、计量标准的测量不确定度验证

互感器计量标准的测量不确定度验证与交流电能表检定装置的测量不确定度验证方法一致。仍选用一稳定的互感器，经上一级计量检定，将测量结果与本装置测量结果比较。

【思考与练习】

1. 在电压互感器检测过程中有哪些量影响检测结果的不确定度？
2. 请对一只电流互感器进行检定，并对任一测量点作不确定度分析。
3. 请对一只电压互感器进行检定，并对任一测量点作不确定度分析。

第三部分

电能计量装置现场检验

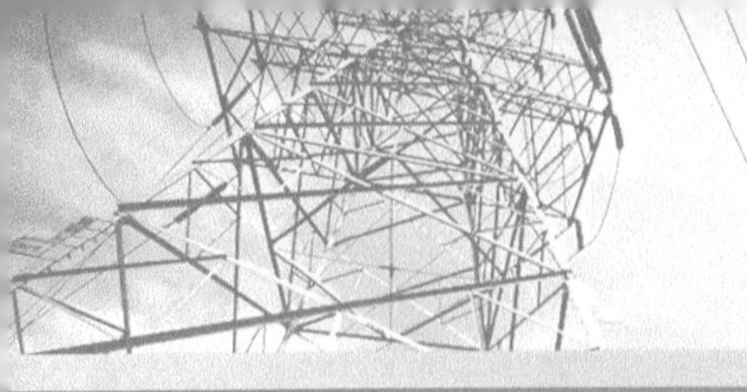

第九章

电能表现场实负荷（在线）检验

模块1　电能表现场实负荷（在线）检验（Z28G1001Ⅰ）

【模块描述】本模块包含电能表现场实负荷检验的目的及内容、危险点分析及控制措施、作业前准备工作、现场实负荷检验步骤、检验结果处理、现场检验注意事项等内容。通过概念描述、术语说明、流程介绍、图解示意、要点归纳，掌握电能表现场实负荷检验的方法。

【模块内容】

一、测试的目的

为了公平、公正维护供用（发供）电双方的经济利益，作为电能计量装置的重要组成部分，安装式电能表在运行中的基本误差、组合误差变化及最大需量、时钟变化都会直接影响电能计量的准确性，根据DL/T 448—2016《电能计量装置技术管理规程》要求，新投运或改造后的Ⅰ～Ⅲ类高压电能计量装置应在带负荷运行一个月内进行首次现场检验，同时对运行中Ⅰ～Ⅲ类高压电能计量装置中电能表应进行周期现场检验，来确保电能计量的准确性。

现场检验应按DL/T 1664—2016的规定开展工作，并严格遵守Q/GDW 1799.1—2013及Q/GDW 1799.2—2013等电力安全工作规程相关规定、电能表现场检验标准化作业指导书等要求。

二、安全工作要求及危险点分析

（1）办理变电站第二种工作票。

（2）工作时应戴绝缘手套，并站在绝缘垫上，操作工具绝缘良好。

（3）在接通和断开电流端子时，必须用现场校验仪进行监视。

（4）电压互感器二次回路严禁短路，电流互感器二次回路严禁开路。

（5）严禁走错工作地点。

（6）不得用手触碰金属部位。

三、作业前准备工作

1. 现场校验条件

（1）环境温度：−10～45℃。

（2）相对湿度≤90%。

（3）大气压力 63～106kPa（海拔 4000m 及以下）。

（4）工作场所不存在影响检验的无法清除的障碍物。

（5）工作场所不存在严重的安全隐患。

（6）电压对额定值偏差不应超过±10%。

（7）频率偏差小于额定频率的±5%。

（8）电压和电流的波形失真度≤5%。

（9）每一相负荷电流不低于电能表基本电流的 10%（对 S 级电能表为 5%）。

（10）负荷无明显波动。

（11）无可觉察到的振动和震动。

（12）封印完整。

（13）电能表端钮盒或联合试验接线盒无影响接线的严重损坏。

（14）电能表现场校验仪按设备要求的时间通电预热。

（15）现场检验工作至少由两人担任，并应严格遵守 Q/GDW 1799.1—2013 及 Q/GDW 1799.2—2013 的规定。

2. 电能表现场校验仪

（1）电能表现场校验仪应在检定有效期内，准确度等级至少应比被检表高两个准确度等级。其他指示仪表的准确度等级应不低于 0.5 级，其量限及测试功能应配置合理。电能表现场校验仪应按规定进行实验室验证（核查）。

（2）现场检验电能表应采用标准电能表法，使用测量电压、电流、相位和带有错误接线判别功能的电能表现场检验仪器，利用光电采样控制或被试表所发电信号控制开展检验。现场检验仪器应有数据存储和通信功能。

四、检测项目

外观检查、接线检查、计量差错和不合理的计量方式检查、工作误差试验、计度器电能示值组合误差试验（此项试验适用于初始已设置费率时段的多费率电能表）、时钟示值偏差试验（此项试验适用于具有时钟功能的电能表）、通信接口检查（按需检验）、功能检查（按需检验）。

五、技术要求

（1）电能计量柜（箱）前后门应设有防止非许可操作的加封装置且封印完好，观察窗应清洁明亮、密封良好，柜内应有照明方便观察设备的运行状况。未配置计量柜

（箱）的，其互感器二次回路的所有接线端子、试验端子应能实施封印。

（2）长期运行线路负荷电流应在所安装计量器具的正常工作范围之内（在正常运行中的实际输电线路负荷电流应为电流互感器额定电流的 60%，不宜小于 40%）。电能表的标定电流宜不超过电流互感器额定二次电流的 30%，其额定最大电流应为电流互感器额定二次电流的 120%左右。

（3）测量工作电压、电流及相位应正常，基本平衡；电压、电流的幅值偏差一般不大于 10%，相位偏差一般不大于 5°，否则应查明原因。

（4）检查智能（多功能）电能表内时钟计时是否正确，时钟计时相差应不大于 10min 应进行现场调整，每月至少检查一次（可通过远方系统）。

（5）智能（多功能）电能表的示值应正常，读取同一时刻的总电能计度器和各费率时段相应计度器的电能示值，按 DL/T 1664—2016 中的相关公式计算计度器电能示值组合误差。

（6）智能（多功能）电能表电池、失压以及其他故障代码等状态应正常。当电池不足时应现场及时更换；出现失压或其他故障代码时应查明原因是否影响正确计量，若影响计量应提出相应的退补电量依据供相关部门参考。

（7）计量倍率正确并应与实际收费倍率相同，否则应进行电量的退补。

（8）计量接线应正确，当发现接线有误时应根据实际情况填写检查报告，告知对方认可，并改正接线，依据更正系数退补电量。

（9）测定电能表运行状态的基本误差，其测量的基本误差应符合 DL/T 1664—2016《电能计量装置现场检验规程》要求。电能表的工作误差限见表 9-1-1。

表 9-1-1　　电能表的工作误差限

类别	负载电流	功率因数	工作误差限（%）			
			0.2 级	0.5 级	1 级	2 级
有功电能表	$0.1I_b \sim I_{max}$	$\cos\varphi=1.0$	±0.2	±0.5	±1.0	—
	$0.1I_b$	$\cos\varphi=0.5$（L）	±0.5	±1.3	±1.5	—
		$\cos\varphi=0.8$（C）	±0.5	±1.3	±1.5	—
	$0.2I_b \sim I_{max}$	$\cos\varphi=0.5$（L）	±0.3	±0.8	±1.0	—
		$\cos\varphi=0.8$（C）	±0.3	±0.8	±1.0	—
无功电能表	$0.1I_b$	$\sin\varphi=1.0$（L 或 C）	—	—	±1.5	±3.0
	$0.2I_b \sim I_{max}$	$\sin\varphi=1.0$（L 或 C）	—	—	±1.0	±2.0
	$0.2I_b$	$\sin\varphi=0.5$（L 或 C）	—	—	±2.0	±4.0
	$0.5I_b \sim I_{max}$	$\sin\varphi=0.5$（L 或 C）	—	—	±1.0	±2.0
	$0.5I_b \sim I_{max}$	$\sin\varphi=0.25$（L 或 C）	—	—	±2.0	±4.0

六、电能表现场检测的步骤

（1）许可相应电能表现场检测变电站第二种工作票并检查现场安全措施。

（2）检查电能表、联合接线盒、计量柜（箱）的封印是否完整；电能计量柜（箱）防止非许可的措施是否完好，观察窗是否清洁完好，各电能表安装的环境条件是否符合要求，客户在场时，并开启计量箱（柜）门。

（3）首次检测应核对该计量点和计量方式的合理性、互感器变比、容量、二次回路、表型号等资料信息。

（4）检查计量倍率及计量接线是否正确；测量工作电压、电流应为正向序并基本平衡，对电压、电流相位，绘制“六角相量图”分析接线正确性。

（5）检查多功能电能表时钟的正确性。若$\Delta t \leqslant 10\text{min}$，可现场调整电能表时间，否则应视为故障，不能马上调整时间，应检查并查明原因后再行决定。

（6）检查智能（多功能）电能表显示的电量值、辅助测量值、费率时段设置等是否正确，核对计度器的组合误差是否正确。

（7）检查通信接口是否正常，具体方法按照 DL/T 1478—2015 的规定执行。

（8）检查智能（多功能）电能表电池、失压以及其他故障代码等状态。

（9）在实际负荷下测定电能表的误差：

1）在检测前，用万用表检测标准表各引出线端子，电流回路无第二开路点，电压回路无短路点。

2）现场检测电能表误差时，标准表应通过专用试验端子接入和被检电能表相同的电压、电流回路，且连接必须可靠。

3）严禁在检测过程中使电流二次回路开路，电压二次回路短路；测试前在电能表上检查回路当前电压、电流大小。

4）在标准表达到热稳定后，且在负荷相对稳定的状态下，测定误差。测定次数一般不得少于 2 次，取其平均值作为实际误差，对有明显错误的读数应舍去。当实际误差在最大允许值的 80%～120%时，至少应再增加 2 次测量，取四次测量数据的平均值作为实际误差。

5）现场检测时推荐采用光电转换器采集被试表的信号，特殊情况下也可采用脉冲采集被试表的信号。

6）现场检测三相三元件电能表时，应注意电能表现场校验仪未用相电流回路和电压回路接地线的悬空隔离，严禁造成短路事故发生。

7）检测后施加铅封、客户现场签字，终结工作票。

七、检测结果的处理

（1）电能计量装置经现场检测后应出具检测证书或检测记录，其证书或记录应有统一的格式，应包含：

1）被检测单位的名称、地址及用户号。

2）使用标准设备的名称、型号、等级、编号及有效期。

3）检测现场的环境条件（温、湿度）及原始计量装置的运行状态等。

4）被检计量装置的名称、型号、等级、编号、规格及当前有效电能量等参数。

5）检测现场实际测量的相序、电压、电流、有功功率、无功功率、功率因数及相关参量的相位角等。

6）测量的误差，至少应测量两次数值，取这两次数值的平均值作为测量结果（检测证书数据应化整）。

7）现场检测的日期、有效期及检定员和核验员的签字。

8）检测记录应有客户对现场检测结果和现场计量装置恢复认可的签字。

9）检测证书需主管签字，并加盖检测单位印章方可有效。

10）在线检测的电能表相对误差数据保留两位有效数字。

（2）如果现场检验不合格，现场检验人员当场查明原因，并在工作单上注明，并告知客户。当天上报业务受理部门，确保故障电能表在 3 天内更换。

八、现场检测时的注意事项

（1）现场检测至少有两人同时进行，其中一人持工作票并担任工作负责人。两人必须经过专门的技术培训并持有与其所开展工作项目相一致且有效的资质证书。

（2）电能表现场校验仪工作电源选择一定要正确，建议使用锂电池内置式电源。

（3）电能表现场校验仪的接线要核对正确、牢固，特别要注意电压与电流不能接反，且根据所测回路电流的大小选择电流的接线孔。

（4）电能表现场校验仪开机前应插好钳形电流互感器插头，同电能表现场校验仪一起预热足够的时间方可使用，禁止开机后插、拔钳形电流互感器插头。

（5）钳形电流互感器使用前必须检查钳口是否清洁，如不清洁则清理后再使用，否则会带来较大的测量误差。

（6）钳形电流互感器使用时钳口接触应良好，测量时不要用手挪动钳口，或用手夹紧钳头。

（7）检测仪配用的钳形电流互感器在出厂前已与检测仪一起对应调试好，因此钳形电流互感器的相别不要互换，否则会带来一定的测量误差。

（8）在检测电能表时被检表的采样脉冲应选择确当，不能太少，至少应使两次出现误差的时间间隔不小于 5s。

（9）现场检测电能表应采用标准电能表法，利用光电采样或光耦脉冲输出开展检测。脉冲输入插口应对应、牢固，且+5V 接头与信号输入及检测地不能短接。对电能表无源脉冲输出的使用+5V 端和信号输入端（+5V 端接电能表输出信号“+”端，信号输入接电能表输出信号“–”端）；对电能表有源脉冲输出的使用信号输入端和检测地端（信号输入接电能表输出信号“+”端，检测地接电能表输出信号“–”端）。在检测中不可反接，否则将无法采集到电能表的脉冲。

【思考与练习】

1. 电能表现场检测误差的条件是什么？
2. 智能电能表现场检测步骤是什么？
3. 多功能电能表现场检查功能时的主要检查内容有哪些？
4. 多功能电能表正、反向有功电量组合误差如何判断？

第十章

电力互感器现场检验

模块1　电流互感器现场检验（Z28G2001Ⅰ）

【模块描述】本模块包含电流互感器现场检验的目的及内容、危险点分析及控制措施、作业前准备工作、现场检验步骤及要求、检验结果分析及检验报告编写、现场检验注意事项等内容。通过概念描述、术语说明、流程介绍、图解示意、要点归纳，掌握电流互感器现场检验的方法。

【模块内容】

一、现场检验的目的及内容

电流互感器起到电流变换的作用，一次电流按变比折算到二次侧后与理论二次电流存在一定的误差，这个误差包括比差和角差两部分。电流互感器的比值差和相角差均需按互感器的准确度等级控制在一定范围内，即要求电流互感器必须满足测控、保护、计量等不同用途的要求。因此需对新装后、运行中的电流互感器开展首次检定、后续检定和使用中的检验，确保互感器的变比正确、误差合格。

电流互感器现场检验的主要内容有外观及标志检查、绝缘试验、绕组极性检查、现场误差测试、稳定性试验、运行变差试验、磁饱和裕度试验。

二、危险点分析及控制措施

安全工作要求主要参照国家电网公司电力安全工作规程有关规定执行，重点做好以下安全措施：

（1）现场工作负责人应指定一名有一定工作经验的人员担任安全监护人，安全监护人负责检查全部工作过程的安全性，一旦发现不安全因素，应立即通知暂停工作并向现场工作负责人报告，安全监护人不得从事现场实际操作。

（2）电流互感器从系统中隔离，并在一次侧挂接地线。

（3）对被检验设备一、二次回路进行检查核对，确认无误后方可工作。

（4）现场检验过程中严禁将电流互感器二次侧开路。

（5）短路电流互感器二次绕组，必须使用短路片或短路线，短路应妥善可靠，严禁用导线缠绕，不得将回路的永久接地点断开。

（6）当工作人员在距离地面 2m 以上作业时，严格遵守高空作业的安全要求，同时与周围带电的高压设备保持安全距离。

（7）检验工作完毕后应按原样恢复所有接线，工作负责人会同工作许可人共同检查无误后，交回工作票并立即撤离工作现场。

三、现场检测前的准备工作

依据 JJG 1021—2007《电力互感器检定规程》，开展电流互感器现场检验时，必须满足以下条件。

（1）环境条件：环境气温-25～55℃，相对湿度不大于 95%，周围无强电、磁场干扰。

（2）试验电源：试验电源频率为 50Hz±0.5Hz，波形畸变系数不大于 5%。

（3）所需工器具、检验设备：现场检验用设备包括标准电流互感器、互感器校验仪、电流负荷箱、电源控制箱（调压器）、电源盘、升流器、钳形电流表、万用表、检验用一、二次导线、压接件等。工器具包括组合工具、绝缘手套、绝缘梯、安全带等。

（4）准备工作：

1）检验前应了解现场主接线方式、工作内容以及停电范围、现场安全措施等。

2）熟知检验用仪器设备工作原理、功能用途。

3）搜集整理被试电流互感器以往检验报告、缺陷记录。

4）准备现场用作业方案、工作票、作业指导书、记录本等。

四、现场检验步骤及要求

电流互感器现场检验项目包括外观及标志检查、绝缘试验、绕组极性检查、基本误差测量、稳定性试验、运行变差试验、磁饱和裕度试验。现场针对不同的现场检验类别开展相应的检验项目。

1. 外观检查

如有下列缺陷之一者，需修复后方予检测。

（1）铭牌及必要的标志不完整（包括技术参数、极性标志、额定绝缘水平、互感器型号、出厂序号、制造年月、准确度等级等）。

（2）接线端钮缺少、损坏或无标记；穿心式电流互感器没有极性标记。

（3）多变比电流互感器在铭牌或面板上未标有不同电流比的接线方式。

（4）严重影响检测工作进行的其他缺陷。

2. 绝缘试验

首次检测的计量用电流互感器检测项目如下（注：应在做完绝缘强度试验，确保被测设备绝缘性能良好后，方能进行。试验按有关的标准和规程的规定进行）。

测量绝缘电阻应使用2500V绝缘电阻表，一次对二次绝缘电阻大于1500MΩ，二次绕组之间绝缘电阻大于500MΩ，二次绕组对地绝缘电阻大于500MΩ。

工频耐压试验前短接电流互感器所有二次绕组，试验电压测量误差不大于3%，试验时应从接近零的电压平稳上升，在规定耐压值停留1min，然后平稳下降到接近零电压。试验时应无异音、异味，无击穿和表面放电，绝缘保持完好，误差无可觉察的变化。

3. 绕组的极性检查

电流互感器应为减极性。一般用电流互感器检测仪进行极性检查。标准互感器有极性是已知的，当按规定的标记接好线通电时，如发现检测仪的极性指示器动作而又排除是由于变化比接错、误差过大等因素所致，则可确认试品与标准电流互感器的极性相反。

4. 计量绕组的误差检测

计量绕组的误差检测包括在现场实际二次负荷下按实际接线对互感器误差的检测，使用标准电流互感器的比较法线路原理进行。

（1）正确接线。按图10-1-1进行检定电流互感器误差接线。

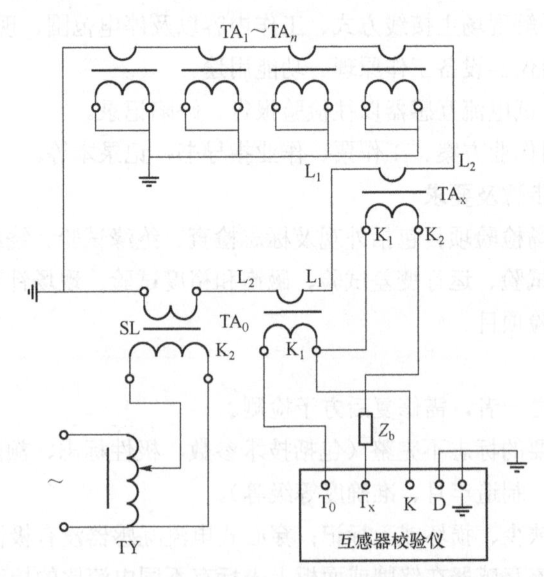

图10-1-1 检定电流互感器误差接线

SL—升流器；TY—调压器；Z_b—电流负荷箱；TA_0—标准电流互感器；

TA_x—被检电流互感器计量绕组；TA_1～TA_n—被检电流互感器保护和测量绕组

1）一次回路的连接。把被试品的一次 L_1 与标准电流互感器的 L_1 端（同名端）相连，另外两端与升流器输出端连接。

连接一次导线时应尽量减小一次连线的长度，必要时采取措施将标准互感器和升流器置于被试电流互感器最小距离范围内。检验用电流互感器一次电流导线应采用多股软铜芯电缆，其截面应能满足试验电流容量和升流器输出的要求。

2）二次回路的连接。相应二次绕组的同名端 K_1 连接在一起接入校验仪的差流公共端 K（校验仪内部 K 端子与 D 端子之间测差流），被试品的 K_2 经串联负载箱后接入校验仪的 T_x，标准电流互感器的 K_2 接入校验仪的 T_0。

标准与被试电流互感器二次输出作为校验仪（T_0、T_x）的参考电流，共用一次导体的其他电流互感器二次绕组端子用导线短路接线。

电流互感器二次绕组尽量在本体接线盒上接线，当电流互感器接线盒无法打开时，也可在电流互感器端子箱接线。

（2）通电检查。

1）接线完成后，工作负责人应检查一、二次回路接线是否正确。

2）通电时先将一次电流升至额定电流值 1%～5%，如未发现异常，将电流升至最大电流测量点，再降到接近零值准备正式测量，大电流互感器宜在至少一次全量程升降之后读取检验数据。

（3）退磁。

最佳的退磁方法应按标牌上标注的或技术文件中所规定的退磁方法和要求为宜。没有明确时采用开路退磁法，在电流互感器二次绕组均开路的情况下，一次绕组通以工频交流电流，将电流从零平滑地升至一次额定电流值的 10%，再将电流均匀缓慢地降至零。退磁过程中应在电流互感器二次两端接峰值电压表，当示值超过 2600V 时，则应减小所加电流值。对于多次级的电流互感器，其余铁心的二次线圈此时均应短路。当二次绕组均与同一铁芯铰链时，运行中的二次绕组接退磁电阻，其余的二次绕组开路。

（4）误差测量。

1）分别在额定负荷、下限负荷、实际负荷下检验，二次额定电流 5A 的电流互感器，下限负荷按 3.75VA 选取，二次额定电流 1A 的电流互感器，下限负荷按 1VA 选取，二次负荷的功率因数应根据铭牌规定值选取。

2）电流互感器额定负荷的检验点为额定电流的 1%（只对 S 级）、5%、20%、100%、120%，下限负荷检验点为额定电流的 1%（只对 S 级）、5%、20%、100%。

3）在额定负荷下检验，将电流依次从小到大升至各检验点，待数值稳定后读取相应误差值，记录。完成所有检验点后把电流降至零位，观察监视仪表确认。

4）下限负荷的检验方法重复步骤3）。

5）现场条件允许或必要时，电流互感器实际二次回路负荷时的误差检验方法重复步骤3）。

6）拆除一、二次接线，恢复被检电流互感器接线。

（5）稳定性试验。

开展后续检验时，进行电流互感器的稳定性试验，取上次检验结果与当前检验结果，分别计算两次检验结果中比值差的差值和相位差的差值，互感器在连续两次检验中，其误差的变化，不得大于基本误差限值的2/3。

（6）电流互感器运行变差试验。

电流互感器运行变差定义为互感器误差受运行环境的影响而发生的变化，它可由运行状态如环境温度、剩磁、邻近效应引起。

（7）磁饱和裕度。

电流互感器铁芯磁通密度在相当于额定电流和额定负荷状态下的1.5倍时，误差应不大于额定电流及额定负荷下误差限值的1.5倍。

五、检验结果分析及检验报告编写

1. 检验记录

（1）检验数据应按规定格式做好原始记录，原始记录应至少保持两个检验周期。

（2）原始记录填写应用签字笔或钢笔书写，不得任意修改。

（3）检验准确度级别0.1级和0.2级的互感器，检验时读取的比值差保留到0.001%，相位差保留到0.01′。检验准确度0.5级和1级的互感器，读取的比值差保留到0.01%，相位差保留到0.1′。

2. 结果分析与处理

（1）按检验方法得到的被检互感器在全部检验点的误差，如果不超出表10–1–1的基本误差限值范围，且稳定性、运行变差和磁饱和裕度符合规定，则认为误差合格。如果一项或多项运行变差超差，但实际误差绝对值加上超差的各项运行变差绝对值没有超过基本误差限值，也认为互感器误差合格。

（2）得到的被检互感器在一个或多个检验点的误差，如果超出基本误差限值范围，或者稳定性、运行变差和磁饱和裕度超出规定值，且实际误差绝对值加上超差的各项运行变差绝对值超对基本误差限值，则认为误差不合格。不合格互感器允许在规定条件下进行复检，并根据复检的结果作出误差是否合格的结论。复检的参比条件参照JJG 1021—2007《电力互感器》检定规程。

（3）如果现场检验不合格，现场检验人员当场查明原因，并在工作单上注明，并告知客户。

（4）当天上报业务受理部门，互感器误差超差应在 1 个月内处理完毕。

表 10-1-1　　电流互感器基本误差限值

准确等级	电流百分数	1	5	20	100	120
0.2	比值差（±%）	—	0.75	0.35	0.2	0.2
	相位差（±′）	—	30	15	10	10
0.5S	比值差（±%）	1.5	0.75	0.5	0.5	0.5
	相位差（± ′）	90	45	30	30	30
0.2S	比值差（±%）	0.75	0.35	0.2	0.2	0.2
	相位差（±′）	30	15	10	10	10

电磁式电流互感器的检验周期不得超过 10 年。

六、检验注意事项

（1）检验接线引起被检互感器的变化不大于被检互感器基本误差限值的 1/10，应注意校验仪 D 端子务必与接地端子短接并接地。

（2）接电流一次线时，应首先检查被试品一次接线端（排）否存在氧化或存在污垢等现象，否则应用砂纸或其他工具清洁后再连接，采用线夹和端子板连接电流一次线时，应尽量保持较大的接触面，严禁点接触。

（3）电流互感器除被测二次回路外其他二次回路应可靠短路。对于多绕组多变比的互感器，每个二次绕组短接一个变比即可，短路电流互感器二次绕组时，必须使用短路片或短路线，短路应可靠，严禁用导线缠绕。

（4）工作电源接线，校验仪的供电电源与升压器电源通常使用不同电源点或同一电源点的不同相别，以免试验中电压变化干扰校验仪正常工作，另一方面，也可防止升流过程中电源电压降低，校验仪不能正常显示。试验设备接试验电源时，应通过开关控制，并有监视仪表和保护装置等。

（5）检验过程中，升压与接线人员应相互高声呼应，并经工作负责人下令后，方可进行升流操作。

【思考与练习】

1. 电流互感器现场检验用的设备有哪些？
2. 电流互感器现场检验注意事项有哪些？
3. 电流互感器基本误差测试步骤有哪些？
4. 画出电流互感器测差流接线原理图。

模块 2 电磁式电压互感器现场检验（Z28G2002Ⅱ）

【模块描述】本模块包含电磁式电压互感器现场检验的目的及内容、危险点分析及控制措施、作业前准备工作、现场检验步骤及要求、检验结果分析及检验报告编写、现场检验注意事项等内容。通过概念描述、术语说明、流程介绍、图解示意、要点归纳，掌握电磁式电压互感器现场检验的方法。

【模块内容】

一、现场检验的目的及内容

电磁式电压互感器的作用是将一次额定的高电压转换为标准、便于测量的二次低电压，实现一次、二次系统的隔离，电压变换过程中造成一次和对应的二次电压与理论二次电压存在一定的误差，这个误差包括比差和角差两部分，产生的比值差和相角差均需按互感器的准确度等级控制在一定范围内，即要求电压互感器必须满足测控、保护、计量等不同用途的要求。因此需对新装后、运行中的电压互感器开展首次检定、后续检定和使用中的检验，确保互感器的变比正确、误差合格。

电磁式电压互感器现场检验的主要内容有外观及标志检查、绝缘试验、绕组极性检查、现场误差测试、稳定性试验、运行变差试验等。

二、危险点分析及控制措施

安全工作要求主要参照《国家电网公司电力安全工作规程》有关规定执行，重点做好以下安全措施：

（1）现场工作负责人应指定一名有工作经验的人员担任安全监护人，安全监护人负责检查全部工作过程的安全性，一旦发现不安全因素，应立即通知暂停工作并向现场工作负责人报告，安全监护人不得从事现场实际操作。

（2）试品顶部到高压架空线的高压引线必须有明显的断开点，进行隔离或拆除，把被试品独立于电网之外。拆除时须用专用接地线把架空线和试品接地，拆除后的架空线用绝缘绳紧固，与试品的距离 500kV 等级不小于 2m，330kV 等级不小于 1.5m，220kV 等级不小于 1m，110kV 等级及以下不小于 0.5m。

（3）如果带避雷器和隔离刀闸升压，应把避雷器低端妥善接地，母线改用专用接地线接地，隔离刀闸与地断开。

（4）工作人员在接一次高压试验线时，必须戴绝缘手套，在电压互感器高压侧采取可靠接地措施，以防高压静电。

（5）电压等级在 110kV 及以上时，禁用硬导线作一次线。

（6）电压互感器现场误差检验前、后都必须用专用放电棒对一次试验线放电。

三、作业前准备工作

依据 JJG 1021—2007《电力互感器检定规程》，开展电磁式电压互感器现场检验时，必须满足以下条件。

（1）环境条件：环境气温-25～55℃，相对湿度不大于 95%，周围无强电、磁场干扰。

（2）试验电源：试验电源频率为 50Hz±0.5Hz，波形畸变系数不大于 5%。

（3）所需工器具、检验设备：现场检验用设备包括标准电压互感器、互感器校验仪、电压负荷箱、电源控制箱（调压器）、感应分压器、电源盘、升压变压器、万用表、专用测试一、二次线。工器具包括放电棒、组合工具、绝缘手套、绝缘梯、安全带、绝缘塑料带等。

（4）准备工作：

1）检验前应了解现场主接线方式、工作内容以及停电范围、现场安全措施等。

2）熟知检验用仪器设备工作原理、功能用途。

3）搜集整理被试电压互感器以往检验报告、缺陷记录。

4）准备现场用作业方案、工作票、作业指导书、记录本等。

四、现场检验步骤及要求

依据 JJG 1021—2007《电力互感器检定规程》，电压互感器现场检验项目包括外观及标志检查、绝缘试验、绕组极性检查、基本误差测量、稳定性试验、运行变差试验等，现场针对不同的现场检验类别开展相应项目的检验。

（一）外观检查

电压互感器的器身上应有铭牌和标志，铭牌上应有接线图或接线方式说明，有技术参数、极性标志、额定绝缘水平、互感器型号、出厂序号、制造年月、准确度等级等明显标示。一次和二次接线端子上应有电压接线符号标志，接地端子上应有接地标志。

（二）绝缘试验

有些单位将互感器的绝缘试验安排在高压试验项目内，此项内容可以根据现场实际情况进行选择。

测量绝缘电阻应使用 2500V 绝缘电阻表，一次对二次绝缘电阻大于 1000MΩ，二次绕组之间绝缘电阻大于 500MΩ，二次绕组对地绝缘电阻大于 500MΩ。

工频耐压试验，试验电压测量误差不大于 3%。试验时应从接近零的电压平稳上升，在规定耐压值停留 1min，然后平稳下降到接近零电压。试验时应无异音、异味，无击穿和表面放电，绝缘保持完好，误差无可觉察的变化。

一次对二次及地工频耐压试验按出厂试验电压的85%进行，二次绕组之间及对地工频耐压试验为2kV。试验接线图如图10–2–1所示。

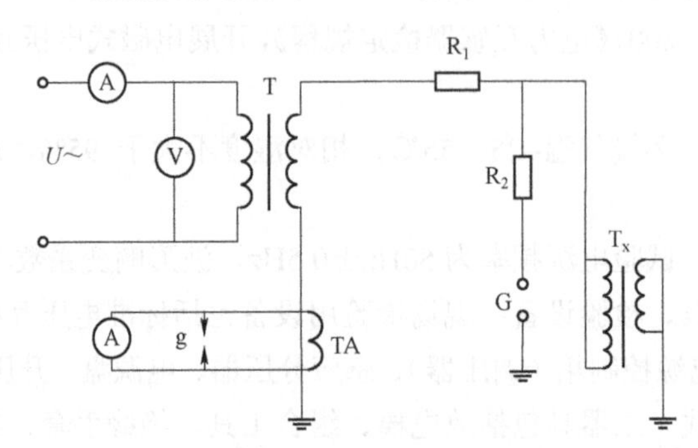

图10–2–1 互感器工频耐压试验接线图（原理图）

T—试验变压器；R_1—限流电阻；R_2—阻尼电阻；G—保护间隙；T_x—被试互感器；TA—电流互感器

（三）绕组极性检查

推荐使用互感器校验仪检查绕组的极性。根据互感器的接线标记，按比较法线路完成测量接线后，升起电压至额定值的5%以下试测，用校验仪的极性指示功能或误差测量功能，确定互感器的极性。

（四）基本误差测试步骤

1. 正确接线

（1）一次回路的连接。被试品的一次接线端子与升压变压器、标准电压互感器的A端（高端）相连，对于封闭式开关设备的电压互感器，从出线套管上连接一次导线。高压引线推荐使用直径1.5～2.5mm² 或4mm² 软铜裸线，完成上述连接后，取下接在被试电压互感器高压侧的接地线。

（2）二次回路的连接。

1）先将标准电压互感器的二次输出端（a、x）接入校验仪的a、x端，作为校验仪的参考电压。

2）采用高端电压测差法接线如图10–2–2所示，互感器校验仪测差回路（K、D）分别连接标准互感器与被试互感器的二次输出高端，标准互感器、被试互感器二次输出低端连接接地。

3）采用低端电压测差法接线如图10–2–3所示，互感器校验仪测差回路（K、D）分别接标准与被试的二次输出低端，标准互感器、被试互感器二次输出低端连接接地标准互感器的x端子引接至校验仪的K端子，被试品n端子接入校验仪的D端子。

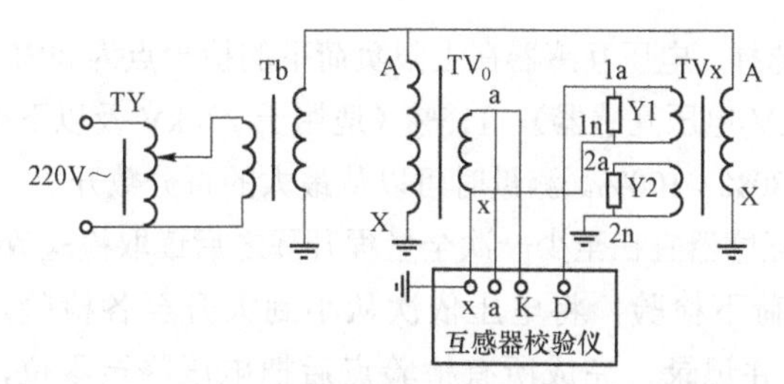

图 10–2–2　采用高端电压测差法检定电磁式电压互感器接线图

TY—调压器；Tb—升压器；TV_0—标准电压互感器；TVx—被试电压互感器；Y1、Y2—电压负荷箱；
A、X—电压互感器一次的对应端子；a、x（1a、1x、2a、2x）—电压互感器二次的对应端子

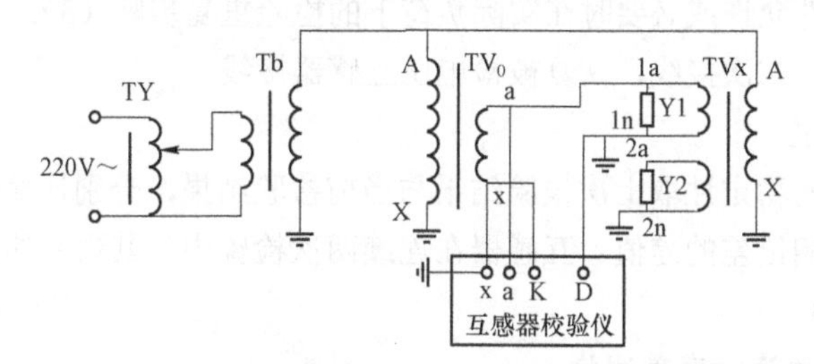

图 10–2–3　采用低端电压法检定电磁式电压互感器接线图

TY—调压器；Tb—升压器；TV_0—标准电压互感器；TVx—被试电压互感器；Y1、Y2—电压负荷箱；
A、X（A、N）—电压互感器一次的对应端子；a、x（1a、1n、2a、2n）—电压互感器二次的对应端子

高端测差法可以让两台电压互感器都工作在接地状态而不改变设备的接地方式，有利于测量的安全。

低端测差法由于一些互感器校验仪的差值回路不具有对称输入功能，必须一端接地，在测量电压互感器误差时就需要把电压互感器的高电位端对接，在低电位端取出差压信号，这样就会使一台电压互感器工作在不接地状态，改变了工作方式。

2. 通电检查

（1）接线完成后，工作负责人应检查高压回路的绝缘距离是否符合要求，接线是否正确。

（2）预通电：平稳地升起一次电压至额定值 5%～10%之间的某一值，测取误差。如未发现异常，可升到最大电压百分点，再降到接近零的值准备正式测量，如有异常，应排除后再试测。

3. 误差检验

（1）负荷的选择。有多个二次绕组的电压互感器，除剩余绕组外，各绕组接入规定的上下限负荷，上限负荷为额定负荷，下限负荷按 2.5VA 选取，电压互感器有多个二次绕组时，下限负荷分配给被检二次绕组，其他二次绕组空载。

（2）检验点的选择。电压互感器在上限负荷下的检验点为80%、100%、110%（适用于330kV和500kV电压互感器）、115%（适用于220kV及以下电压互感器）。下限负荷下的检验点为80%、100%。测量时可以从最大的百分数开始，也可以从最小的百分数开始，高电压互感器宜在至少一次全量程升降之后读取检验数据。

（3）在额定负荷下检验，将电压依次从小到大升至各检验点，待数值稳定后读取相应误差值，并记录，完成所有检验点后把电压降至零位，并观察监视仪表确认。

（4）在下限负荷下的检验重复步骤（3）。

（5）现场条件允许或必要时在实际负荷下的检验重复步骤（3）。

（6）拆除一、二次接线，恢复被检电压互感器接线。

4. 稳定性试验

电压互感器的稳定性取上次检验结果与当前检验结果，分别计算两次检验结果中比值差的差值和相位差的差值。互感器在连续两次检验中，其误差的变化不得大于基本误差限值的2/3。

5. 电压互感器运行变差试验

电压互感器运行变差定义为互感器误差受运行环境的影响而发生的变化。影响因素包括环境温度影响、组合互感器一次导体磁场影响、工作接线影响、频率影响等。

五、检验数据修约

1. 检验记录

检验数据应按规定格式做好原始记录。原始记录应至少保持两个检验周期。

（1）原始记录不得任意修改。

（2）电压互感器现场测试误差原始记录应妥善保管。

（3）电压互感器故障或更新时，应在资产卡上记录。

（4）检验准确度级别0.1级和0.2级的互感器，检验时读取的比值差保留到0.001%，相位差保留到0.01′。检验准确度0.5级和1级的互感器，读取的比值差保留到0.01%，相位差保留到0.1′。

2. 结果分析与处理

按检验方法得到的被检互感器在全部检验点的误差，如果不超出表10–2–1的基本误差限值范围，且稳定性、运行变差符合规定，则认为误差合格。如果一项或多项运行变差超差，但实际误差绝对值加上超差的各项运行变差绝对值没有超过基本误差限值，也认为互感器误差合格。

表 10-2-1　电压互感器基本误差限值

准确等级	电压百分数	80	100	120
0.2	比值差（±%）	0.2	0.2	0.2
	相位差（±′）	10	10	10

得到的被检互感器在一个或多个检验点的误差，如果超出基本误差限值范围，或者稳定性、运行变差超出规定值，且实际误差绝对值加上超差的各项运行变差绝对值超过基本误差限值，则认为误差不合格。不合格互感器允许在规定条件下进行复检，并根据复检的结果作出误差是否合格的结论。复检的参比条件参照 JJG 1021—2007《电力互感器检定规程》。如果现场检验不合格，现场检验人员当场查明原因，并在工作单上注明，并告知客户。当天上报业务受理部门，互感器误差超差应在 1 个月内处理完毕。

电磁式电压互感器的检验周期不得超过 10 年。

六、检验注意事项

（1）校验仪的供电电源与升压器电源通常使用电源的不同相别，以免电源压降干扰仪器工作。

（2）电源引线接到测量工作区时，应通过开关给工作设备供电。

（3）检验过程中，升压与接线人员应相互高声呼应，并经工作负责人下令后，方可进行升压操作。

（4）一次导线应紧固在试品一次接线端子上。为了使一次导线与试品有适当的安全距离，引下线应与试品至少成 45° 角。必要时可以使用绝缘绳牵引导线绕过障碍物，最后把一次引下线固定在高压电源的高压端子上。用一次导线连接标准电压互感器和试验电源的高压接线端子并适当张紧。

（5）接线前，先打开电压互感器底座上的接线盒，拆下计量绕组及其他（测量、保护等）绕组的二次引线，并作相应的标记和绝缘措施后（防止接地短路和恢复接线时接错），再进行回路接线。

（6）检验电磁式电压互感器可使用相应电压等级的试验变压器，试验变压器应符合 JB 3570—1998 要求。调压器的容量应与试验变压器的额定电压和实际输出容量匹配，调压装置应有输出电压指示和过流保护机构。

【思考与练习】

1. 电磁式电压互感器现场检验用的设备有哪些？
2. 电磁式电压互感器现场检验注意事项有哪些？
3. 电磁式电压互感器基本误差测试步骤有哪些？

4. 画出电磁式电压互感器低端测差压法原理接线图。

模块3 电容式电压互感器现场检验（Z28G2003Ⅲ）

【模块描述】 本模块包含电容式电压互感器现场检验的目的及内容、危险点分析及控制措施、作业前准备工作、现场检验步骤及要求、检验结果分析及检验报告编写、现场检验注意事项等内容。通过概念描述、术语说明、流程介绍、图解示意、要点归纳，掌握电容式电压互感器现场检验的方法。

【模块内容】

一、电容式电压互感器现场检验方法概述

电容式电压互感器广泛应用在110kV及以上的电力系统中，由于电容式电压互感器本身结构特点，在对电压互感器进行比、角差试验时，对试验电源的容量要求很高，采用常规升压变压器无法满足升压要求，因此使用电抗器与励磁变压器产生串联谐振升压。

电容式电压互感器现场检验中使用的标准电压互感器，110kV以下较多使用电磁式标准电压互感器；110kV及以上电压等级，由于电磁式标准互感器体积较大，运输及现场工作很不方便，较多采用标准电容分压。本模块分别讲述使用标准电磁式电压互感器、标准电容式电压互感器对电容式电压互感器以及GIS内电压互感器进行现场检验的方法。

二、危险点分析及控制措施

由于本模块需要带电进行作业，安全工作要求主要参照《国家电网公司电力安全工作规程》有关规定执行。这里主要强调，由于电容式电压互感器存在内部电容，每次升压完毕，必须进行放电，防止发生人员、设备触电事故。在升压过程中一次导线采用裸铜线，注意导线与人员、设备的安全距离，重点做好以下内容的安全工作技术措施。

（1）被试电压互感器顶部到高压架空线的高压引线必须拆除（特殊情况下允许把拆除点移到相邻的杆塔上），拆除时必须用专用接地线把架空线和试品接地。拆除后的架空线用绝缘绳紧固，与试品的距离500kV等级不小于2m，330kV等级不小于1.5m，220kV等级不小于1m，110kV等级不小于0.5m。

（2）如果带避雷器和隔离开关升压，应把避雷器低端妥善接地，母线改用专用接地线接地，隔离开关与地断开。

（3）测试前和测试后电压互感器都必须用专用放电棒放电。

（4）工作人员在接一次高压线时，必须戴绝缘手套，且电压互感器高压必须可靠

接地，以防高压静电。

（5）电压等级在 110kV 及以上时，禁用硬导线作一次线。

（6）工作负责人应指定一名或若干名具有一定工作经验的人员担任安全监护人。安全监护人负责检查全部工作过程的安全性，发现不安全因素，应立即通知暂停工作并向工作负责人报告。

三、作业前准备工作

依据 JJG 1021—2007《电力互感器检定规程》，电容式电压互感器开展现场检验时，必须满足以下条件。

（1）环境条件：在现场检验时，环境气温-25～55℃，相对湿度不大于 95%，周围无强电、磁场干扰。

（2）试验电源：试验电源频率为 50Hz±0.5Hz，波形畸变系数不大于 5%。

（3）所需工器具、检验设备的准备：现场检验工作前需要准备的检验设备包括标准电容器、标准电容分压箱、标准电压互感器、互感器校验仪、电压负荷箱、电源控制箱（调压器）、串联谐振升压装置（含励磁变）、感应分压器、电源盘、钳形电流表、万用表、专用测试一、二次线。需要准备的工器具包括放电棒、组合工具、绝缘手套、绝缘梯、安全带、绝缘塑料带等。

（4）准备工作和检验前检查：检验前了解仪器、仪表、互感器的工作原理、内部构造、性能和接线方式，检验前应搜集整理被试品以往试验报告、缺陷记录、作业指导书、作业方案、工作票等，对检验环境温湿度做好相应记录。

四、现场检验步骤及要求

JJG 1021—2007《电力互感器检定规程》规定，电压互感器现场检验项目包括外观及标志检查、绝缘试验、绕组极性检查、基本误差测量、稳定性试验、运行变差试验等，现场针对不同的现场检验类别开展相应项目的检验。

（一）外观检查

电容式电压互感器的器身上应有铭牌和标志。铭牌上应有接线图或接线方式说明，有技术参数、极性标志、额定绝缘水平、互感器型号、出厂序号、制造年月、准确度等级、电容值等明显标示，一次和二次接线端子上应有电压接线符号标志，接地端子上应有接地标志。

（二）绕组极性检查

推荐使用互感器校验仪检查绕组的极性。根据互感器的接线标记，按比较法线路完成测量接线后，升起电压至额定值的 5%以下试验或试测，用校验仪的极性指示功能或误差测量功能，确定互感器的极性。

（三）基本误差检验步骤

1. 用电磁式标准电压互感器检验电容式电压互感器

110kV 电磁标准技术成熟，应用广泛，对 110kV 及以下电容式电压互感器的现场检验，推荐直接使用电磁式标准电压互感器，检验接线图如图 10–3–1 所示。除升压装置使用电抗器与被试品产生串联谐振以外，检验方法同电磁式电压互感器。

图 10–3–1（b），互感器校验仪 HE 使用高端电压测差接法。高端测差法不改变设备的接地方式，有利于测量安全，应优先采用。如果使用低端测差，可用图 10–3–1（a）线路接线。

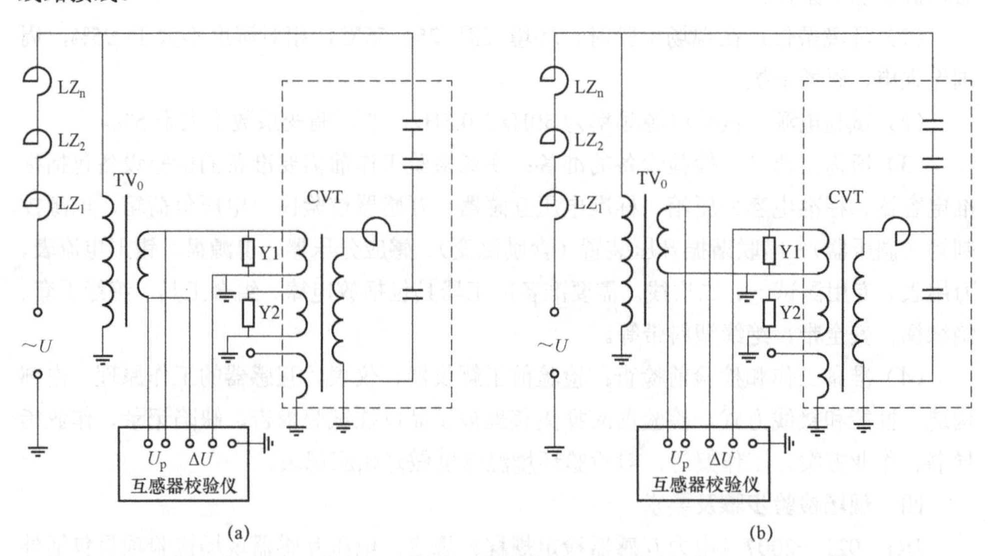

图 10–3–1 电磁式标准电压互感器检定电容式电压互感器接线图

（a）低端测差法；（b）高端测差法

LZ_1～LZ_n—电抗器；TV_0—电磁式标准电压互感器；Y1、Y2—负载箱；CVT—被试互感器

2. 用标准电容检验电容式电压互感器

由于 110kV 及以上电磁式标准电压互感器体积大，重量重，运输使用都不方便，因此不便于开展现场检验工作，对 110kV 及以上系统推荐使用电容式电压互感器。

现场检验 110kV 及以上电容式电压互感器的误差时，应采用 JJG 1021—2007《电力互感器检定规程》提供的电容式比例标准器外推法，用轻便型 SF_6 压缩气体标准电容器和电容分压箱以及 110kV 标准电压互感器组成电容式电压比例标准装置，来实现对 110kV 电容式电压互感器的误差试验。

下面以 110kV 电容式电压互感器的误差试验为例进行说明。

（1）一次回路的连接。一次导线应紧固在试品一次接线端子上。为了使一次导线与试品有适当的安全距离，引下线应与试品至少呈 45° 角，把一次引下线固定在串联谐振装置的高压端子以及标准电容器的高压端上，用一次导线连接标准电压互感器和串联谐振装置的高压接线端子时适当张紧，完成上述连接后，取下高压接地线。

高压引线推荐使用直径为 1.5～2.5mm² 的软铜裸线，封闭式开关设备的电压互感器从出线套管上连接一次导线。

（2）二次回路的连接。按图 10–3–2 接线，接线前，先打开电压互感器底座上的接线盒，拆下计量绕组及其他（测量、保护等）绕组的二次引线，并做相应的标记和绝缘措施后（防止接地短路和恢复接线时接错），再进行回路接线。用于载波通信的电容式电压互感器，还应短接载波接入端子，通常可合上载波短路刀闸，没有刀闸时可用导线短接载波保护球隙。接线时，注意测试导线截面不小于 2.5mm²。

（3）通电前检查。接线完成后，工作负责人应检查高压回路的绝缘距离是否符合要求，接线是否正确。使用谐振升压电源时，核查选用的电抗值和电流容量是否合适，选取的电抗值应与被试品的电容值匹配。

（4）误差检验分步介绍。

1）电容分压箱的校准。接线原理图如下：

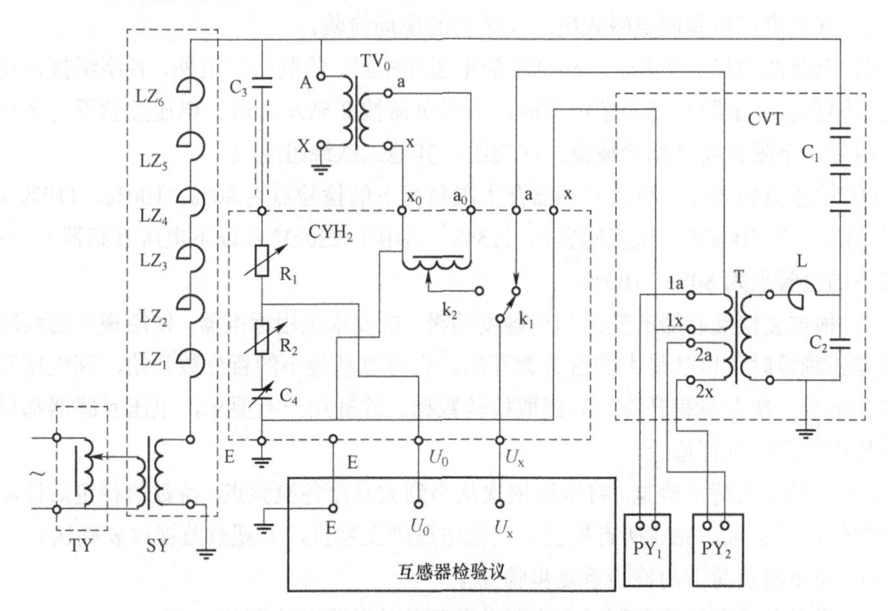

图 10–3–2 用电容分压器检定电容式电压互感器接线图

SY—励磁升压变；LZ_1～LZ_6—电抗器；TV_0—标准电压互感器；C_3—标准电容；

CYH_2—电容分压箱；CVT—被试电容式互感器

① 如图 10–3–2 所示，将 110kV 标准电压互感器接入校准回路，110kV 标准电压互感器的二次输出电压经图中 K_2 的感应分压箱后按比例转换为对应于 110kV/100V 的二次输出值，然后接入电流比较仪原理的互感器校验仪的测差回路。

② 把电容分压箱置为“校准”挡位，电流比较仪原理的互感器校验仪误差调节盘拨轮至“0”。

③ 通过调压器、励磁变压器对一次升压，升压过程中注意观察有无异常，电压最高升至 110kV 标准电压互感器的额定值 $110/\sqrt{3}$ kV，此时，110kV 标准电压互感器的二次输出值经感应分压箱转换后，实际二次电压为 $100/\sqrt{3}\times0.333\ 33=19.214$V，被试互感器的二次输出值也与之接近或相同。

④ 配合调节标准电容分压箱的 R_1、C_1 的值，使电流比较仪原理的互感器校验仪的检流计为“0”，此时检流计的灵敏度越高越好，即对 110kV 标准电压互感器对电容分压箱进行调节，完成标准电容在工况下的电容量微调整。至此，利用 110kV 标准电压互感器作被试，完成标准电容及标准电容分压箱比对与调节。

2）CVT 误差测试。

① 升压回路断电，放电后拆除 110kV 标准电压互感器的所有一、二次接线，将电容分压箱置为“测量”挡位，把被试互感器二次引入校验仪测差回路。

② 其余测试步骤同电磁式电压互感器的现场检验。

③ 负荷的选择。有多个二次绕组的电压互感器，除剩余绕组外，各绕组接入规定的上下限负荷，上限负荷为额定负荷，下限负荷按 2.5VA 选取，电压互感器有多个二次绕组时，下限负荷分配给被检二次绕组，其他二次绕组空载。

④ 检验点的选择。电压互感器在上限负荷下的检验点为 80%、100%、110%（适用于 330kV 和 500kV 电压互感器）、115%（适用于 220kV 及以下电压互感器）。下限负荷下的检验点为 80%、100%。

⑤ 根据被检互感器的变比和准确度等级，按要求选用标准器，使用规定的线路测量误差。测量时可以从最大的百分数开始，也可以从最小的百分数开始，高电压互感器宜在至少一次全量程升降之后读取检验数据。除非用户有要求，电压互感器都只对实际使用的变比进行检验。

⑥ 在额定负荷下检验，将电压依次从小到大升至各检验点，待数值稳定后读取相应误差值，并记录。完成所有检验点后把电压降至零位，并观察监视仪表确认。

⑦ 在下限负荷下的检验重复步骤③。

⑧ 现场条件允许或必要时在实际负荷下的检验重复步骤③。

⑨ 拆除一、二次接线，恢复被检电压互感器接线。

3. GIS 设备内电压互感器的检验

实际工作中，对 GIS 设备内电压互感器进行的角、比差试验时，由于 GIS 设备结构特点，罐体内三相母线间及母线对罐体外壳间存在寄生电容，罐体外升压点至罐体内被试电压互感器之间的回路阻抗增大，常规升压变压器无法满足对被试电压互感器的升压要求。

开展现场检验时的方法是利用 GIS 设备内母线的寄生电容，把 GIS 设备内的被试电压互感器及其连接的一次母线整体。运用对电容式电压互感器试验时的升压原理，通过调节升压电抗器电感量使 GIS 设备内一次母线间及对罐体之间的寄生电容和产生串联谐振，在 GIS 设备外部套管进行升压，解决被试电压互感器无法进行常规升压的问题，保证了电压互感器进行 80%～120%额定电压范围内的相位差、比差试验。

（四）稳定性试验

电压互感器的稳定性取上次检验结果与当前检验结果，分别计算两次检验结果中比值差的差值和相位差的差值。互感器在连续两次检验中，其误差的变化不得大于基本误差限值的 2/3。

（五）电压互感器运行变差试验

电压互感器运行变差定义为互感器误差受运行环境的影响而发生的变化。它可由运行状态如环境温度影响、电容式电压互感器外电场影响、频率影响等构成。

五、检验数据修约

1. 检验记录

检验数据应按规定格式做好原始记录。原始记录应至少保持两个检验周期。

（1）原始记录不得任意修改。

（2）电压互感器现场测试误差原始记录应妥善保管。

（3）电压互感器故障或更新时，应在资产卡上记录。

（4）检验准确度级别 0.1 级和 0.2 级的互感器，检验时读取的比值差保留到 0.001%，相位差保留到 0.01′。检验准确度 0.5 级和 1 级的互感器，读取的比值差保留到 0.01%，相位差保留到 0.1′。

2. 结果分析与处理

按检验方法得到的被检互感器在全部检验点的误差，如果不超出表 10-3-1 的基本误差限值范围，且稳定性、运行变差和磁饱和裕度符合规定，则认为误差合格。如果一项或多项运行变差超差，但实际误差绝对值加上超差的各项运行变差绝对值没有超过基本误差限值，也认为互感器误差合格。复检的参比条件参照 JJG 1021—2007《电力互感器检定规程》。如果现场检验不合格，现场检验人员当场查明原因，并在工作单上注明，并告知客户。当天上报业务受理部门，互感器误差超差应在 1 个月内处理完毕。

表 10–3–1 电压互感器基本误差限值

准确等级	电压百分比	80	100	120
0.2	比值差（±%）	0.2	0.2	0.2
	相位差（±′）	10	10	10

电容式电压互感器的检验周期不得超过 4 年。

六、现场检验注意事项

（1）电容式电压互感器受到邻近效应与外电场的影响，将产生附加误差，电容分压器与周边物体之间通过空间电容耦合，会改变分压器的分压比，从而会使互感器误差发生变化，为此需采取下述措施，以减小邻近效应和外电场的影响。

1）在电容分压器顶部装设足够大的屏蔽罩，以抵消周边物体的影响。

2）分压器远离邻近物体，保持大的距离。

3）分压器应在现场实际工作环境条件下校准。

（2）谐振电抗器气隙易变，引起误差变化。

运输受振或受电磁力作用使谐振电抗器气隙改变，电抗值变化，导致谐振点改变，引起误差变化。谐振电抗器气隙改变对互感器误差的影响是很大的。为此，必须对谐振电抗器的结构加以改进，防止气隙的改变。

（3）工作电源接线校验仪的供电电源与升压器电源通常使用电源的不同相别，以免电源压降干扰仪器工作。电源引线接到测量工作区时，应通过开关给工作设备供电。

【思考与练习】

1. 110kV 电容式电压互感器现场检验时用的设备有哪些？
2. 画出串联电抗器低端测差压检验电容式电压互感器的原理接线图。
3. 电容式电压互感器的工作原理是什么？
4. 电容式电压互感器在试验过程中容易出现的技术问题有哪些？

模块 4 电子式互感器的验收（Z28G2004Ⅲ）

【模块描述】本模块包含电子式互感器的特点、验收试验目的和依据、验收项目及要求、基本误差测试方法、测试数据修约等内容。通过概念描述、术语说明、图表示意、要点归纳，掌握电子式互感器现场的验收方法。

【模块内容】

一、电子式互感器的特点

与传统电磁式互感器相比，电子式电流电压互感器不含铁芯（或含小铁芯），不会饱和，电压互感器二次短路时不会产生大电流，电流互感器二次开路时不会产生高电压，也不会产生铁磁谐振，保证了人身及设备；能快速、完整、准确地将一次信息传送给计算机进行数据处理或与数字化仪表等测量、保护装置相连接，实现计量、测量、保护、控制、状态监测；二次输出为小电压信号，可方便地与电子式监视仪表、微机测控保护装置、电能计量设备接口，无需进行二次转换（将 5A、1A 或 100V 转换为小电压），简化了系统结构，减少了误差源，提高了整个系统的稳定性和准确度；体积小、重量轻，能有效地节省空间，功耗极小，节电效果十分显著，且具有环保产品的特征等优点。

二、验收目的

电子式互感器作为近几年新发展的科技产品，其功能、性能能否满足国标规定，需在投运前对其开展例行和特殊试验、验证，特别是电子式互感器作为计量装置的一部分，其基本误差要求与传统互感器完全相同，因此电子式互感器在安装后及运行中的误差变化会直接影响电能计量准确性，依据 DL/T 448—2016《电能计量装置技术管理规程》、JJG 1021—2007《电力互感器检定规程》、《计量法》的规定，应在互感器投入运行前及运行中，必须进行预防性交接试验和周期检验，保证互感器的变比正确、准确计量，其主要内容是使用标准互感器对被试电子式互感器在现场进行误差测试。

三、验收项目及要求

在现场开展验收的依据标准是 GB/T 20840.7—2007《互感器　电子式电压互感器》、GB/T 20840.8—2007《互感器　电子式电流互感器》，验收项目主要包含端子标志检查、工频耐压、基本误差等内容。

1. 端子标志检查

（1）铭牌标志：电子式互感器的铭牌包括通用铭牌标志、各二次转换器的铭牌标志和辅助电源的铭牌标志三部分。端子标志应清晰和牢固地标在其表面或近旁处。标志由字母和随后的数字组成，或需要时数字在字母前。字母应为大写黑体。

（2）极性：标有同一字母大写和小写的端子在同一瞬间具有同一极性。

2. 工频耐压试验

在绝缘仅由固体绝缘子和环境压力的空气构成时，如果各导电件与座架之间的尺寸已通过尺寸测量核查合格，工频耐压试验可以不进行。低电压器件的工频耐压试验。试验时间应为规定的 1min，或是在 1.1 倍规定试验电压下 1s。由制造厂自行选择。

3. 误差试验

（1）基本误差试验：为验证是否符合误差限值的要求，除非另有规定，试验应按规定的各电压、电流值，在额定频率、25%及100%额定负荷和环境温度下进行。测量用电子式电流互感器的准确级，是以该准确级在额定电流下所规定最大允许电流误差的百分数来标称。

（2）误差与温度关系的试验：在温度范围的两个极限值、额定频率、额定电压、电流和100%额定负荷下进行。试验时必须注意热时间常数。

在正常使用条件下，误差应在相应准确级的规定限值之内。

（3）误差与频率关系的试验：应在参考频率范围的两个极限值、额定电压、电流和试验区恒定室温以及100%额定负荷下进行。试验频率和试验温度的实际值应列入试验报告。

（4）器件更换的误差试验：电子式电压互感器在更换某些器件后是否仍满足其准确级要求，应通过在室温、额定频率、额定电压、电流和100%额定负荷下的误差试验进行验证。

四、基本误差测试方法

现场条件下，电子互感器与采集器、合并器配合工作，电子式互感器的误差测试除互感器本体外，还兼顾对数据采集、汇总、传输等整个过程的准确性、一致性测试。

目前标准互感器广泛采用传统电磁式互感器（还没有标准电子式互感器），其输出是模拟量，电流为1A、5A，电压为100V、100/$\sqrt{3}$ V，在对电子式互感器进行准确度测试时有两种基本方法可选择，一种是将电磁式互感器输出的模拟量转变为数字量与电子式互感器输出的数字量进行比较测量；另一种是将电子式互感器输出的数字量转变为模拟量与传统互感器输出进行比较，两种方法的核心是必须保证转换过程的准确度，由于A/D转换的精度更容易保证，我们采用了前一种方法。

1. 电子电流互感器现场测试方法

图10–4–1是电子电流互感器现场测试接线图，模拟量采集/转换模块将标准互感器的输出转换为数字信号，搭配专用的测量PC，数字量采集方面使用网卡接收合并器/采集器输出的数字信号，试验采用了时钟脉冲同步，将采得的被试互感器输出数字量和基准互感器输出的数字量直接比较，通过计算可以得到误差。

2. 电子电压互感器现场测试方法

电子式电压互感器误差试验回路如图10–4–2所示，该测量系统的测量原理与电子电流互感器基本一致，电子电压互感器采用感应分压器作为测量元件，通过采集器，将测量元件测到的电压信号转换为电子式信号由光纤输送到合并器。测试时，将合并器输出的电子式信号输入测试计算机，另外模拟量采集/转换模块将传统标准电压互感器的模拟信号转换为数字信号也输入测试计算机，进而通过专用测量程序测量电子互感器的比差、角差。

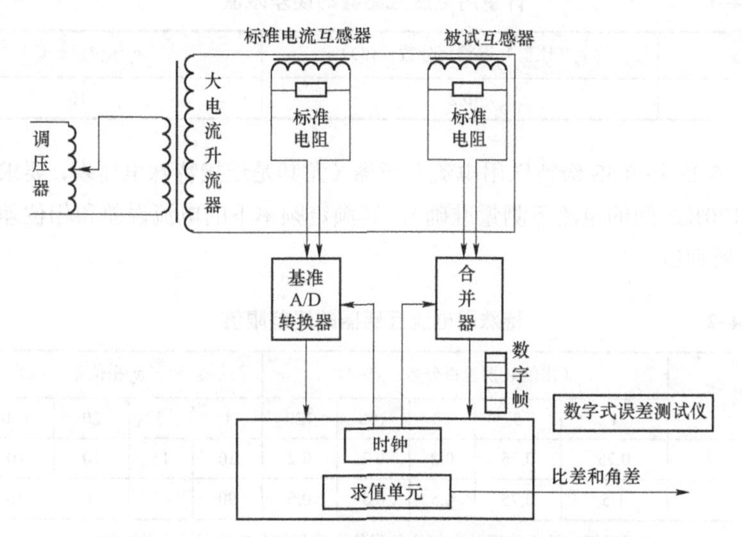

图 10–4–1 电子式电流互感器误差试验回路图

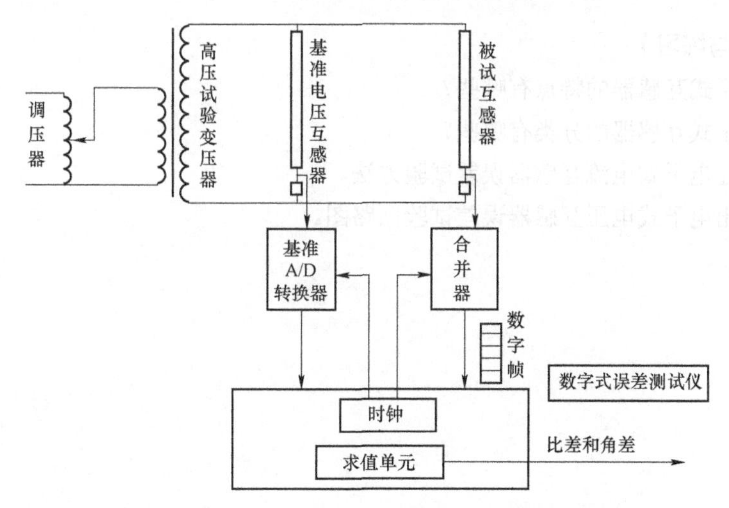

图 10–4–2 电子式电压互感器误差试验回路图

五、测试数据修约

（1）对 0.2 级计量用电压互感器在额定频率下的电压误差和相位差，其额定电压 80%～120%之间任一电压和功率因数 0.8 滞后的额定负荷 25%～100%之间的负荷时，应不超过表 10–4–1 的规定值。误差应在互感器的端子处测定，并须包括作为互感器整体部分的熔断器或电阻器。

表 10–4–1　　计量用电压互感器的误差限值

准确级	ε_u（比值）误差百分数±（%）	φ_e 相位差±（′）
0.2	0.2	10

（2）对 0.2S 和 0.5S 级特殊用电流互感器（尤其是连接特殊电能表，要求在额定电流 1%和 120%之间的电流下测量准确），其额定频率下的电流误差和相位差应不超过表 10–4–2 所列值。

表 10–4–2　　特殊用电流互感器的误差限值

准确级	ε_u（比值）误差百分数±（%）					φ_e 相位差±（′）				
	1	5	20	100	120	1	5	20	100	120
0.2S	0.75	0.35	0.2	0.2	0.2	30	15	10	10	10
0.5S	1.5	0.75	0.5	0.5	0.5	90	45	30	30	30

注　120%额定电流下所规定的电流误差和相位差限值，应保持到额定扩大一次电流。

【思考与练习】

1. 电子式互感器的特点有哪些？
2. 电子式互感器的分类有哪些？
3. 简述电子式电流互感器误差试验方法。
4. 画出电子式电压互感器误差试验回路图。

第十一章

电能计量装置二次回路参数测试

模块 1　电能计量装置二次回路压降的测试（Z28G3001Ⅰ）

【模块描述】本模块包含电能计量装置电压互感器二次回路压降测试的目的及内容、测试原理及测试方法、危险点分析及控制措施、作业前准备工作、现场测试方法及步骤、测试结果分析和测试报告编写、现场测试注意事项等内容。通过原理分析、流程介绍、图解示意、要点归纳，掌握电能计量装置电压互感器二次回路压降测试的方法。

【模块内容】

一、测试目的及周期

安装运行于发电厂、变电站或客户中的电压互感器（TV）有时与控制室中电能表的距离较远，导致 TV 二次端电压与表计端子上电压幅值和相位的不一致，从而产生电能计量误差。对运行中的电压互感器二次回路压降需进行周期测试，以便算出由此引起的电能计量误差，这对于进行技术改进，减小电能计量综合误差，降低计费损失有着重要意义。

对于 35kV 及以上电压互感器二次回路电压降，宜每两年检测一次。

二、测试方法及原理

TV 二次回路电压降测量方法分为直接测量和间接测量。

直接测量法：直接测量法主要有互感器校验仪法和电压互感器二次压降测试仪法两种，其中直接测量法测量可靠、准确度高。

间接测量法：间接测量法包括无线测度试仪法、高准确度电压表法和某些国外厂家采用的负荷比较法等，间接测量法的准确度不高，一般不采用。

两种方法中推荐采用直接测量法，即用二次压降测试仪法测试 TV 二次压降。基本工作原理是用二次回路压降测试仪测出电能表端电压相对于电压互感器二次端电压的比差 f_{uv} 与 f_{wv}（或 f_u、f_v、f_w），角差 δ_{uv} 与 δ_{wv}（或 δ_u、δ_v、δ_w），通过公式计算出电压互感器二次回路压降 Δ_{uv} 与 Δ_{wv}（或 Δ_u、Δ_v、Δ_w）之值，进一步求得二次压降引起的计量误差之值。

测试原理图如图 11–1–1 和图 11–1–2 所示。

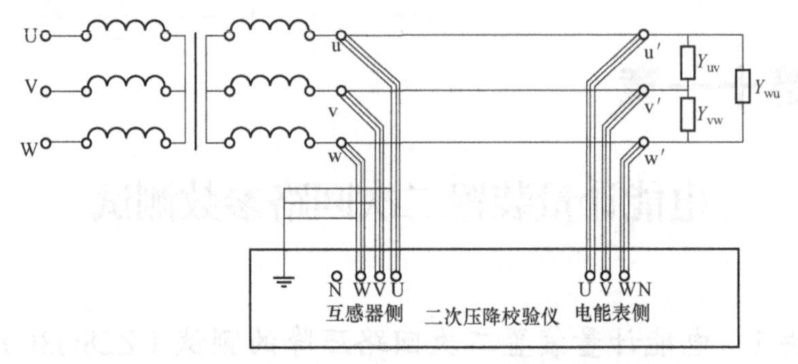

图 11–1–1 三相三线计量方式下二次压降检测原理接线图

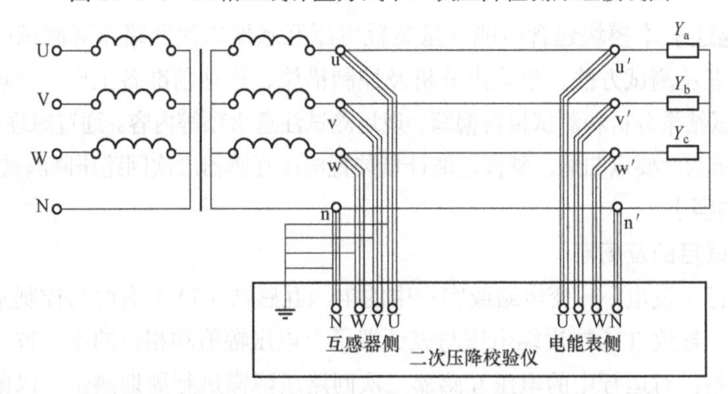

图 11–1–2 三相四线计量方式下二次压降检测原理接线图

三、危险点分析及控制措施

安全工作要求主要参照《国家电网公司电力安全工作规程》有关规定执行，重点做好以下安全措施：

（1）在进行电压互感器二次回路（导线）压降的测试工作时，应填用变电站第二种工作票。

（2）严格防止电压互感器二次回路短路或接地，应使用绝缘工具，戴手套等措施。

（3）测试引线必须有足够的绝缘强度，以防止对地短路，且接线前必须事先用 500V 绝缘电阻表检查一遍各测量导线（包括电缆线车）的每芯间、芯与屏蔽层之间的绝缘情况。

（4）使用线夹时注意不要造成短路，不得用手触碰金属部分。

（5）现场试验工作不得少于两人。

四、作业前准备工作

1. 现场检验条件

在现场测试时，工作条件应满足要求，环境条件应满足：适宜的温度，无雷雨雪天气。

2. 测试用设备

（1）压降测试仪的测量误差应不超过±2%，比值差和相位差示值分辨率应不低于0.01%和0.01′。

（2）二次实际负荷测试仪的测量误差应不超过±2%，导纳分率应不低于0.01ms，阻抗分辨率应不低于0.01Ω，电压分辨率应不低于0.01V，电流分辨率应不低于0.01A。

（3）压降测试仪对被测试回路带来的负荷最大不超过1VA，二次实际负荷测试仪对被测试回路带来的负荷最大不超过0.1VA。

（4）测试仪器的工作回路（接地的除外）对金属面板及金属外壳之间的绝缘电阻应不低于 20MΩ，工作时不接地的回路（包括交流电源插座）对金属外壳应能承受有效值为1.5kV的50Hz正弦波电压1min耐压试验。

（5）测试仪导线接头接触可靠，有明显的极性和相别标志。

（6）连接压感器二次端子与测试仪器之间的导线应是专用屏蔽导线，其屏蔽层应可靠接地。

五、现场测试步骤

1. 绝缘检查

测试前检查二次导线压降测试设备各相对地绝缘状态及导线接头接触情况。

2. 接线

连接互感器二次端子至压降测试仪之间的导线，连接电能表接线盒至压降测试仪之间的导线，对连接专用屏蔽导线的屏蔽层可靠接地。接线时注意先接电压互感器侧的接线，再接电能表侧的接线。

接线方法分为首端测试接线法和末端测试接线法，图11-1-3为首端测试接线法。

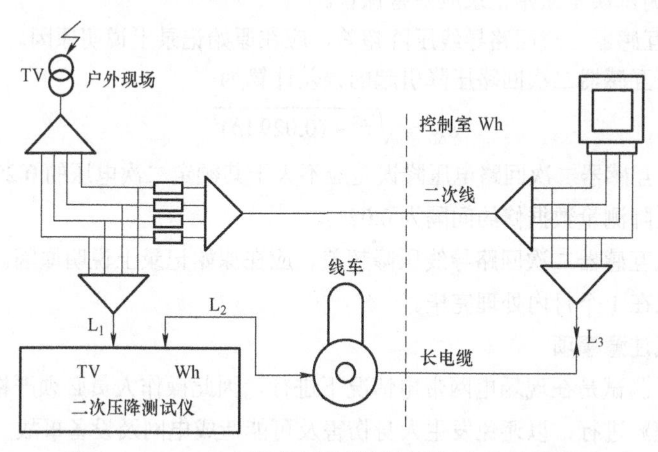

图11-1-3　二次压降检测仪检测压降设备首端位置图

3. 自校

开机按任意键进入主菜单，选择压降自校，仪器中的数据是上次或出厂时保存的压降自校值，移动到测试，按确定仪器就开始进行自校。

4. 压降测试

（1）开机按任意键进入主菜单，选择压降测试菜单，进入后选择测试方式（有TV侧和表计侧，选择方法是光标移动到要选择的内容，按确定键后在下拉列表中按上下键移动光标，确定键选择）。

（2）光标移动到确定上，按确定键进入压降测试选择菜单，选三相四线或三相三线自动测试。

（3）进入后仪器将进行测试，测试完成后，输入用户编号。如需储存，将光标移动到存储菜单上，按确定即可。

（4）如需重测，将光标移动到存储菜单，按确定即可。

5. 测试完成

现场测试完成后，应由工作负责人检查，确认无误后方可撤离现场。

以上为电压互感器带电工作时二次回路压降的测试方法，当互感器停电时可以解开电压互感器二次端子接线，互感器二次回路与本体隔离开后，在二次回路侧接入二次压降测试仪，选择正确的接线方式，对其二次回路及连接的电能表升电压测试，当压降测试仪显示的工作电压值升至100%额定值，采用以上步骤进行测试。

六、测试结果分析及测试报告编写

（1）试验数据应按规定的格式和要求做好原始记录。

1）原始记录填写应用签字笔或钢笔书写，不得任意修改。

2）现场测试误差原始记录应妥善保管。

3）电压互感器二次回路导线压降超差，应在原始记录上说明原因。

（2）电压互感器二次回路压降引起的误差计算为：

$$\varepsilon_{\Delta U}=\sqrt{f^2+(0.0291\delta)^2}$$

（3）电压互感器二次回路电压降误差应不大于其额定二次电压的0.2%，电压互感器二次回路压降测量数据修约间隔为0.02%。

（4）电压互感器二次回路导线压降超差，应在原始记录上说明原因。二次回路电压降超差时应在1个月内处理完毕。

七、测试注意事项

（1）由于测试是在现场电网带电情况下进行，因此操作人员必须严格按照《电力安全工作规程》进行，以避免发生人身伤害及可能造成电网及设备事故。

（2）接入压降校验仪的导线是四芯屏蔽电缆线，接入电路前应用 500V 绝缘电阻表检查电缆各芯之间、芯与屏蔽层之间的绝缘是否良好，以免造成短路故障。

（3）如果在三相三线计量方式时测量，则电缆线只需三芯通电，那么空余的一芯线的接线头做绝缘处理，防止空悬线头金属部分产生短路或接地故障，引起安全事故或测量不准确。

（4）对重要场所，Ⅰ类计量装置或压降误差过大的线路，需分别在熔丝或空气断路器前、后进行测量，以确定熔丝或空气断路器接触电阻的影响量。

（5）现场测试过程中，严禁电压互感器二次短路。

（6）测量过程中测试设备电源取用原则：在 TV 侧测量时，电源可在电压互感器二次取用，测试仪电源开关放置在“100V”挡位；在电能表处测量时，电源建议由外部 220V 电源供给，测试仪电源开关放置在开启状态，不能从 TV 提供电源，以提高测量准确性。

（7）压降测试仪对被测试回路带来的负荷最大不超过 1VA。

（8）试验人员之间相互联络用的通信工具应不影响电力系统其他设备安全运行和正常工作。

【思考与练习】

1. 压降自校的目的是什么？

2. 某三相三线 100V 电压计量二次回路测得的压降误差数据为：f_{ab}=0.2%，δ_{ab}=10′，f_{cb}=−0.3%，δ_{cb}=10′。求 $\cos\varphi$=1.0 时的压降和压降引起的误差。

3. 写出由压降引起的三相三线、三相四线电能误差计算。

4. 压降测试过程中的注意事项是什么？

模块 2　电能计量装置电流回路阻抗的测量与计算（Z28G3002Ⅱ）

【模块描述】本模块包含电能计量装置电流互感器二次回路阻抗测试的目的及内容、危险点分析及控制措施、作业前准备工作、现场测试方法及步骤、测试结果分析和记录、现场测试注意事项等内容。通过概念描述、术语说明、流程介绍、图解示意、要点归纳、计算举例，掌握电能计量装置电流互感器二次回路阻抗的测试与计算。

【模块内容】

一、测试的目的及原理

电流互感器（TA）是电能计量装置的重要组成部分，其运行状态和误差直接关系到整个电能计量装置的准确性，任何电流互感器都有规定的二次负载范围，只有工作在这个范围内才能保证互感器运行状态和准确度，所以开展电能计量装置电流回路阻抗的测量与计算工作，及时掌握互感器的二次回路的实际负荷，对提高电能计量装置的管理水平有非常重要的意义。

电能计量装置电流回路阻抗的测量与计算原理：用高精度钳型电流表采集电流互感器二次回路的工作电流，用鳄鱼夹采集电流互感器二次电压，这两个信号进入测试设备，通过测试设备进行电压除以电流的运算即可得到回路阻抗，由电阻、电抗和二次电流计算出其他参数。

二、危险点分析及控制措施

安全工作要求主要参照《国家电网公司电力安全工作规程》有关规定执行，重点做好以下安全措施：

（1）办理现场工作变电站第二种工作票。

（2）工作票许可后，工作负责人应前往工作地点，核实工作票各项内容。

（3）做好包括以下内容的安全工作技术措施：

1）确认电流互感器被测的计量二次绕组及回路。

2）核对电能计量装置接线方式是三相三线或三相四线。

3）对被测试设备一、二次回路进行检查核对，确认无误后方可工作。

4）试验中禁止电流互感器二次回路开路。

5）严禁在电流互感器与短路端子间的回路和导线上进行任何工作。

（4）现场工作负责人应指定一名有一定工作经验的人员担任安全监护人。安全监护人负责检查全部工作过程的安全性，一旦发现不安全因素，应立即通知暂停工作并向现场工作负责人报告，安全监护人不得从事现场实际操作。

（5）测试工作完毕后应按原样恢复所有接线，工作负责人会同被试单位指定的责任人检查无误后，交回工作票并立即撤离工作现场。

三、作业前准备工作

（1）环境条件：在现场测试时，环境气温–25～55℃，相对湿度不大于 95%，周围无强电、磁场干扰。

（2）试验电源：试验电源频率为 50Hz±0.5Hz，波形畸变系数不大于 5%。

（3）测试设备、工器具的准备：测试设备包括负荷测试仪、检验用二次导线，需要准备的工器具包括组合工具、绝缘手套等。

（4）其他准备：测试前了解仪器、仪表、互感器的工作原理、内部构造、性能和接线方式，搜集整理被试品以往试验报告、缺陷记录、作业指导书、作业方案、工作票等，对测试环境温、湿度做好相应记录。

四、测试步骤

1. 接线

接线原理图如图 11–2–1 所示。TA 二次负荷测试接线原理图。为了测试的准确性，排除电压取样回路的分流，钳表必须在电压取样的前侧，靠近电流互感器侧。

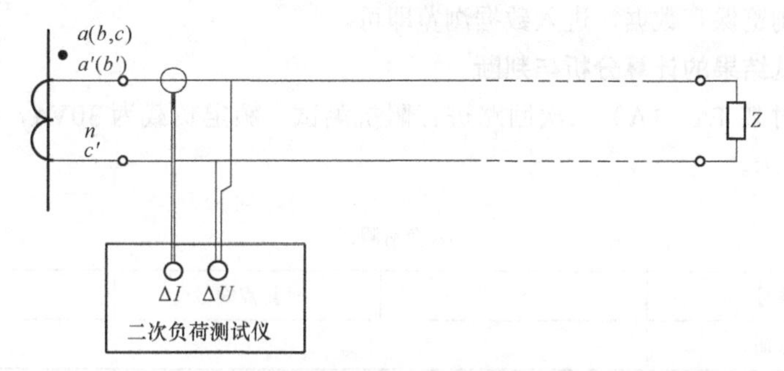

图 11–2–1 TA 在线测量电流互感器实际二次负荷接线原理图

2. 开始测试

打开负荷测试仪进入主菜单，选择电流互感器二次负荷测试项，确定后按键进入，开始实时测量，界面如图 11–2–2 所示，各项参数简介如下：

TA 负荷测试

用户编号		计量点编号	
测试日期			
环境温度	℃	环境温度	%
测试人员		额定二次电流	A
I=	A	U=	V
R=	Ω	S_n=	VA
X=	Ω	频率=	Hz
cosφ=		φ=	°

存储 返回

图 11–2–2 TA 二次负荷测试仪参数界面

图中：I——TA 二次回路电流；

R——TA 二次负荷中的电阻分量；

X——TA 二次负荷中的电抗分量；

$\cos\varphi$——TA 二次回路中的功率因数，可根据 R，X 算出；

U——电流互感器二次输出端电压 $U=I\sqrt{R^2+X^2}$；

S_n——电流互感器二次回路负载容量 $S_n=I_e^2\sqrt{R^2+X^2}$（I_e 为额定电流 1A 或 5A）；

φ——根据 $\cos\varphi$ 算出二次负荷电流电压之间的角度。

测试过程中，如果需要存储，输入用户编号后，光标移动到存储，按确定键即可。

3. 浏览

如需要浏览保存数据，进入数据浏览即可。

五、测试结果的计算分析与判断

案例：对某 TA（1A）二次回路进行阻抗测试，额定负载为 30VA，测试结果如图 11–2–3 所示。

TA 负荷测试

用户编号		计量点编号	
测试日期			
环境温度	℃	环境温度	%
测试人员		额定二次电流	A
I=0.472 A R= −23.9 Ω X=17.9 Ω cosφ=0.80		U=14.1 V S_n=29.91 VA 频率=50 Hz φ=36.87 °	

存储 返回

图 11–2–3 TA 二次负荷测试结果

计算及分析：从测试仪界面中可以看出，电流互感器二次回路中的电流为 0.472A，互感器二次输出端的电压为 14.1V。

因此，根据欧姆定律可知，电流互感器二次回路中总阻抗为：14.1÷0.472=29.87（Ω），由二次回路中电压与电流的相位夹角可知回路的功率因数为 cosφ=0.8，根据阻抗三角形可知，二次回路阻抗中电阻分量为 23.9Ω，电抗分量为 17.9Ω。

互感器二次回路额定电流为 1A，所以，二次回路实际负载容量为：

$S_n = I_e^2\sqrt{R^2+X^2} = 1\times 29.87 = 29.87$（VA），测量结果显示为 29.91VA，两者相符。结论：合格。

根据 DL/T 448—2016《电能计量装置技术管理规程》的要求互感器实际二次负荷应在 25%～100%额定二次负荷范围内；电流互感器额定二次负荷的功率因数应为 0.8～1.0；否则应查明原因予以处理。同时应定期对互感器实际二次负荷进行测量。

根据互感器额定负荷情况和检测情况，判断其实际二次负荷状态；对不符合要求，应在原始记录上说明原因。当天上报业务受理部门，额定二次负荷超差时应在 1 个月内处理完毕。

以上介绍的是带电测量方法，实际工作中，对电能计量装置进行验收时，往往需要测量二次回路阻抗值，因此，在计量装置不带电情况下，可解开互感器本体二次接线端子，用升流器对互感器二次回路进行升流操作，过程中应注意不超过互感器二次额定值，然后再采用上述方法进行测试。

六、注意事项

（1）二次回路负荷的测试，一般均在实际负荷运行情况下现场带电进行，为此必须严格执行《国家电网公司电力安全工作规程（变电部分）》有关内容。

（2）测试前应先用绝缘电阻表（或万用表）检查专用测量导线各芯之间的绝缘是否良好，线是否良好接通，各接线头与导线接触是否牢固完好。

（3）注意钳形互感器的方向，使电导（G）和电阻（R）为正。

（4）测试要在 TA 的出口处进行。

（5）带电测试接线时注意，检测时为保证准确度，钳形电流表（检测仪配置）测点须在取样电压测点的前方（靠近互感器侧）。

【思考与练习】

1. 电流互感器二次负荷的测试原理是什么？
2. 电流互感器二次负荷测量过程的注意事项是什么？
3. 电流互感器二次回路实际负荷含意及表述方法是什么？
4. 如何判断计量装置电流二次回路阻抗的测试结果是否合格？

模块 3　电能计量装置电压回路导纳的测量与计算（Z28G3003Ⅱ）

【模块描述】本模块包含电能计量装置电压互感器二次回路导纳测试的目的及内容、危险点分析及控制措施、作业前准备工作、现场测试方法及步骤、测试结果分析和记录、现场测试注意事项等内容。通过流程介绍、图解示意、要点归纳、计算举例，掌握电能计量装置电压互感器二次回路导纳的测试与计算。

【模块内容】

一、测试的目的及原理

电压互感器是电能计量装置的重要组成部分，其运行状态和误差直接关系到整个电能计量装置的准确性。任何电压互感器二次侧都有规定的负载范围，只有工作在这个范围内才能保证互感器运行状态和准确度，所以开展电能计量装置电压回路导纳的测量与计算工作，及时掌握电压互感器的二次回路的实际导纳大小，对提高电能计量装置的管理水平有非常重要的意义。

电能计量装置电压回路导纳的测量与计算原理：就是测试电压互感器在实际运行中二次所接的测量仪器以及二次电缆间及其与地线间电容所组成的总导纳。TV 二次导纳的测试原理是用高精度钳形互感器采集 TA 二次回路的工作电流，用鳄鱼夹采集 TV 二次电压，这两个信号进入测试设备，由测试设备进行运算即可得到互感器二次回路的电导和电纳，由电导、电纳和二次电流计算出其他参数。

二、危险点分析及控制措施

安全工作要求主要参照《国家电网公司电力安全工作规程（变电部分）》有关规定执行，重点做好以下安全措施：

（1）办理现场变电站第二种工作票。

（2）工作票许可后，工作负责人应前往工作地点，核实工作票各项内容。

（3）做好包括以下内容的安全工作技术措施：

1）确认电压互感器被测的计量二次绕组及回路。

2）核对电能计量装置计量方式（三相三线或三相四线）和电压互感器二次接线方式（V/v，Y/y）、二次接地方式。

3）对被测试设备一、二次回路进行检查核对，确认无误后方可工作。

4）试验中禁止电压互感器二次回路短路或接地。

（4）现场工作负责人应指定一名有一定工作经验的人员担任安全监护人。安全监护人负责检查全部工作过程的安全性，一旦发现不安全因素，应立即通知暂停工作并向现场工作负责人报告，安全监护人不得从事现场实际操作。

（5）测试工作完毕后应按原样恢复所有接线，工作负责人会同被试单位指定的责任人检查无误后，交回工作票并立即撤离工作现场。

三、作业前准备工作

（1）环境条件：在现场测试时，环境气温-25～55℃，相对湿度不大于 95%，周围无强电、磁场干扰。

（2）试验电源：试验电源频率为 50Hz±0.5Hz，波形畸变系数不大于 5%。

（3）测试设备及工器具：现场测试工作需要准备的测试设备包括负荷测试仪、检验用二次导线，需准备的工器具包括组合工具、绝缘手套等。

（4）其他准备：测试前了解仪器、仪表、互感器的工作原理、内部构造、性能和接线方式，搜集整理被试品以往试验报告、缺陷记录、作业指导书、作业方案、工作票等，对测试环境温、湿度做好相应记录。

四、现场测试方法及步骤

1. 接线

如图 11-3-1 所示为 TV 二次导纳测试接线原理图。为了测试的准确性，排除电流表取样回路的分压，电流表必须在电压取样的后侧，远离电压互感器侧。如是钳形电流表不分前后。

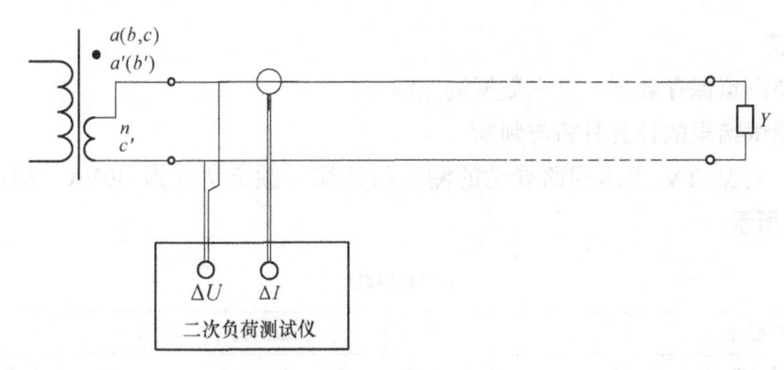

图 11–3–1 在线测量电压互感器实际二次负荷接线原理图

2. 开始测试

开机，按任意键进入主菜单，选择 TV 导纳，按“确定”键进入，仪器就开始实时测量，界面如图 11–3–2 所示，各项参数简介如下。

TV 导纳测试

用户编号		计量点编号	
测试日期			
环境温度	℃	环境湿度	%
测试人员		额定二次电压	V
U=	V	I=	A
G=	ms	S_n=	VA
B=	ms	频率=	Hz
$\cos\varphi$=		φ=	°

存储 返回

图 11–3–2 TV 二次导纳测试仪界面图

图中：U——TV 二次电压；

G——TV 二次负荷中的电导分量；

B——TV 二次负荷中的电纳分量；

$\cos\varphi$——TV 二次回路中的功率因数，可根据 G，B 算出；

I——电压互感器二次输出端电流 $I=U\sqrt{G^2+B^2}$；

S_n——电压互感器二次回路负载容量 $S_n=U_e^2\sqrt{G^2+B^2}$（U_e 为额定电压 100V 或 100V/$\sqrt{3}$）；

φ——根据 $\cos\varphi$ 算出二次负荷电流电压之间的角度。

测试过程中，如果需要存储，输入用户编号后，光标移动到存储，按确定键即可。

3. 浏览

如需要浏览保存数据，进入数据浏览即可。

五、测试结果的计算分析与判断

案例：对某 TV 电压回路导纳的测量与计算，额定负载为 40VA。测试结果如图 11–3–3 所示。

TV 导纳测试

用户编号		计量点编号	
测试日期			
环境温度	℃	环境湿度	%
测试人员		额定二次电压	V
U=58.2	V	I=0.531	A
G=7.46	mS	S_n=30.4	VA
B= −5.25	mS	频率=50	Hz
cosφ=0.82		φ=34.9	°

存储 返回

图 11–3–3 TV 二次导纳测试结果

计算及分析：从测试仪界面中可以看出，TV 二次回路中的电流为 0.531A，TV 出线端处电压为 58.2V。

因此，根据欧姆定律可知，电压互感器二次回路中的总导纳为：

$$0.531 \div 58.2 = 0.009\,12 \text{（S）}$$

由二次回路中电压与电流的相位夹角可知，回路的功率因数为 $\cos\varphi = 0.82$，根据阻抗三角形可知，二次回路导纳电导分量为 7.46mS，电纳分量为 5.25mS。

由于互感器二次回路额定电压为 57.7A，因此二次回路负载容量为 $S_n = U_e^2\sqrt{G^2 + B^2} = 57.7^2 \times 0.009\,12 = 30.36$（VA），测量结果显示为 30.4VA，两者相符。

结论：合格。

根据 DL/T 448—2016《电能计量装置技术管理规程》的要求互感器实际二次负荷应在 25%～100%额定二次负荷范围内；电压互感器额定二次功率因数应与实际二次负荷的功率因数接近，否则应查明原因予以处理。同时应定期对互感器实际二次负荷进行测量。根据互感器额定负荷情况和检测情况，判断其实际二次负荷状态；对不符合要求，应在原始记录上说明原因。当天上报业务受理部门，额定二次负荷超差时应在 1 个月内处理完毕。

以上介绍的是带电测量方法，实际工作中，对电能计量装置进行验收时，往往需要测量二次回路阻抗、导纳以及电压互感器压降值，因此，在计量装置不带电情况下，可解开互感器本体二次接线端子，用变压器对互感器二次回路进行升压操作，过程中应注意不超过互感器二次额定值，然后可以采用上述方法进行测试。

六、测试注意事项

电压互感器二次回路导纳的测试，一般均在实际负荷运行情况下现场带电进行，为此必须严格执行《国家电网公司电力安全工作规程（变电部分）》有关内容。

（1）电压互感器二次回路严禁两点接地，以防电压互感器二次侧短路而损坏设备或出现继电保护动作的严重事故。

（2）使用前应先用绝缘电阻表（或万用表）检查专用测量导线各芯之间的绝缘是否良好，线是否良好接通，各接线头与导线接触是否牢固完好。

（3）注意钳形互感器的方向，使电导（G）和电阻（R）为正值。

（4）检测时为保证准确度，钳形电流表（检测仪配置）测点须在取样电压测点的后方（远离互感器侧）。

【思考与练习】

1. 电压互感器二次负荷的测试原理是什么？
2. 电压互感器二次负荷测量过程的注意事项是什么？
3. 电压互感器二次回路实际负荷含意及表述方法是什么？
4. 如何判断计量装置电压二次回路负载容量的测试结果是否合格？

模块 4　互感器合成误差分析（Z28G3004 Ⅲ）

【模块描述】本模块包含不同接线方式的互感器合成误差及减少合成误差的方法等内容。通过概念描述、术语说明、公式解析、图表示意、要点归纳、案例分析，掌握互感器合成误差的分析方法。

【模块内容】

一、互感器合成误差的概念

互感器合成误差是指电能计量装置中的电压互感器（TV）及电流互感器（TA）在实际运行状态下的比差、相差所合成计算得到的计量误差，它是电能计量综合误差的重要组成部分，如果误差过大，会造成计量电能与用户实际用电量差距较大，会给电力用户或供电企业造成较大经济损失，影响供用电市场秩序和公平性。

高电压和大电流通过电压和电流互感器变换成低电压和小电流，由于互感器的特性造成在变换过程中存在误差，存在比差和角差，用公式表示为：

$$e_h = \frac{P_2 K_I K_U - P_1}{P_1} \times 100\% \tag{11-4-1}$$

式中 K_I ——电流互感器的额定变比；

K_U ——电压互感器的额定变比；

P_1 ——互感器一次侧的功率；

P_2 ——互感器二次侧的功率。

互感器的合成误差与比差、角差有关，在安装时应将互感器合理配对，尽量做到接入电能表同一元件的电流互感器、电压互感器的比差符号相反、数值接近或相等，角差符号相同、数值相近或相等，从而得到较小的合成误差。下面以三相三线和三相四线电能计量装置互感器的合成误差来源进行分析，验证其匹配原则。

二、三相三线接线方式下互感器合成误差的分析

1. 电压互感器按 V/v 接线方式下互感器合成误差的分析

三相二元件有功电能表接入高压电路时，每组元件将接有电压互感器和电流互感器各一台，其原理接线和相量关系如图 11–4–1 所示。

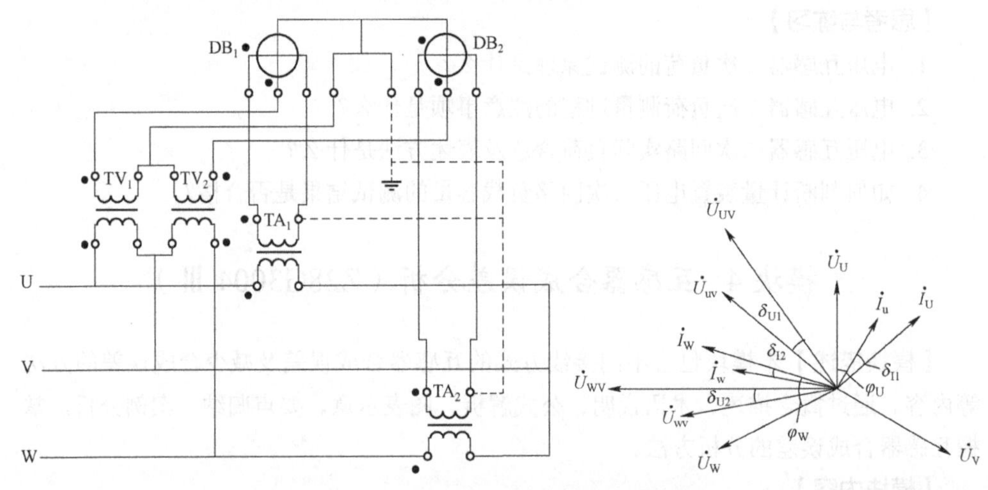

图 11–4–1 三相三线有功电能计量接线

TV_1—第一元件电压互感器；TA_1—第一元件电流互感器；DB_1—电能计量第一单元；TV_2—第二元件电压互感器；TA_2—第二元件电流互感器；DB_2—电能计量第二单元

互感器合成误差为：

$$\begin{aligned}\gamma_h = {} & 0.5(f_{I1}+f_{I2}+f_{U1}+f_{U2})+0.0084[(\delta_{I1}-\delta_{U1})-(\delta_{I2}-\delta_{U2})] \\ & +0.289[(f_{I2}+f_{U2})-(f_{I1}+f_{U1})]\tan\varphi \\ & +0.0145[(\delta_{I1}-\delta_{U1})+(\delta_{I2}-\delta_{U2})]\tan\varphi(\%)\end{aligned} \quad (11\text{–}4\text{–}2)$$

式中 f_{I1} 和 δ_{I2}，f_{U1} 和 δ_{U1} ——第一元件电流、电压互感器的误差；

f_{I2} 和 δ_{I2}，f_{U2} 和 δ_{U2} ——第二元件电流、电压互感器的误差；

φ ——功率因数角。

2. 电压互感器按 Y/y 接线方式下互感器合成误差的分析

在中性点非有效接地系统中，有时使用三台电压互感器作 Y/y 连接，这时需要把电压互感器的相电压误差换算为线电压误差，计算公式为：

$$f_{u1}=\frac{f_u+f_v}{2}+0.0084(\delta_u-\delta_v)\ (\%)$$

$$f_{u2}=\frac{f_w+f_v}{2}+0.0084(\delta_w-\delta_v)\ (\%)$$

$$\delta_{u1}=\frac{f_u+f_v}{2}+9.924(f_u-f_v)\ (')$$

$$\delta_{u2}=\frac{f_w+f_v}{2}+9.924(f_w-f_v)\ (') \tag{11-4-3}$$

式中 f_{u1}、f_{u2}——U–V 相间和 W–V 相间电压比值差；

δ_{u1}、δ_{u2}——U–V 相间和 W–V 相间电压相位差；

f_u、f_v、f_w——U 相、V 相和 W 相电压互感器的比值差；

δ_u、δ_v、δ_w——U 相、V 相和 W 相电压互感器的相位差。

三、三相四线接线方式下互感器合成误差的分析

这种接线用于中性点有效接地的电力系统，使用三台电流互感器、三台接地电压互感器和一台三元件电能表计量三相四线有功电能，三相四线电路一般用三元件三相四线电能表计量有功电能，相当于用三只单相电能表同时计量，当为感性负载时，三组元件的合成误差分别为：

$$e_U=f_{IU}+f_{UU}+0.0291(\delta_{IU}-\delta_{UN})\tan\varphi(\%)$$

$$e_W=f_{IW}+f_{UW}+0.0291(\delta_{IW}-\delta_{UW})\tan\varphi(\%)$$

$$e_h=(e_U+e_V+e_W)/3$$

$$e_h=\frac{1}{3}(f_{IU}+f_{VU}+f_{IV}+f_{VV}+f_{IW}+f_{VW})+0.0097(\delta_{IU}-\delta_{VU}+\delta_{IV}-\delta_{VV}+\delta_{IW}-\delta_{VW})(\%) \tag{11-4-4}$$

式中 f_{IU} 和 δ_{IU}，f_{UU} 和 δ_{UU}——U 相电流、电压互感器的误差；

f_{IV} 和 δ_{IV}，f_{UV} 和 δ_{UV}——V 相电流、电压互感器的误差；

f_{IW} 和 δ_{IW}，f_{UW} 和 δ_{UW}——W 相电流、电压互感器的误差；

φ——功率因数角。

四、举例说明

【例 11–4–1】三相三线电路中，电压互感器星形接线，各试验数据见表 11–4–1。在 I_b，$\cos\varphi=1.0$ 时，求：① 互感器合成误差；② 计量装置综合误差。

表 11-4-1　　电压互感器试验数据

	试验项目		误差	
电压互感器	100%U	U	$f_{UU}=0.1\%$	$\delta_{UU}=2'$
		V	$f_{UV}=0.1\%$	$\delta_{UV}=2'$
		W	$f_{UW}=0.1\%$	$\delta_{UW}=2'$
电流互感器	I_b	U	$f_{IU}=0.1\%$	$\delta_{IU}=2'$
		W	$f_{IV}=0.1\%$	$\delta_{IW}=2'$
电能表	I_b　$\cos\varphi=1.0$ 时		$\varepsilon=0.6\%$	

解：① 星形接线换算成线电压的比差和角差

$$f_{u1}=\frac{1}{2}(0.1+0.1)+0.008\,4(2-2)=0.1$$

$$\delta_{u1}=\frac{1}{2}(2+2)+9.924(0.1-0.1)=2$$

$$f_{u2}=\frac{1}{2}(0.1+0.1)+0.008\,4(2-2)=0.1$$

$$\delta_{u2}=\frac{1}{2}(2+2)+9.924(0.1-0.1)=2$$

$$\cos\varphi=1.0,\ 则\tan\varphi=0$$

那么，互感器合成误差 $e_h=0.5(0.1+0.1+0.2+0.3)+0.008\,4(-4+4)=0.35(\%)$。

② 计量装置的综合误差 $e=e_b+e_h=0.6+0.35=0.95(\%)$。

【例 11-4-2】对于经互感器接入式三相三线计量装置，根据互感器误差进行组合安装，使互感器合成误差最小，该计量装置经常运行的负荷点为 50%I_n、$\cos\varphi$=0.8，说明组合方式以及原因分析。

电压、电流互感器铭牌信息见表 11-4-2。

表 11-4-2　　电压、电流互感器铭牌参数

名称	电流互感器	厂家	大连第一互感器厂	准确度等级	0.2S
型号	LZZVJ9-10	变比	400A/5A	出厂编号	LH001 LH002
额定负载	15VA	功率因数	0.8	额定电压	10kV
名称	电压互感器	厂家	大连第一互感器厂	准确度等级	0.2S
型号	JDZ10-10	变比	10kV/0.1V	出厂编号	YH003 YH004
额定负载	30VA	功率因数	0.8	额定电压	10kV

互感器的误差检定结果见表11–4–3。

表11–4–3 电压、电流互感器在100%U_n、50%I_n时的误差

类型	电流互感器		电压互感器	
检定条件	15VA、50%I_n、$\cos\varphi$=0.8		30VA、100%U_n、$\cos\varphi$=0.8	
编号	TA_1（LH001）	TA_2（LH002）	TV_1（YH003）	TV_2（YH004）
比差	0.12	–0.15	–0.12	0.13
角差	4.0	8.0	5.0	7.0

上表中，互感器的组合方式共分为四种：TA_1与TV_1、TA_2与TV_2组合；TA_1与TV_2、TA_2与TV_1组合；TA_2与TV_2、TA_1与TV_1组合；TA_2与TV_1、TA_1与TV_2组合下面，分别对两种组合方式进行分析，找出互感器组合规律，并进行验证。

一次实际功率因数为$\cos\varphi=0.8$，则$\text{tg}\varphi=0.74$，负载为50%I_n，互感器合成误差计算结果为：

（1）（TA_1，TV_1）、（TA_2，TV_2）组合时：f_1=0；δ_1=–1；f_2=–0.02；δ_2=1；

$$\gamma_h=0.283\ 5\times0+0.019\ 31\times(-1)+0.716\ 5\times(-0.02)+0.002\ 51\times1=0.031$$

（2）（TA_1，TV_2）、（TA_2，TV_1）组合时：f_1=0.25；δ_1=–3；f_2=–0.27；δ_2=3；

$$\gamma_h=0.283\ 5\times0.25+0.019\ 31\times(-3)+0.716\ 5\times(-0.27)+0.002\ 51\times3=-0.173$$

（3）（TA_2，TV_2）、（TA_1，TV_1）组合时：f_1=–0.02；δ_1=1；f_2=0；δ_2=–1；

$$\gamma_h=0.283\ 5\times(-0.02)+0.019\ 31\times1+0.716\ 5\times0+0.002\ 51\times(-1)=0.011$$

（4）（TA_2，TV_1）、（TA_1，TV_2）组合时：f_1=–0.27；δ_1=3；f_2=0.25；δ_2=–3；

$$\gamma_h=0.283\ 5\times(-0.27)+0.019\ 31\times3+0.716\ 5\times0.25+0.002\ 51\times(-3)=0.153$$

通过以上计算可以看出，在负荷功率因数不变即$\cos\varphi$值不变的情况下，不同互感器组合方式将得到不同的合成误差γ_h，第三种组合方式下互感器的合成误差最小。

五、减少合成误差的方法

1. 提高互感器准确度等级

互感器误差小，则合成误差小，所以应尽量选用误差较小的互感器，在条件许可下，对运行的互感器可进行误差补偿。

2. 互感器的合理匹配

根据电流、电压互感器的误差，合理组合配对，使互感器合成误差尽可能小。配对原则是尽可能配用电流互感器和电压互感器的比差符号相反、大小相等，角差符号相同、大小相等。这样，互感器的合成误差基本可以忽略，只需根据互感器二次压降

误差配合电能表本身误差作调整，便可最大限度降低计量装置综合误差。

3. 使互感器运行在额定负载内

如果回路中串入了过多电器，会使互感器运行在非额定负载内，从而降低互感器准确度，增大互感器合成误差。

4. 电压互感器二次导线的选择

根据互感器二次回路的实际情况选择二次导线的截面和长度。在一定负载下，给定电缆截面面积，在规定电压降下，给定导线长度，导线截面积至少不少于 $2.5mm^2$。电流互感器二次回路导线截面积最小值为 $4mm^2$，且中间不得有接头，导线经转动部分处应留有足够的长度。在投产前，必须测量电流、电压互感器的实际二次负荷，使之在互感器标定的额定负荷之内。

5. 合理选择电流互感器变比

要求正常负荷电流在电流互感器额定电流的 60%左右，对季节性用电的用户应采用二次绕组具有抽头的多变比电流互感器。

6. 开展计量装置综合误差分析

把投产前电流、电压互感器合成误差、电压互感器二次回路压降误差通过计算形成数据表，在每次的周期校验时，都可以对照各项数据配合电能表进行调整，使计量综合误差达到最小。

【思考与练习】

1. 简述互感器合成误差的概念。
2. 试分析三相二元件接线方式时互感器的合成误差公式。
3. 减少合成误差的方法有哪些？

模块 5　电能计量装置二次回路参数的测试分析（Z28G3005Ⅲ）

【模块描述】本模块包含电流互感器二次回路阻抗、电压互感器二次回路导纳、电压互感器二次回路压降等二次回路参数异常情况下对电能计量合成误差的影响、二次回路额定参数的选择等内容。通过原理分析、图解示意、要点归纳、计算举例，了解二次回路参数对电能计量的影响，掌握二次回路额定参数的计算和选用方法。

【模块内容】

一、电流互感器二次回路阻抗对电能计量合成误差的影响

1. 电流互感器二次负载对误差的影响分析

电流互感器在设计制造过程中都规定了额定的上、下限负载值，也就是所接连的二次负载必须在额定容量的 25% ～100%范围内才能保证电流互感器的准确运行。由

互感器工作原理知道，电流互感器误差与二次负载阻抗的大小成正比，这是因为当二次负载阻抗增大时，铁芯的磁通密度增大，磁导率略为减小，所以，电流互感器的误差随二次负载阻抗增大而增大，二次负载对互感器误差影响说明见图 11–5–1 所示。

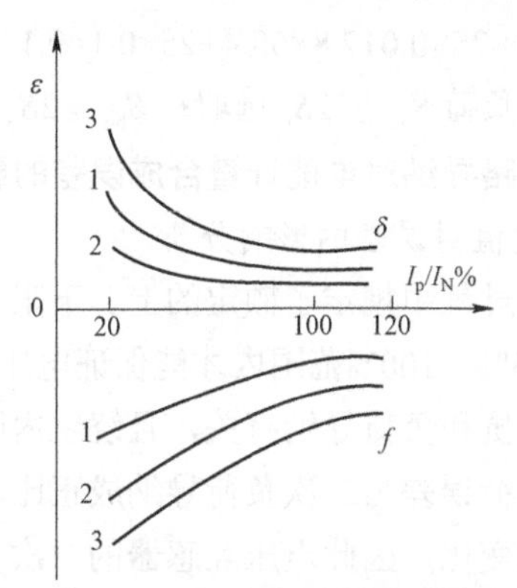

图 11–5–1　电流互感器的负荷特性曲线

I_p / I_N —实际电流值与额定电流值之比；ε—该点电流互感器的误差（角、比差）

1—5VA，cosφ = 1；2—5VA，cosφ = 0.8；3—20VA，cosφ = 1

2. 电流互感器二次阻抗的计算

电流互感器额定二次阻抗的计算，二次阻抗通常由两部分组成，一部分为所连接的电能表，另一部分是连接导线。计算电流互感器负荷时，应注意不同接线方式下的阻抗换算系数，实际二次负荷（容量 S_b 和阻抗 Z_b ）可按简化计算方法计算：

实际二次阻抗为

$$Z_b = K_{mc}Z_m + K_{Lc}Z_L + R_c \quad (11\text{–}5\text{–}1)$$

实际二次容量为

$$S_b = I_{sn}^2 Z_b = K_{mc}S_m + K_{Lc}I_{sn}^2 Z_L + I_{sn}^2 R_c \approx K_{mc}S_m + K_{Lc}I_{sn}^2 R_L + I_{sn}^2 R_c \quad (11\text{–}5\text{–}2)$$

式中　Z_m ——电能表电流回路的阻抗；

Z_L ——连接导线单程的阻抗；

R_c ——接触电阻，一般为（0.05～0.1）Ω；

K_{mc} ——接线方式的阻抗换算系数；

K_{Lc} ——连接线的阻抗换算系数；

S_m ——电能表电流回路路功耗，VA。

计量用电流互感器各种二次接线方式下的阻抗换算系数、二次负荷阻抗连接导线长度计算公式与电流互感器二次接线方式有关。

【例 11–5–1】计量三相四线电路电能，三台电流互感器二次接线方式为“三相星形”接法，二次接有一只三相四线电子式电能表，电能表各相电流回路的功耗 S_m 为 1VA，二次连接铜线截面 A 为 4mm²，单程长度 L 为 50m，电流互感器的额定二次电

流 I_{sn} 为 5A，计算电流互感器的实际二次负荷 S_b，并选择电流互感器的额定二次负荷 S_{bn}。

解： 电流互感器的实际二次负荷 S_b 按式（11–5–3）计算，即

$$S_b = K_{mc}S_m + K_{Lc}I_{sn}^2\rho L / A + I_{sn}^2 R_c$$

$$=1\times1+1\times25\times0.0178\times50/4+25\times0.1=9.1\text{（VA）} \quad \text{（11–5–3）}$$

电流互感器的额定二次负荷 S_{bn} 按 $2S_b$ 选取：$S_{bn} = 2S_b \approx 20$ VA。

二、电压互感器二次回路导纳对电能计量合成误差的影响

1. 电压互感器二次导纳值对误差的影响分析

电压互感器在设计制造过程中规定了额定的上、下限负载值，也就是所接连的二次负载必须在额定容量的25%～100%范围内才能保证电压互感器的准确运行。电压互感器负荷误差只与绕组内阻抗和负荷导纳有关，且绕组内阻抗为常数（略去温度对绕组电阻的影响不计），因此负荷误差与二次负荷导纳成正比。当二次负载增加或减少时，与之有关的比、角差会发生变化，因此电压互感器的二次负载不能超过对应准确等级下的额定值。由于电压互感器一次和二次阻抗是固定不变的，通过图 11–5–2 电压互感器的负荷特性曲线图可以看出，当二次负荷增加时，比差 f 向负值方向变化，相角差 δ 可能向正值方向变化也可能向负值方向变化。

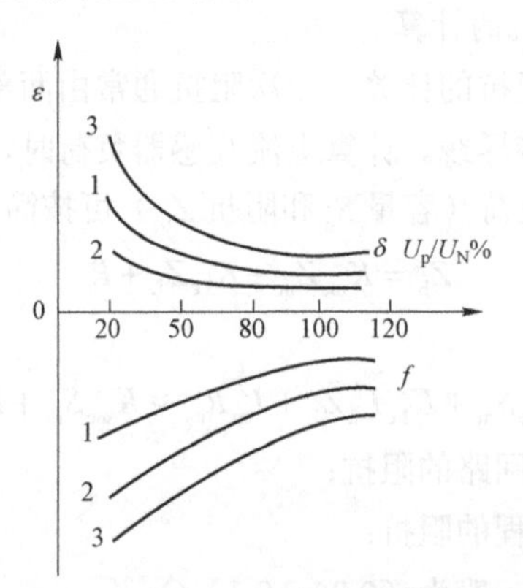

图 11–5–2　电压互感器的负荷特性曲线

U_P/U_N —实际电压值与额定电压值之比；ε—该点电压互感器的误差（角、比差）

1—5VA，$\cos\varphi=1$；2—5VA，$\cos\varphi=0.8$；3—20VA，$\cos\varphi=1$

2. 电压互感器额定二次负载容量的选择

计量专用电压互感器或专用二次绕组额定二次容量的选择应根据实际二次负荷计算后确定。计量专用电压互感器的额定二次容量 S_{bn} 可选为实际二次负荷容量 S_b 的（1.5～2）倍，即 $S_{bn} = (1.5 \sim 2.0)S_b$，额定二次容量的标准值应从 5、7.5、10、15、25、30、50、75、100、150、200VA 等中选取，计量用电容式电压互感器的二次额定容量

（剩余绕组除外的其他二次绕组额定二次负荷之和）不宜大于 50VA，下限负荷规定为 2.5VA。

3. 电压互感器二次回路导线截面的计算

电压互感器二次导线截面按允许电压降来选择，对于Ⅰ、Ⅱ类用于贸易结算的电能计量装置中电压互感器二次回路电压降应不大于其额定二次电压的 0.2%。

根据电压互感器二次负载，应用下式计算电压降

$$\Delta U = K_c I \frac{L}{\gamma \cdot S} = K_c \frac{P}{U_{xn}} \cdot \frac{L}{\gamma \cdot S} \tag{11-5-4}$$

式中　K_c——接线系数，对 Y，v，V，v 接线 $K_c = \sqrt{7}$；

对 Y，d，V，d 接线　$K_c = 3$；

对 YN，yn 接线　$K_c = 1$；

P——电压互感器线负载，VA；

U_{xn}——电压互感器二次线电压，V，取 100V；

ρ——导线电阻率，铜为 $0.02\text{mm}^2\Omega/\text{m}$，$\gamma = \frac{1}{\rho} = 50\text{m/mm}^2\Omega$；

L——电缆长度，m；

S——电缆截面积，mm^2。

由上式可以推导出电压互感器二次导线允许长度与二次容量和导线截面积的关系

$$L \leqslant \frac{\Delta U U_{xn} \gamma S}{K_c P} = \frac{\Delta U S}{K_c P} \times 5 \times 10^3 (\text{m}) \tag{11-5-5}$$

当电压降为额定二次电压的 0.2%，即为 0.2V 时

对 Y/v，V/v 接线 $L \leqslant \frac{377.5}{P} S(\text{m})$；

对 Yd，Vd 接线　$L \leqslant \frac{333.3}{P} S(\text{m})$；

对 $Y_N y_n$ 接线　$L \leqslant \frac{1000}{P_{xg}} S(\text{m})$。

式中　P_{xg}——每相负载。

【例 11-5-2】对于 V/v 接线，电压互感器二次负载为 50VA，二次导线截面为 2.5mm^2，求允许二次导线长度。

解：允许二次导线长度为$L \leqslant \dfrac{377.5}{P}S(\mathrm{m}) = \dfrac{377.5 \times 2.5}{50} = 18.875(\mathrm{m})$

三、电压二次回路压降过大引起的电能误差影响

由于电压互感器二次回路压降过大引起的单相回路电能误差：

$$\gamma = f - 0.029\,1\delta\tan\varphi(\%)$$

由于电压互感器二次回路压降过大引起的三相三线回路电能误差：

$$\gamma = \frac{fab + fcb}{2} + \frac{\delta cb - \delta ab}{119} + \left(\frac{fcb - fab}{3.46} - \frac{\delta ab + \delta cb}{68.8}\right)\tan\varphi(\%)$$

由于电压互感器二次回路压降过大引起的三相四线回路电能误差：

$$\gamma = \frac{1}{3}(fa + fb + fc) - \frac{1}{3} \times 0.029\,1(\delta a + \delta b + \delta c)\tan\varphi(\%)$$

1. 二次回路电缆线电阻过大

电压互感器安装位置，往往距离装设电能表的控制室计量屏较远（比如有的 500kV 变电站，此距离可达 800m 以上）。它们之间的二次连接导线较长，加之导线截面过小，则二次电缆的电阻值及由它所引起的电压降可能很大。

【例 11–5–3】以 500kV 线路关口电能计量装置为例，设电压互感器到电能表间的二次电缆线长度（每相）为 800m，导线截面积 S 为 $2.5\mathrm{mm}^2$，导线电阻率 ρ（铜线）为 0.02（$\Omega \cdot \mathrm{mm}^2/\mathrm{m}$），主副电能表配置，每只电能表（全电子式）的功耗按 2VA（电能表电压回路及其辅助工作电源都由电压互感器供电）计算，每相电压互感器所带的二次负荷为 4VA，每相二次电缆线的电阻值 R、流过 R 的负荷电流 I，以及由二次电缆线电阻所引起的电压降 ΔU_{T} 可按下式计算：

$$R = \rho\frac{l}{s} = 0.02 \times \frac{800}{2.5} = 6.4\ (\Omega)$$

$$I = \frac{S_{\mathrm{VA}}}{U_{\mathrm{2N}}} = \frac{4}{(100/\sqrt{3})} = 0.069\ (\mathrm{A})$$

$$\Delta U_{\mathrm{T}} = IR = 0.442\ (\mathrm{V}) \qquad \frac{\Delta U_{\mathrm{T}}}{U_{\mathrm{2N}}} = \frac{0.442}{(100/\sqrt{3})} = 0.77\%$$

计算结果表明，此种情况下，由二次电缆电阻一项所引导起的电压降已达到 0.442V，所引起的压降为 0.77%，已超出 0.2%的规定值。

2. 快速开关（断路器）或熔断器电阻过大

为保证电压互感器二次回路发生短路故障时，能迅速断开故障相，防止烧坏互感器绕组，电压互感器二次侧出口处需装快速自动开关或熔断器。普遍用于电压互感器二次回路的断路器或熔断器，其内阻较大，造成电压降过大。在二次导线截面符合要求的情况下，熔断器或自动开关成为影响电压回路二次压降的主要因素之一。

3. 辅助接点电阻过大

DL/T 448—2016《电能计量装置技术管理规程》规定，当一次系统具有两条及以上母线时，母线电压互感器的二次计量回路应安装专用自动电压切换装置。电压互感器二次电压回路需经切换才能接到电能表。自动切换就是利用电压互感器高压侧隔离开关的辅助接点通过切换箱的位置继电器触点进行切换。由于辅助接点是活动接点，经多次操作或长期运行后易产生接触不良或锈蚀而导致接触电阻增大，因此辅助接点也是影响二次压降的主要因素之一。

4. 电压互感器二次实际运行负荷过大

母线电压互感器带多路电能表，或电能表、测量仪表和继电保护共用电压小母线，都会造成电压互感器所带二次负荷大，影响二次回路压降。

5. 二次回路中性线存在多点接地

由于各接地点电位不一致，引起电能表侧中性点电位偏移，进而造成二次回路压降偏大。

由以上分析可见，电压互感器带过量二次负荷是造成二次压降大的重要因素。

【例 11-5-4】单台母线电压互感器带 20 路电能表，加上另一台互感器停电检修切换过来的电能表，则需带 40 路电能表。按全安装式多功能电能表计算，每只电能表每相功耗 2VA（电压互感器提供电能表的辅助工作电源），40 只电能表每相总功耗为 80VA，每相负荷电流为 0.8A（当 U_{2N}=100V 时）或 1.39A（当 $U_{2N}=100/\sqrt{3}$ 时），现设二次负荷电流 I=1.39A，二次导线长度 L=100m，为使二次导线压降满足要求，$\Delta U_r \leqslant 0.2\% U_{2N}$，导线截面需要达到 24mm²，这在实际工程中无法施工。

由以上分析可见，电压互感器带过量的二次负荷是造成二次压降大的重要因素。

【思考与练习】

1. 叙述电流互感器二次负载对误差的影响分析。
2. 电流互感器二次容量的计算原则是什么？
3. 电压二次回路压降对电能计量合成误差的影响有哪些？

◢ 模块 6 不合格（理）电能计量装置的改造（Z28G3006Ⅲ）

【模块描述】本模块包含电能计量装置不合格（理）的几种主要表现方式、降低电能计量装置合成误差的措施等内容。通过概念描述、术语说明、要点归纳，掌握不合格（理）电能计量装置的改造方法。

【模块内容】

一、不合格（理）电能计量装置的主要表现

DL/T 448—2016《电能计量装置技术管理规程》中虽然对各类电能计量装置的配置、安装、接线等做了明确要求，但在实际应用中主要还会存在以下问题。

1. 计量接线方式方面

（1）110～750kV 电压等级电能计量装置绝大部分为三相四线接线方式，极个别的110kV 和 220kV 电压等级电能计量装置仍为三相三线接线方式。

（2）35～66kV 电压等级电能计量装置目前为三相三线或三相四线方式，部分与系统接地方式不对应。

2. 电能计量装置配置方面

（1）电能表类型、规格种类繁多，外形尺寸不统一，不利于管理。低压计量装置中电能表功能单一化，不能实现现代管理技术的应用。多功能电能表功能老化或通信规约繁多，DL/T 645—2007《多功能电能表通信规约》扩展部分各厂家不一致，编程及参数设置方法各异。

部分多功能电能表元器件受运行环境温度影响较大，抗雷电、抗电磁干扰能力较差。高寒地区多功能电能表采用液晶显示，易受运行环境温度影响，长期在低温以下运行时，不能正常显示。

（2）电流互感器。计量点未采用“S 级”电流互感器，使用的电流互感器变比过大，导致电流互感器不能在额定电流的 60%左右运行，甚至低于额定电流的 30%运行。对轻负荷、季节性负荷和冲击性负荷，不能满足计量要求。

计量电流二次回路与测量、远动、保护共用一个绕组，回路不独立，受其他专业工作影响大。电流互感器二次容量选择不合理，造成互感器误差超差。

（3）电压互感器。现场运行的电压互感器准确等级不满足要求。

电压与电流互感器分别接在变压器不同电压侧，电压互感器的额定电压与线路额定电压不相符。

电压互感器一般无计量专用二次绕组，计量电压二次回路与测量、远动、保护共用一个绕组，回路不独立，二次回路压降大。

有的单母分段接线二次回路缺少二次并列装置，运行方式变化容易引起计量回路失压。互感器二次容量的选择不合理，影响电能计量装置的准确计量。

（4）电能计量二次回路。计量二次回路线径不满足要求，导线截面过小、回路无编号、未分色，接线方式不规范。

二次回路中未装设电能表联合接线盒，维护不方便，容易造成电压互感器二次短路或电流互感器二次开路。

部分计量电压二次回路缺少失压信号告警装置，计量电压二次回路失压不能及时发现，易产生计量差错。

（5）电能采集装置。计量装置没有预留安装信息采集终端的位置。

电能计量装置设计时不能针对计量点性质合理选择用电信息采集终端类型，如对于客户计量点应安装负荷管理终端，而非电能量采集终端。

（6）电能计量屏（柜、箱）。计量点的设置不合理，不能与产权分界点或用电性质、电价类别相对应，对于执行两部制电价的计量点应尽可能避免设计在发生穿越功率的地方。

电能计量屏（柜、箱）设计方案多样，全网不统一，不满足国家电网公司电能计量装置设计、安装、验收及运行管理的标准化管理要求。电能计量屏（柜、箱）的封闭性差，不利于计量装置的正常用电秩序管理。

采用户外式组合电能计量装置受环境影响大，计量箱安装过高，不便于抄表和日常运行维护，计量装置未考虑接地或接地方式不合理。

用户电能计量屏（柜、箱）安装在配电房内，现场抄表、用电检查、计量周期校验和轮换、故障处理等不便利，查窃电阻力大。电能表屏面布置不合理，电能表安装过高或过低，不便于现场安装及周期性维护管理。

低压电能计量屏（柜、箱）防雷措施不完善，易造成多功能电能表烧坏，或造成多功能电能表死机、黑屏、数据丢失。

二、不合理电能计量装置的改造措施

1. 合理选择计量方式及计量点

计量方式及计量点的选择，应根据用户用电负荷容量、供电线路的电压等级、生产生活的实际需要以及不同的环境条件，因地制宜的合理选择确定。

（1）计量点一般选择在用户（发电企业）与供电单位的产权分界处，不选择在产权分界处的，线路和变压器损耗的有功与无功电量由产权所有者承担。

（2）对接入中性点非直接接地系统的电能计量装置，应采用三相三线制电能表，其 2 台电流互感器二次绕组宜采用四线连线。对接入中性点直接接地系统的电能计量装置，应采用三相四线制电能表，其 3 台电流互感器二次绕组与电能表之间宜采用六线制接线。如采用四线连接，若公共线断开或一相电流互感器极性相反，会影响计量，且进行现场检验时，采用单相法每相电流互感器二次负载电流与实际负载电流不一致，给测试工作带来困难，且造成测量误差。

（3）居民用电计费表应根据居住地理位置的划分，合理选择集中装表箱的位置，集中装入符合要求的表箱，便于抄表管理或投卡购电。

2. 完善计量装置

（1）电能表的选型应根据实际负荷电流的大小和计量方式选择其型号及标定电流、额定电压、精确度等级，优先选用防窃电、多功能、宽负荷、长寿命的产品。

（2）在计量方案的设计确定过程中，配置符合规程规定的变比和准确度等级的互感器。

（3）根据电流、电压互感器的误差，合理组合配对，使互感器合成误差尽可能小。配对原则是尽可能配用电流互感器和电压互感器的比差符号相反、大小相等，角差符号相同、大小相等。

3. 规范二次计量回路

（1）铜质单芯绝缘导线的截面应满足二次负荷电流的需要。电流二次回路按 TA 的额定二次负荷计算，至少不小于 $4mm^2$；电压二次回路按允许的电压降计算，其截面至少不小于 $2.5mm^2$。

（2）10kV 及以上供电的用户，应有 TA 的计量专用绕组和不安装隔离开关辅助接点的 TV 专用二次回路，不得与保护、测量等回路共用。35kV 及以下供电的用户，TV 二次回路不应安装熔断器。

（3）低压计量的用户，应装设计量专用 TA，电流和电压回路应为计量专线，不得串并接任何负载及器件。对原有与其他设施共用的，应进行改造。

（4）定期测量 TV 二次压降误差，并保持在允许范围之内，定期测量高压 TV、TA 在实际接线方式下的二次负荷及功率因数，不得超出规定范围，定期测量二次回路绝缘电阻及计量装置接地系统的接地电阻，不得超出规定范围，定期检查二次回路中电缆接头、端子排、熔断器等接线部位的接触及氧化情况，始终保持在良好状态。

（5）制定二次回路管理的制度，明确继电保护、指示仪表、变送器、遥控装置和电能计量各工种关于二次回路的操作和审批责任，防止任意接入、改动、拆除、停用，工作完毕后必须修正图纸，图纸必须与现场实际始终保持完全一致。

【思考与练习】

1. 电能计量装置不合格（理）的几种主要方式有哪些？
2. 降低电能计量装置综合误差的措施有哪些？
3. 对二次计量回路的规范要求有哪些？

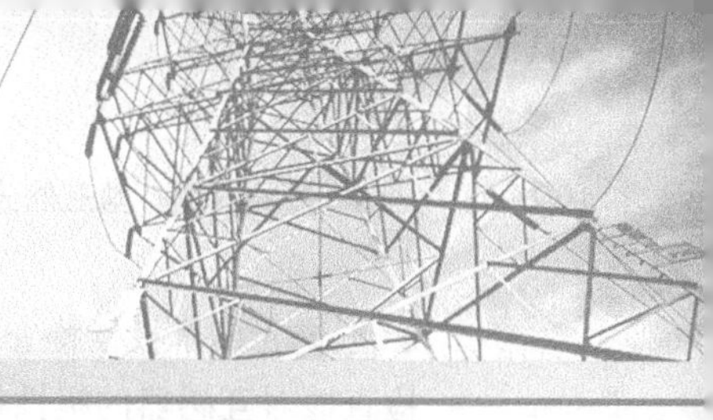

第十二章

电能计量装置的接线检查及差错处理

模块 1 电能计量装置停电检查（Z28G4001Ⅰ）

【模块描述】本模块包含停电检查的内容、停电检查前的准备工作、停电检查步骤及方法、现场检查注意事项等内容。通过概念描述、术语说明、流程介绍、图解示意、要点归纳，掌握电能计量装置停电检查的工作方法。

【模块内容】

一、停电检查的目的及内容

电能计量装置是供电（发电）企业对电力用户使用（发电上网）电能量多少的度量衡器具，是电能贸易结算或考核的依据。正确计量电能，不仅要求电能计量装置准确度要通过室内的检定得到保证，而且通过停电检查确保现场运行的计量装置及接线正确，运行可靠。

电能计量装置停电检查的内容包括：电能计量装置的接线、互感器的变比、极性核对等，对于运行中的电能计量装置，当无法判断接线正确与否或需要进一步核实带电检查的结果时，也要进行停电检查。

二、安全工作要求

（1）停电检查前按规定办理变电站第一种工作票。

（2）停电检查前应先确定有无阻止送电或反送电的措施，并在计量装置前后两侧打地线，悬挂标示牌，防止在检查过程中计量装置突然来电、感应电、电容设备剩余电等带电，造成人身事故。

（3）检查用设备：验电器、万用表、工具箱等仪器。

三、停电检查步骤

在运行中发生异常现象的电能表、互感器及二次回路，在带电检查时不能确定或消除的缺陷需要停电进行检查时，一般来说都是有目的的进行检查的。检查内容如下。

1. 核对互感器铭牌内容与台账是否相符

检查互感器变比、编号、准确度等级以及互感器二次回路的接地检查。

2. 电流互感器极性检查

检查核对互感器的极性标志是否正确，一般现场都是采用直流法进行试验。试验接线如图 12–1–1 所示。开关 K、干电池（1.5～6V）和电流互感器 TA 一次绕组互相串联，TA 的二次绕组接万用表（选用直流毫安量程）。若为减极性，则在合开关的瞬间万用表指针应从零位往正向偏转。

3. 电压互感器极性和接线组别的检查

（1）电磁式电压互感器极性检查。如图 12–1–2 所示，将 1.5～3V 直流电源（电池）经开关 K 接在一次侧 A、X 上（或用手执硬绝缘导线直接同 A 接通开断），在 TV 的二次侧端子上接直流毫伏表（或用指针式万用表、微安表）电池正极接 A 端子，表计正表笔接 a 端子上。合开关 K 瞬间，注意观察表计指针的偏转方向，若毫伏表指针向右摆动（正方向），则互感器 A、a 为减极性同极性端，所测试的减极性正确，否则，减极性有误。

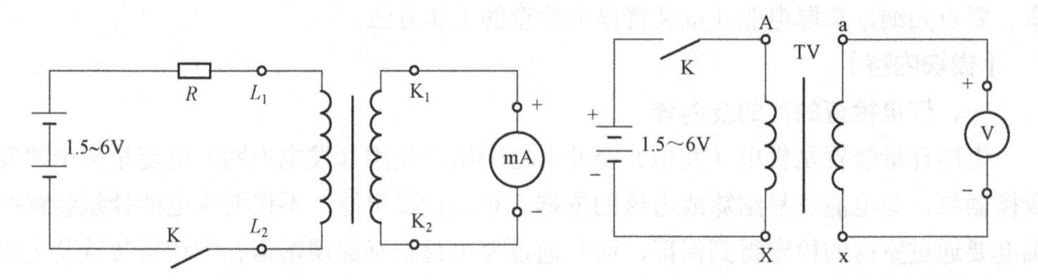

图 12–1–1 电流互感器极性检查　　图 12–1–2 电压互感器极性检查

（2）电容式电压互感器（CVT）极性检查。由于 CVT 一次侧接有电容器，且电容器与一次侧线圈不易分开，故不能用上述方法检查极性，在 CVT 一次侧 A、X 之间用绝缘电阻表测试绝缘电阻（相当于给电容器充电），二次侧 a、x 端子上接一块直流毫伏表。当绝缘电阻表指示 20～30MΩ 时。移开 A 端子上绝缘电阻表相线，然后用 1 根导线对电容器放电（短接 AX 端子），在放电瞬间，注意观察毫伏表指针摆动方向，若指针向右（正方向）摆动，则被试 CVT 极性正确，否则极性有误。

4. 二次回路检查

（1）二次回路接线检查。

核对二次接线连接是否正确，明确各相电压、电流是否对应，电能表、电压互感器，电流互感器的接线有没有差错。

测量电流回路时，断开电流回路的任意一点，用万用表串入测量其回路直流电阻，正常时其电阻近似为零，若电阻很大则可能是二次接错或断路。

测量电压回路时，在电压互感器的端子处断开，分别测量 U_{uv}、U_{vw}、U_{uw} 的直流电阻，此值应较大，如接近零或很大，可能是短路或开路，则必须分段查找以缩小检查范围。

（2）二次回路绝缘检查。

作二次回路的导通试验，测量二次回路绝缘状况和二次回路接地是否正确，是否有两点及以上的不正确接地情况存在。

二次回路导线不但要连接正确，而且每根导线之间及导线对地之间应该有良好的绝缘。导线间和导线对地的绝缘电阻，可用500V或1000V的绝缘电阻表来测量，绝缘电阻应符合有关规程的要求（一般不低于10MΩ）。

5. 核对端子标记

电力系统中一次设备的相色一般是以黄、绿、红三种颜色来区别U、V、W三相的相别，核对二次回路的相别，首先核对电压互感器、电流互感器一次绕组的相别与系统是否相符，然后再根据互感器一次侧的相别来确定二次回路的相别，同时还应逐段核对从电压、电流互感器的二次端子直到电能表尾之间所有接线端子的标号，做到标号正确无误。

6. 检查计量方式是否合理

根据线路的实际情况、用户的用电性质，检查选择的计量方式是否合理。包括电流互感器的变比是否合适，是否经常运行在标定电流的1/3以上。计量回路是否与其他二次设备共用一组电流互感器。电流、电压互感器二次回路导线的截面是否符合要求，电压互感器二次回路电压降是否合格，无功电能表和双向计量的有功电能表中是否加装止逆器，电压互感器的额定电压是否与线路电压相符。有无不同的母线共用一组电压互感器的，电压与电流互感器分别接在变压器的不同电压侧等。

四、检查注意事项

（1）二次电流回路开路或失去接地点，易引起人员伤亡及设备损坏。

（2）设备的标示或二次回路端子标号不清楚，易发生误接线，造成运行设备事故。

（3）办理工作票。现场检查至少有两人同时进行，其中一人持工作票并担任工作负责人。两人必须经过专门的技术培训并取得计量检定员证。

（4）核对该互感器变比、容量、二次回路、表型号等资料信息是否与营销系统基础资料相同。

（5）检查电能表、联合接线盒、计量柜（箱）的封印是否完整；电能计量柜（箱）防止非许可的措施是否完好。

（6）断开电压、电流回路接线时要做好标记，然后按原样恢复，并要接触良好。

（7）停电时若要进行互感器误差现场测试，必须办理第一种工作票。

（8）停电检查接线中应认真、细致，对检查出的情况要做好详细记录，为分析原因、判断结果及追补电量的计算提供参考依据。

【思考与练习】

1. 如何检查高供高计三相三线电能计量装置？

2. 如何检查高供高计三相四线电能计量装置？

3. 停电检查应注意的事项有哪些？

4. 试介绍停电检查电能计量装置的步骤。

模块2 电能计量超差（差错）退补电量的计算（Z28G4002Ⅰ）

【模块描述】本模块包含电能计量装置误差超差时退补电量的计算依据、电量退补计算常用方法、电能计量超差（差错）退补电量的计算、现场处理计量差错注意事项等内容。通过公式介绍、要点归纳、计算举例，掌握电能计量装置超差和（或）差错时计算退补电量的方法。

【模块内容】

一、电能计量超差（差错）电量的退补依据

（1）互感器或电能表误差超出允许范围时，以“0”误差为基准。按验证后的误差值退补电量。退补时间从上次校验或换装后投入之日起至误差更正之日止的二分之一时间计算。

（2）连接线的电压降超出允许范围时，以允许电压降为基准，按验证后实际值与允许值之差补收电量。补收时间从连接线投入或负荷增加之日起至电压降更正之日止。

（3）其他非人为原因致使计量记录不准时，以用户正常月份的用电量为基准，退补电量，退补时间按抄表记录确定。

（4）计费计量装置接线错误的，以其实际记录的电量为基数，按正确与错误接线的差额率退补电量，退补时间从上次校验或换装投入之日起至接线错误更正之日止。

（5）电压互感器保险熔断的，按规定计算方法计算值补收电量的电费，无法计算的，以用户正常月份用电量基准，按正常月与故障月的差额补收相应电量的电费，补收时间按抄表记录或失压自动记录仪确定。

（6）计算电量的倍率或铭牌倍率与实际不符的，以实际倍率为基准，按正确与错误倍率的差值退补电量，退补时间以抄表记录为准确定。

当电能表接线有错误时，必然会出现电能表不计、多计或少计电量的问题。所以，经接线检查发现错误后，除应改正接线外，还应该更正电量。所谓更正电量，就是根据错误的抄见电量，求出实际的用电量，并进行电量的退、补。

二、电能计量超差（差错）电量的退补方法

1. 计算法

计算法是通过运用电能计量装置原理和数学模型进行差错电量的退补计算，是最为准确的计算方法。

实际应用中的更正系数法又称计算法。用计算法求退、补电量，必须首先求出更正系数 K_G，更正系数为正确电量与错误电量（即错误接线期间的抄见电量）之比，可表示为：

$$K_G = \frac{W_0}{W} \qquad K_G = \frac{W_0}{W} = \frac{P_0}{P}$$

式中：K_G 为更正系数；W_0 为正确电量；W 为错接线期间电量；P_0 为正确功率；P 为错接线功率表达式。

错误接线下的功率 P_0 可根据六角图法作出的相量图求得，确定 K_G 值后，便可根据抄见电量求出实际（正确）电量，进而求出退、补电量关系式为：

$$\Delta W = W - W_0 = (1 - K_G)W \tag{12-2-1}$$

当考虑电能表在错误接线下的相对误差时，根据相对误差的定义，不难写出这时的实际用电量为：

$$W_0 = \frac{K_G W}{1+\gamma}$$

式中　γ——电能表在错误接线下误差。

考虑电能表相对误差后的退补电量为：

$$\Delta W = W - \frac{K_G W}{1+\gamma} = \left(1 - \frac{K_G}{1+\gamma}\right)W \tag{12-2-2}$$

K_G 的值变化规律如下：$K_G>1$，表明计量装置少记电量；$K_G=1$，表明计量装置计量正确；$0<K_G<1$，表明计量装置多记电量；$K_G<0$，表明计量装置反转。$\Delta W>0$ 时应退电量，$\Delta W<0$ 时应补电量。

2. 估算法

估算法是在差错电量事实存在而现场准确计算条件无法确定情况下实施，是较为近似的计算方法，又称“比较法”。

此方法常采用以下几种方式：

（1）以电能量采集系统的有关数据为参考，并综合考虑正常时期电力线路同比功率时的计量状况，推算出需退补的电量值。

（2）以下一级或对侧电能计量装置所计电量，并考虑相应的损耗等情况。

（3）以计量正常月份电量或同期正常月份电量为基准，以及用户值班记录、用电负荷等情况，进行综合考虑，推算出需退补的电量值。

（4）以更正后的计量装置所计电量（一般为一个抄表周期）为基准，以及用电负荷等情况，进行综合考虑，推算出需退补的电量值。

（5）以同一计量装置中其他正确计量单元（设备）或以主（副）计量装置正确计量的电量为基准，以及用户值班记录，用电负荷等情况，进行综合考虑，推算出需退补的电量值。

3. 测试法

测试法是在保持错误计量方式的同时另接一套正确的电能计量装置进行比较而确定差错电量的方法。

在实际运用中，现场条件具备能准确计算的应选用计算法，其次考虑估算法，最后再选用测试法。

【例 12–2–1】现场检验发现一用户的错误接线测量数据见表 12–2–1，已运行 1 个月，抄见正向有功电量为 0；抄见反向有功电量为 6000kWh，负载的平均功率因数角 40°，电能表的相对误差为–4.0%，试计算一个月应追退的电量（取 tan40° =0.84）。

表 12–2–1　　用户的错误接线测量数据

参数		U_{12}	U_{32}	U_{31}	相序	判断结果
		100V	102V	101V		
I_1	2.01A	194°				
I_2	2.05A	134°				
$I_{合}$	2.04A					
U_{32}		60°			逆	

相量图如图 12–2–1 所示。

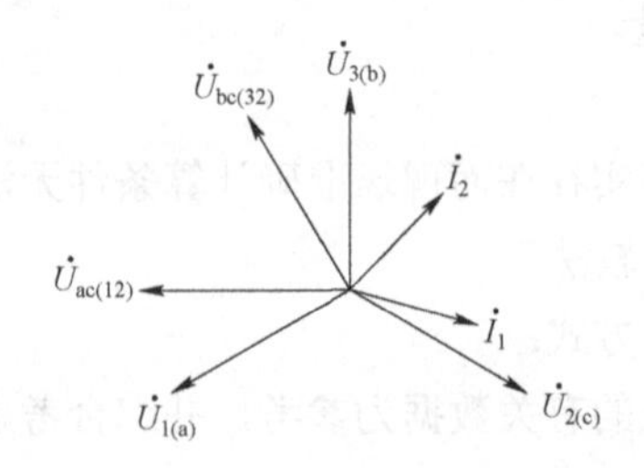

图 12–2–1　错误接线分析相量图

错误接线有功功率表达式：

$$P = U_{12}I_1\cos(150^\circ-\varphi)+U_{32}I_2\cos(90^\circ+\varphi) = -UI\cos(30^\circ-\varphi)$$

$$K_G = \frac{W_0}{W} = \frac{P_0}{P} = \frac{\sqrt{3}UI\cos\varphi}{-UI\cos(30^\circ-\varphi)} = \frac{-2\sqrt{3}}{\sqrt{3}+\tan\varphi} = -1.347$$

$$\Delta W = W - \frac{K_G W}{1+\gamma} = \left(1-\frac{K_G}{1+\gamma}\right)W = \left(1-\frac{-1.347}{1-0.04}\right)\times(-6000) = -14\,419\text{（kWh）}$$

结论：应补电量 14 419kWh。

三、注意事项

（1）单相电能表误差的确定。一般按实际负荷点确定，实际负荷难以确定时，应以正常月份的平均负荷确定误差。当平均负荷难以确定时，按电能表加入参比电压，负荷电流为 I_{max}、I_b、0.2 I_b，功率因数为 $\cos\varphi$=1.0 时的检定误差值，按式 $\gamma_b(\%) = \dfrac{\gamma_{b1}+3\gamma_{b2}+\gamma_{b3}}{5}$ 计算其误差值。

（2）当电子式电能表无法读取电能表内部数据信息或计量元件故障时可按估算法进行差错电量的计算。

（3）退补时间的确定。当计量装置发生故障时应根据实际发生故障现象的持续时间进行电量退补，无法确定故障发生时间时，以最近一次现场工作发现的时间为起始，结束时间为装置更正后投运时的时间。

（4）在现场处理计量装置差错或故障时，要及时正确地确定差错或故障类型，并将现场资料收集完整，如差错或故障时间、计量装置的变比、底码、该用户用电规律、月平均用电量多少等，以便于作为退补电量计算的参考依据。

（5）要及时恢复或处理差错、故障，尽快恢复正常，最后是要有用户或运行维护人员在场，以便于证实差错或故障存在和恢复后双方就今后退补电量等相关工作的签字认可。

【思考与练习】

1. 已知三相三线有功电能表接线错误，其接线形式为：一元件 U_{BC}、$-I_C$，二元件 U_{AC}、I_A，请写出两元件的功率表达式和总功率表达式并确定更正系数。

2. 某 110kV 供电的用户，在计量装置安装过程中，误将 B 相电流引入接到了电能表的负 C 相，已知故障期间平均功率因数为 0.9，抄收电量为 15 万 kWh，有功电能表为 DT864–2 型，试求应追补的电量。

3. 某电力用户装一只 3×380/220V，3×5A 的电能表，与电能表配用的三台电流互感器为 400/5，某日有其中一台电流互感器因过负荷而烧坏，用户自行换了这只电流互感器。在运行了半年之后在普查中发现，自换的互感器为600/5，在此期间有功表共计量电能 5 万 kWh，试计算在此期间还应向用户追补的电量。

模块 3 电能计量装置接线检查（Z28G4003Ⅱ）

【模块描述】本模块包含带电检查的目的及内容、危险点分析及控制措施、作业前准备工作、带电检查步骤及方法、带电检查应注意的事项等内容。通过流程介绍、要点归纳，掌握电能计量装置带电接线检查的方法。

【模块内容】

一、带电检查的目的及内容

电能计量装置准确运行不仅影响到供电企业的诚信，更直接关系到供用电双方的经济利益。电能表、互感器的计量误差可以通过电能计量装置检定机构的检定得到保证，但现场接线的正确与否直接影响到电能计量的准确性。

对新安装、改造后、更换后以及在运行中发生异常现象的电能表和互感器，都需要及时对计量装置进行带电检查。带电检查电能计量装置的内容包括检查计量二次回路的电压、电流、相序、时钟、时段、接线方式以及是否有故障代码等。

二、安全工作要求

（1）签发第二种工作票。

（2）至少有两人一起工作，其中一人进行监护。

（3）应在工作区范围设立标示牌。

（4）工作时应戴绝缘手套，并站在绝缘垫上，操作工具绝缘良好。

（5）在接通和断开电流端子时，必须用仪表进行监视。

（6）电压互感器二次回路严禁短路，电流互感器二次回路严禁开路。

三、作业前准备工作

1. 检查前准备工作

检查前要准备有关电能计量装置的信息资料，如被检查的电能表表号、检验日期、检验人员、安装日期、上次抄表度数等，互感器的出厂编号、检验日期、检验人员、铭牌变比、实际变比、封表箱的铅封号等，以便现场核对判断。

2. 所需工器具、检验设备的准备

现场检验工作前需要准备的检验设备包括钳形相位表、万用表、相序表、秒表、现场校验仪等。

四、带电检查步骤及方法

由于目前现场安装的全电子式电能表较普遍，对于一些简单故障或错接线，可以通过电能表液晶屏或指示灯等直观观察到，如电压相序反接、熔丝熔断、电压断相、失流、电流极性反等。也可以通过电能表键显功能调出表内显示的电压、电流、功率、功率因数等瞬时量，验证现场计量装置带电检查的分析结果。

1. 直接接入式电能表的带电检查方法

直接接入式电能表主要用于负荷电流在60A及以下的低压计量装置中，包括单相电能表和低压三相四线电能表，由于其接线简单，因此易于判断。

（1）单相电能表。电能计量装置中单相电能表只有一组电磁元件，接线较为简单，出现接线错误时容易发现。

检查方法：用万用表电压挡位测量电压端子是否为220V，用钳形电流表分别测量电能表接线端子上相线和中性线上电流是否相等，与实际负载电流能否吻合，和电流是否为零。若两者大小相等则说明表后不存在分流或漏电现象，若不相等应进行负荷回路检查。测量电能表端子上电压与电流相位，对于单相负载性质一般为阻性或感性，电流滞后电压相位大约在0～30°以内，若不符，应进一步检查。

（2）三相四线电能表。直接接入式低压三相四线电能表可以看成由三只单相电能表所组成。采用分相法即可检查接线的正确与否。首先检查三相电压（ao、bo、co）是否为220V；其次检查三相电流是否正确且大小相等（$I_a=I_b=I_c$、$I_n=0$），第三检查电压相序是否正确，若相序为逆向序，只需对其中两相进表线进行调换，最后根据计量装置所计负荷性质，确定电流是否滞后电压，对于三相平衡负载三相相位应基本相同。

2. 经互感器接入式电能表带电检查步骤

（1）电压回路的接线检查。测量各二次回路的线电压，在测量U_{ab}、U_{bc}、U_{ca}时，其值应接近相等且为100V。测量过程中如发现三组电压不相等，且数值相差较大时，说明电压互感器有一、二次侧断线、熔丝烧断或绕组反接等情况。

1）对于采用V/V接线的TV，如线电压中有0V、50V等情况出现时，可能是一次或二次断线。有一组电压为173V时，说明有一台电压互感器绕组极性反接。

2）对于Yyn接线的电压互感器，当测量线电压的值中有57.7V出现时，说明有一次断线或一台TV绕组极性反接现象。

3）带有电能表等负载进行测量时，出现二次断线时不论采用何种方式接线的电压互感器，没断的两相之间电压值总为100V其他两组电压按负载阻抗分配。

（2）检查接地点确定相别。用一只电压表一端接地，另一端依次接电能表三个电压端钮，可以判断电压互感器的接地情况。

1）电压表三次均指100V，说明电压互感器二次侧回路没有接地，构不成回路。

2）两次为100V，一次为0V，说明可能是两台单相互感器V形连接，也可能是三只单相TV或一台三相五柱TV为Y形连接。以上三种均可断定B相接地，为0V

的一相即为 V 相，根据相序可以定出 U 相和 W 相。

3）三次均指 $100/\sqrt{3}$ V，说明 TV 是 Y 形连接且中性点接地，这种情况一时还不能定相别。

（3）测量三相电压的相序。将相序表的黄绿红三色线分别对应接电能表三个电压端钮，若相序表显示正转（顺时针），则电压接线为正相序，若相序表显示反转（逆时针），则电压接线为逆相序。也可以使用相位表测量 U_{12} 和 U_{23} 之间的相位，若夹角为 120°、30°、300°，为正相序，若夹角为 240°、330°、60°，为逆相序。

（4）电流回路的接线检查。用钳形电流表测量各二次回路的电流值，在测量 I_u、I_v、I_w 时，其值应接近相等。测量过程中如发现三组电流不相等，且数值相差较大时，说明 TA 有绕组反接等情况。

1）电流互感器绕组极性接反时情况分析。测量电流回路，确定 TA 有无极性反接。用标准电流表分别测量第一元件、第二元件和公用线的电流值，对于电流互感器采用 V 形接线时，任何一台互感器绕组的极性接反，则公共线上 V 相电流都要增大。电流互感器采用 Y 形连接时，任何一台互感器绕组的极性接反，则公共接线上的电流 I_n 为每相电流值的 2 倍。

2）判断电流回路接地的正确性。用一根两端带夹子的导线，一端接地，另一端依次与电能表的电流端钮连接。用钳形电流表测量流入电能表的电流值，与不接地的端钮连接时，导线与电流线圈中的电流被分流，钳形电流表数值变小；与接地端钮连接时，钳形电流表数值不发生变化，通过此法可以判断出哪个端钮接地，接地是否正确。

五、带电检查应注意的事项

（1）办理第二种工作票。电压互感器二次回路严禁短路，电流互感器二次回路严禁开路。

（2）不得在测量过程中拔插电压、电流测量线。

（3）实际电压不能超出挡位量程。

（4）电流、电压的输入端与电能表的电流、电压极性端必须对应接线。

（5）检查接线中应认真、细致，对测量数据及电子式电能表显示情况做好详细记录，为分析原因、判断结果及追补电量的计算提供参考依据。如现场发现有功电能表反转，计算其错误功率及更正系数都应小于零，否则，说明检查结果或计算有误。

（6）测量过程中，负荷应尽量保持不变，电流、电压以及 $\cos\varphi$ 应保持基本稳定。

（7）检查接线前应了解负载性质是感性或容性，功率因数的大概范围，现场是否安装无功补偿装置。

【思考与练习】

1. 简述经互感器接入式三相三线电能计量装置带电检查的步骤。
2. 带电检查应注意的事项和安全工作要求包括哪些？
3. 简述用电能表现场校验仪检查三相四线电能计量装置的方法。

模块4 电能计量装置接线检查分析（Z28G4004Ⅲ）

【模块描述】本模块包含测试目的、危险点分析及控制措施、测试前准备工作、现场测试步骤及要求、测试结果分析案例、测试注意事项等内容。通过流程介绍、公式推导、图解示意、要点归纳、案例分析，掌握电能计量装置带电接线检查分析和判断的工作方法。

以下重点介绍高压电能计量装置错接线数据分析、判断方法、判断步骤，通过案例进行分析，画出相量图，写出电能表更正接线表。

【模块内容】

高压电能计量装置的接线分为三相三线和三相四线。

高压三相四线的电能表如电压互感器没有出现极性接反情况，其接线分析方法类似低压三相四线电能表的分析。比较特殊的是电压互感器极性接反的情况。除了电压互感器极性错误给电能表的工作电压带来偏差外，中性线位置接错也能给工作电压带来偏差。实际工作中中性线接错比较少见，因此本模块不讨论中性线接错的情况。

高压三相三线电能表的电压互感器有Y/y和V/v两种接线方式，它们有极性正确和极性接反两种形态。

电流互感器接线有分相和简化两种方式。目前的设计标准都采用分相接线，因此本模块只讨论分相接线的情况；同时也不讨论电流互感器二次串接等复杂情况。有关复杂接线的分析见相关专业书籍。

一、高压三相四线电能计量装置的接线分析

1. 测量

（1）测量电能表接线端子D_{10}对地电压。

（2）测量电能表的工作电压和相邻电压。

（3）测量电能表的工作电流。

（4）测量电能表的工作电压的相位角。

（5）测量参考电压和工作电流的相位角。

2. 接线分析

（1）根据电能表接线端子 D_{10} 对地电压确认中性线接入位置。

（2）根据电能表的工作电压和相邻电压，确定电压互感器接线类型。

（3）根据工作电压的相位角确定电源电压的相序，据此确定参考电压，画出相量图。

（4）根据电能表的工作电流，判断电流二次回路有无失流和开路情况。

（5）根据参考电压和工作电流的相位角在相量图画出工作电流。

（6）根据设定的 $\dot{U}_1$ 和电源电压的关系（不作要求时，可以假设 $\dot{U}_1=\dot{U}_a$），根据顺时针方向确定对 $\dot{U}_2$、$\dot{U}_3$ 相别。

（7）根据同相电压配对原则确定工作电流。

【例 12–4–1】某一用电户安装高压三相四线电能表，TV 采用 Y_N/y_n、TA 采用分相接线。已知（$-30°<\varphi_i<30°$），用相位表测量的数据见表 12–4–1，请以 $\dot{U}_1=\dot{U}_b$ 为参考电压，分析电能表的接线和更正接线表。

表 12–4–1　　电能表测试记录

测试数据			$\dot{U}_1\ \hat{}\ \dot{U}_2$(°)	240
$i(ij)$	$\dot{U}_i$(V)	U_{ij}(V)	$\dot{I}_i$(A)	$\dot{U}_1\ \hat{}\ \dot{I}_i$(°)
1(12)	58	100	1.5	255
2(23)	58	100	1.8	195
3(31)	58	100	2.1	315

解：因为 $\dot{U}_1\ \hat{}\ \dot{U}_2=240°$，所以电能表的参考电压为逆相序。

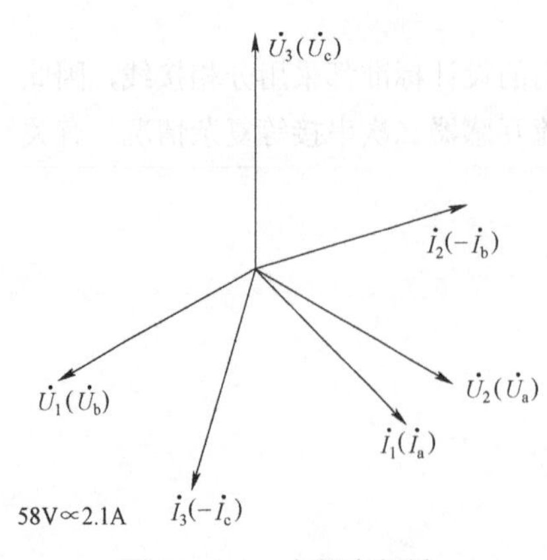

图 12–4–1　电能表相量

由于参考电压逆相序，建立 $\dot{U}_3-\dot{U}_2-\dot{U}_1$ 的电压参考相量，如图 12–4–1 所示。

根据题意 $\dot{U}_1=\dot{U}_b$，所以按照顺时针原则，确定 $\dot{U}_3=\dot{U}_c$、$\dot{U}_2=\dot{U}_a$。所以电能表工作电压为：$\dot{U}_1=\dot{U}_b$、$\dot{U}_2=\dot{U}_a$、$\dot{U}_3=\dot{U}_c$。

根据 $\dot{U}_1\ \hat{}\ \dot{I}_1=255°$、$\dot{U}_1\ \hat{}\ \dot{I}_2=195°$、$\dot{U}_1\ \hat{}\ \dot{I}_3=315°$，画出电流相量 $\dot{I}_1$、$\dot{I}_2$、$\dot{I}_3$。

根据 $-30°<\varphi_a$、φ_b、$\varphi_c<30°$ 的条件，在 $\pm\dot{U}_1$、$\pm\dot{U}_2$、$\pm\dot{U}_3$ 附近寻找配对电流，$\dot{I}_2$ 和 $-\dot{U}_1(-\dot{U}_b)$、$\dot{I}_1$ 和 $\dot{U}_2(\dot{U}_a)$、$\dot{I}_3$ 和 $-\dot{U}_3(-\dot{U}_a)$ 配对，即电能表工作电流：$\dot{I}_1=\dot{I}_a$、$\dot{I}_2=-\dot{I}_b$、$\dot{I}_3=-\dot{I}_c$。

所以电能表接线：U_bI_a，$U_a(-I_b)$，$U_c(-I_c)$。

电能表的功率表达式

$$P = U_b I_a \cos(240° + \varphi_a) + U_a \dot{I}_b \cos(300° + \varphi_b) + U_c \dot{I}_c \cos(180° + \varphi_c)$$

更正接线方法有多种，下面列出 $\dot{U}_1 = \dot{U}_b$ 时的电能表更改接线，见表 12–4–2。

表 12–4–2　　电能表接线更正表

接线端子	D_1	D_2	D_3	D_4	D_5	D_6	D_7	D_8	D_9	D_{10}
实际接线	$+I_a$	U_b	$-I_a$	$-I_b$	U_a	$+I_b$	$-I_c$	U_c	$+I_c$	U_n
更正接线	D_6		D_4	D_9	D_8	D_7	D_1	D_5	D_3	

【例 12–4–2】某一用电户安装高压三相四线电能表，TV 采用 Y_N/y_n、TA 采用分相接线。已知 $-30° < \varphi_i < 30°$，用相位表测量的数据如表 12–4–3，请以 $\dot{U}_1 = \dot{U}_a$ 为参考电压，分析电能表的接线和更正接线表。

表 12–4–3　　电能表测试记录

测试数据			$\dot{U}_1 \hat{} \dot{U}_2$(°)	300
$i(ij)$	$\dot{U}_i$(V)	U_{ij}(V)	$\dot{I}_i$(A)	$\dot{U}_1 \hat{} \dot{I}_i$(°)
1(12)	58	58	2.1	135
2(23)	58	58	2.0	195
3(31)	58	100	2.1	255

解：由工作电压和相邻电压可知，电压互感器组是 Y/y(+–+)。由 $\dot{U}_1 \hat{} \dot{U}_2$=300°，可知电能表的电源电压为正相序。据此建立 $\dot{U}_1 - \dot{U}_2 - \dot{U}_3$ 的电压参考相量，见图 12–4–2。

根据题意 $\dot{U}_1 = \dot{U}_a$，所以按照顺时针原则，确定 $\dot{U}_2 = \dot{U}_b$、$\dot{U}_3 = \dot{U}_c$。所以电能表工作电压为：$\dot{U}_1 = \dot{U}_a$、$\dot{U}_2' = -\dot{U}_b$、$\dot{U}_3 = \dot{U}_c$。

根据 $\dot{U}_1 \hat{} \dot{I}_i$，画出电流相量 $\dot{I}_1$、$\dot{I}_2$、$\dot{I}_3$。

根据 $-30° < \varphi_i < 30°$ 的条件，在 $\pm\dot{U}_1$、$\pm\dot{U}_2$、$\pm\dot{U}_3$ 附近寻找配对电流，得到电能表工作电流：$\dot{I}_1 = \dot{I}_b$、$\dot{I}_2 = -\dot{I}_a$、$\dot{I}_3 = \dot{I}_c$。

所以电能表接线：U_aI_b，$(-U_b)(-I_a)$，U_cI_c。

更正接线方法有多种，下面列出 $\dot{U}_1 = \dot{U}_a$ 时的电能表更改接线，见表 12–4–4。更改前停电将 B 相电压互感器的极性更正。

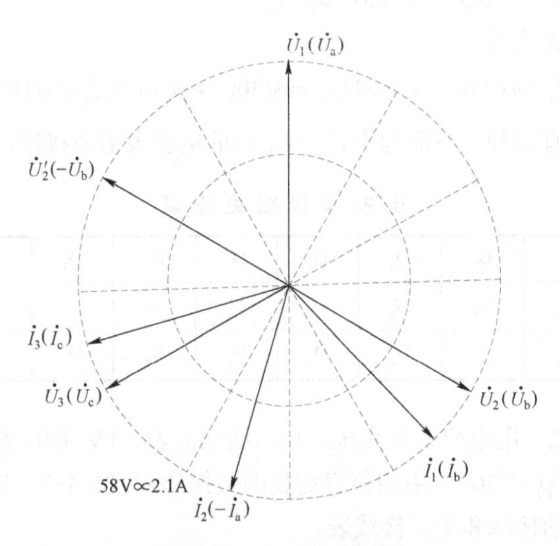

图 12–4–2 电能表相量

表 12–4–4 电能表接线更正表

接线端子	D_1	D_2	D_3	D_4	D_5	D_6	D_7	D_8	D_9	D_{10}
实际接线	$+I_b$	U_a	$-I_b$	$-I_a$	$-U_b$	$+I_a$	$+I_c$	U_c	$-I_c$	U_n
更正接线	D_6		D_4	D_1		D_3				

二、高供高计三相三线电能计量装置接线分析

1. 测量

（1）测量电能表 D_2、D_5、D_8 对地电压。

（2）测量电能表的相邻电压。

（3）测量电能表的工作电流。

（4）测量电能表的工作电压的相位角。

（5）测量参考电压和工作电流的相位角。

2. 接线分析

（1）根据电能表接线端子 D_2、D_5、D_8 对地电压确定电压互感器得接线是 Y/y 还是 V/v。

（2）根据电能表的工作电压和相邻电压，进一步确定电压互感器接线类型。

（3）根据工作电压的相位角确定电源电压的相序，据此确定参考电压，画出相量图。

（4）根据电能表的工作电流，判断电流二次回路有无失流和开路情况。

（5）根据参考电压和工作电流的相位角在相量图画出工作电流。

（6）根据 V/v（++）接线的电能表，根据电压端子对地电压确定$\dot{U}_b$；V/v（+–）接线的电能表，根据 173V 电压确定$\dot{U}_b$；Y/y 接线的电能表，根据同相电压和电流配对原则确定$\dot{U}_b$。根据顺时针方向确定其他电压的相别。

（7）根据同相电压配对原则确定工作电流。

【例 12–4–3】某电力用户安装三相三线电能计量装置，测得电能表相关数据结果见表 12–4–5，请分析电能表接线并写出电能表更正接线表。

表 12–4–5　　　　电能表测试记录

测试数据			$\dot{U}_1\hat{}\dot{U}_2$(°)	300
$i(ij)$	$\dot{U}_i$(V)	U_{ij}(V)	$\dot{I}_i$(A)	$\dot{U}_1\hat{}\dot{I}_i$(°)
1(12)	/	100	2.1	80
2(23)	/	100	/	/
3(31)	/	100	2.1	320

解：由于 D_8 对地电压 100V，且三个相邻电压为 0.1V，所以进一步得到电压互感器接线为 V/v(++)，且$\dot{U}_3=\dot{U}_b$。

根据$\dot{U}_1\hat{}\dot{U}_2$=300°，可知电源电压相序为正相序。

建立图 12–4–3 相量图，由于$\dot{U}_3=\dot{U}_b$，按照顺时针方向依次确定$\dot{U}_1=\dot{U}_c$、$\dot{U}_2=\dot{U}_a$。

根据$\dot{U}_1\hat{}\dot{I}_i$，画出电流相量$\dot{I}_1$、$\dot{I}_3$。

按照“同相电压和电流配对”原则，在$\pm\dot{U}_1$、$\pm\dot{U}_2$附近寻找配对电流，得到电能表工作电流：$\dot{I}_1=\dot{I}_c$、$\dot{I}_3=-\dot{I}_a$。

所以电能表接线：$U_{ca}I_c$，$U_{ba}(-I_a)$。

电能表接线更正见表 12–4–6。

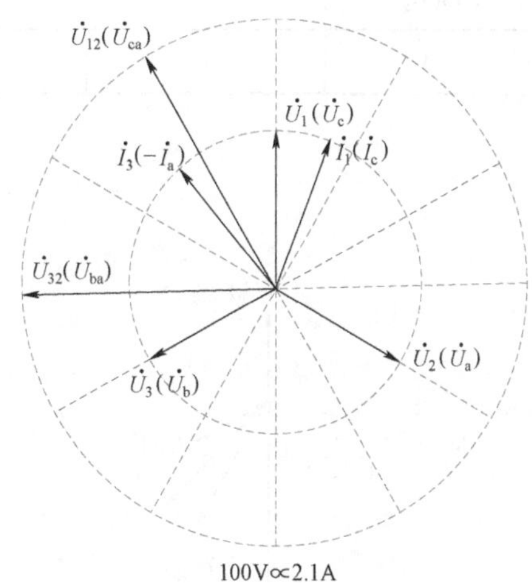

图 12–4–3　电能表相量图

表 12–4–6　　　　电能表接线更正表

接线端子	D_1	D_2	D_3	D_4	D_5	D_6	D_7	D_8	D_9	D_{10}
实际接线	$+I_c$	U_c	$-I_c$	/	U_a	/	$-I_a$	U_b	$+I_a$	/
更正接线	D_9	D_5	D_7		D_8		D_1	D_2	D_3	

本例题也可通过 $-30° < \varphi_i < 30°$ 和"同相电压和电流配对"的原则确定 $\dot{U}_b$。实际工作中应优先使用"测量电压端子对地电压"的方法，确定 $\dot{U}_b$。

【例 12–4–4】某电力用户安装三相三线电能计量装置，测得电能表相关数据结果见表 12–4–7，请分析电能表接线并写出电能表更正接线表。

解：由于 U_{12}=173V，因此电压互感器接线组是 V/v(+–)，且 $\dot{U}_3=\dot{U}_b$。

表 12–4–7　　　　电能表测试记录

测试数据			$\dot{U}'_{12}\hat{\ }\dot{U}'_{32}$(°)	30
$i(ij)$	U_i(V)	U_{ij}(V)	I_i(A)	$\dot{U}'_{32}\hat{\ }\dot{I}_i$(°)
1(12)	/	173	2.0	345
2(23)	/	100	/	/
3(31)	/	100	2.0	105
4	/	/	/	/

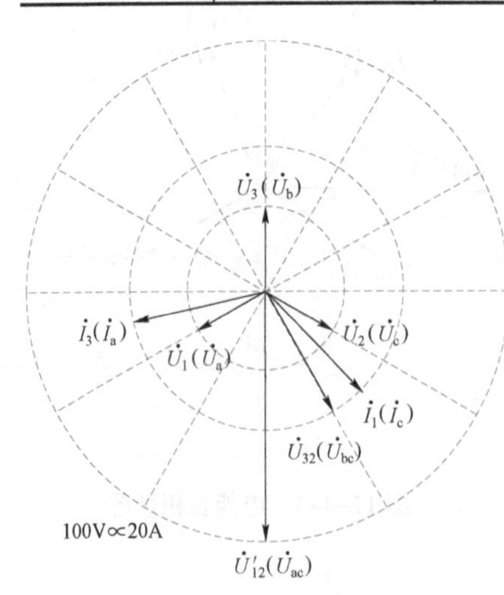

图 12–4–4　电能表相量

根据 $\dot{U}_1\hat{\ }\dot{U}_2$=330°，可知电源电压相序为逆相序。

建立图 12–4–4 相量图，由于 $\dot{U}_3=\dot{U}_b$，按照顺时针方向依次确定 $\dot{U}_1=\dot{U}_a$、$\dot{U}_2=\dot{U}_c$。

在相量图中画出工作电压 $\dot{U}'_{32}=\dot{U}'_{bc}=\dot{U}_{cb}$，根据 $\dot{U}'_{12}\hat{\ }\dot{U}'_{32}$=330°，画出 $\dot{U}'_{12}$［注意由于接入 B、C 相电压互感器接反，所以工作电压 $\dot{U}'_{32}(\dot{U}'_{bc})$ 和 $\dot{U}_{32}(\dot{U}_{bc})$ 是不同的，同样 $\dot{U}'_{12}(\dot{U}'_{ac})$ 和 $\dot{U}_{12}(\dot{U}_{ac})$ 也是不同的］。

根据 $\dot{U}'_{32}\hat{\ }\dot{I}_i$，画出电流相量 $\dot{I}_1$、$\dot{I}_3$。

按照"同相电压和电流配对"原则，在 $\pm\dot{U}_1$、$\pm\dot{U}_2$ 附近寻找配对电流，得到电能表工作电流：$\dot{I}_1=\dot{I}_c$、$\dot{I}_3=\dot{I}_a$。

所以电能表接线：$U'_{ac}I_c$，$U'_{bc}I_a$，电能表接线更正先将接入A、B或者B、C之间的电压互感器接线极性更正，然后按表12–4–8再更正接线。

表12–4–8 电能表接线更正表

接线端子	D_1	D_2	D_3	D_4	D_5	D_6	D_7	D_8	D_9	D_{10}
实际接线	$+I_c$	U_a	$-I_c$	/	U'_c	/	$+I_a$	U'_b	$-I_a$	/
更正接线	D_7		D_9		D_8		D_1	D_5	D_3	

【例12–4–5】某电力用户安装三相三线电能计量装置，测得电能表相关数据结果见表12–4–9，请分析电能表接线并写出电能表更正接线表。

解：由于三个相邻电压中有两个相电压和一个线电压，所以电压互感器接线是Y/y(+–+)。

表12–4–9 电能表测试记录

测试数据			$\dot{U}'_{12}\hat{}\dot{U}'_{32}$(°)	120
i(ij)	$\dot{U}_i$(V)	$\dot{U}_{ij}$(V)	$\dot{I}_i$(A)	$\dot{U}'_{12}\hat{}\dot{I}_i$(°)
1(12)	/	58	2.0	315
2(23)	/	58	/	/
3(31)	/	100	2.0	195
4	/	/	/	/

根据$\dot{U}_1\hat{}\dot{U}_2$=120°，可知电源电压相序为正相序。建立图12–4–5相量图。

由于电能表电压端子D_2、D_5、D_8接入电压依次为$\dot{U}_1$、$-\dot{U}_2$、$\dot{U}_2$，因此工作电压$\dot{U}'_{12}=\dot{U}_1+\dot{U}_2=-\dot{U}_3$、$\dot{U}'_{32}=\dot{U}_3+\dot{U}_2=-\dot{U}_1$。

在相量图中标出$\dot{U}'_{12}(-\dot{U}_3)$、$\dot{U}'_{32}(-\dot{U}_1)$。

根据$\dot{U}'_{32}\hat{}\dot{I}_i$，画出电流相量$\dot{I}_1$、$\dot{I}_3$。

按照“同相电压和电流配对”原则，在$\pm\dot{U}_1$、$\pm\dot{U}_2$、$\pm\dot{U}_3$附近寻找配对电流，得到$\dot{U}_2=\dot{U}_b$。

按照顺时针方向依次确定$\dot{U}_1=\dot{U}_a$、$\dot{U}_3=\dot{U}_c$。

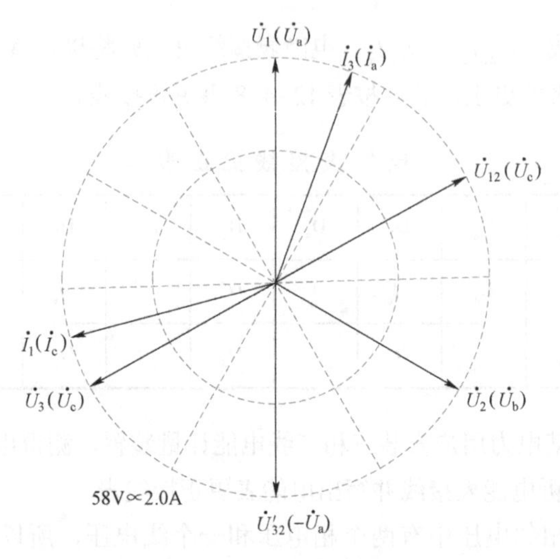

图 12–4–5 电能表相量

由此得到电能表工作电压：$\dot{U}'_{12}=-\dot{U}_c$、$\dot{U}'_{32}=-\dot{U}_a$。

由此得到电能表工作电流：$\dot{I}_1=\dot{I}_c$、$\dot{I}_3=\dot{I}_a$。

所以电能表接线：$(-U_c)I_c$，$(-U_a)I_a$。

电能表接线更正先将接入 B 相电压互感器接线极性更正，然后按表 12–4–10 再更正接线。

表 12–4–10 电能表接线更正表

接线端子	D_1	D_2	D_3	D_4	D_5	D_6	D_7	D_8	D_9	D_{10}
实际接线	$+I_c$	U_a	$-I_c$	/	$-U_b$	/	$+I_a$	U_c	$-I_a$	/
更正接线	D_7		D_9				D_1		D_3	

三、电源电压和工作电压的正确标识方法

电能表电源工作电压有正、逆两种相序，通常情况下电源相序为正相序，一般用 $\dot{U}_a$、$\dot{U}_b$、$\dot{U}_c$ 标识，因此，当我们不知电压互感器输出的相序正或逆时，可以用 $\dot{U}_1-\dot{U}_2-\dot{U}_3$ 表示接入电能表的电源电压为正相序、$\dot{U}_3-\dot{U}_2-\dot{U}_1$ 表示接入电能表的电源电压为逆相序。由于接线原因，比如电压互感器极性接反的情况下，实际接入电能表接线端子的电压为 $\dot{U}_1$、$\dot{U}_2$、$\dot{U}_3$。为了表示这种区别，我们将实际接入电能表的电压用加“′”的方式以示区别。如例题 12–4–4 中，电能表工作电压 $\dot{U}'_{12}(\dot{U}'_{ac})$，而不是 $\dot{U}_{12}(\dot{U}_{ac})$。

【思考与练习】

1. 工作人员在对某 10kV 新装运行的电力客户进行首次检验时，用仪器测得：

$\dot{U}_{12}$=100V，$\dot{U}_{32}$=100V，$\dot{U}_{13}$=100V，$\dot{U}_{12}\dot{I}_1$=225°，$\dot{U}_{32}\dot{I}_3$=345°；$\dot{U}_{12}\dot{U}_{32}$=60°，$\dot{I}_1 \approx \dot{I}_2 \approx \dot{I}_3$=1.2A。已知负荷为感性负载，请分析该接线并写出电能表更正接线表。

2. 工作人员在对某 10kV 电力用户进行现场检验时，用检验仪测得：$\dot{U}_{12}$=100V，$\dot{U}_{32}$=173V，$\dot{U}_{13}$=100V，$\dot{U}_{12}\dot{I}_1$=250°，$\dot{U}_{12}\dot{I}_3$=10°；$\dot{U}_{12}\dot{U}_{32}$=330°，$\dot{I}_1 \approx \dot{I}_2 \approx \dot{I}_3$=1.2A。请分析该客户错接线形式，请分析该接线并写出电能表更正接线表。

3. 工作人员在对某 35kV 电力用户进行检查时，通过智能电能表的显示屏得到以下数据源：$\dot{U}_{12}$=58V，$\dot{U}_{32}$=100V，$\dot{U}_{13}$=58V，$\dot{U}_{32}\dot{I}_1$=105°，$\dot{U}_{32}\dot{I}_3$=165°；$\dot{U}_{12}\dot{U}_{32}$=30° 负荷的功率因数角在−30°～30°，$\dot{I}_1 \approx \dot{I}_2 \approx \dot{I}_3$=1.2A。请分析该接线并写出电能表更正接线表。

4. 工作人员在对某 10kV 新装运行的考核线路进行首次检验时，用仪器测得：$\dot{U}_{12}$=100V，$\dot{U}_{32}$=100V，$\dot{U}_{13}$=100V，$\dot{U}_{32}\dot{I}_1$=165°，$\dot{U}_{32}\dot{I}_3$=45°；$\dot{U}_{12}\dot{U}_{32}$=300°，$\dot{I}_1 \approx \dot{I}_2 \approx \dot{I}_3$=1.2A。其中电能表接线端子 D_5 对地电压 0.1V。请分析该接线并写出电能表更正接线表。

第四部分

电能计量标准的维护

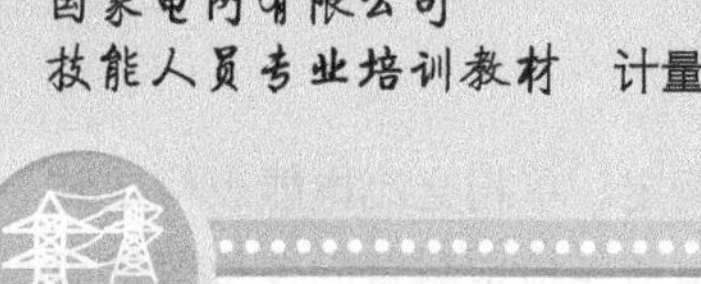

第十三章

交流电能表检定装置的维护

模块 1　交流电能表检定装置的使用维护（Z28H1001Ⅰ）

【模块描述】本模块包含交流电能表检定装置的用途、结构、原理示意（框）图及主要功能、主要技术指标、操作步骤、操作注意事项、日常维护等内容。通过概念描述、术语说明、原理分析、框图示意、要点归纳，熟悉单、三相电能表检定装置的操作、使用及维护。

【模块内容】

一、交流电能表检定装置的用途

交流电能表检定装置是开展机电式电能表、电子式电能表、标准电能表等各种交流电能表检定不可缺少的重要设备。

二、交流电能表检定装置简介

1. 结构

无论是单相电能表检定装置还是三相电能表检定装置，台体组织结构主要由以下几个部分组成：程控功率源、标准电能表、标准电压互感器和标准电流互感器（有些装置不需要配备）、挂表架、误差显示器、光电采样器、计算机等，多功能台还有通信适配器、GPS 精密时基源。

（1）程控功率源。根据计算机发出的指令，功率源输出设定幅值的电压、电流和相位，一路直接送被检表，一路经标准电压、电流互感器接于标准电能表。程控功率源的负载能力（输出容量），由表位数决定，电压输出一般按每只表 12VA 配置，电流输出一般按每只表 20～30VA 配置。

（2）标准电能表、标准电压互感器和标准电流互感器。标准电能表是检定装置的重要组成部分，是检定装置的核心，用于检定被试电能表的误差。标准电能表可以是标准功率电能表，也可以是多功能标准电能表，标准电压互感器和标准电流互感器是按一定比例扩展标准电能表的量程，是标准表的组成部分，目前大多数装置配置的标准电能表是宽量程的，所以不再需要标准电压互感器和标准电流互感器。

（3）挂表架。挂表架的表位数一般根据用户的需求确定。单相交流电能表检定装置的表位数常用的有 6、12、24、48、96 等。三相交流电能表检定装置的表位数常用的有 3、6、20、40 等；每个表位都装有误差显示器、光电采样器，多功能台每一挂表架旁还安装了通信、脉冲、功能等测试端口，配置了专用的通信、脉冲、功能等测试线。

装置与计算机间的通信一般采用 RS232、RS485、USB 或 LAN 等接口。通过计算机控制装置进行校表、走字工作，同时完成校验误差的采集、判断、化整、存储、打印等工作。

2. 工作原理

装置的工作原理是：在计算机或键盘的控制下，程控功率源提供被校表和标准电能表工作所需电压和电流；标准表将标准电能脉冲送入误差计算单元，误差计算单元同时采集被校表脉冲并与标准电能脉冲相比较计算出误差，在误差显示器及计算机显示并处理；计算机完成查询误差、监测控制电压和电流的输出、显示电压电流和功率等工作。多功能电能表检定装置的原理示意（框）图如图 13–1–1 所示。

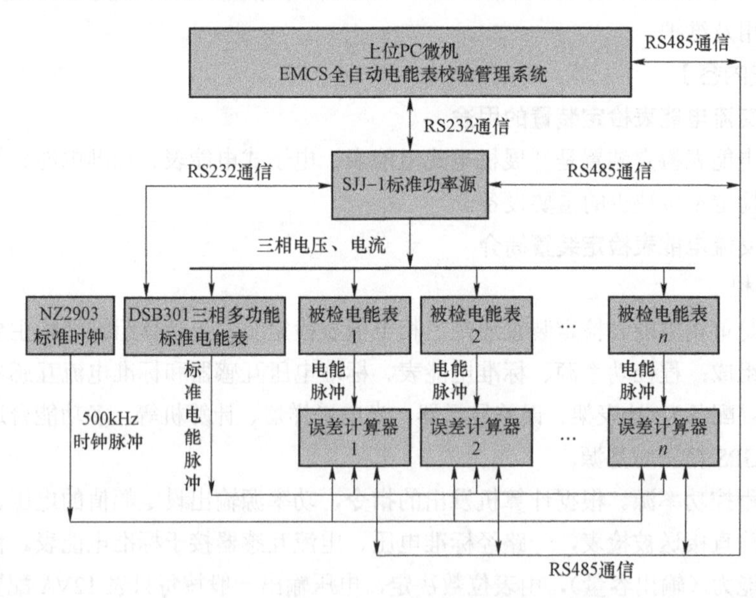

图 13–1–1 SJJ–1 型电能表检定装置原理框图

3. 主要功能

（1）可以检定机电式电能表、电子式电能表。

（2）可以根据规程要求，对起动、潜动、基本误差、标准偏差、走字试验等检定项目实行全自动检定，也可以逐项检定。

（3）检定机电式电能表时自动对色标，光电采样器可集中翻转。

（4）自动进行数据修约，打印各种报表及检定证书。

（5）先进的开关跟踪电源功放，既有开关功放的高效率，亦有线性功放的高质量输出，可输出每相电压、电流、功率、相位、频率等实时参数。

（6）可以检定不同常数的电能表，并具有常数校核功能。

（7）专用键盘、特殊功能键，能在手动检表时自动给出各类表的合元、分元相位特性，使手动检定时更方便。

（8）大电流输出（0～100A），能方便检定大电流电能表。

（9）具有自动故障检测、故障报警功能。

多功能电能表检定装置除具备上述主要功能之外，还具备以下功能：

（1）可以测量最大需量示值误差、需量周期误差、时段投切误差、日计时误差。

（2）具有时钟基准和 GPS 时钟。

（3）具有 RS232、RS485、USB 或 LAN 等通信接口，可方便地与国内外各类电能表联接。具有 RS485 和电流环通信口，能方便地读取和修改多功能电能表内数据；具有 RS485 通信口转接功能，能逐表位读出或自动设置各表位通信地址。

（4）对被检多功能电能表存储器的检查试验功能。

（5）具有自动检测通信规约功能，并且可根据用户要求更改相应通信约定。

检定装置还可以根据用户的需要，增加其他功能，如输出 2～48 次谐波、电压跌落和短时中断影响试验等。

三、交流电能表检定装置的主要技术要求

1. 准确度等级

交流电能表检定装置的准确度等级一般分为 0.01、0.02、0.03、0.05、0.1、0.2、0.3 级，根据被检表的需要配置不同等级的检定装置。

2. 输出量程及范围

输出电量的量程或范围应能满足检验各种规格电能表的需要。

（1）电压量程。交流电能表检定装置电压输出：单相 220V、三相 3×57.7V、3×100V、3×220V、3×380V，输出范围：0～120%。

（2）电流量程。输出范围一般为：（0～120）A，可以根据用户需要设置其他电流挡位。

（3）移相范围。所有检定装置的相位都能在 0°～360° 范围内任意调整。

（4）频率范围。检定装置输出电压、电流的频率范围一般为 45～65Hz。

3. 装置的测量重复性

装置的测量重复性是考核检定装置重复测量一致性的重要技术指标，通常用实验

标准差表征。

4. 装置输出功率稳定度

装置输出功率稳定度是电能表检定装置的一项重要技术指标，输出功率稳定度的测定与计算有几种不同的方法，装置在不同的使用时期应合理的选择不同的测定与计算方法，并且其技术要求与装置等级和检定方法有关。

5. 多路输出一致性要求

具有多路输出的装置，多路输出一致性是考核电能表在检定装置不同表位上所测的误差具有一致性的程度。

6. 稳定性变差

装置的稳定性变差，是考核装置短时间与检定周期内误差的变化情况的指标；短期稳定性变差，是指在15min内的最大变化值（最大误差与最小误差之差），应不超过对应最大允许误差的20%；检定周期内变差（也称长期稳定性变差），是指在检定周期内，装置基本误差的最大变化值还应不超过对应最大允许误差。

四、交流电能表检定装置的操作步骤

（1）准备工作。按国家计量检定规程，检查实验室温度、湿度等环境条件是否符合要求，并如实记录，当满足规程规定的要求时，可以开展检定工作。

（2）接线。将每只电能表接入检定装置挂表位置并固定，根据被检表规格选择正确的电流、电压量程，电流回路串联、电压回路并联，正确接入脉冲线、通信线。

（3）符合检定要求后，开启装置电源。先开装置总电源，后开标准表电源。

（4）录入检定信息，设置检定方案。

（5）按国家计量检定规程的要求进行检定。

（6）根据检定结果，出具证书或报告。

（7）关闭标准表电源，关闭总电源。

（8）拆除接线，清理现场。

五、交流电能表检定装置的操作注意事项

检定装置在使用过程中可能会出现各种故障，使用者应排除装置自身故障和操作者操作不当引起的现象，妥善处理，避免盲目操作，扩大故障。应注意以下事项：

（1）操作前仔细阅读使用手册，熟悉操作步骤。

（2）使用时注意电源开、关机顺序，避免装置电源开关时产生的脉冲干扰对标准表产生冲击。

（3）当检定装置保护电路动作时，应按照故障提示，检查电压回路有无短路、电流回路有无开路或过载等情况。如还不能解决问题，尽快联系专业技术人员进行处理。

（4）当检定装置保护熔断器熔断时，检查输入线路是否存在短路、绝缘是否击穿等情况。

（5）对新购置的装置进行首次检定时，对误差处于极限范围的一些技术指标，一定要通过厂家进行调试。否则，装置在使用一段时间后，由于某些原因，很容易造成检定装置超差，从而影响测量工作的准确性。

六、交流电能表检定装置的日常维护

（1）检定装置应放置在一个良好的工作环境中，远离强磁场和具有干扰源的环境，防尘防潮，有专人维护。

（2）为确保检定装置的准确度，主要标准器（如标准电能表）与台体配套使用，不可随意更换。

（3）检定装置长期闲置后，如果再次启用，一定要重新进行检定，合格后方可使用。

（4）检定装置要按周期进行检定或检验，对性能易失效的部件要进行重点维护，发现问题要及时处理。

（5）要保持检定装置的清洁，定期打扫，确保装置的铭牌、标识完整无损，字迹清晰。

（6）检定装置的检定或测试报告要妥善保管，便于随时掌握装置的运行情况。

（7）保存供应商的有关技术资料，有问题及时与供应商联系，确保装置的准确性和安全性。

【思考与练习】

1. 简述交流电能表检定装置的工作原理。
2. 画出交流电能表检定装置的原理示意（框）图。
3. 简述交流电能表检定装置的操作注意事项以及日常维护。
4. 简述交流电能表检定装置的功能。
5. 检定电能表时接线有哪些注意事项？

◢ 模块2 交流电能表检定装置及其检定项目（Z28H1002Ⅱ）

【模块描述】本模块包含交流电能表检定装置的检定分类、检定项目、计量性能要求、通用技术要求等内容。通过概念描述、术语说明、条文解释、列表示意、要点归纳，熟悉电能表检定装置及在不同检定方式时的检定项目。

以下重点介绍交流电能表检定装置的首次检定、后续检定、使用中的检验项目等内容。

【模块内容】

一、检定分类

交流电能表检定装置的检定根据装置使用时期的不同分为首次检定、后续检定、使用中的检验。

（1）首次检定是指对即将投入使用的交流电能表检定装置进行的检定。对新出厂的检定装置、停用多年的或因故退出工作经检修后的检定装置所进行的检定，均属首次检定范畴。

（2）后续检定是指首次检定后的任何一种检定，包括：有效期内的检定、周期检定以及修理后的检定（经安装及修理后对计量器具计量性能有重大影响时，其后续检定原则上须按首次检定进行）。

（3）使用中的检验是指为了检查装置的检定标记或检定证书是否有效，保护标记是否损坏，检定后的计量器具状态是否受到明显变动，以及误差是否超过使用中最大允许误差。

二、检定项目

依据JJG 597—2005《交流电能表检定装置检定规程》，交流电能表检定装置的检定项目根据装置的使用时期不同，检定项目也有所不同，见表13–2–1。

表13–2–1 装置的检定项目一览表

项　目	首次检定	后续检定	使用中的检验
直观检查	+	+	+
确定绝缘电阻	+	+	±
工频耐压	±	–	–
通电检查	+	+	+
装置的磁场	+	–	–
确定监示值的误差	+	+	–
确定调节范围	+	+	–
确定调节细度	+	+	–
确定相互间影响	+	+	–
确定三相装置的相序	+	–	–
确定对称度	+	+	–
确定波形失真度	+	+	±
确定输出功率稳定度	+	+	–
确定基本误差	+	+	+

续表

项 目	首次检定	后续检定	使用中的检验
确定装置的测量重复性	+	+	+
确定多路输出一致性	+	+	–
确定负载影响	±	–	–
确定同名端钮间的压降	–	–	–
确定相间交变磁场影响	±	–	–
确定短期稳定性变差	+	–	–
确定长期稳定性变差	–	+	±

注 +为必做项目；–为可不做项目；±必要时选做的项目。

三、计量性能要求

1. 基本误差

装置的准确度等级是按有功测量的准确度等级划分的，共分为0.01、0.02、0.03、0.05、0.1、0.2、0.3 级七个准确度等级。通常无功测量的准确度等级比有功测量的准确度等级低一个等级。各等级的基本误差要求均有不同，对于0.01级、0.02级这两个等级的装置，平衡负载时 $\cos\varphi$=0.5（L）的误差限与 $\cos\varphi$=1.0时的误差限是一样的，不超过装置等级。对于0.03级及以下等级的装置，平衡负载时 $\cos\varphi$=0.5（L）的误差限比 $\cos\varphi$=1.0时的误差限放宽了将近1.5倍。

2. 装置的测量重复性

装置的测量重复性指标，对于0.03级及以下装置在 $\cos\varphi$=1.0时，应不大于装置等级的1/10，0.03级以上装置适当放宽。

3. 监视示值的误差与显示

装置配置的监视仪表（含内置仪表或虚拟仪表）应与装置的测量范围相适应，在实际工作状态下，监视示值（以及不能显示的默认值）与装置的输出实际值之间的误差不超过相关规定，起动电流和起动功率的监视示值误差不超过5%，各监视仪表示值的分辨力应不超过其对应误差限的1/5。

4. 装置的输出

（1）功能。装置应具有起动试验、潜动试验功能，三相装置还应具有不平衡负载试验功能，三相装置初始状态应为正相序，能进行相序转换的装置应具有相序的指示（或监视）功能。

（2）调节范围。装置输出应有适当的调节范围，在规定的输出负载范围内，电压、电流均能平稳连续地从0调节到120%的额定值，相位调节应能保证平稳地调到所需要的示值。

（3）调节细度。电压、电流调节细度的含义是电压、电流的最小调节量与所调电压、电流工作量限额定值（上量限）的百分比，其值应不超过装置等级值的1/5。

（4）相互间影响。装置在调节电压、电流、相位（功率因数）任一参数时，会引起测量电路电压、电流、相位角、波形、频率、对称度等参数发生变化，这些参数的变化应不超过相关规定。

（5）对称度。三相装置输出的电量要求保证对称度，其要求视装置等级不同而不同。

电压对称度是每一相（线）电压与三相相（线）电压的平均值之差，用相对误差来表示，一般在±0.3%～±1.0%之间；电流的对称度是每相电流与各相电流的平均值之差，用相对误差来表示，一般在±0.5%～±2.0%之间；相位的对称度是任一相的相电流和相电压间的相位差，与另一相的相电流和电压间的相位差之差，用绝对误差来表示，0.02 级及以上装置为 1°、0.02 级以下为 2°。

（6）波形失真度。在规定的输出负载范围内，装置输出的波形失真度应不超过表 13–2–2 的规定。

表 13–2–2 装置输出波形失真度

装置的准确度等级	0.01 级	0.02 级	0.03 级	0.05 级	0.1 级	0.2 级	0.3 级
波形失真度（%）	±0.5	±0.5	±0.5	±1	±2	±2	±3

（7）功率稳定度。装置输出功率稳定度的技术要求与装置等级和检定方法有关。在规定的输出负载范围内，采用标准表法的装置，对于 0.03 级（含 0.03 级）以下的装置，功率稳定度的要求与装置准确度等级基本相同，对于 0.03 级以上的装置，功率稳定度的要求比装置准确度等级略放宽；采用瓦秒法的装置，功率稳定度的要求是装置准确度等级的 1/6～1/4。

5. 多路输出一致性

具有多路输出的装置，各路输出在满足基本误差的同时，相互间基本误差最大值与最小值的差值应不超过最大允许误差的 30%。

6. 负载影响

单相装置或三相装置的某些相，为了检定单相电子式电能表安装了隔离 TV（检多用户表时，有时安装隔离 TA），多路（多表位）隔离输出的装置，各路输出负载电压回路在 10VA、电流回路在 8VA 的范围变化时，每个表位还应满足基本误差的要求，且负载变化 50%时，误差的变化应不超过对应测试点最大允许误差的 1/2。

7. 同名端钮间的压降

（1）无接入电压互感器的装置，一般标准表是宽量程表，标准表和被检表之间，电压高端间电位差与电压低端间电位差之和与装置输出电压的百分比应不超过装置最大允许误差的 1/6。如：对于 0.1 级装置，装置输出电压为 220V 时，允许值为 36mV。

（2）接入电压互感器的装置，通常被检表接在互感器的一次，标准表接在互感器的二次，被检表和互感器一次间同名端钮间电位差之和与装置输出电压的百分比不应超过装置最大允许误差的 1/6，标准表和互感器二次间同名端钮间电位差之和与标准表输入电压的百分比不应超过装置最大允许误差的 1/8。

8. 相间交变磁场影响

装置任一相（或两相）电流回路产生的交变磁场，引起其他相电流测量误差的变化，不应超过装置最大允许误差的 1/6。

9. 稳定性变差

（1）短期稳定性变差。装置在满足基本误差要求的同时，在 15min 内的最大变化值（最大误差与最小误差之差）应不超过对应最大允许误差的 20%。

（2）周期内变差。在检定周期内，装置在满足基本误差要求的同时，0.03 级及以上（0.01 级、0.02 级、0.03 级三个等级）装置基本误差的最大变化值还应不超过对应最大允许误差。

四、通用技术要求

1. 外观

装置的外观应有明显标志，标志应包含产品名称及型号、出厂编号（或设备编号）、辅助电源的额定电压和额定频率、准确度等级及对应的测量范围（或量限）、生产日期、制造厂商（或商标）等信息。

2. 结构

装置的结构应整齐合理、线路正确、联接可靠；开关、旋钮、按键、接口等控制和调节机构应有明确标志；具有接地端钮，并标明接地符号。

3. 装置的输出端子与误差显示

装置电压、电流输出端子的位置、导通能力、结构应与测量范围相适应，能脉冲输出的端子应有明确标志。

4. 装置的磁场

在置放被检表的位置上，磁感应强度不应大于下列数值：

$I \leqslant 10A$ 时，$B \leqslant 0.002\ 5mT$；

$I=200A$ 时，$B \leqslant 0.05mT$。

5. 装置的绝缘

在室温和相对湿度不超过85%的条件下，试验部位应能承受50Hz、正弦波、电压有效值2kV、历时1min的工频耐压试验。标称线路电压低于50V的辅助电路的试验电压为500V。

在试验前后绝缘电阻值不低于5MΩ。

6. 热稳定性

制造商应给出装置达到稳定状态必需的预热时间。

0.1级及以下装置所需的预热时间不得超过半小时，0.1级以上装置所需的预热时间参照制造商在说明书中给出的进行。

【思考与练习】

1. 首次检定、后续检定、使用中的检验的概念。
2. 交流电能表装置的输出有什么要求？
3. 交流电能表装置的外观、结构有什么要求？
4. 后续检定有哪些试验项目？
5. 交流电能表装置有哪些技术要求？

模块3 交流电能表检定装置的检定（Z28H1003Ⅲ）

【模块描述】本模块包含检定交流电能表检定装置的主要设备、检定的目的、危险点分析及控制措施、检定方法、检定结果的分析处理、注意事项等内容。通过概念描述、要点归纳、计算举例，掌握交流电能表检定装置检定方法。

【模块内容】

以下重点介绍交流电能表检定装置的检定方法、检定数据修约、检定周期，通过对各检定项目操作过程的详细介绍，达到掌握交流电能表检定装置检定的操作技能。

一、检定交流电能表检定装置的主要设备

1. 电能表标准装置校验仪

电能表标准装置验仪用来测量装置的基本误差、测量重复性等技术指标，是检定装置的主要标准。电能表标准装置校验仪必须比被检装置至少高出一个等级，具有测量电能、功率、电压、电流及相位的功能，其测量范围要能覆盖装置的测量范围。

2. 其他检测设备

（1）交变磁强计：用来测量装置的磁场强度。

（2）高内阻毫伏表：可以用来测量磁场探测线圈两端的感应电动势达到测量装置磁场强度的目的，也可以测量装置的同名端钮间压降。

（3）绝缘电阻及工频耐压测试设备：额定电压 500V～ 1kV 绝缘电阻表以及容量大于 5000VA 耐压试验装置。

（4）数字电压表、失真度测试仪等。

二、检定的目的

定期对交流电能表检定装置进行检定，能够及时发现并解决交流电能表检定装置由于处于长期的工作状态下可能出现的偏差或不稳定现象，确保量值传递的准确可靠。交流电能表检定装置的首次检定项目共有 20 项，其中有 3 项为必要时选做的项目，后续检定项目为 14 项，都为必做的项目。使用中的检验项目为 8 项，其中有 4 项为必要时选做的项目。

三、危险点分析及控制措施

（1）进行耐压试验时将与电压、电流输出端子没有直接电气联系又不宜进行的部件断开，不做耐压试验的线路应接地。

（2）耐压试验位置一定要准确，否则不仅试验结果不准确，甚至可能造成设备损坏或人身伤亡。

（3）检定工作至少两人进行。

四、检定方法

1. 直观检查的内容与方法

对装置直观检查主要用目测和手动的方法从以下几个方面进行：

（1）技术资料的审核：装置及配套设备说明书、图纸等资料正确性、完整性、一致性的审核。

（2）计量器具和配套设备的检定证书的审核： 完整性、有效性、一致性，证书与实物相符。

（3）标志与结构的审核：标志齐全性、结构的合理性、可靠性。

（4）环境条件检查：开始检定前，环境条件符合检定规程的要求。

2. 绝缘电阻及工频耐压的试验方法

（1）测量设备：额定电压 1kV 绝缘电阻表、额定电压 500V 绝缘电阻表、容量大于 5000VA 耐压试验装置。

（2）环境条件：在室温和相对湿度不超过 85%的条件下。

（3）试验步骤：

1）测量绝缘电阻。选用额定电压为 1kV 的绝缘电阻表，分别在装置的电源输入电路和不通电的外露金属部件之间、装置的输出电路和不通电的外露金属部件之间、装置的电源输入电路和装置的输出电路之间进行测量，电阻值应不小于 5MΩ。

用额定电压为 500V 的绝缘表测量可触及的带电部件（工作电压低于 50V 的辅助

线路）和不通电的外露金属部件之间的电阻，电阻值应不小于5MΩ。

2）工频耐压试验。耐压试验装置高电压加在电源输入电路或输出电路、低端加在不通电的外露金属部位。

装置的各带电部分（电压、电流及参比电压超过50V的线路）之间及它们对地之间，施加为参比频率，实际正弦波的电压，有效值2kV历时1min的试验，应无放电或击穿现象。

装置参比电压小于或等于50V的线路对地及线路之间，施加为参比频率，实际正弦波的电压，有效值500V历时1min的试验，应无放电或击穿现象。

3）工频耐压试验后重新测量绝缘电阻。

3. 通电检查的方法及内容

将被检表接入装置中，接通电源，将装置处于显示被检表误差状态，按装置说明书规定时间预热。用目测的方法在预热期间进行检查，步骤如下：

（1）检查装置各功能是否正常。

（2）检查装置的显示、显示值与分辨率是否符合要求。

（3）检查量限的切换功能是否灵活、准确。

（4）检查装置的软件控制功能。

4. 确定装置的磁场

（1）试验方法。不接入被检表，电压输出端开路，电流接线端短路，辅助设备和周围电器处于正常状态，使装置输出10A和最大输出时分别测量被检表位置的磁场，三相装置应分别在三相平衡和不平衡负载下测量。

可以用交变磁强计直接测量，也可以用高内阻毫伏表测量磁场探测线圈两端的感应电动势。如采用高内阻毫伏表测量磁场探测线圈两端的感应电动势的方法时，按式（13–3–1）计算出磁感应强度分量。

$$B=\frac{E\times 10^{7}}{\sqrt{2}\times 4.44fNS} \tag{13–3–1}$$

式中 B——磁感应强度，mT；

E——探测线圈感应电势，V；

f——频率，Hz；

N——探测线圈的匝数；

S——探测线圈的横截面积，cm^2。

（2）计算方法。

分别测量被检表位置三维方向上的磁感应强度分量后，取三个分量的方和根值作

为测量结果，即

$$B=\sqrt{B_{垂直}^2+B_{水平}^2+B_{前后}^2} \tag{13-3-2}$$

计算结果应满足相关要求。

5. 确定监示值的误差与显示

（1）选择的量限和测试点。

首次检定在最大输出量限、最小输出量限、常用量限，分别带最小、最大负载时进行。后续检定、使用中的检验在常用量限带最大负载时进行。

根据装置工作原理和工作状态及以往经验，确定的常用试验点如下，如有特殊需要，可适当增加测试点。

电压监视示值为所选量限的 80%、100%、110%、115%；电流监视示值为所选量限的 50%、80%、100%；相位监视示值为 0°、60°、330°。

（2）测试方法。

将测量监视示值（电压、电流、功率、相位、频率等）参考标准的电流回路串联在装置的电流输出回路，电压测量回路并联在装置的电压输出回路，采用比较法确定监示值的误差。

6. 确定调节范围

调节任一相电压、电流的输出（其他量保持额定输出），观察电压、电流是否能平稳、连续地从零调至输出的极限（120%）。

7. 确定调节细度

接入电压、电流、功率、相位、频率等参考标准，在允许的调节范围内，平缓地调节最小调节量。

8. 确定相互间影响

所有量调至额定值的 100%后，将某一量在调节极限范围内反复调节，同时观察其他量输出的变化。如：将电压、电流、频率调至额定值的 100%，将相位在 0°～360°之间反复调节，同时观察电压、电流、频率输出值的变化。

9. 确定三相装置的相序

选择常用量限，在装置指示（或默认）对称状态，采用相序表、相量图或测量相位等方法检查装置实际输出的相序，应与指示一致。

10. 确定对称度

试验方法：

（1）选择常用量限，调节装置输出，使监视仪表显示最佳对称状态。

（2）用三只标准电压、电流表（或使用三相多功能标准电能表）同时测量装置输出的三相线电压、相电压、相电流。

（3）用下式计算

$$电压对称度（\%）=\frac{相电压（或线电压）-三相相电压（或线电压）平均值}{三相相电压（或线电压）平均值}\times 100$$

$$电流对称度（\%）=\frac{相电流-三相电流平均值}{三相电流平均值}\times 100$$

（4）测量相间相位对称度。用三只标准相位表（或使用三相多功能标准电能表），在装置输出端同时测量任一相电压和相应电流间与的相位角，取相位角之间最大差值。

（5）测量线间相位对称度。用三只标准相位表（或使用三相多功能标准电能表），在装置输出端同时测量任一相电压（电流）与另一相电压（电流）间的相位角，取与120°的最大差值。

11. 确定电压电流波形失真度

（1）选择常用量限，分别在最小、最大负载下进行测量，三相装置的各相均应测量。

（2）测量电压波形失真度可直接用失真度测试仪或谐波分析仪表测量，测量电流波形失真度时，当需要将输出转换为电压信号测量时，可在电流回路中串接一纯阻性负载进行转换。

12. 确定输出功率稳定度

（1）试验方法

1）选择常用量限、分别带最小、最大负载、测试点在功率因数1.0、0.5（L）、三相装置分别在三相平衡负载和不平衡负载下用稳定性与分辨力足够高的标准功率表进行测量。

2）1～1.5s读一次功率，测量时间至少2min，即至少读取80个功率值，读数中间不允许对输出进行调节。

（2）输出功率稳定度计算方法为

$$\gamma_p(\%)=\frac{4\cos\varphi\sqrt{\frac{1}{n-1}\sum_{i=1}^{n}(P_i-\overline{P})^2}}{\overline{P}}\times 100 \tag{13-3-3}$$

式中 P_i ——第 i 次测量的功率读数（i=1，2，3，…，n）；

$\overline{P}$ ——n 次功率读数的平均值；

n ——测量次数。

13. 确定基本误差

（1）负荷点的选择。要保证装置的准确性，原则上每一个电压、电流量程都应覆盖到，而且分别要在最大负载、最小负载下，对于三相装置，还要在不平衡负载下进行，在 JJG 597—2005 规程中规定电压 5 个量限、电流 8 个量限时三相装置首检 107 点，后续检定 63 点，单相装置电压 220V 量限、电流 8 个量限时首检 20 点、后续检定 11 点。但是一般以实际工作要求出发，实际工作中确实不需要的，可以不用测量。

（2）采用比较法直接测量基本误差。分别在功率因数为 1.0、0.5（L）、0.5（C）以及各量限的百分之百的负荷条件下进行测试。

（3）在每一负载下至少记录两次误差数据，取平均值作为检定结果。

14. 确定装置的测量重复性

（1）选择常用量限、最大负载、在功率因数 1.0、0.5（L）时分别测量基本误差。

（2）0.05 级以下装置进行不少于 5 次测量，0.05 级及以上装置进行不少于 10 次测量。

（3）每次测量必须从开机初始状态重新调整至测量状态。

（4）装置的测量重复性计算为

$$S(\%)=\sqrt{\frac{1}{n-1}\sum_{i=1}^{n}(x_i-\overline{x})^2} \tag{13-3-4}$$

式中　n——重复测量的次数；

x_i——第 i 次测量得出的相对误差，%；

$\overline{x}$——各次测量得出的相，对误差平均值，%。

15. 确定多路输出一致性

选控制量限（单相、三相三线、三相四线），各路接相同负载（例：检验标准负载），分别在功率因数 1.0、0.5（L）时，确定各路输出（设有 M 路，检定时做不少于 $\sqrt{M}$ 路，考虑布线最长、最短、中间距离）的基本误差，其最大值与最小值的差值应不超过对应最大允许误差的 30%。同时基本误差满足装置误差限要求。

16. 确定负载影响

此项要求主要针对带隔离互感器的多路隔离输出的装置。在实际工作中，电压隔离互感器所带负载种类差别很大，有容性负载、感性负载、开关型负载、整流型负载等，且视在功率各不相同，这就造成了电压隔离互感器检定时的试验点和实际工作时的状况有很大的差别，所以，对带隔离互感器的多路隔离输出的装置要求做负载影响试验。0.03 级以上标准装置如果仅对标准表量传，标准表电压、电流回路处于分离状态，装置未配隔离互感器，可以不做负载影响试验。

试验方法：装置各路输出空载（不宜空载的接最小负载），某一表位负载自空载变化至电压回路 5VA、电流回路 4VA，记录误差的变化，应不超过对应测试点最大允许误差的 1/2。应对≥$\sqrt{M}$ 路输出确定负载影响。

17. 确定同名端钮间的压降

（1）测量设备。

可选用高内阻电子管毫伏表、数字电压表或导线压降测试仪等。

（2）试验方法。

1）选择最小电压量限上限（单相装置一般为 220V、三相装置一般为 57.7V）、装置带最大负载进行，应对首次检定时所有表位、后续检定时≥$\sqrt{M}$ 路输出确定同名端钮间的压降。

2）无接入电压互感器的装置，直接测量标准表和被检表的同相两对电压同名端钮间电位差之和。

3）接入电压互感器的装置，分别测量被检表和互感器相连的同相两对电压同名端钮间电位差、标准表和互感器相连的同相两对电压同名端钮间电位差。

4）三相装置的每相均应进行测量。

（3）计算举例。

一台 0.2 级单相电能表检定装置（带隔离变压器）所测的某一表位高低两个电压值分别为 U_1=40mV，U_2=20mV，隔离变压器二次侧与标准表高低端两个电压值分别为 U_3=10mV，U_4=15mV，则：

$$U_1+U_2=40\text{mV}+20\text{mV}=60\text{mV}=0.06\text{V}$$
$$0.06\text{V}\div220\text{V}\times100\%=0.027\%$$

该装置的级别为 0.2 级，其压降标准值小于：

$$0.2\%\times1/6=0.03\%$$

由于 0.027%＜0.03%，所以所测同名端钮间的压降合格。

$$U_3+U_4=10\text{mV}+15\text{mV}=25\text{mV}=0.025\text{V}$$
$$0.025\text{V}\div220\text{V}\times100\%=0.011\%$$

该装置的级别为 0.2 级，则隔离变压器二次侧与标准表压降标准值为：0.2%×1/8=0.025%。

由于 0.011%＜0.025%，所以所测同名端钮间的压降合格。

18. 确定相间交变磁场影响

试验方法：选择控制量限，功率因数 1.0、0.5（L），分别确定任一相（或两相）对其他相的相间交变磁场影响。

例如：U 相为受影响相。

将标准表加入三相电压和 U 相电流，参考标准只接入 U 相电压和电流，另两相与装置断开，电流回路短接，测量装置误差为γ_1，然后在分别升装置 V 相（W 相或 VW

相）电流后，重新测量装置误差为γ_2，γ_2与γ_1之差就为V相（W相或VW相）电流对U的相间交变磁场影响。

19. 确定稳定性变差

（1）确定短期稳定性变差。选择控制量限，功率因数1.0、0.5（L），预热稳定后，每隔15min测一次基本误差，共进行1h，取相邻两次基本误差差值的最大值为短期稳定性变差。

（2）确定检定周期内变差。选择控制量限，功率因数1.0、0.5（L），将上次检定的基本误差与本次的基本误差比较，取其差值作为检定周期内变差。

五、检定数据的分析处理

1. 检定数据修约

（1）判断各项数据一律以修约后的数据为准。

（2）基本误差的修约间距大约为装置准确度等级的1/10（0.03级、0.3级的修约间距分别与0.02级、0.2级同）。其他数据（监视示值误差、同名端压降、失真度、稳定度、重复性等）的修约间距按10^n（n为整数）的1、2、5倍数中，选取与规定极限值1/10最接近的值做修约间距。

（3）全部项目符合要求判定为合格，否则判定为不合格。合格的装置，发给检定证书，并给出基本误差、重复性及其他受检项目的检定结果，注明可以检定的电能表的范围和准确度等级。不合格的装置，发给检定结果通知书，注明不合格试验项目。

（4）对达不到标准要求的装置，应限定范围使用，例如对标准表的接入位置以及被检表的性质等要做出规定。三相装置如果只符合单相装置的要求，用户同意时，发给单相装置的检定证书，并予以注明。检定不合格，但降级后合格的，可发给降级后的检定证书。

2. 检定周期

（1）首次检定为一年，方便性能考核。后续检定的检定周期为二年；装置检定不合格或周期内出现影响计量性能的故障，修理后重新检定的按首次检定对待。

（2）对性能良好的装置适当延长检定周期，对性能稍差的装置缩短周期，合理可行。根据装置周期变差、使用率等确定装置周期。连续两次检定合格，且基本误差和周期内变差均不超过3/5最大允许误差时，检定周期延长一年。连续两次检定中均有大于4/5最大允许误差的基本误差时，或装置使用频繁且月工作时间在200h以上时，检定周期缩短一年。

六、注意事项

（1）用于检定交流电能表检定装置的电能表标准装置校验仪应具有法定计量机构出具的有效期内的检定证书，其他检测设备也应有相应的检测报告，以保证检定的准确性。

（2）开展检定时要在装置规程规定的环境条件下进行。

（3）基本误差测量要等装置达到热稳定状态以后才可进行，预热时间按照检定装置制造厂规定的时间。

【思考与练习】

1. 直观检查有哪些内容？

2. 输出功率稳定度的计算方法是什么？

3. 用一台标准电能表测量 0.1 级三相交流电能表检定装置，在参比电压 3×220/380V、参比频率 50Hz，I_b=3×5A 下，对 $\cos\varphi=1.0$ 的负载点，重复测量 10 次基本误差，其结果见表 13–3–1，求该点的试验标准差 s。

表 13–3–1 测 量 结 果

序号	1	2	3	4	5	6	7	8	9	10
误差（%）	0.028	0.029	0.021	0.015	0.019	0.021	0.025	0.022	0.018	0.022

4. 检验 2 级有功电能表，满负荷 $\cos\varphi=1$时，标准表算定转数是 5 转，实测为第一次 4.899 转，第二次 4.995 转，请计算相对误差，并按步骤化整，结论是否合格，为什么？

模块 4 交流电能表检定装置的故障处理分析（Z28H1004Ⅲ）

【模块描述】本模块包含交流电能表检定装置的常见故障、处理方法、故障现象对检定结果的影响等内容。通过故障现象及典型案例分析，掌握交流电能表检定装置常见故障的处理方法，掌握对检定结果影响因素的分析方法。

【模块内容】

一、交流电能表检定装置的常见故障

交流电能表检定装置故障有硬件方面和软件方面，主要有开机后装置无任何反应、显示异常、联机失败、功能源过载报警、校验数据异常等。

二、交流电能表检定装置的常见故障的处理方法

1. 开机后无任何反应

大多数检定装置都采用双电源供电系统：三相四线 220/380V 或单相 220V 供电。如果打开电源开关无反应，首先须检查一下是否所有开关均已打开。如果仍无反应，应检查电源电压是否正常，并且电压是否平衡。如果 380V 断相，功率源会因保护而

断电。电源线无问题，打开机柜，检查供电电源的熔断器是否熔断，如果熔断器烧坏，更换熔断器即可。

2. 误差显示器异常

正常工作情况下，通电后功率源、标准表和误差计算器，经自检然后进入各自的菜单，误差显示窗口应能正确显示各自的表位号。如果某部分显示不正常，表现为黑屏、白板或乱码，可以有针对性地检查该部位的电源开关和电源插头线，或复位电源。

（1）所有表位均无误差。如果被检表是机械表，则可能与软件设定的电能类型不符。例如检的是无功表，但软件设定为有功电能输出状态等。如果被检表是多功能电能表，则可能是表脉冲的极性接线错误，正确接线方法参考电能表说明书。

（2）某表位无误差。首先直观判断该表位误差显示窗是否显示正常，方法是：按一下台体架旁“显示器复位”按钮，观察该表位显示器初始化过程是否正常，最终是否能正确显示该表位的表位号。其次，检查该表的接线情况，包括电压线、脉冲线。

3. 联机失败

校表应用软件通过电脑 RS232 串口与台体联机工作来完成电能表测试，包括电能误差测试和多功能项目测试。为了保证联机通信工作可靠，电脑内一般内置了一块多串口通信扩展卡，通过此专用通信卡与台体中的多路通信适配器联机，然后再利用多路通信适配器分别与功率源、标准表、误差计算器及被测试表进行联机通信。在进行联机时，可能会出现联机失败故障，这时要仔细查明原因，具体是哪一部分未连接上，再寻求解决的办法。

（1）无效的端口号错误。在进行联机时，出现端口号错误提示，说明程序在联机时调用了一个不存在的端口。一般是由于校表程序中通信端口号设置不对。可以根据电脑本身实际的 RS232 端口配置情况来重新设置校表软件。

（2）功率源与台体联机失败。分两种情况，一种是多路通信适配器工作不正常，检查多路通信适配器通信指示灯的状态，来判断多路通信适配器工作是否正常。另一种是功率源不正常，多路通信适配器到功率源通信连接线开路或功率源的 GPIB 地址不对，可以在功率源主菜单中的配置菜单中修改。

（3）标准表与台体联机失败。可以检查软件中标准表的端口号是否等同源的端口号，多路通信适配器到标准表的通信连接线是否开路。

（4）误差运算器与台体联机失败。如果误差计算器全部联机失败，说明应用软件中误差端口设置错误，应等同于源端口设置。如果有部分表位联机失败，只需将显示器复位一下再联机即可。

4. 功率源过载报警

功率源过载报警，发出短暂的鸣笛声，可以先直接观察功率源的显示窗，分清是电压异常，还是电流过载，是哪一相过载，然后关闭电源，再进行针对性的检查。

（1）电压异常。一般发生在未挂满表的时候，此时先应着重检查未挂表表位的电压线有无相互碰线或短接错。再看看接表时电压线是否被接错。另一种情况是由于台体上单、三相转换开关状态有误，检三相表时开关却停在单相位置，使电压回路过载。再一种情况是可能弄错了被检表铭牌参数信息，误加载了较高的工作电压，使功率源因过载而保护。

（2）电流过载。一般是在压装电能表时电流回路接触不良，如电流插针未插入电流接线孔，造成电流回路开路等，也有可能是功率源有故障。为了正确区分是哪一种情况，可以先拆下第一表位和最后表位的两块电能表，然后用一组电流短接线将这一头（的高端）与一尾（的低端）短接起来，此时再升电流源，如果原过载保护现象已消除，说明原电能表回路确有接触不良情况，须逐个表位仔细检查电流回路。如果仍有过载保护现象，说明功率源本身有故障。

5. 校验数据异常

如果出现校验数据不正确，或开机电压、电流输出正常，但功率显示异常时，应考虑以下几个方面：

（1）首先接线是否正确无误。检查电压、电流回路接线，确保各表位电压回路并联，电流回路串联。

（2）再确认输入的被校表常数是否与被校表的铭牌标识一致，主要是表类型（接线方式）、电能表常数、参比电压、基本（额定最大）电流等。

（3）标准表通信线接插是否正常。

（4）标准表工作是否正常。可以检查标准表电源保险是否烧坏，以及标准表的误差是否满足精度等级的要求。

三、举例

以 CL3000D 系列台体联机失败（包括源，表，误差计算器失败）为例，处理方法如下：

（1）检查计算机中 MOXA 卡板与电能表检定装置之间的 RS232 线是否松动或者信号线短路。

（2）CL303 程控功率源的 GPIB 地址值是否有误，正确应为 33。

（3）CL311 或 CL111 三相或单相多功能标准表 GPIB 地址值是否有误，正确应为 22（GPIB 地址值设置参看相应的说明）。

（4）MOXA 卡安装失败，重新安装，安装步骤参见相应使用说明书。

（5）在“系统配置”中“常规”，端口设置可能有误，出厂设置如图 13–4–1 所示。

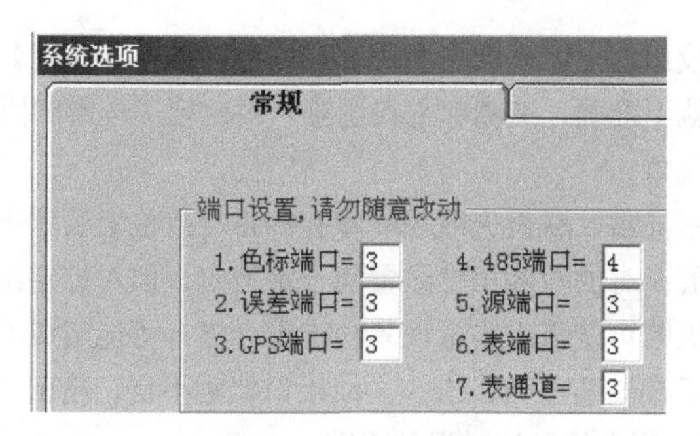

图 13–4–1　出厂设置

（6）如果出现误差计算器联机失败，可以先检查一下误差计算器上的数码管显示是否与其他表位相同，不相同的话就先按一下“显示器复位按钮”。然后退出程序，再进入程序重新联机。

四、故障现象对检定结果的影响

交流电能表检定装置出现故障，对检定结果将会产生影响，不同的故障现象产生的影响也不同。

（1）标准电能表的故障影响。

标准电能表是整个交流电能表检定装置的核心，它的准确与否直接关系到检定结果的正确与否。如果标准电能表出现硬件故障导致不能正常工作，这在检定的过程中比较容易发觉，一发现问题立即停止检定，待查明原因排除故障后再开展检定工作，这种情况对检定结果几乎没有影响。而不易察觉、对检定影响较大的故障现象莫过于标准电能表出现误差超出允许范围。标准电能表在使用过程中由于某电子元器件失效，使得基本误差超出允许值，如果不核查或检定，可能短时间内不易察觉，用该装置校出的电能表就存在问题，对企业产生极大的损失及不利的影响。

（2）实验标准差偏大的影响。

在相关的标准和规程规定了各等级的电能表检定装置允许的实验标准差的最大值。如果某装置的实验标准差偏大，超出允许的范围，使被检表的实验标准差也偏大，这种情况容易造成误导，不能正确判断被检表的准确性。

（3）检定装置稳定性变差过大的影响。

在检定过程中，只要装置能正常工作，人们的注意力往往在被检表上，所以装置稳定性变差对检定结果的影响经常被忽略。造成检定装置不稳定的原因有多方面，如检定装置配置的标准电能表本身性能不稳定、装置所采用的供电网络不是独立的、周围存在较强的电磁干扰等，都会造成装置不稳定。特别是长期稳定性变差过大不容易被发现，只有到周期检定时才被发觉。如果长期稳定性变差过大，甚至远远超出最大允许范围，这样，校出的电能表就可能都存在问题，而且还不清楚到底是从什么时间开始校出的电能表就不准确，追溯起来很困难，对检定工作影响巨大。

（4）其他故障现象。

上面提到的显示异常、联机失败等故障有的将导致检定装置不能正常工作，直接影响检定工作的开展；有的故障虽然装置能正常检定，但对检定结果有很大的影响。如：电能表通信的失败可能造成需量误差检定不合格，可能造成不能读取电能表里的电量等参数；GPS 天线安装不当、GPS 天线接口接触不良、精密时基源损坏都会造成测试 GPS 时间不对，测出的日计时误差不准。

【思考与练习】

1. 交流电能表检定装置误差校验不正常如何处理？
2. 交流电能表检定装置联机失败如何处理？
3. 交流电能表检定装置中标准电能表误差超出允许范围对检定工作有什么影响？
4. 交流电能表检定装置显示异常如何处理？

模块 5 交流电能表检定装置的建标（Z28H1005Ⅲ）

【模块描述】本模块包含建立计量标准的概念、建立计量标准的过程、《计量标准技术报告》的填写要点等内容。通过概念描述、术语说明、条文解释、要点归纳、案例介绍，掌握交流电能表检定装置的建标考核与复查的方法。

【模块内容】

以下重点介绍建立交流电能表检定装置计量标准应准备的技术资料以及开展的技术测试工作，通过案例介绍建立计量标准的过程。

一、建立计量标准的概念

为了加强电能计量标准的管理，保证量值传递的一致性、准确性，根据《中华人民共和国计量法》有关规定，凡企事业单位各项最高计量标准器具都必须经有关人民政府计量行政部门主持考核合格后才可以使用，交流电能表检定装置属于强制检定计量器具，必须经过有关人民政府计量行政部门主持考核合格后才可以使用。企事业单位申请建立计量标准考核的过程就称为建立计量标准，简称“建标”。

二、计量标准考核的程序

计量标准考核的程序主要分为四个阶段：计量标准考核的申请（申请考核前的准备、申请资料的提交）、计量标准考核的受理、计量标准考核的组织与实施、计量标准考核的审批。

（一）考核前的准备及申请资料的提交

计量标准申请考核前的准备阶段主要从计量标准器及配套设备、计量标准的主要计量特性、环境条件及设施、人员、文件集、计量标准测量能力的确认等方面着手。计量标准应当经过试运行，并考察计量标准的稳定性及测量重复性。完成《计量标准考核（复查）申请书》《计量标准技术报告》《计量标准履历书》的填写并应符合有关要求。

1. 计量标准器及配套设备

计量标准器及配套设备的配置应当按照计量检定规程或计量技术规范的要求，其计量特性应当符合相应检定规程或计量技术规范的规定，并能满足开展检定或校准工作的需要。

计量标准的量值应当溯源至计量基准或社会公用计量标准标准；当不能采用检定或校准方式溯源时，应当通过计量比对的方式确保计量标准量值的一致性；计量标准器及主要配套设备均应当有连续、有效的检定或校准证书（包括符合要求的溯源性证明文件）。

2. 计量标准的主要计量特性

（1）计量标准的测量范围。

计量标准的测量范围应当用计量标准能够测量出的一组量值来表示，对于可以测量多种参数的计量标准，应当分别给出每种参数的测量范围。计量标准的测量范围应当满足开展检定或校准工作的要求。

（2）计量标准的不确定度或准确度等级或最大允许误差。

计量标准的不确定度或准确度等级或最大允许误差应当根据计量标准的具体情况，按照本专业规定或约定俗成进行表述。对于可以测量多种参数的计量标准，应当分别给出每种参数的不确定度或准确度等级或最大允许误差。计量标准的不确定度或准确度等级或最大允许误差应当满足开展检定或校准工刊的需要。

（3）计量标准的稳定性。

计量标准的稳定性用计量标准的计量特性在规定时间间隔内发生的变化量表示。新建计量标准一般应当经过半年以上的稳定性考核，证明其所复现的量值稳定可靠后，方可申请计量标准考核；已建计量标准一般每年至少进行一次稳定创考核，并通过历年的稳定性考核记录数据比较，以证明其计量特性的持续稳定。

（4）计量标准的其他特性。

计量标准的灵敏度、分辨率、鉴别阈、漂移、死区及响应特性等计量特性应当满足相应计量检定规程或计量技术规范的要求。

3. 环境条件及设施

（1）环境条件。

温度、湿度、洁净度、振动、电磁干扰、辐射、照明及供电等环境条件应当满足计量检定规程或计量技术规程的要求。

（2）设施。

建标单位应当根据计量检定规程或计量技术规范的要求和实际工作需要，配置必要的设施，并对检定或校准工作场所内互不相容的区域进行有效隔离，防止相互影响。

（3）环境条件监控。

建标单位应当根据计量检定规程或计量技术规范的要求和实际工作需要，配置监控设备，对温度、湿度等参数进行监测和记录。

4. 人员

建标单位应当配备能够履行职责的计量标准负责人，计量标准负责人应当对计量标准的建立、使用、维护、溯源和文件集的更新等负责。

建标单位应当为每项计量标准配备至少两名具有相应能力、并满足有关计量法律法规要求的检定或校准人员。

5. 文件集

（1）文件集的管理。

每项计量标准应当建立一个文件集，文件集目录中应当注明各种文件的保存地点、方式和保存期限。建标单位应当确保所有文件完整、真实、正确和有效。

文件集应当包含以下文件：

1）《计量标准考核证书》（如果适用）；

2）《社会公用计量标准证书》（如果适用）；

3）《计量标准考核（复查）申请书》；

4）《计量标准技术报告》；

5）《检定或校准结果的重复性试验记录》；

6）《计量标准的稳定性考核记录》；

7）《计量标准更换申报表》（如果适用）；

8）《计量标准封存（或撤销）申报表》（如果适用）；

9）《计量标准履历书》；

10）国家检定系统表（如果适用）；

11）计量检定规程或计量技术规范；

12）计量标准操作程序；

13）计量标准器及主要配套使用说明书（如果适用）；

14）计量标准器及主要配套的检定证书或校准证书；

15）检定或校准人员能力证明；

16）实验室的相关管理制度；

17）开展检定或校准工作的原始记录及相应的检定或校准证书副本；

18）可以证明计量标准具有相应测量能力的其他技术资料（如果适用）。

（2）计量检定规程或计量技术规范。

建标单位应当备有开展检定或校准工作所依据的有效计量检定规程或计量技术规范。如果没有国家计量检定规程或国家计量校准规范，可以选用部门、地方计量检定规程。

（3）计量标准技术报告。

1）新建计量标准，应当撰写《计量标准技术报告》，内容应当完整正确；已建计量标准，如果计量标准器及主要配套设备、环境条件及设施、计量检定规程或计量技术规范等发生变化，引起计量标准主要计量特性发现变化时，应当修订《计量标准技术报告》。

在《计量标准技术报告》中应当准确描述建立计量标准的目的、计量标准的工作原理及其组成、计量标准的稳定性考核、结论及附加说明等内容。

2）计量标准器及主要配套设备。

计量标准器及主要配套设备的名称、型号、测量范围、不确定度或准确度等级或最大允许误差、制造厂及出厂编号、检定周期或复校间隔以及检定或校准机构等栏目信息应当填写完整、正确。

3）计量标准的主要技术指标及环境条件。

主要技术指标以及温度、湿度等环境条件应当填写完整、正确。对于可以测量多种参数的计量标准，应当给出对应于每种参数的主要技术指标。

4）计量标准的量值溯源和传递框图。

根据相应的国家计量检定系统表、计量检定规程或计量技术规范，正确画出所建计量标准溯源到上一级和传递到下一级计量器具的量值溯源和传递框图。

5）检定或校准结果的重复性试验。

新建计量标准应当进行重复性试验，并将得到的重复性用于检定或校准结果的不确定度评定；已建计量标准，每年至少进行一次重复性试验，测得的重复性应当满足检定或校准结果的不确定度的要求。

6）检定或校准结果的不确定度评定。

评定步骤、方法应当正确，评定结果应当合理。

7）检定或校准结果的验证。

验证的方法应当正确，验证结果应当符合要求。

（4）检定或校准的原始记录。

1）格式规范、信息齐全，填写、更改、签名及保存等符合有关规定的要求。

2）原始数据真实、完整，数据处理正确。

（5）检定或校准证书。

格式、签名、印章及副本保存等符合有关规定的要求；结果正确，内容符合计量检定规程或计量技术规范的要求。

（6）管理制度。

建标单位应当建立并执行下列管理制度，以保证计量标准处于正常运行状态。

1）实验室岗位管理制度。

应当明确实验室管理人员、计量标准负责人和检定或校准、核验人员的具体分工和职责。

2）计量标准使用维护管理制度。

应当明确计量标准的保存、运输、维护、使用、修理、更换、改造、封存及撤销以及恢复使用等工作的具体要求和程序。包括：计量标准器及配套设备在使用前的检查和（或）校准，唯一性标识和检定或校准状态，出现故障的处置方法，计量标准器及配套设备的使用限制和保护措施。

3）量值溯源管理制度。

应当明确计量标准器及主要配套设备的周期检定或定期校准计划和执行程序，包括偏离程序应当采取的措施。

4）环境条件及设施管理制度。

应当确保实验室的设施和环境条件适合计量标准的保存和使用，同时应当满足所开展计量检定或校准项目的计量检定规程或校准规范的要求。应当对温度、湿度等环境条件进行监测和记录，对实验室互不相容的活动区域进行有效隔离。

5）计量检定规程或计量技术规范管理制度。

应当能确保开展计量检定或校准时采用符合规定要求的计量检定规程或校准规范。

6）原始记录及证书管理制度。

应当明确计量检定或校准过程原始记录、数据处理、证书填写、数据核验和证书签发等环节的工作程序及要求。

7）事故报告管理制度。

应当明确仪器设备、人员安全和工作责任事故的分类和界定，以及各种事故的发现、报告和处理的程序规定。

8）计量标准文件集管理制度。

应当明确计量标准文件集的管理内容和要求，对文件的起草、批准、发布、使用、更改、评价、存档及作废等作出明确规定，设置专人负责，确定其借阅、保存等方面的具体要求。

6. 计量标准测量能力的确认

（1）技术资料审查。

通过建标单位提供的计量标准的稳定性考核、检定或校准结果的重复性试验、检定或校准结果的不确定度评定、检定或校准结果的验证以及计量比对等技术资料，综合判断计量标准测量能力是否满足开展检定或校准工作的需要以及计量标准是否处于正常工作状态。

（2）现场实验。

通过现场实验的结果、检定或校准人员实际操作和回答问题的情况，判断计量标准测量能力是否满足开展检定或校准工作的需要以及计量标准是否处于正常工作状态。现场实验应当满足以下要求：

1）实际操作。检定或校准人员采用的检定或校准方法、操作程序以及操作过程等符合计量检定规程或计量技术规范的要求。

2）检定或校准结果。检定或校准人员数据处理正确，检定或校准的结果是符合有关要求。

3）回答问题。计量标准负责人及检定或校准人员能够正确回答有关本专业基本理论方面的问题、计量检定规程或计量技术规范中有关问题、操作技能方面的问题以及考评中发现的问题。

7. 申请资料的提交

（1）申请新建计量标准考核，建标单位应当向主持考核的人民政府计量行政部门提供以下资料：

1）《计量标准考核（复查）申请表》原件一式两份和电子版一份。

2）《计量标准技术报告》原件一份。

3）计量标准器及主要配套设备有效的检定或校准证书复印件一套。

4）开展检定或校准项目的原始记录及相应的模拟检定或校准证书复印件两套。

5）检定或校准人员能力证明复印件一套。

6）可以证明计量标准具有相应测量能力的其他技术资料（如果适用）复印件一套。

（2）申请计量标准复查考核，建标单位应当在《计量标准考核证书》有效期届满前 6 个月向主持考核的人民政府计量行政部门提出申请，除上述资料外，还应提供以下资料：

1）《计量标准考核证书》的原件一份。

2）《计量标准考核证书》有效期内计量标准器及主要配套设备连续、有效的检定或校准证书复印件一套。

3）随机抽取该计量标准近期开展检定或校准工作的原始记录及相应的检定或校准证书复印件两套。

4）《计量标准考核证书》有效期内连续的《检定或校准结果的重复性试验记录》《计量标准的稳定性考核记录》复印件各一套。

5）《计量标准更换申报表》（如果适用）复印件一份。

6）《计量标准封存（或撤销）申报表》（如果适用）复印件一份。

（二）计量标准考核的受理

主持考核的人民政府计量行政部门收到建标单位申请考核的资料后，应当对资料进行初审，确定是否受理。

（三）计量标准考核的组织与实施

（1）主持考核的人民政府计量行政部门受理考核申请后，应当及时确定组织考核的人民政府计量行政部门。

（2）组织考核的人民政府计量行政部门应当及时委托具有相应能力的单位（即考评单位）或组成考评组承担计量标准考核的考评任务，并下达计量标准考核计划。计量标准考核的组织工作应当在 10 个工作日内完成。

（3）考评员的聘请及考评组的组成。

计量标准考评实行考评员负责制，每项计量标准一般由 1～2 名考评员执行考评任务。

组织考核的人民政府计量行政部门可以聘请有关技术专家和相近专业项目的考评员组成考评组执行考评任务。

考核分为书面审查和现场考评。新建计量标准的考评首先进行书面审查，如基本符合条件，再进行现场考评，复查计量标准的考核通常采用书面审查判断计量标准的测量能力。现场考评为首次会议、现场观察、资料核查、现场实验和现场提问、末次会议五个程序。对于在考评过程中发现的不符合项或缺陷项的计量标准，申请单位应当对存在的问题按照整改要求和期限进行改正、完善。

主持考核的人民政府计量行政部门对考核资料及考评员的考评结果进行审核，考核合格颁发《计量标准考核证书》。

三、举例说明《计量标准技术报告》的填写要点

《计量标准技术报告》要求用计算机打印或墨水笔填写，要求字迹工整清晰，共有 12 个填写栏目，下面以 SJJ–1 型 0.05 级三相电能表检定装置为例说明《计量标准技术报告》的填写要点和要求。

1. 建立计量标准的目的

简要地叙述建立计量标准的目的、意义，分析建立计量标准的社会经济效益，以及所建计量标准的传递对象及范围。

2. 计量标准的工作原理及其组成

用文字、框图或图表简要叙述该计量标准的基本组成，以及开展量值传递时采用的检定或校准方法。应符合所建计量标准的国家计量检定系统表和国家计量检定规程或计量技术规范的规定。《计量标准技术报告》中必须对装置的工作原理及组成进行简要叙述，其组成部分可以采用工作原理框图的形式表达。

【例 13-5-1】简述电能计量装置的工作原理及其组成。

答：（1）电能计量装置的工作原理：装置的程控电源根据计算机发出的指令，输出设定幅度和相角的电压、电流信号，一路直接送被检表，一路提供给标准表，计算机在被检表输出一定脉冲数的情况下，根据标准表脉冲读数与设定脉冲读数相比较，计算出被检表的误差。

（2）电能计量装置主要由以下几个部分组成：程控功率源、标准电能表、误差显示器、光电采样器、GPS 精密时基源、计算机等，有的装置还配有标准电压互感器和标准电流互感器。

3. 计量标准器及主要配套设备

计量标准器是指计量标准在量值传递中对量值有主要贡献的那些计量设备。主要配套设备是指除计量标准器以外的对测量结果的不确定度有明显影响的其他设备。“名称”“型号”和“测量范围”分别根据计量标准器及主要配套设备的商品名称、型号和测量范围或量值填写。对于可以测量多种参数的计量标准应分别给出每一个参数的测量范围和量值（计量标准的测量范围应当满足开展检定或校准的需要）。“不确定度或准确度等级或最大允许误差”栏按具体情况填写该标准器或配套设备的不确定度或准确度等级或最大允许误差（最大允许误差用符号 MPE 表示，其数值一般应带“±”号），对于能提供量值的计量标准，可直接填写所提供量值的不确定度；对于测量仪器或器具，可以填写最大允许误差或准确度等级；对于经校准并提供修正值的测量仪器或器具，可以填写修正值的不确定度。具体采用何种参数表示应根据具体情况确定，或遵从本行业的规定或约定俗成。填写时必须用符号明确注明所给参数的含义。

4. 计量标准的主要技术指标

明确给出整套计量标准的量值或量值范围、分辨力或最小分度值、不确定度或准确度等级或最大允许误差以及其他必要的技术指标。

5. 计量标准的重复性试验

应该列出重复性试验的全部数据，建议用表格的形式反映重复性试验数据处理过程，并判断其重复性是否符合要求。

【例 13–5–2】选常规的被测对象三相四线电子式多功能电能表；型号：DTSD402；出厂编号：1300099465；准确度等级：0.2S 级。常数 20 000imp/kWh，3×57.7/100V，3×5A。

被测量：交流电压：3×57.7V　交流电流：3×5A（三相四线）。

测量数据：见表 13–5–1。

表 13–5–1　重复性测量数据

测试条件：f=50Hz、3×57.7V、3×5A（三相四线）									
cos φ = 1.0 时相对误差（%）									
1	2	3	4	5	6	7	8	9	10
−0.012 9	−0.024 9	−0.016 6	−0.015 3	−0.022 8	−0.030 2	−0.035 9	−0.029 7	−0.033 3	−0.032 8
cos φ = 0.5L 时相对误差（%）									
−0.023 3	−0.048 2	−0.023 3	−0.024 9	−0.033 3	−0.045 9	−0.046 2	−0.033 3	−0.042 6	−0.048 8

由公式计算得：

cosφ=1.0 时，
$$s=\sqrt{\frac{\sum_{i=1}^{n}(x_i-\overline{x})^2}{n-1}}=0.008\% \tag{13–5–1}$$

cosφ=0.5（L）时，
$$s=\sqrt{\frac{\sum_{i=1}^{n}(x_i-\overline{x})^2}{n-1}}=0.012\% \tag{13–5–2}$$

对以上列出的重复性测量的全部数据分析与计算，其测量重复性符合规程要求。

6. 计量标准的稳定性考核

新建计量标准一般应经过稳定性考核（半年以上），证明其所复现的量值稳定可靠后方能申请建立计量标准。已建计量标准应有历年的稳定性考核记录，以证明其计量特性的持续稳定。

应列出计量标准稳定性考核的全部数据，建议用表格的形式反映稳定性考核的数据处理过程，并判断其稳定性是否符合要求。

【例 13–5–3】选择稳定的被测对象（核查标准）：三相标准电能表；型号：DSB–301；出厂编号：0305052；准确度等级：0.1 级。

被测量：电压：3×220V　电流：3×5A（三相四线）$\cos\varphi=1.0$。

测量数据见表13–5–2。

表13–5–2　稳定性测量数据

序号	相对误差（%）					
	××××年1月5日	××××年2月10日	××××年3月15日	××××年4月25日	××××年5月5日	××××年6月10日
1	+0.024 6	+0.026 1	+0.017 8	+0.013 3	+0.019 9	+0.018 9
2	+0.021 9	+0.029 0	+0.022 5	+0.013 3	+0.014 9	+0.018 9
3	+0.024 6	+0.029 0	+0.019 3	+0.013 3	+0.014 9	+0.017 4
4	+0.024 6	+0.026 1	+0.019 3	+0.011 8	+0.019 9	+0.018 9
5	+0.021 9	+0.026 1	+0.022 5	+0.008 8	+0.014 9	+0.018 9
6	+0.024 6	+0.029 0	+0.017 8	+0.008 8	+0.014 9	+0.017 4
7	+0.024 6	+0.026 1	+0.017 8	+0.008 8	+0.014 9	+0.017 4
8	+0.024 6	+0.029 0	+0.019 3	+0.013 3	+0.014 9	+0.015 6
9	+0.024 6	+0.023 3	+0.022 5	+0.013 3	+0.014 9	+0.015 6
10	+0.021 9	+0.026 1	+0.022 5	+0.008 8	+0.019 9	+0.015 6
$\bar{X}$	+0.023 79	+0.023 98	+0.020 13	+0.011 35	+0.016 4	+0.017 46

最大值和最小值之差：0.023 98%–0.016 4%=0.007 58%。

计量标准的稳定性，6组测量结果中的最大值和最小值之差为0.007 58%，小于计量标准扩展不确定度（K=2）或最大允许误差的绝对值，满足要求。

7. 检定或校准结果的测量不确定度评定

在“检定或校准结果的测量不确定度评定”一栏中应填写在计量检定规程或技术规范规定的条件下，根据JJF1059.1—2012《测量不确定度评定与表示》的要求，详细给出用该计量标准对常规的被检定对象进行检定时，所得结果的测量不确定度的评定过程。

【例13–5–4】试用举例的方法说明不确定度的评定过程。

步骤：（1）测量方法和测量程序简述。

本计量标准的测量方法是标准表法，计量标准中的电源装置输出一定功率给被测电能表，并对被测电能表的输出脉冲进行采样积分，得到的电能值与装置中的标准电能值比较，得到被检电能表在该功率下的相对测量误差。

（2）建立数学模型。

$$\gamma_{\mathrm{H}}=\gamma_0+\gamma_1+\gamma_2+\gamma_3+\gamma_4 \qquad (13\text{–}5\text{–}3)$$

式中　γ_0——测量重复性的影响；

γ_1——标准电能表误差的影响；

γ_2——标准装置电源输出不稳定的影响；

γ_3——同名端钮间电位差引起的影响；

γ_4——数据修约的影响。

其中，γ_0是A类不确定度，γ_1、γ_2、γ_3、γ_4是B类不确定度。

（3）确定各输入量的估计值x_i以及对应于各输入量估计值的标准不确定度$u(x_i)$；输入量估计值的标准不确定度$u(x_i)$采用A类方法进行评定。

对常规的被检电能表（等级为0.2级），对典型的测量点不少于10次的相对误差测量，测量列中任何一个观察值x_i的标准不确定度$u(x_i)$可用贝塞尔公式表示：

$$u(x_i)=S(x_i)=\sqrt{\frac{1}{n-1}\sum_{i=1}^{n}(x_i-\overline{x})^2} \quad (13\text{–}5\text{–}4)$$

在3×57.7V，3×5A，$\cos\varphi=1.0$条件下，被测电能表的测试数据见表13–5–3。

表13–5–3　　单次测量重复性数据

测量次数	1	2	3	4	5	6	7	8	9	10
测量值	+0.032 6	+0.045 2	+0.036 8	+0.026 9	+0.032 8	+0.047 3	+0.023 2	+0.029 7	+0.040 2	+0.036 6

$$S_{1.0}=0.008\%$$

电能表误差测定最少是两次重复测量的平均值，则该平均值的实验标准差为：

$$s(\overline{x})=\frac{s(x_i)}{\sqrt{2}}=0.005\,7\% \quad (13\text{–}5\text{–}5)$$

自由度：$\nu_s=n-1=10-1=9$。

（4）确定对应于各输入量的标准不确定度$u_i(x)$。

1）DSB0301本身的误差引起的标准不确定度分量$u_1(x)$，属均匀分布。

$$u_1(y)=\frac{0.05\%}{\sqrt{3}}=0.028\,9\%$$

自由度：$\nu_1\to\infty$。

2）SJJ–1标准装置电源输出不稳定引起的不确定度分量$u_2(x)$。

根据SJJ–1标准装置的技术指标，电源变化±10%引起的输出值变化小于满量程的0.01%，属均匀分布。

$$u_2(x)=\frac{0.01\%}{\sqrt{3}}=0.005\,77\% \quad (13\text{–}5\text{–}6)$$

自由度：$\nu_2\to\infty$。

3）同名端钮间电位差引起的不确定度分量 $u_3(x)$。

不接入电压互感器的装置，标准表与被检表电压高端间电位差与电压低端间电位差之和与装置输出电压的百分比应不超过装置最大允许误差的 1/6，属均匀分布。

$$u_3(x)=\frac{0.05\%}{6\sqrt{3}}=0.004\,8\% \tag{13-5-7}$$

自由度：$\nu_3\to\infty$。

4）数据化整引起的不确定度分量 $u_4(x)$。

电能表为 0.2 级，化整间距为 0.02%，化整间距引起的误差为 0.02%/2=0.01%

$$u_4(x)=\frac{0.01\%}{\sqrt{3}}=0.005\,77\% \tag{13-5-8}$$

其自由度为：$\nu_4\to\infty$。

对于带标准电压互感器及标准电流互感器的装置，还要考虑标准电压、电流互感器的比差及角差引起的不确定度。

（5）列出各不确定度分量的汇总表（表 13–5–4）。

表 13–5–4　　不确定度分量汇总表

不确定度来源	$u_i(x)$	灵敏系数 c	$u_i(y)=c\,u_i(x)$
测量重复性	0.005 7	1	0.005 7
标准表误差影响	0.028 9	1	0.028 9
电源输出不稳定	0.005 77	1	0.005 77
同名端钮间电位差	0.004 8	1	0.004 8
数据化整	0.005 77	1	0.005 77

（6）计算合成标准不确定度 $u_c(y)$。

$$\begin{aligned}u_c&=\sqrt{C^2u^2+C_1^2u_1^2+C_2^2u_2^2+C_3^2u_3^2+C_4^2u_4^2}\\&=\sqrt{0.005\,7^2+0.028\,9^2+0.005\,77^2+0.004\,8^2+0.005\,77^2}\\&=0.030\%\end{aligned} \tag{13-5-9}$$

有效自由度：

$$\gamma'_{\text{eff}}=uc^4/u_1^4/v_1\to\infty \tag{13-5-10}$$

（7）对被测量的分布进行估计，确定 k 值（取 k=2）。

（8）计算扩展不确定度 U。

$$U=ku_c=2\times0.030\%=0.060\% \tag{13-5-11}$$

（9）测量不确定度报告。

扩展不确定度 U=0.06%（k=2.0）。

8. 检定或校准结果的验证

检定或校准结果的验证是指对用该计量标准得到的检定或校准结果的可信度进行实验验证。验证方法可以分为传递比较法和比对法两类，传递比较法是具有溯源性的，而比对法并不具有溯源性，因此检定或校准结果的验证原则上应采用传递比较法，只有在不可能采用传递比较法的情况下才允许采用比对法进行检定或校准结果的验证，并且参加比对的实验室应尽可能多。在建标报告的“检定或校准结果的验证”一栏中直接填写实验验证的方法和测试数据，并根据验证方法进行判断。

【例 13–5–5】采用传递比较法，即用本计量标准测量一稳定的被测电能表（三相标准电能表：编号 03050054、准确度等级：0.05 级），该电能表送上一级计量标准的部门进行测量。若本计量标准和上一级计量标准的测量结果分别为 y 和 y_0，则应满足：

$$|y-y_0|\leqslant\sqrt{U^2+U_0^2} \tag{13–5–12}$$

其中：当 $\cos\varphi=1.0$ 时，检定结果验证见表 13–5–5。

表 13–5–5　　检定结果验证表

测量点	3×57.7V，3×5A（三相四线），$\cos\varphi=1.0$
本标准检定结果 y	0.005%
上一级标准检定结果 y_0	0.015%
以上两者差值 $\|y-y_0\|$	0.01%
$\sqrt{U^2+U_0^2}$	0.06%
结论	本标准检定结果实验验证符合要求

9. 结论

经过分析和实验验证，对所建计量标准是否符合国家计量检定系统表和计量检定规程或技术规范、是否具有相应的测量能力、是否能够开展相应的检定及校准项目、是否满足本规范要求等方面给出肯定性的总评价。

10. 附加说明

主要包括：采用的检定规程、实验数据原始记录、计量标准装置的操作程序、其他必要的文件和资料。

【思考与练习】

1. 建立计量标准有哪几个阶段？

2. 新建电能表标准应向主管考核的部门递交哪些资料？

3. 如何对电能表测量结果的不确定度进行评定？

4. 计量标准考核分哪几个阶段？

5. 为了保证计量标准的正常运行，建标单位至少要建立哪几方面的管理制度？

模块6 电能表标准装置校验仪的使用和维护（Z28H1006Ⅲ）

【模块描述】本模块包含电能表标准装置校验仪的用途、主要特点、主要功能、操作方法、使用维护等内容。通过概念描述、术语说明、流程介绍、图解示意、要点归纳，掌握电能表标准装置校验仪的使用和维护。

【模块内容】

一、电能表标准装置校验仪的用途

根据JJG 597—2005《交流电能表检定装置检定规程》，交流电能表检定装置检定项目有20项之多。以往的测试都是采用单功能的检测仪器，则所需检测仪器要很多种，携带非常不便。近几年来，国内外的厂家在多功能数字式标准功率电能表的基础上研制出专用于检定电能表检定装置的校验仪，用一台校验仪即可检定装置的多项检定项目，称为电能表标准装置校验仪。

二、电能表标准装置校验仪的主要特点

电能表标准装置校验仪是检定交流电能表检定装置的主要标准，具备如下特点：

（1）高精度：电压、电流、功率、电能等综合测量达到0.05、0.03、0.02级。

（2）多功能：一表多用，电压、电流、相位、频率、有功、无功、误差等同时测量。

（3）宽量程：测量范围可以覆盖常用的交流电能表检定装置量程范围，电压30～1000V，电流0.25～100A。

（4）可用外部标准对电压、电流、功率误差进行校准。

（5）可对自身三相电压、电流、功率测量的一致性进行自检。

（6）有标准电能脉冲输出，脉冲常数自动设置，也可人工设置，便于量值传递。能同时采集三路电能表的输入脉冲，进行相加和误差计算。因此可以检定由三块单相标准表组成的三相电能表检定装置。

三、电能表标准装置校验仪的主要功能

电能表标准装置校验仪具有测量电能误差、校验电压表、电流表、相位表、频率表、计算S值、谐波和失真度、稳定度等功能。目前国内生产仪器电能表标准装置校

验仪都内置工控机，采用大屏幕液晶显示屏，操作直接通过“人机对话”形式，通过面板按键或外接键盘来完成，主要功能如下。

（1）功率测量功能强大，具有三相四线有功、三相三线有功、三相四线真无功、三相三线真无功、二元件跨相 90°无功、三元件跨相 90°无功、二元件人工中点（或 60°内相角）无功等多种测量方式，适合于校验各种接线原理的有功、无功功率表和有功、无功电能表。可以测量三相四线、三相三线、单相有功电能及无功电能的基本误差。

（2）实时相量图可以非常直观地显示三相电压、电流之间的相位关系，很容易发现接线错误，对于故障检查十分有用。尤其对于三相有功功率表和各种原理的三相无功功率表的分元件校验特别有用。

（3）可以测量电能表检定装置的技术指标，主要可以测量：装置的相序；电压、电流、功率稳定度；标准偏差估计值；电压电流畸变因数；三相电压电流不对称度；电压电流调节器、移相器检查；磁感应强度测定；电压端钮之间电压降测定等。

（4）可以测量交流电压、电流、有功、无功、视在功率、相位、功率因数、频率。可以对监视仪表的误差进行测定。

（5）电压、电流、频率等各种影响量引起的改变量测定，可以测量输入电压、输出电压、电流的相序。

（6）具有谐波测量功能，可以测量失真度和 2～15 次谐波的含量，还能显示谐波棒图，直观观察谐波比例。

（7）自动测量三相电压（线电压、相电压）对称度、三相电流对称度、三相相位差之间的最大差值。

（8）具有软件校准功能，大大提高了校准的可靠性和工作效率，彻底克服了硬件校准的一切弊端。

（9）具有 RS232 接口，可与 PC 机连接，将测量数据传送到 PC 机上，经数据修约后打印检定证书、检定结果通知书或检定记录。

另外可以显示三相电压、电流相位、相位差及相量图，可以任意组合显示三相电压、电流波形图。

四、电能表标准装置验仪的操作

1. 接线

（1）三相四线有功功率测量接线方式。

电压端子接法：U_a、U_b、U_c、U_o端子与装置输出的相应端子连接，即电压并入被检设备的电压输出回路。

电流端子接法：I_a、I_b、I_c的高低端子与装置输出的相应端子连接，即电流串入被检设备的输出回路。

（2）三相三线有功功率测量接线方式。

电压端子接法：U_a、U_c、U_o端子与装置输出的相应端子连接，U_b可接于装置输出的U_b（该相不应输出电压），也可接于装置输出的U_o。即电压并入被检设备的电压输出回路。

电流端子接法：I_a、I_c的高低端子与装置输出的相应端子连接，装置不应在I_b中输出电流。即电流串入被检设备的输出回路。

（3）脉冲输入及输出的接线方式。

任何标准电能计量器在使用说明书中对脉冲输入、输出端口都有明确的定义。

2. 操作步骤

按照主菜单的提示进行操作，主菜单中常常包含如下内容：

（1）功率和功率因数测量：主要显示三相有功功率、无功功率和总有功功率、无功功率和功率因数。同时可测量三相的总有功功率、总无功功率、总视在功率及总功率因数。

（2）伏安测量：可分别测量出该接线方式下的每相电压、电流值。

（3）相频测量：在主菜单中，将光标移到“相频测量”上，按回车键，出现图13-6-1所示画面，即进入相频测量功能。此时可测量各相电压、电流的相位，并显示整个输

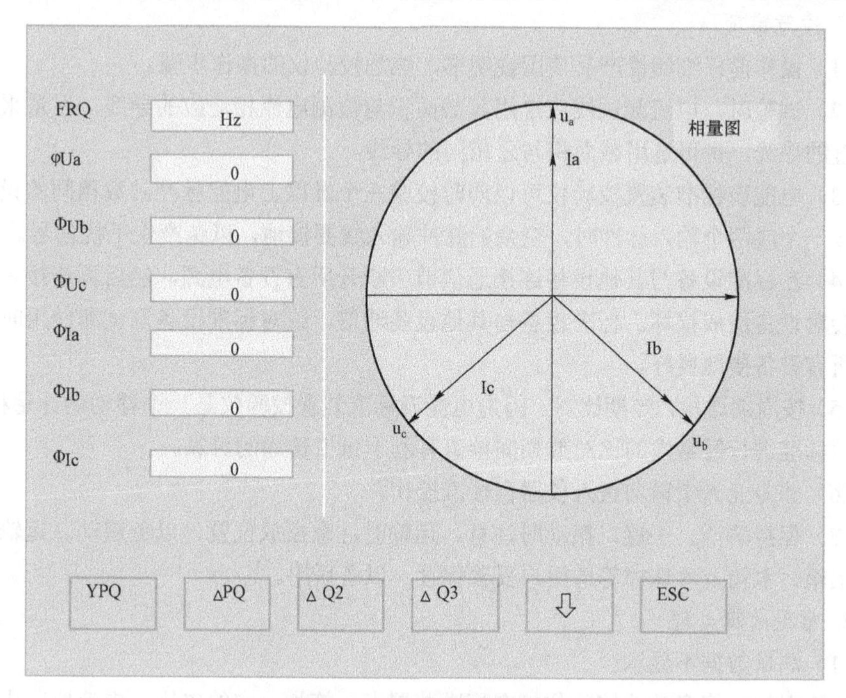

图13-6-1 相频测量画面

入电量的相量图。在此画面中，可按不同测量方式显示不同的相量图，只需按下方的接线原理按键即可。按“↓”键可显示每相电压、电流之间的相位差。在此画面左上方有 FRQ 栏，在此显示处输入交流电量的频率测量值。

（4）谐波测量：显示当前每一相别的电流、电压谐波及波形测量，并计算波形失真度。可分别测量 I_a、I_b、I_c、U_a、U_b、U_c 的失真度和各次谐波含量，并显示谐波棒图。如果没有输入电量，显示的将是噪声波的棒图。

（5）波形测量：同时显示某相输入电压和输入电流的波形。按下“A”“B”“C”键可选择显示相应相的输入电压输入电流的波形，并将相别显示在左上角。

（6）参数设置：可以设置电压挡位、电流挡位、接线方式、电能表常数、校表圈数等参数。

（7）误差计算电能误差测量画面，只要正确接入被校设备的电压电流和脉冲输出信号，并设置好相应的电能表常数、校表圈数和校验方式，进入该画面后就自动开始计算误差。

（8）其他功能测试：可以通过选项对功率稳定度、标准偏差估计值、不对称度等功能的测定。

五、电能表标准装置校验仪的使用维护

1. 注意事项

（1）操作前仔细阅读产品使用说明书，熟悉校验仪的操作步骤。

（2）试验时，电流测试线应选用其截面积与被测电流相适应的导线，尽量采用本机配置的导线，也可选用截面积与之相同的导线。

（3）电能表标准装置校验仪可以同时校验三个及以上电能脉冲常数相同的设备，当只接一个或两个输入脉冲时，空余的脉冲输入线要接地，以免产生干扰信号。

（4）在标准设备与其他设备连接通信前应断开所有设备电源，然后再连接。带电连接会对设备造成损坏。标准设备与其他设备通信，或对标准设备测试和使用时，应确保所有设备接地良好。

（5）按周期送检，定期比对。因为电能表标准装置校验仪是一个移动的计量标准，与其他标准进行经常性的比对或期间核查有利于量值传递的可靠。

（6）非专业人士请勿进入仪器自校准操作。

（7）保持清洁、干燥，搬动时注意，运输时注意摆放位置，以免震动。运输用的包装铝箱、木箱及珍珠棉等请用户妥善保存，以备后用。

2. 常见故障处理

（1）测量数据不显示。

故障现象：将多功能校验仪接在标准装置上，施加一定的电压、电流值，电压、

电流显示窗口为零，不显示测量数据。

处理方法：将标准装置电压、电流降为零，检查电压、电流线是否连接正确可靠，电压、电流挡位是否显示正常。面板上显示不正常请重新开关一次，再升电压、电流试一下，如仍不能正常，请与厂家联系。

（2）收不到脉冲，误差异常。

故障现象：当校验仪收不到脉冲时，会出现校验圈数不变化、误差显示不变化的状态，或误差显示异常，显示50%甚至更大。

处理方法：

1）校验仪低频参数设置是否正确或高频输入是否正确。

2）检查输入脉冲接线是否正确。

3）检查被检标准装置台体上标有 F_L、F_H、GND 三个接线端子是否正常，是否有脉冲输出。

【思考与练习】

1. 电能表标准装置校验仪的主要特点有哪些？

2. 电能表标准装置校验仪的主要功能有哪些？

3. 如何对电能表标准装置校验仪进行维护？

4. 电能表标准装置校验仪出现误差异常故障如何处理？

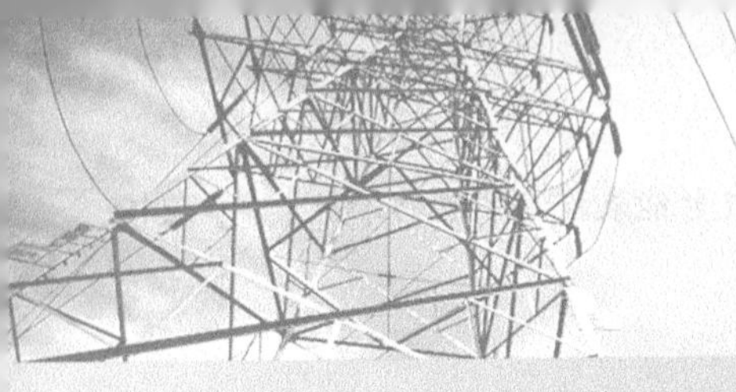

第十四章

电能表现场校验仪的维护

模块1　电能表现场校验仪的故障处理（Z28H2001Ⅱ）

【模块描述】本模块包含电能表现场校验仪的用途、单相电能表现场校验仪的基本原理及特点、三相电能表现场校验仪的结构、原理框图及主要特点、使用电能表现场校验仪的注意事项、电能表现场校验仪的常见故障及处理方法等内容。通过概念描述、术语说明、原理分析、图解示意、要点归纳，掌握电能表现场校验仪常见故障判断及处理。

【模块内容】

一、电能表现场校验仪的用途

电能表现场校验仪是电能计量人员现场校验电能表的计量标准，它不仅能够对电能表进行现场校验，还可以对计量回路的接线正确性进行检查，因此，广泛应用于发、供电公司的电能测量、用电检查、电力稽查、差错接线、追补电量等方面。电能表现场校验仪按结构分为单相电能表现场校验仪和三相电能表现场校验仪两种。

二、单相电能表现场校验仪的基本原理及特点

1. 单相电能表现场校验仪的结构

单相电能表现场校验仪上一般为手持式，整体分为三大部分：采样部分、显示部分和按键部分。

（1）采样部分：将被测量的电压、电流变换成小电压、小电流信号。电流的采样可以通过串联至被测电路中取得，也可以通过钳形电流表来完成，钳形电流表的大小应根据被测电流的大小更换，以提高测量精度。

（2）显示部分：显示部分为大屏幕液晶LCD显示，中文显示方式，能同时显示所有测试的电参数。

（3）按键部分：按键部分一般都由功能按键和数字键组成。功能按键包含复位键、回车键、保存键、退出键等，数字键是由0～9组成。按键部分用于参数的设置、状态的修改、菜单的选择等功能的实现。

2. 单相电能表现场校验仪的工作原理

单相电能表现场校验仪采用数字乘法器原理，将电流、电压进行一次变换，分别送入两路高速、高精度 A/D 转换器进行采样，将其结果送入数字乘法器相乘，通过 MCU 进行处理，即可得到相关的电量参数。

3. 单相电能表现场校验仪的主要功能及使用

单相电能表现场校验仪功能较为简单，可以进行单相电能表的校验和低压变比的测试，采用大屏幕 LCD 点阵液晶显示器，可以显示各种测量数据和测量误差。

由于不同的生产厂的校验仪，操作方式略有不同，所以现场操作时要仔细阅读使用说明书，熟悉操作步骤后再进行现场使用。操作时一般使用内部锂电池供电，钳形电流表接入电流的方式进行校验或测量，采样方式可以是光电、脉冲，也可以用手动控制开关，试具体情况而定。

三、三相电能表现场校验仪的结构、原理框图及主要功能

1. 三相电能表现场校验仪的结构

电能表现场校验仪主要由采样单元、测量单元、数据处理单元、显示单元、通信单元、电源单元组成。

（1）采样单元：将外接的电压、电流变换成测量单元能处理的小电压信号。

（2）测量单元：根据电压、电流采样信号通过 A/D 转换形成功率、电压、电流等。

（3）数据处理单元：采用 DSP 高速数字信号处理器对各种数据进行处理。

（4）显示单元：采用大屏幕的液晶显示器，显示各测量值及相量图等信息。

（5）通信单元：现场校验仪通过 RS232 接口与外围设备进行数据交换，将处理后的数据送出进行计算、显示、存储、管理。

（6）电源单元：将外接电源转换成电能表现场校验仪所需的工作电源。一般有外接 220V 电源和利用输入电压作为工作电源两种方式。

2. 三相电能表现场校验仪的原理框图

目前的电能表现场校验仪大多采用数字交流采样技术，选用高速 A/D 转换芯片和 DSP 高速数字信号处理器，对电能表的测试数据全部实现数字化处理，并将处理后的数据进行计算、显示、存储。三相电能表现场校验仪的原理框图如图 14–1–1。

3. 三相电能表现场校验仪的主要功能

（1）可显示实时相量图及每相的实时测量波形，方便现场查线，具备自动接线识别功能。可以识别经互感器测量和直接测量的各种三相四线接线方式和三相三线接线方式，报告识别结果，并给出电量纠正系数。

（2）能判断接线错误原因、计算差错电量，识别各种窃电手段。

（3）可对谐波进行实时测量及分析，能测量 2～63 次谐波含量和失真度。

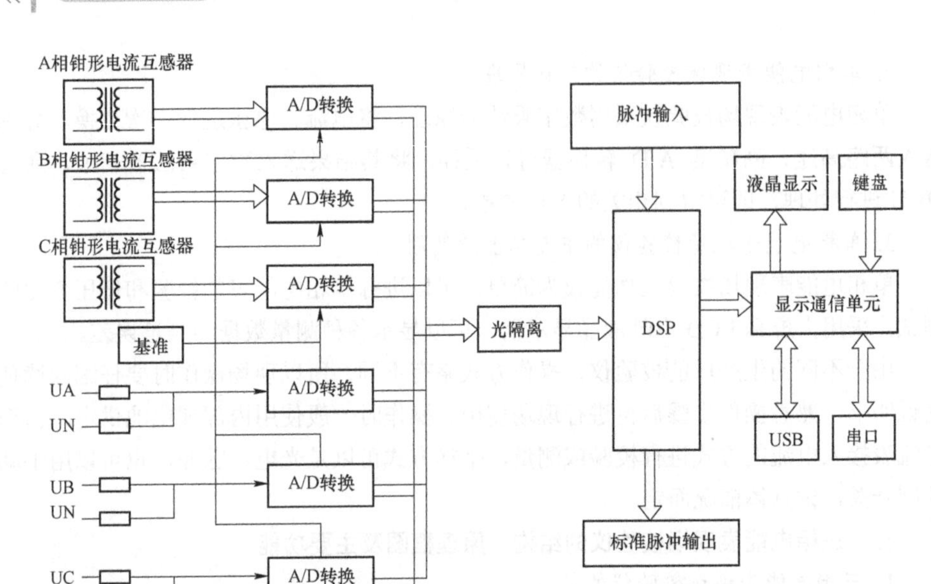

图 14-1-1 三相电能表现场校验仪的原理框图

（4）具有丰富的操作界面，可测量三相四线和三相三线的电压、电流、频率、相位、功率因数、有功功率、无功功率、视在功率等电参数。

（5）可现场校验单相有功电能表、三相三线有功电能表、三相四线有功电能表、单相无功电能表、三相三线无功电能表、三相四线无功电能表。

（6）可以同时检验主副电能表或同一只电能表的有功电能和无功电能。

（7）既可直接测量输入电流，也可通过钳形电流表不断开接线测量电流。可配四套不同规格的钳形电流表，范围在 1～1000A 内自选（标配 5A，选配 100、500、1000A 钳形电流表），四套钳形电流表具有独立的校准系数，可分开独立校准。

四、使用电能表现场校验仪的注意事项

1. 接线

测试前要根据现场不同的测试对象进行正确的接线，对于三相三线的测量线路，不同型号的校验仪接线方式有所不同，应仔细阅读产品使用说明书，确认接线牢靠，确保电压测量回路不短路，电流测量回路不开路。

连接脉冲线时注意脉冲输出极性，注意不要发生短路的现象。

2. 电流测量挡位选择

根据现场所测电流的大小来选择电流测量挡位。电能表现场校验仪一般有 1、5、20A 或其他不同的挡位，电流测量挡位的选择确保通过现场校验仪的电流不低于标定电流的 20%。

3. 钳形电流互感器

（1）使用钳形电流互感器时，注意钳形电流互感器的电流方向。每只钳形电流表上两侧分别标有标识，如“P”或者“L”，表示电流输入方向即钳形电流互感器“同名端”。

（2）校验仪配用的钳形电流互感器在出厂前同校验仪已综合调试好，与各相电流相对应，因此不要互换，否则会带来一定的测量误差。

（3）电能表校验仪开机前应插好钳形电流互感器插头，同校验仪一起按照规定预热。

（4）现场校验 0.5S 级及以上电能表时，不宜使用钳形电流表进行电流采样。

4. 工作电源

开机前，要确认选择电源的供电方式，电源开关要切换在相应的位置上，优先使用内置电池工作。

五、电能表现场校验仪的常见故障及处理方法

电能表现场校验仪的常见故障有开机无任何显示、液晶屏显示故障、误差显示异常等。

1. 开机无任何显示

开机后能听见仪器内有继电器工作的咔哒声或看见风扇转动，屏不亮或不显示，重新开机一次，如不起作用，把脉冲线或光电头拔下，再重新开机，如正常，应为脉冲线或光电头插头内接线短路，如仍不显示，可能为其他复杂故障，可与供应商联系。

2. 液晶屏显示故障

（1）液晶屏显示蓝屏现象：可能是显示板显示芯片损坏或显示排线折断。处理办法：更换显示板或显示线。

（2）液晶屏显示黑屏现象：可能液晶损坏或液晶驱动损坏，也可能电源部分损坏。处理办法：换液晶显示器或液晶驱动电路或维修电源。

（3）液晶屏不显示：大多数原因是现场校验仪工作电源出现故障。处理办法：首先检查电源线是否接好插紧，再检查电源熔断器是否完好，然后再考虑是否其他故障。

三相现场校验仪供电方式有两种：内接和外接。内接是从 U、V、W、地四个电压插孔取的线电压作为仪器的电源。外接是从仪器上的国标电源接口供电。如果打开电源无反应，先检查电源开关是否打在正确的电源位置上，如仍无反应，应检查所使用的电源是否有电压，电压是否正常。如电源无问题，请检查外接电源接口上的玻璃保险管是否熔断，如熔断更换保险管。

3. 误差显示异常

在正常工作情况下，开机后仪器经过自检后进入测量界面，接线正确，设置好参数后，就可以显示电压、电流、相位、功率与误差。如果出现校验误差不正确，应考虑以下几个方面：

（1）确认接线是否正确，检查电压、电流回路接线，确保电流方向正确，可以从仪器显示的相位图判断。因现场使用钳形电流互感器的较多，使用时注意钳形电流互感器的电流正反方向，钳口是否完全闭合，钳口的铁芯上有无异物。如没有电流或不正常，请检查钳形电流互感器的插头是否断线或接触不良。

（2）确认输入的被校表常数是否与被校表铭牌标识一致。

（3）确认校验仪是否收到被校表的脉冲，如收到脉冲，误差圈数 N 就会从设置的圈数递减，减到 0 时出一次误差值，未收到脉冲，圈数 N 不会变化，误差值不变化。对于机电式电能表，要确认光电头对准转盘色标，转盘每转一圈，光电头闪动一次，仪器上的误差圈数 N 减一圈。对于是电子式电能表，要确认校验脉冲输出端子接线是否正确。

【思考与练习】

1. 单、三相电能表现场校验仪的结构有什么不同？
2. 液晶屏不显示时如何处理？
3. 现场校验时误差显示异常如何处理？

模块 2 电能表现场校验仪对测试结果影响分析（Z28H2002Ⅲ）

【模块描述】本模块包含电能表现场校验仪误差特性的影响、现场校验仪自身故障影响、电能表现场校验仪操作方式的影响等内容。通过概念描述、术语说明、要点归纳、示例说明，掌握电能表现场校验仪对误差测量结果影响因素分析判断的方式。

【模块内容】

电能表现场校验仪主要用于在线测试，电能表现场校验仪由于自身的误差特性或使用人员操作方式不同等因素，会对测试结果产生一定的影响。

一、电能表现场校验仪误差特性的影响

电能表现场校验仪自身存在误差或预热时间不够，自身未达到稳定工作状态，对测试结果有非常大的影响。如果校验仪自身的误差为 γ_0，用该校验仪测量电能表的实际误差应为测量值与 γ_0 的代数和。

【例 14-2-1】一台 0.1 级电能表现场校验仪，在参比条件下的基本误差为+0.08%，在相同条件下测量 0.5 级电能表的误差为+0.45%，如果忽略校验仪的误差，该表合格，而实际上该电能表的误差应为+0.53%，该表不合格。

因此，如果电能表现场校验仪自身误差偏大，现场测试的电能表误差也接近误差极限时，就要充分考虑校验仪自身误差的影响，再对测试结果作出判断。

为保证现场校验准确，要对电能表现场校验仪进行定期核查，并且在带到现场开展测试工作前、后在实验室进行比对。

二、现场校验仪自身故障影响

1. 钳表因素

钳形电流互感器使用不当造成测量误差大，会大大降低其测量的准确度。应当注意，钳口要闭合良好，不得有气隙和灰尘，被测电流线与电流钳垂直并从钳口圆心通过。要真正做到这一点很难，一般情况下，由于钳口留有灰尘可造成0.1%以上的误差，由于电流线通过钳口的位置不合适可造成0.5%的测量误差。

2. 工作电源影响

现场校验仪工作电源有两种供电方式，即外接交流220V电源或通过某相TV二次电压供电。当被测电压信号源的负载能力较低时，仍然使用通过TV二次电压获取电源，此时，现场校验仪消耗更多的功率，影响现场测试的误差。所以当被测电压信号源的负载能力较低以及二次负荷阻抗较大时，建议优先使用外接电源供电方式，以保证测量的准确性。

3. 现场校验仪自身故障

现场校验仪自身故障的影响就更大，严重的不能测试，无法得出正确的测试结果。

三、电能表现场校验仪操作方式的影响

1. 检验方法

脉冲输出频率较高时，如20 000imp/kWh，校验仪无法迅速反应此高频信号，对这种高频信号不进行分频就进行校验，测试结果就不准或根本无法测量。

2. 检验圈数的设置

现场检验常采用的方法是定低频脉冲数（N）比较法，被检表的低频脉冲数N要适当的选择，使得标准表的显示数字满足表14–2–1 的规定。

表14–2–1　　各级标准电能表累计数字

电能表准确度等级	0.02 级	0.05 级	0.1 级	0.2 级
最少累计数	50 000	20 000	10 000	5000

现场校验时常用“圈数”代替低频脉冲数N，可根据电能表转动的快慢设置为1～10圈，电能表转动较慢时可选择2～5圈，电能表转动较快时可选择5～10圈。如果选择不当，造成误差测试结果重复性差，影响结果的判断。

【例 14–2–2】某只 0.2S 级三相电能表，负荷电流为 5A，被检表常数为 6400imp/kWh，用电能表校验仪现场测试该表误差时，取圈数 n=2，检验的误差在+0.30%～+0.60%之间跳变，且每两次误差出现的时间间隔很短，小于 5s。此时，对测量值就不能简单的取两次平均，无法准确判断该表是否合格。所以说现场校验时，圈数的选择对测量结果有很大的影响。

现场校验“圈数”的选择有两个原则，一是低频脉冲数的选择要保证校验仪累计的脉冲数不少于表 14–2–1 的规定，二是校验仪每两次误差出现的时间间隔不能小于 5s，时间以大于 10s 为宜。

【思考与练习】

1. 电能表现场校验仪自身故障影响主要有哪几方面？

2. 电能表现场校验仪操作方法的影响有哪些？

3. 现场校验“圈数”如何选择？

第十五章

互感器现场检验设备的维护

◢ 模块 1　电流互感器现场检验设备的使用维护（Z28H3001 Ⅰ）

【模块描述】本模块包含电流互感器现场校验的设备，主要介绍标准电流互感器、电流互感器现场校验仪的工作原理及技术参数，以及负载箱、升流器、调压控制箱等设备特点及主要技术指标等内容。通过概念描述、术语说明、原理分析、图解示意、要点归纳，掌握电流互感器现场校验设备的使用方法。

【模块内容】

一、概述

电能计量的正确与否，与电流、电压互感器的准确度有直接的关系，为保证计量互感器准确计量，有必要对互感器进行定期测试，由于互感器安装的特殊性，测试一般都在现场进行。电流互感器现场检验设备主要有标准电流互感器、互感器校验仪、测试导线、电流负荷箱、试验电源等。

二、标准电流互感器的特点及技术参数

1. 标准电流互感器的特点

标准电流互感器的工作原理与普通测量用电流互感器一致，不同的是用作标准电流互感器的一次电流由多个量程组成，可检定任意变比的电流互感器。并且其准确度等级更高，一般由 0.05 级至 0.000 1 级，甚至更高。按照 DL/T 448—2016《电能计量装置技术管理规程》规定，Ⅰ、Ⅱ类电能计量装置配置 0.2S 级的电流互感器，Ⅲ、Ⅳ、Ⅴ类电能计量装置配置 0.5S 级的电流互感器。一般说来标准电流互感器应比被检电流互感器高 2 个准确度级别，所以现场使用的标准电流互感器只要选择 0.05 级或 0.05S 级就能满足现场测试要求。

2. 标准电流互感器的技术参数

（1）使用温、湿度。按 JJG 1021—2007《电力互感器检定规程》的环境条件要求：环境气温-25～55℃，相对湿度≤95%。

（2）额定电流比。也称标准电流比，额定一次电流与额定二次电流的比值，一般为0.1A～10 000A/5A、0.1A～10 000A/1A，各型号电流比范围略有不同。

（3）额定负荷和下限负荷。额定负荷是互感器在规定的功率因数和额定二次电流下运行时的视在功率；下限负荷通常按照额定负荷的1/4选取，二次电流为5A的电流互感器，其最小下限负荷为3.75VA，额定电流为1A的电流互感器，最小下限负荷为1VA。有特殊要求的电流互感器，其下限负荷按照铭牌标称处理。

（4）额定二次负荷的功率因数。额定工况下互感器二次回路所带负载的功率因数，一般为$\cos\varphi=0.8$（L）～1。

3. 标准电流互感器的技术要求

（1）标准电流互感器应比被检电流互感器高两个准确度等级，在检定环境条件下的实际误差不大于被检互感器基本误差限值的1/5。

（2）其额定电流比应比被检电流互感器相同。

（3）标准电流互感器的变差（电流上升和下降时两次所测得误差之差）满足有关规定。

（4）标准电流互感器的实际二次负荷（含差值回路负荷），应不超出其规定的上限与下限负荷范围。如果需要使用标准电流互感器的误差检定值，则标准电流互感器的实际二次负荷（含差值回路负荷）与其检定证书规定负荷的偏差，不应大于10%。

4. 使用标准电流互感器的注意事项

（1）标准电流互感器必须具有法定计量检定机构的检定证书。

（2）一次有电流时，二次回路不能开路。

（3）不允许带电接线和转换量程。

（4）金属外壳可靠接地，以保证使用精度和人身安全。

三、互感器校验仪的工作原理、结构特点及主要技术指标

1. 互感器校验仪的工作原理

互感器校验仪是专门用于测量各种互感器误差及其负载的精密仪器，根据工作原理不同，互感器校验仪也有几种不同的形式。本模块主要简单介绍智能型互感器校验仪的结构与工作原理。智能型互感器校验仪一般由信号输入、微处理器、鉴相电路、正交同步分离电路、模数转换电路、键盘及显示组件等组成。原理框图如图 15-1-1所示。

智能型互感器校验仪的测量原理是将基准信号和差值信号经信号输入部分进入各自通道（电流测试通道或电压测试通道），差流或差压信号在各自的通道中经放大、滤波后，分别采出同相分量和正交分量，经A/D转换后进入微处理器，运算后显示被测电流互感器的比值误差和相位误差。

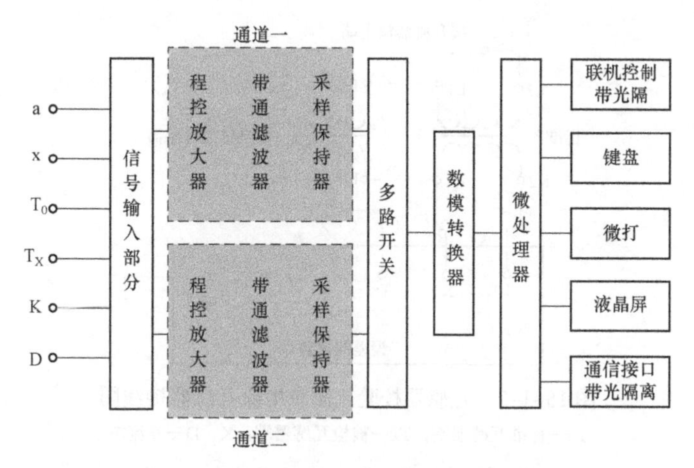

图 15-1-1　智能型互感器校验仪原理框图

2. 互感器校验仪的技术要求

（1）测量准确度要求。

互感器校验仪有 1、2、3 级三个准确度等级，以 2 级为例：

同相分量：$\Delta f=\pm(2\%f+2\%\delta\pm2$ 个字)。

正交分量：$\Delta\delta=\pm(2\%f+2\%\delta\pm5$ 个字)。

（2）测量范围。

同相分量：0.001～±10.00（%）。

正交分量：0.01～±170（′）。

（3）内附电流电压百分表准确度等级不低于 1.5 级。

（4）差值回路对标准和被检互感器的附加容量，不应超过互感器工作电流（电压）回路额定容量的 1/5，最大不超过 0.25VA。

（5）极性指示动作电流：小于额定工作电流的 10%。

（6）校验仪的测量回路应抗电磁干扰。

（7）耐压：校验仪的工作回路（接地除外）对金属面板及金属外壳之间的绝缘电阻不低于 20MΩ；工作时不接地回路（包括电源插座）对金属面板及外壳应能承受效值为 1.5kV 的 50Hz 正弦电压 1min。

3. 互感器校验仪的使用

校验仪的面板上有“T_0、T_X、a、x、D、K”六个接线端钮，校验仪就是通过这六个端钮的不同接线组合，达到其不同的测试功能。测量电流互感器的误差时，使用端钮 T0、TX、D、K，测量电流互感器时按图 15-1-2 所示进行接线。

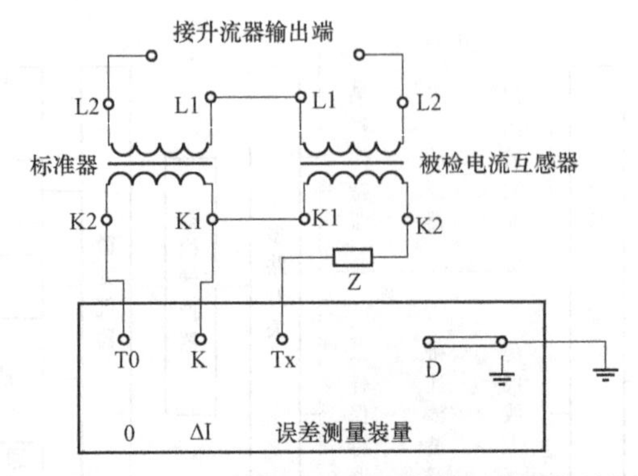

图 15-1-2 互感器校验仪测量电流互感器接线图

T0—标准互感器端；Tx—被检互感器端；K、D—差流端

4. 使用互感器校验仪测量电流互感器时注意事项

（1）测量电流互感器误差使用的输入端钮是 Tx、T0、K、D，其中：T0 为标准互感器端，Tx 为被检互感器端，K、D 为差流端。校验仪内部 Tx 与大地相连，D 需接地以保证差流由 K 流入，由 Tx 流回。

（2）互感器校验仪引起的测量误差，不大于被检互感器基本误差限值的 1/10。其中差值回路的二次负荷对标准器和被检互感器的误差影响均不大于它们误差限值的 1/20。

（3）进行接线操作时，一定要关闭校验仪电源，并将调压装置处于停止校验状态，确认接线完毕后再通电。

（4）校验仪后面板的接地端与机壳接通，测量时应将该点可靠接地，以使校验仪处于良好的屏蔽状态及确保人身安全。

（5）校验仪安放及使用地点应远离外磁场源和大电流接线，实际距离应视外磁场源和电流强度来决定，但至少应大于 3m。

四、其他检测设备

1. 电流互感器负荷箱

（1）电流负荷箱的结构。

电流负荷箱用于测试电流互感器时，给被试互感器提供额定负荷与下限负荷。

电流负荷箱的结构较为简单，一般都是用电阻元件和电感元件串联组成。如果负荷的功率因数为 1，则每一负荷需要一个电阻元件；如果负荷的功率因数为 0.8（L），则每一负荷需要一个电阻元件和一个感抗元件。

（2）电流负荷箱的标度及技术要求。

1）下限负荷选取及标度。JJG 313—2010《测量用电流互感器检定规程》规定：

“下限负荷通常按照额定负荷的 1/4 选取，二次电流为 5A 的电流互感器，其最小下限负荷为 3.75VA，额定电流为 1A 的电流互感器，最小下限负荷为 1VA。有特殊要求的电流互感器，其下限负荷按照铭牌标称处理。”

2）标度方法。电流互感器的负荷常用负荷阻抗来表示。

3）连接导线要求。电流负荷箱串联在电流互感器二次回路中，因此开关接触电阻和引线电阻应考虑进去。电流负荷箱每一档实际阻抗值比标称值少 0.05Ω或 0.06Ω，就是预留给二次引线电阻的，因此，电流负荷箱的连接导线必须专用，且保证导线电阻值为 0.05Ω或 0.06Ω，准确数值按照电流负荷箱的标称执行。

4）温度要求。用于电力互感器检定的负荷箱，额定环境温度要求有所不同，低温型–25～15℃，常温型–5～35℃，高温型 15～55℃。检定时使用的负荷箱，其额定环境温度区间应能覆盖检定时实际环境温度范围。

5）误差要求。在规定的环境区间，电源频率 50Hz±0.5Hz，波形畸变系数不大于5%的条件下，电流负荷箱在额定电流的 80%～120%范围内，有功和无功分量相对误差均不大于±6%。功率因数等于 1 的负荷箱，残余无功分量不大于额定负荷的±6%。在其他有规定的电流百分数下，有功和无功分量的相对误差均不大于±9%，残余无功分量不大于额定负荷的±9%。

（3）电流负荷箱的使用。

1）电流互感器负荷箱使用时串接到被试电流互感器的 K2 与校验仪的 Tx 之间。

2）将负荷调节到被试互感器的实际二次负荷或额定负荷及下限负荷。

3）电流负荷箱扣除外接导线电阻 0.06Ω（或 0.05），是指由于负荷箱实际使用时，被试互感器的负载除负荷箱以外还有连接导线的电阻。如果 $\cos\varphi=1$，0.4Ω，实际负荷箱的电阻为 0.4–0.06=0.34Ω；$\cos\varphi=0.8$，0.4Ω，实际负荷箱的电阻 $R=0.4\times0.8-0.06=0.26\Omega$，电抗 $X=0.4\times0.6=0.24\Omega$。

2. 试验电源设备

试验电源由调压器、升流器和控制开关组成。

升流器用于校验电流互感器时，作为供给电流互感器一次电流的电源设备，由输入绕组、输出绕组及穿心绕组组成。升流器应有足够的容量和不同的输出电压挡，以满足一次测试回路阻抗下，输出电流大小和输出的要求。

调压器为升流器提供工作电压，必须有足够的调节细度，其输出容量应能与升流器相适应。由调压器和升流器等组成的试验电源设备引起的输出波形畸变因数不应超过 5%。

3. 测试导线

电流互感器一次电流的测试导线应采用多股软铜芯电缆，其截面应能满足测试电流容量和升流器输出的要求。

连接标准互感器至校验仪的二次导线应和标准互感器二次负荷相匹配；连接被检电流互感器与校验仪的二次导线形成负荷不应超过被检电流互感器二次额定负荷的1/10。

接地导线（电缆）采用裸露的编制铜导线，其导线截面要能承受3倍的额定测试电流。

供电电源导线要有足够的长度和电流容量的多股铜芯绝缘电缆。

4. 监视仪表

当用外接电流表监视二次回路工作电流时，电流表接入标准电流互感器的二次回路，其内阻要计入标准电流互感器的二次负荷内。电流表的准确度等级不低于1.5级。

五、电流互感器现场检验设备的日常维护

（1）设备不用时应存放在温度为0～40℃、空气湿度不大于80%的室内，搬运时注意不要发生碰撞，运输途中应采取措施减缓颠震，并固定牢靠以免滑动。

（2）设备在使用前、后都应进行仔细检查。一是检查设备性能是否良好；二是检查各种设备是否带齐全，以免遗漏。

（3）由于各设备的检验周期不一样，应定期送检，保证设备在有效期内使用。

【思考与练习】

1. 选择标准电流互感器时，应考虑哪几个主要参数？

2. 使用互感器校验仪要注意哪些问题？

3. 使用电流负荷箱要注意哪些问题？

4. 检定电流互感器时下限负荷如何确定？

模块2 电压互感器现场检验设备的使用维护（Z28H3002Ⅱ）

【模块描述】 本模块包含电压互感器现场校验的设备，主要介绍标准电压互感器、电压互感器现场校验仪的工作原理及技术参数，以及负载箱等辅助设备特点和主要技术指标等内容。通过概念描述、术语说明、原理分析、图解示意、要点归纳，掌握电压互感器现场校验设备的使用方法。

【模块内容】

一、概述

电压互感器现场检验设备主要有标准电压互感器、电容式电压比例标准器、互感器校验仪、电压负荷箱、电源装置等。

二、标准电压互感器的工作原理及主要参数

1. 标准电压互感器的工作原理

标准电压互感器的工作原理与普通测量用电压互感器一致，其准确度等级在 0.2 级及以上。DL/T 448—2016《电能计量装置技术管理规程》规定，Ⅰ、Ⅱ类电能计量装置配置 0.2 级的电压互感器，Ⅲ、Ⅳ类电能计量装置配置 0.5 级的电压互感器。一般说来，标准电压互感器应比被检电压互感器高两个准确度级别，所以现场使用的标准电压互感器只要选择 0.05 级就能满足现场测试要求。

电压互感器检测标准按原理分为电磁感应式标准电压互感器、电容式电压比例标准器。

电磁式标准电压互感器一般由一次绕组、二次绕组和铁芯组成。标准电压互感器与一般测量用的互感器相比，在稳定性及变差方面要求更高。

电容式电压比例标准器在电容分压器的基础上制成，主要由高压标准电容器、低压标准电容器以及电磁式标准电压互感器组成。其工作原理就是利用串联电容分压，电网电压 U_1 加在分压器上，再从分压器的分压元件上按比例取出一部分作为输出电压。如图 15–2–1 所示是用电子式标准电压互感器检验电压互感器误差线路。

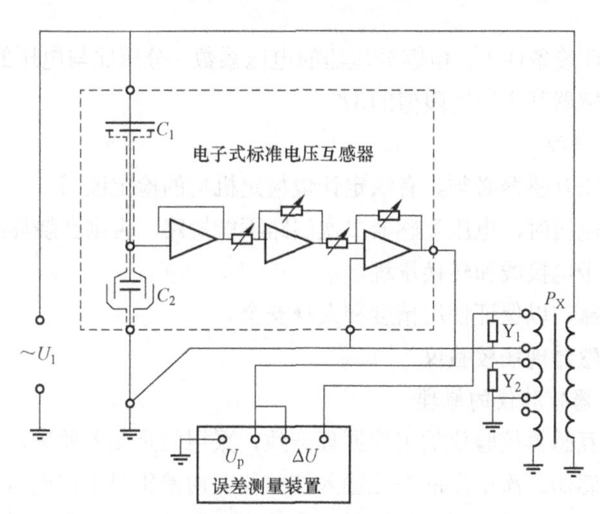

图 15–2–1 用电子式标准电压互感器检验电压互感器误差线路

P_X—被检电压互感器；C_1—高压标准电容器；C_2—低压标准电容器；Y_1、Y_2—电压负荷箱

采用电容分压比例标准器是用作替代法测量。首先用电容分压比例标准器检验一台与被检互感器变比相同的标准电压互感器，调节电容分压器的分压比使校验仪示值等于标准电压互感器的检定值。然后用被检电压互感器替换标准电压互感器，在规定

的电压百分数下测出被检互感器的误差。

2. 主要参数

（1）使用温度：–25～55℃，相对湿度：≤95%。

（2）额定电压比，也称标准电压比，是额定一次电压与二次电压的比值，额定一次电压一般为 6（6/$\sqrt{3}$）kV、10（10/$\sqrt{3}$）kV/100V（100V/$\sqrt{3}$），各型号电压比范围略有不同。

（3）额定二次负荷和下限负荷。额定二次负荷是互感器在规定的功率因数和额定二次电压下运行时所汲取的视在功率；下限负荷按照额定负荷的 1/4 选取，最小下限负荷为 2.5VA。

（4）额定二次负荷的功率因数。额定工况下互感器二次回路所带负载的功率因数，一般为 $\cos\varphi=1$。

3. 技术要求

（1）标准电压互感器应和被检互感器有相同的变比，准确度至少比被检互感器高 2 个等级，在检定环境条件下的实际误差不大于被检互感器基本误差限值的 1/5。

（2）标准电压互感器的变差（电压上升和下降时两次所测得误差之差）满足有关规定。

（3）在检定环境条件下，电容分压器的电压系数（分压比与电压的相关性），应不大于被检电压互感器基本误差限值的 1/7。

4. 使用注意事项

（1）标准电压互感器必须具有法定计量检定机构的检定证书。

（2）一次有电压时，电压互感器二次回路不能短路，否则会烧坏线圈。

（3）不允许带电接线和转换量程。

（4）绝缘可靠，以保证使用精度和人身安全。

三、电压互感器现场校验仪

1. 电压互感器校验仪的原理

电压与电流互感器校验仪的工作原理一致，采用的是测差原理，将标准电压互感器与被检电压互感器二次电压的差压输入校验仪，由差压对工作电压（输入校验仪的标准电压互感器二次电压）的比值的同相分量读出比差值，正交分量读出相位值。电压互感器校验仪的差压回路有高端测差和低端测差方式，现场推荐使用高端测差方式。

2. 电压互感器校验仪的使用

测量电压互感器的误差时，使用端钮 a、x、D、K，其中 a、x 工作电压，a 为高端，x 为低端（个别的校验仪 x 为高端，a 为低端）。K、D 为差压信号，其中 D 为低端。测量电压互感器时按图 15–2–2 所示进行接线。

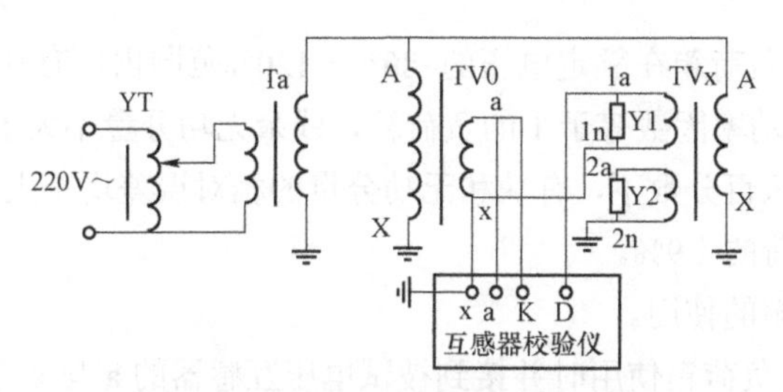

图 15-2-2　互感器校验仪测量电压互感器接线图

3. 使用互感器校验仪测量电压互感器时注意事项

（1）接线时注意输出端钮标识，确保接线正确。

（2）校验仪用电压互感器作标准时，差压回路的负荷不大于 0.1VA。

（3）进行接线操作时，一定要关闭校验仪电源，并将调压装置处于停止校验状态，确认接线完毕后再通电。

（4）校验仪后面板的接地端与机壳接通，测量时应将该点可靠接地，以使校验仪处于良好的屏蔽状态及确保人身安全。

（5）校验仪安放及使用地点应远离外磁场源和大电流接线，实际距离应视外磁场源和电流强度来决定，但至少应大于 3m。

四、其他检测设备

1. 电压互感器负荷箱

（1）电压负荷箱的结构。

电压负荷箱用于测试电压互感器时，给被试互感器提供额定负荷与下限负荷。

电压负荷箱实际上就是一个导纳箱，由电阻和电感组成。如果负荷的功率因数为 1，则每一负荷需要一个电阻，如果负荷的功率因数为 0.8，则每一负荷需要一个电阻元件和一个电感元件串联。每档通过开关连通，当几个开关同时接通时，负荷导纳并联，负荷伏安数值相加。

（2）电压负荷箱的标度及技术要求。

1）JJG 314—1994《测量用电压互感器检定规程》规定："下限负荷按照额定负荷的 1/4 选取，最小下限负荷为 2.5VA，电压互感器有多个二次绕组时，下限负荷分配给被检二次绕组，其他二次绕组空载。"

2）电压负荷箱的额定负荷是以额定电压下的视在功率来表示。

3）温度要求。用于电力互感器检定的负荷箱，额定环境温度要求有所不同，低温型-25～15℃，常温型-5～35℃，高温型 15～55℃。检定时使用的负荷箱，其额定环境温度区间应能覆盖检定时实际环境温度范围。

4）误差要求。在规定的环境区间，电源频率 50Hz±0.5Hz，波形畸变系数不大于

5%的条件下，电压负荷箱在额定电压的 80%～120%范围内，有功和无功分量相对误差均不大于±6%。功率因数等于 1 的负荷箱，残余无功分量不大于额定负荷的±6%。在其他有规定的电压百分数下，有功和无功分量的相对误差均不大于±9%，残余无功分量不大于额定负荷的±9%。

（3）电压负荷箱的使用。

1）电压互感器负荷箱使用时并接到被试电压互感器的 a 与 x 之间。

2）将负荷调节到被试互感器的实际二次负荷。

3）电压负荷箱的准确度不低于 3 级，功率因数为 0.8 和 1。

4）电压负荷箱所置负荷不等于额定二次负荷时，测量结果可以进行误差换算求得。

2. 高压测试电源装置

（1）高压试验变压器。

高压试验变压器是为检测电磁式电压互感器时提供电源的。由调压器、升压器和控制开关组成。调压器的容量与升压器的实际输出容量相匹配。调压装置都有输出电流指示和过流保护机构。

也可以使用三相电磁式电压互感器组中的一台作为试验变压器升压，但试验时应限制低压励磁电流不超过 30A，时间不超过 1min，如果电流达到 45A，时间不能超过半分钟。

（2）串联谐振升压装置。

1）串联谐振升压装置结构及工作原理。

串联谐振升压装置是为检测电容式电压互感器时提供电源的。由励磁变压器、谐振电抗器及调压控制装置组成。串联谐振装置由多个电抗器组成，其电抗器既可单个使用，同时又可多个串、并联使用，现场搬运起来较为方便。

由于电容式电压互感器（CVT）的主电容量比较大，一般为 0.005～0.02μF，因此，对试验电源的容量要求就很高，XZB（C）—H 系列串联谐振升压装置采用了串联谐振的原理，使得所需电源的容量大为降低。XZB（C）—H 系列串联谐振升压装置结构形式如图 15–2–3 所示，主要由固定铁芯、支撑板、器芯、丝杆、活动铁芯组成。无论是串联型还是并联型，都是通过调节铁芯气隙长度，改变回路电感量，使谐振电抗器与被试品电容发生谐振。这种试验装置的优点是不需过压保护，当试品发生击穿，因失去谐振条件，高电压也立即消失，回路失谐，电抗器立即起到限制短路电流作用，不会加剧对被试品的损坏。

2）励磁变压器。

串联谐振升压装置中的励磁变压器与变压器原理大致相同，但其输入电压为 0～250V 或 380V，额定输出电压为 2kV 或 3kV，额定输出电流为 0.5A，输出容量为 5kVA。

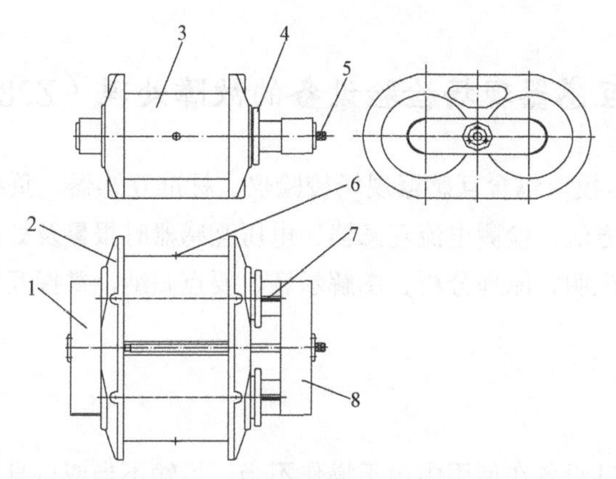

图 15-2-3 串联谐振升压装置结构图

1—固定铁芯；2—支撑板；3—器芯；4—调节螺母；5—丝杆；6—插孔；7—标尺；8—活动铁芯

3）使用中注意事项：

① 安装的地面必须坚实、平整，底座应是绝缘的，与地面接触应平整牢固；

② 在调节气隙或插接线时应扶稳设备，以防倾倒；

③ 谐振电源产品大多为高压试验设备，使用前应仔细阅读使用说明书，并经反复操作训练，熟悉接线后再使用；

④ 输出的是高电压或超高电压，必须可靠接地，注意操作安全距离；

⑤ 各连接线不能接错，特别是接地线不能接错；否则可导致试验装置损坏。

3. 试验电源箱

试验电源箱是测量三相负荷时使用。备有三相六线输出，电压范围 0～100V，额定电流 3A。三相电压不平衡度可以通过开关选择，设定值为±5%、±10%。

五、电压互感器现场检验设备的日常维护

（1）设备不用时应存放在温度为−25～55℃，空气湿度不大于 85%的室内，搬运时注意不要发生碰撞，运输途中应采取措施减缓颠震，并固定牢靠以免滑动。

（2）设备在使用前、后都应进行仔细检查，一是检查设备性能是否良好，二是检查各种设备是否带齐全，以免遗漏。

（3）由于各设备的检验周期不一样，应定期送检，保证设备在有效期内使用。

【思考与练习】

1. 现场测试电磁式电压互感器的设备有哪些？

2. 现场测试电容式电压互感器的设备有哪些？

3. 简述电压负荷箱的组成。

模块3 互感器现场检验设备的故障处理（Z28H3003Ⅱ）

【模块描述】本模块包含互感器现场校验仪、标准互感器、负载箱等各种测试设备常见故障及处理方法，检测电流互感器、电压互感器时报警及处理方法等内容。通过概念描述、术语说明、原理分析、图解示意、要点归纳，掌握互感器现场测试设备故障处理。

【模块内容】

一、概述

互感器现场测试设备在使用中由于操作不当、运输不当或自身质量问题，会出现一些常见故障，如互感器现场校验仪的显示故障、标准互感器的超差问题、调压器升不到位等故障，这些故障的出现直接影响到互感器的现场校验工作的开展，甚至影响到互感器计量的准确性。

二、互感器现场校验仪的故障及处理方法

目前现场常用的互感器校验仪大多为数字型互感器校验仪，而数字式互感器校验仪由于在电路设计上不同的型号各有不同，所以本节主要从数字显示和面板操作方面掌握互感器现场校验仪的常见故障及处理方法。

1. 数字显示常见问题

数字显示方面常见问题有：开机后显示器不显示、显示器对比度不正常、百分表的显示数字不反映工作信号的大小等。

开机后显示器不显示，大多是供电电源出现故障，常见的是电源熔丝烧断或电源线断线，也有可能是电源部分元器件烧坏，如稳压管、整流元件等。解决方法：查找断线位置并接好，如保险管或元器件烧坏，更换相应的元器件。

开机后有显示，但对比度不正常，这是因为对比度电压偏高，只要调节相应的电位器至合适的位置。

数字百分表的显示数字不反映工作信号的大小，有可能是输入的工作信号（电流或电压）断线，也有可能是集成电路某一元件损坏。解决方法：首先检测断线位置并重新焊接好，然后测量分压器各量程的输出电压以及电流互感器的输出是否正常，检测工作信号通道的有关集成电路，如发现参数不符合要求，必要时更换相应的元件。

2. 面板上按键失灵

数字式互感器校验仪的操作都是通过面板按键来完成，常出现的问题就是按键失灵或按键接触不良。对接触不良的按键处理办法可用无水酒精清洗，再不行就直接换掉；按键失灵有可能是按键与主板未完全接触到，首先检查连接按键的电缆线是脱落

或压坏，并进行修复。如还不能处理，建议请专业技术人员处理或送厂家修理。

3. 检测过程中互感器校验仪故障分析处理

（1）检测电流互感器校验仪显示错误无法测试时，可以按下列步骤进行排除。

1）检查一次回路连接情况。打开升流器输出一侧端子，用万用表通挡测量，应为导通状态，否则，检查一次连接线路，若一次回路连接可靠，仍无法升流，应进行二次回路的检查。

2）检查二次回路连接情况。将标准和被试连接在校验仪侧 K 端子的二次线解开，分别用万用表通挡测量标准与被试的二次输出端（T_0、T_x），应为导通状态，否则，进行检查相应二次连接线路，确认被试绕组连接可靠，仍无法升流时，检查其余二次绕组是否存在开路现象，短接是否正确良好。

3）检查变比是否正确。确认一、二次回路连接后，校验仪仍显示错误，则应判断标准与被试之间变比是否一致，直接将标准互感器二次线接到校验仪 T_x、T_0 端子，通过标准互感器观察一次电流值（校验仪显示标准电流互感器二次额定电流值百分比值），被试互感器二次短路，给一次回路加入一定大小的电流（不宜过大，约为铭牌标示值的 20%即可）保持不变，用钳形电流表分别测量标准与被试的二次输出电流，若两者不一致，则应判断标准或被试的变比是否正确，若两者一致，则进行被试极性检查。

4）极性检查。互感器采用减极性标示，在排除以上故障现象后，校验仪仍显示错误，则对被试互感器的二次接线端子进行互调，互调后问题解决，需确认互感器极性标示是否正确。

（2）检测电压互感器校验仪显示错误无法测试时，可以按下列步骤进行排除。

1）检查一次回路升压情况，缓慢调压对升压变压器进行升压，用万用表测量校验仪 a、x 端子有无变化，通过对标准电压互感器的监视，确认一次回路的接线是否正确。

2）检查被试品一次回路升压情况，用万用表监视被试互感器二次绕组负载箱两端子电压，有无变化，确认被试品的接线是否正确。

3）检查变比是否正确，按测差法连接好线路后，缓慢升压，用万用表监视校验仪 K、D 端子电压，若电压很小或为零，说明标准与被试互感器变比一致，否则，存在接线错误或二次输出端电压不相同。

三、标准互感器的故障及处理方法

1. 绝缘强度不够

互感器的绝缘强度试验应该符合相应的测量用电流、电压互感器条款要求。

标准互感器在运输途中有可能遇雨，或在现场使用的环境湿度过大等其他情况，造成标准互感器绝缘强度不够。如绝缘强度不够，一是检查互感器的外观，有一些细小的裂缝可能用目测法无法发现，可用至指尖轻触绝缘外壳来检查。另外，互感器表面存在污垢也可能对绝缘阻值有影响，可对其进行清除。二是检查现场测试环境湿度是否在规程规定的范围内，如湿度过大，应停止工作，待湿度达到要求后再进行测试。三是检查互感器是否潮湿，也应询问运输人员，在运输途中有没有遇雨或其他情况。最好可将互感器置于干燥的房间一段时间后再进行测试。

2. 误差超差

标准互感器另一个常出现的问题是基本误差超出允许范围，排除测试时由于接线引起超差的原因，一种原因是互感器退磁不彻底，此时应检查被校互感器是否有剩磁，如有剩磁按规程要求进行退磁处理。另一种原因是该互感器存在问题，比如互感器匝间短路、变比错误等，这种情况建议请专业技术人员处理或送厂家修理。

四、检测电流互感器时报警及处理方法

在检测电流互感器时，常出现报警器报警、电流不稳定等现象。

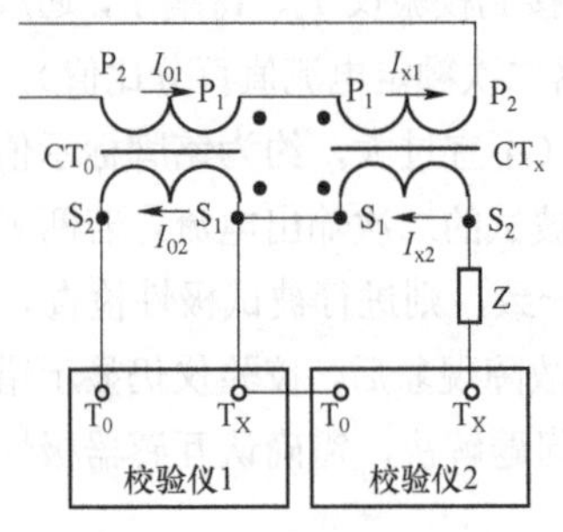

图 15–3–1 双校验仪检查接线图

（1）报警器报警。检查方法：在不改变标准与试品之间接线的状态下，再用一台互感器校验仪按图 15–3–1 所示的“双校验仪检查接线图”接线，并将电流升至 5%～10%之间，比较 2 台校验仪的电流百分表数值。

1）当 $I_{02}=I_{x2}$ 时，则极性接反。

2）当 $I_{x2}\neq 0$、$I_{02}\neq 0$、$I_{02}\neq I_{x2}$ 时，则可能是变比错误，也可能是试品一次有旁路，例如：试品一次 P_1、P_2 端子同时接地。

3）当 $I_{02}=I_{x2}=0$ 时，则一次开路或升流回路故障。

4）当 $I_{x2}\neq 0$、$I_{02}=0$ 时，则标准电流互感器二次开路。

5）当 $I_{02}\neq 0$、$I_{x2}=0$ 时，则试品电流互感器二次开路。

注：升流时动作一定要缓慢，电流不要超过 10%，能比较即可。

（2）小电流测试时正常稳定，大电流测试时误差剧烈变化，可能是一次导线接触不良或接触面积不够，找出发热的节点并使之可靠接触。

（3）测试过程中所有点的误差（f、δ）几乎为零，该现象不符合电流互感器误差曲线的规律，原因是接线错误导致互感器校验仪差值回路开路，差值回路开路的方式有：

1）K 线虚接；

2）互感器校验仪上 D 端子与地端子的金属联接片开路；

3）互感器校验仪内部差值回路开路。

故障 1、2 处理方法：正确联接即可。

故障3处理方法：返厂维修。

五、检测电压互感器时报警及处理方法

在检测电压互感器时，如果某个环节出现故障，报警器会出现报警信号，此时立即停止工作，进行处理。

（1）检查方法：如图15–3–2所示，在不改变标准电压互感器与试品电压互感器之间接线的状态下，将电压升至5%～10%之间，使用万用表选择交流电压相应量程，测量互感器校验仪面板上D、K、a、x端子之间电压。

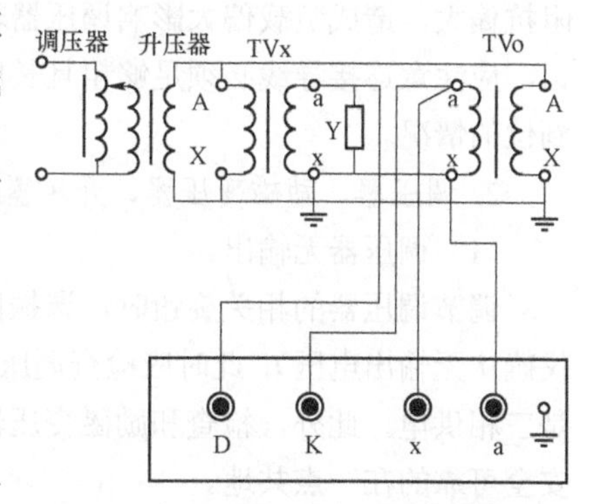

图15–3–2　检定电压互感器接线图

（2）比较U_{ax}、U_{aD}、U_{DK}。

（3）正常情况下差值电压很小，即$U_{ax}\approx U_{aD}$、$U_{DK}\approx 0$。

（4）U_{DK}实际上就是互感器校验仪测差回路的电压，当$U_{DK}\neq 0$时，报警器报警。

（5）首先检查标准电压互感器二次输出电压U_{ax}和试品电压互感器二次输出电压U_{aD}，当$U_{ax}=0$时检查标准电压互感器二次接线是否正确，一次接线开路或一次绕组开路；当$U_{aD}=0$时检查试品电压互感器二次接线是否正确，一次尾端“X”是否可靠接地，一次接线开路或一次绕组开路。

（6）当$U_{ax}\neq 0$、$U_{aD}\neq 0$时，检查标准电压互感器二次变比是否接错；试品为电容式电压互感器时，检查其接线盒内是否按使用说明书的规定接线（阻尼绕组的尾端未接地和载波通信绕组未短接均会发生上述现象）。

六、负载箱的故障及处理方法

普通的负载箱实际上就是阻抗箱，由多个电阻以及电阻和感抗组合元件串联或并联而成，结构比较简单，常见的故障也就是在这些电阻及感抗元件上。在过负荷的情况下，电阻及感抗元件容易烧毁，造成负载箱无法工作。

另一个常见故障就是若插头或转换开关接触不良，会导致负荷箱实际阻抗与标称值不符，又不容易发现，造成互感器错误的检定结果。

处理办法：更换烧坏的电阻及感抗元件，或返厂修理。

七、其他常见故障

1. 调压器、升流器（针对电流互感器检测）

（1）调压器无输出。

调节调压器的相关旋钮时，回路无电流输出（通过相关指示仪，如钳形电流表，确认无输出电流），此时应检查调压器的供电电源是否连接正确，确认是单相供电还是三相供电。

（2）设定值与输出幅值不一致。

输出电流和预期值不相符，应首先检查升流器的感性负载是否满足条件，如果过大，则输入端应并联电容补偿；然后检查连接导线参数是否满足条件，如导线偏细则阻抗偏大，造成负载偏大影响调压器输出。如果是用负荷外推法来检测电流互感器的话，应注意连接导线必须足够粗且长度应该控制在相应范围内，否则可能出现升流不到位的情况。

2. 调压器、励磁变压器、升压器/电抗器（针对电压互感器检测）

（1）调压器无输出。

调节调压器的相关旋钮时，谐振回路或者励磁变压器无电压输出（通过相关指示仪确认无输出电压），此时应检查调压器的供电电源是否连接正确，确认是单相供电还是三相供电，此外，检查和励磁变压器的连接电缆线是否连接正确，相关的设备是否安全可靠的在一点共地。

（2）设定值与输出幅值不一致。

调节调压器的输出电压时，发现励磁变压器或相应的高压回路没有预期幅值的电压信号（比如幅值偏低）。此时，应检查调压器的输入电源和励磁变压器的一次侧电压以及两者的容量是否相匹配，当励磁变压器的一次侧为200V、50Hz时，选择单相220V、50Hz的调压控制箱，容量不小于励磁变压器的容量；当励磁变压器的一次侧为380V、50Hz时，选择380V、50Hz的调压控制箱，容量不小于励磁变压器的容量，并现场确认调压器有相应有效的输出电压。如果是通过串联谐振来检测设备（主要是CVT），则确认所用的电抗器和被测CVT的容性大小等是否符合串联谐振的参数需求。

【思考与练习】

1. 在现场检测电流互感器时，互感器校验仪可能出现哪些故障？如何处理？
2. 在现场检测电压互感器时常出现报警，如何处理？
3. 互感器现场校验仪常见故障有哪些？

模块4 互感器现场检验设备对测试结果影响分析（Z28H3004Ⅲ）

【模块描述】本模块包含电流和电压互感器校验仪等校验设备自身误差以及操作方式等因素对测试结果的影响分析。通过原因分析、要点归纳，掌握互感器校验设备对测量结果影响分析。

【模块内容】

一、概述

由于互感器的现场检测设备较多，正确使用这些设备，对测试结果有较大的影响，设备自身计量特性的好坏，也直接关系到现场测试的准确性。主要影响因素有：标准互感器的影响、互感器现场校验仪的影响、二次导线的影响、测试电源的影响、操作方式的影响。

二、互感器现场检验设备对测试结果影响分析

1. 标准互感器的影响

标准电压、电流互感器本身也存在误差，标准电流互感器的误差偏大，对测量结果造成一定的影响，应修正到被试电流互感器的误差中，否则，会得出错误的结论。

现场测试时，一般标准电流互感器和升流器是紧靠在一起穿芯的，在升流状态下（特别是大电流情况下）升流器产生的磁场势必会对标准电流互感器产生影响，如果标准互感器屏蔽不好，会对测量结果产生影响。

2. 互感器现场校验仪的影响

互感器校验仪大多数虽然采用测差原理制成，其最大的优点是对其精度要求不高，但也存在误差。校验仪的误差包括自身的测量误差、零位误差、最小分度值引起的误差和线路灵敏度引起的误差等。校验仪本身的测量误差由其内部的阻容元件引起，会产生幅值误差和相位误差；零位误差是因为读数零位偏离了实际零位而造成的；最小分度值引起误差和线路灵敏度引起误差的原因是：各相分量的表示值与实际值的差异和仪器各相分量与工作电流的相位差异。所有这些误差过大或校验仪出现故障，都会对测量结果造成较很大的影响，严重的无法正常检验。

现场使用的可调电源设备（包括导线中的电流）在测量时产生较大的磁场，以及校验仪差值会对标准和被检互感器的附加容量超出允许值，对互感器校验仪也会造成影响，从而引起校验仪读数误差增大。

测试高电压等级电压互感器时，外界电场对互感器校验仪的干扰，可能导致测试数据异常。

3. 二次导线对测量结果的影响

由于联接用二次导线电阻和联接仪器的内阻成了电流互感器二次临时附加负载，因而使读数误差增大。

4. 测试电源的影响

大电流发生器输出的电流波形容易发生畸变，电流波形对误差会产生很大的影响。现场采用的电源不同，如用试品作电源和用谐振装置作电源，得到的测量结果有差异。检定规程要求控制电源条件，即不得大于5%，如果电源波形畸变系数过大，不仅对互

感器现场校验仪的性能产生影响，对标准互感器也会产生影响。所以测试时，有条件的话，对电源的谐波含量进行监测。

5. 操作方式的影响

某些现场检测设备，同一样的设备，因为接线方式或操作方法不同，而得出不同的结果。

（1）在进行电流互感器的测试时，在测试设备端钮处使用电流夹子连接与使用紧固螺丝连接相比较，测试结果可能会有所不同。因为使用电流夹子接线，如果未充分接紧，会产生较大的接触电阻，从而使误差增大，一次导线接头处发热时会引起测试数据漂移。

（2）测量电压互感器时，校验仪的 D 线直接从负载箱上连接，会产生一定的电压降，与从被检电压互感器的二次侧连接相比，测试结果也不相同。现场测试电压互感器时，不能从电压互感器二次端子箱处接线，应从被检电压互感器的二次侧端钮处直接连接，否则会引入测量误差。

【思考与练习】

1. 标准互感器出现超差，对测试结果如何处理？
2. 互感器校验仪会对测试结果产生什么影响？
3. 互感器校验仪在测量电压互感器时有什么影响？

第十六章

二次压降及负荷测试仪的维护

模块1　二次压降测试仪的自校（Z28H4001Ⅰ）

【模块描述】本模块包含二次压降测试仪的用途、二次压降测试仪主要特点、技术指标、二次压降测试仪的自校、操作注意事项等内容。通过概念描述、术语说明、流程介绍、图解示意、要点归纳，掌握二次压降测试仪自校的方法。

【模块内容】

一、二次压降测试仪的用途

电压、电流互感器二次回路是电能计量装置的一个重要组成部分，而电压互感器二次回路压降引起的计量误差往往是影响电能计量综合误差的最大因素，因此，正确测量二次压降是分析电能计量误差的重要依据。二次压降测试仪是测量电压互感器二次回路压降的重要设备。测试电压互感器二次回路压降的测量方法通常有间接测量法和直接测量法两种（无线测量属于间接测量法），直接测量法采用测差原理，准确度高，测量可靠，因此在实际测量中大量采用。

二、二次压降测试仪主要特点、技术指标

1. 二次压降测试仪的主要特点

（1）采用“测差法”和内置标准自校信号源，使得仪器具有很高的测量准确度及长期的稳定性。

（2）配有大屏幕液晶显示屏，全中文操作提示，测量实现全自动化，所有测量数据能够实时显示；能存储100组以上的测量数据，并具有通信接口，以便数据上传。

（3）工作时，测量电压互感器二次回路压降和负荷处于同一个工作条件下，不需要改变接线。

（4）具有可进行电压互感器侧（户外）、仪表侧（户内）三相三线、三相四线及自检方式全自动测量功能；有自动修正功能，可自动消除测量导线、隔离互感器及现场干扰带来的误差。

（5）采用交流 220V 和自带充电器的无“记忆效应”锂电池为工作电源，进行测

量时，电压互感器二次侧测量由电池供电，仪表侧测量由 220V 交流供电，同时给锂电池供电。

2. 二次回路压降测试仪的主要技术指标

（1）测量 TV 二次回路压降测量范围与测量准确度，见表 16–1–1。

表 16–1–1 测量 TV 二次回路压降测量范围与测量准确度

测量量	测量范围	测量准确度
比差（%）	0.000～±10.00	±（1%*f*+1%*δ*+末位 1 个字）
角差（分）	0.00～±343.8	±（1%*δ*+1%*f*+末位 1 个字）
始端电压 U_{TV}（V）	57.7±20%、100.0±20%	±（1%读数+末位 1 个字）
频率（Hz）	50.00±0.5	±（1%读数+末位 1 个字）

（2）使用环境。

温度：–10～+50℃；

相对湿度：<85%；

外界干扰：无特强震动、无特强电磁场。

三、二次压降测试仪的自校

现场运行时，常有大电流、高电压的存在，加之由于现在 TV 侧和仪表侧的距离很远，所以要放长电缆，长电缆自身存在内阻，而且测试仪器的两个输入端的阻抗也差别很大，因此，不同的接线方式会带来不同的测量误差，所以在进行电压互感器二次压降测试前要对压降校验仪及电缆线进行自校，以测出它们所带来的测量误差。该误差可保存于压降测试仪内，压降测试仪将在每次测试结果中自动扣除这部分误差以消除对测量的影响。

1. 自校方法

进行电压互感器二次压降测量时，二次压降测试仪不是放在户外电压互感器二次出线端子处测量，就是放在户内电能表出线端子处测量，进行自校也就根据电压互感器二次压降测试仪放置的地点分为两种方式，即在户外测量方式称为“始端自校”，在户内测量称为“末端自校”。始端自校接线图如图 16–1–1 所示，末端自校接线图如图 16–1–2 所示。

2. 操作步骤

不同的测试仪测试步骤也不同，应参照使用说明书或操作软件的菜单提示进行操作，举例如下。

（1）如选择“始端自校”，按图 16–1–1 所示接好测试线；如按照选择的自校方式选择“末端自校”，按图 16–1–2 所示接好测试线。

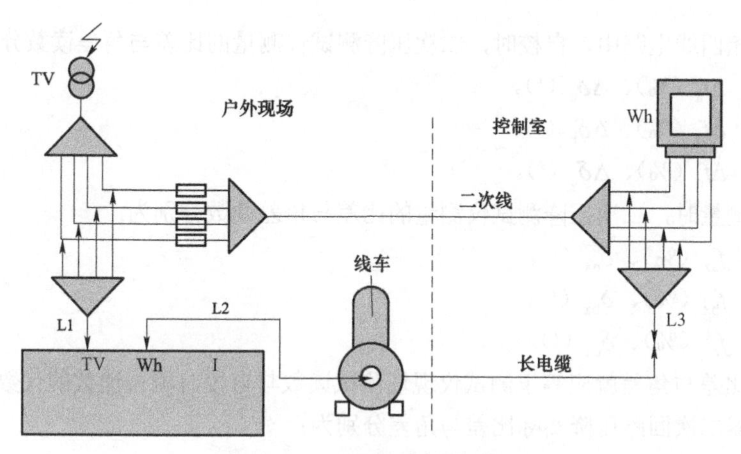

图 16–1–1 始端自校接线图

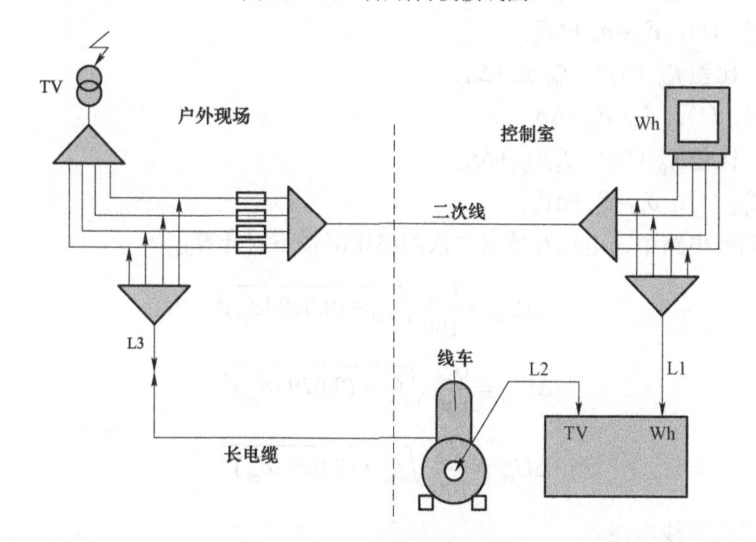

图 16–1–2 末端自校接线图

（2）打开测试仪电源开关，按任意键进入主菜单，选择“设置”。

（3）进入二级菜单，选择“始末端自校”，根据接线方式选择是在户内（末端）还是户外（始端）。

（4）开始进行自校，仪器中的数据是上次或出厂时保存的压降自校值，可清除。

（5）测试结束后，如果需要保存数据，光标移动到存储项上，按“确定”即可。

（6）关机拆除接线。

3. 自校结果的更正方法

（1）三相四线电路。

在三相四线电路中，自校时，二次压降测试仪测量的比差与角差读数分别为：

A 相：Δf_a（%）、$\Delta\delta_a$（′）。

B 相：Δf_b（%）、$\Delta\delta_b$（′）。

C 相：Δf_c（%）、$\Delta\delta_c$（′）。

实际测量时，二次压降测试仪测量的比差与角差读数分别为：

A 相：f_{ax}（%）、δ_{ax}（′）。

B 相：f_{bx}（%）、δ_{bx}（′）。

C 相：f_{cx}（%）、δ_{cx}（′）。

实际比差与角差就应等于测试仪现场测试读数与自校时测得读数的代数和，因此电压互感器二次回路压降实际比差与角差分别为：

A 相：比差 f_{a0}（%）：$f_{a0}=f_{ax}+\Delta f_a$。

角差 δ_{a0}（′）：$\delta_{a0}=\delta_{ax}+\Delta\delta_a$。

B 相：比差 f_{b0}（%）：$f_{b0}=f_{bx}+\Delta f_b$。

角差 δ_{b0}（′）：$\delta_{b0}=\delta_{bx}+\Delta\delta_b$。

C 相：比差 f_{c0}（%）：$f_{c0}=f_{cx}+\Delta f_c$。

角差 δ_{c0}（′）：$\delta_{c0}=\delta_{cx}+\Delta\delta_c$。

三相四线电路中，电压互感器二次回路压降按下式计算：

$$\Delta U_{a0}=\frac{U_{a0}}{100}\sqrt{f_{a0}^2+(0.0291\delta_{a0})^2}$$

$$\Delta U_{b0}=\frac{U_{b0}}{100}\sqrt{f_{b0}^2+(0.0291\delta_{b0})^2}$$

$$\Delta U_{c0}=\frac{U_{c0}}{100}\sqrt{f_{c0}^2+(0.0291\delta_{c0})^2}$$

（2）三相三线电路。

在三相三线电路中，自校时，二次压降测试仪测量的比差与角差读数分别为：

A 相：Δf_{ab}（%）、$\Delta\delta_{ab}$（′）。

C 相：Δf_{cb}（%）、$\Delta\delta_{cb}$（′）。

实际测量时，二次压降测试仪测量的比差与角差读数分别为：

A 相：f_{abx}（%）、δ_{abx}（′）。

C 相：f_{cbx}（%）、δ_{cbx}（′）。

电压互感器二次回路实际比差与角差分别：

A 相：比差 f_{ab}（%）：$f_{ab}=f_{abx}+\Delta f_{ab}$。

角差 δ_{ab}（′）：$\delta_{abx}=\delta_{abx}+\Delta\delta_{ab}$。

C 相：比差f_{cb}（%）：$f_{cb}=f_{cbx}+\Delta f_{cb}$。

角差δ_{cb}（′）：$\delta_{cb}=\delta_{cbx}+\Delta\delta_{cb}$。

三相三线电路中，电压互感器二次回路压降分别为：

A 相：$\Delta U_{ab}=\dfrac{U_{ab}}{100}\sqrt{f_{ab}^2+(0.0291\delta_{ab})^2}\,(\%)$。

C 相：$\Delta U_{cb}=\dfrac{U_{cb}}{100}\sqrt{f_{cb}^2+(0.0291\delta_{cb})^2}$。

在计算由 TV 二次压降引起的计量误差时，也要采用更正后的比差与角差。

四、操作注意事项

（1）接入压降测试仪的导线是四芯屏蔽电缆线，接入电路前应用 500V 绝缘电阻表检查电缆各芯之间、芯与屏蔽层之间的绝缘是否良好，以免造成短路故障。

（2）如果在三相三线计量方式时测量，则电缆线只需三芯通电，那么空余的一芯线的接线头切不可短路。

（3）测量接线时，全部接线应按规定颜色进行。A、B、C、N 分别对应黄、绿、红、黑色。

（4）当完成 TV 侧和仪表侧的接线后，须用数字万用表通过测试孔座测量各相间电压是否正常，若不正常，应检查接线。

（5）测试工作进行前，应对压降校验仪及电缆线进行自校。但也有的仪器在出厂时已将测试电缆线引入的零位误差修正，因此测试时无需自校过程。

【思考与练习】

1. 简述二次压降/负荷测试仪的主要特点。
2. 简述二次压降测试仪的自校方法。
3. 二次压降测试仪操作注意事项有哪些？

模块 2　二次压降及负荷测试仪的故障处理（Z28H4002Ⅱ）

【模块描述】本模块包含二次负荷测试仪的使用、二次压降及负荷测试仪的常见故障及处理方法。通过概念描述、原理分析、要点归纳，掌握二次压降及负荷测试仪的常见故障判断及处理。

【模块内容】

一、二次负荷测试仪的使用

电压、电流互感器的误差与其二次负荷有着直接的关系，正确测量二次负荷是分析电能计量误差的重要依据，二次负荷测试仪是测量电压、电流互感器二次回路负荷的设备。

二次负荷的测试是依靠二次负荷测试仪测量互感器二次侧电压、电流、相角和频率值，然后通过计算得到有功功率、无功功率、视在功率、以及功率因素等全部电参量和 TA、TV 的实际、额定负荷值。负荷测试仪的面板上具有连接互感器二次侧电压、电流的输入端钮，其中有的负荷测试仪电流互感器二次电流取样信号有钳形电流互感器和直接接入两种方式。

1. TV 二次负荷的测量

（1）接线方法。

TV 二次负荷测量接线如图 16–2–1 所示。

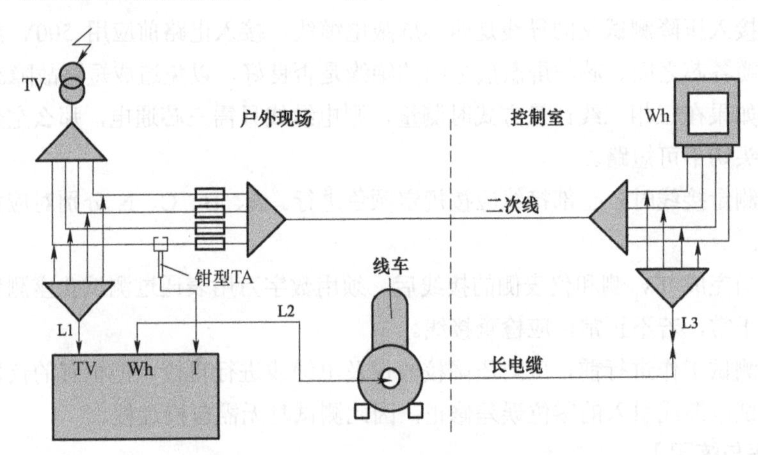

图 16–2–1 TV 二次负荷测量接线图

（2）TV 二次负荷测量的操作步骤。

1）按照图 16–2–1 所示接好测试线，电压回路接线与测量 TV 二次压降时相似，电流测试线一端接在测试仪的电流取样插孔（I），一端用钳形电流互感器直接夹在二次导线上。

2）开电源启动按钮，仪器进入主界面，根据操作软件的提示进行下一步操作。

3）按需要选择“TV 负荷测试”，进入 TV 的二次负荷测量界面。

4）记录并保存测试数据，关闭电源，拆除接线。

2. TA 二次负荷的测量

（1）接线方法。

TA 二次负荷测量接线如图 16–2–2 所示。

（2）TA 二次负荷测量的操作步骤。

1）按照图 16–2–2 所示接好测试线，电压测试线一端接在测试仪的电压取样插孔

(U_{ct})，另一端接在被测二次电流；电流测试线一端接在测试仪的电流取样插孔（I），一端用钳形电流互感器直接夹在二次导线上。

2）开电源启动按钮，仪器进入主界面，根据操作软件的提示进行下一步操作。

3）主菜单下选择“TA 负荷测试”，按需要选择钳形电流互感器的大小“5A”或“1A”。进入 TA 的二次负荷测量界面。

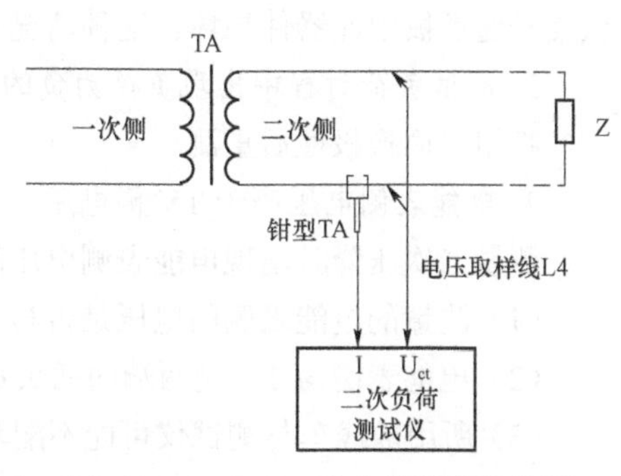

图 16–2–2　TA 二次负荷测量接线图

4）记录并保存测试数据，关闭电源，拆除接线。

3. 操作注意事项

（1）使用钳形电流互感器时尽量让导线垂直通过钳形夹中心，并且要保持钳形电流互感器钳口的清洁。

（2）更换电池时要在非工作状态下进行，将于本仪器连接的所有测试线拆除，否则，带电作业会发生触电危险。

二、二次压降及负荷测试仪的故障处理

目前使用的二次压降及负荷测试仪大多是集两种功能为一体的测量设备，又称为“二次压降/负荷测试仪”。二次压降及负荷测试仪在现场使用时，常常出现一些异常现象，如开机无显示，测试过程中出现数据不稳定或异常，测试负荷过程中出现负荷为负的情况，电能表侧电压高于 TV 侧电压，仪器操作失灵等故障。

二次压降及负荷测试仪出现故障时，直接影响到测试工作，如果简单的故障能够在现场处理的应尽量及时解决，不能在现场处理的，送厂家请专业技术人员解决。

1. 开机无显示故障处理

（1）电源未接通：一是电源插头未接触好；二是电源熔丝熔断。处理办法：将电源插头插紧，更换保险管。

（2）内部锂电池没电或电量不足：外接充电器，给电池充电。如充电时始终不能满，电池已损坏或充电器出现故障，立即更换电池或充电器。

2. 测试过程中，出现数据不稳定或异常

（1）数据不稳定：主要原因是线路本身有接触不好的地方（如熔丝、接线柱等）或接线接触不好。处理办法：使用前应先用绝缘电阻表（或万用表）检查专用测量导线各芯之间的绝缘是否良好，线是否良好接通，各接线头与导线接触是否牢固完好。还有一个原因是工作现场周围有特别大的干扰源，排除干扰源后再进行测量。

（2）数据异常：一个原因是缺相，检查放线车电缆是否断线，另一个原因是测试仪信号通道板中元器件损坏，这种情况立即送厂家修理。

3. 测试负荷过程中出现负荷为负的情况

将钳表调换极性后重测。

4. 电能表侧电压高于 TV 侧电压

测量二次压降时出现电能表侧电压高于 TV 侧电压的现象，可能的原因是：

（1）测量的电能表侧的电压是否与 TV 侧电压在一个回路中；

（2）电能表侧与 TV 侧两端的插头是否接反；

（3）所用放线车与测试仪可能不配套，未进行自校。处理办法：先仔细检查接线，如更换防线车，一定要进行自校后方可使用。

5. 仪器操作失灵

如出现死机现象，可能是单片机掉电，按复位键，或关机重新开启，如还不能恢复，请专业人员处理。

【思考与练习】

1. 简述 TV 二次负荷测量的操作步骤。
2. 简述 TA 二次负荷测量的操作步骤。
3. 二次压降及负荷测试仪常见故障有哪些？

模块 3 二次压降及负荷测试仪对测试结果影响分析（Z28H4003Ⅲ）

【模块描述】本模块包含二次压降及负荷测试仪自身误差的影响、测试导线对测量结果的影响、二次压降测试仪输入阻抗对测量误差的影响等内容。通过原因分析、图解示意、要点归纳，掌握二次压降及负荷测试仪对测量结果的影响分析。

【模块内容】

二次压降及负荷测试仪主要用于在线测试，二次压降及负荷测试仪由于自身的误差特性、使用人员操作方式不同或导线选择不当等因素，会对测试结果产生一定的影响。

一、自身误差的影响

二次压降及负荷测试仪及测试电缆自身存在误差，称为“零位误差”。普遍使用的测试仪零位误差都很小，所以在测试时忽略不计，但如果该误差过大，将对测试结果产生影响，甚至出现比差为正值的现象。

二次压降测试仪在测试二次压降前通过自校，测出零位误差Δf与$\Delta\delta$，作为修正值，

二次压降测试仪的比差读数为f_x，实际比差f等于比差读数f_x与零位比差Δf的代数和，即$f=f_x+\Delta f$。当Δf为负值，$|\Delta f|>|f|$时，$f_x=f-\Delta f$为正值，也就是说测试仪测出的比差读数为正值，这种情况人们往往误认为实际比差就是正值，实际并非如此。判断二次压降的实际比差，不能只看测试仪的读数，而要看修正零位误差后的数值。

例如，采用表计侧测量方式测量压降，自校测得零位误差$\Delta f=-0.4\%$，测试仪测出的比差读数$f_{x=}+0.2\%$，实际比差$f=f_x+\Delta f=+0.2\%-0.4\%=-0.2\%$。

二、测试导线对测量结果的影响

当所引电缆线的长度与阻抗同该校验仪出厂校准时规定的值不相同时，就会出现较大的零位误差。

当所引电缆线长达数百米（200m 以上）时，外界交变磁场穿过电缆，产生一较强的感应电动势，此电动势对测试结果的干扰不容忽略。

三、二次压降测试仪输入阻抗对测量误差的影响

不同的校验仪产品，往往由于设计方案的不同而引起技术性能上的差异，尤其是设计的供电方案不同导致输入阻抗的差别，而仪器的输入阻抗又是影响测量准确度和安全性的重要因素。

二次压降测试仪有三种供电方式：内附电池供电、TV 二次侧电压供电、外加 220V 市电供电。供电方式不同，对压降测试仪的输入阻抗有影响，结果是对测量误差造成影响。

实际测量中，二次压降测试仪存在着零位误差，它是由隔离 TV 及长电缆线引起的误差，影响零位误差的主要因素是隔离 TV 的精度及励磁电流的大小、长电缆线的分布电容等。当长电缆较长、而测试仪的输入阻抗又不是很高时，在长电缆上产生的电压降是不能忽略的，会造成角差测量误差的明显增大。

四、操作方式的影响

1. 外界磁场过大时测试方法的影响

在实际测试过程中，当外界磁场过大，临时电缆过长，强磁场会在测试电缆回路中产生感应电动势，此感应电动势的影响就是使表计侧的电压增大或使电压互感器侧的电压减小，使测试的比差为正值。这时，应改变测试方法。常用的测试方法就是两芯换位法，即将四芯屏蔽电缆线的某相与中性线互换，分别测量，取换位前后两次的平均值作为测量结果，以消除外磁场感应电动势的影响。

2. 不同工作原理的测试仪的影响

在实际测试过程中，如果选择不同的测试仪进行测试，可能会得出不同的测试结果。电压互感器压降测试仪是基于测差原理，通过直接测量两端的电压差值与相位，得出二次压降的比差与角差，与其他测试方法比较是最准确的。如果选择无线测试仪，它采用调制解调原理。测试仪的主机与辅机分别放在电能表侧与电压互感器侧，主机测量电能表侧的电压幅值与相位，辅机测量电压互感器侧的电压幅值与相位，经调制后通过二次电缆送到主机，由主机计算出两端电压间的比差与角差。此方法由于采用间接测量，其测量准确度难以提高，自身允许误差较高，测试结果与直接测量法就会有所不同。

3. 中性点偏移情况下对测试结果的影响

在系统中有时候会发生中性点偏移或断线的现象，此时如果再采用三相四线的方式测量二次压降，可能造成测试结果不准确，应采用三相三线测试方法。

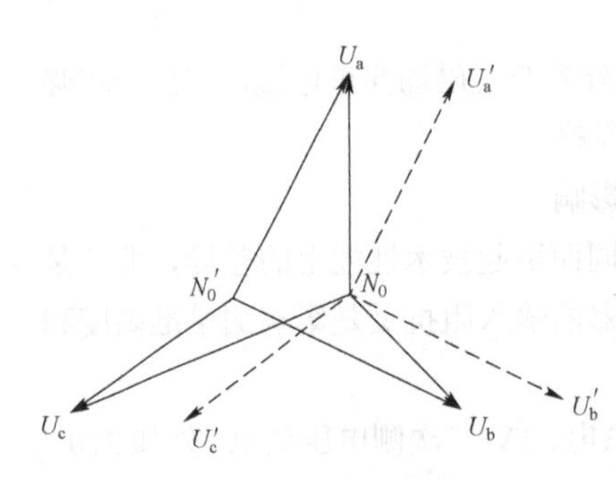

图 16–3–1 中性点发生偏移电压相量图

如图 16–3–1 所示，N_0 为 TV 侧中性点，N_0'为电能表侧中性点，如果在 TV 侧进行测量，电能表侧的实际电压为U_a'、U_b'、U_c'，排除二次导线产生的压降，从图中可以看出，A 相产生一个“+”的电压比差，产生一个“–”的角差；B 相电压产生一个“+”的电压差，产生一个“+”的角差；C 相电压产生一个“–”的电压差，产生一个“+”的角差。所以，如果采用三相四线的方式测量二次压降势必产生较大的附加误差。同样反过来，我们在实际测试二次压降的过程中，如果出现比差和角差有“+”有“–”的情况，可以判断中性点发生偏移或断线。

4. 使用不同的工作电源对测试结果的影响

使用外接电源与使用内部电池供电测试时结果不一致。当仪器采用内部电池供电时，表面上看仪器在正常工作，但内部电池的电压已偏低，导致测试电路非正常工作，测试结果异常。测试人员在发现测试结果异常时，可以将仪器充电后再进行测试。

【思考与练习】

1. 二次压降及负荷测试仪自身存在误差对测试结果有什么影响？

2. 不同工作原理的测试仪对测试结果有什么影响？

3. 测试导线对测试结果的影响有哪些？

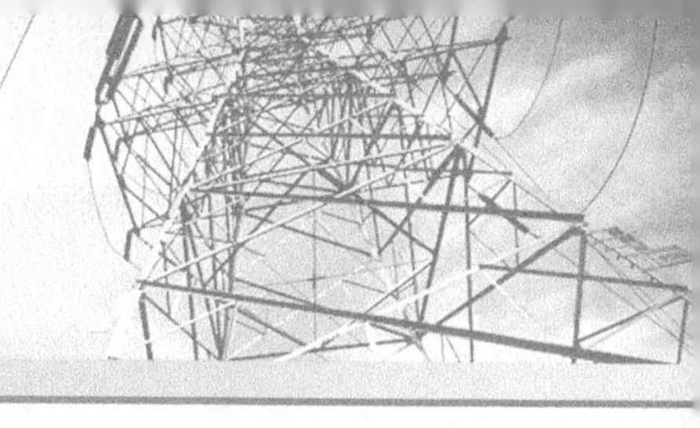

第十七章

互感器检定装置的维护

模块1　互感器检定装置的使用维护（Z28H5001Ⅰ）

【模块描述】本模块包含互感器检定装置的用途、组成、原理框图、使用及使用中注意的几个问题、日常维护等内容。通过概念描述、术语说明、原理介绍、图解示意、要点归纳，熟悉互感器检定装置的使用。

【模块内容】

一、互感器检定装置的用途

互感器检定装置是在实验室内检定电压、电流互感器的检定设备，其主要作用是向被检的测量用电压（电流）互感器供给电压（电流），并检验其测量误差及其他计量性能。

二、互感器检定装置简介

1. 结构

互感器检定装置主要由互感器校验仪、二次电压（电流）负载箱、供电电压、互感器电压（电流）调节设备、互感器的一次和二次回路接线以及互感器校验软件等组成。标准互感器是装置中用作计量标准的电压（电流）互感器，互感器校验仪用来检验电压（电流）互感器的误差性能，负载箱为被检电压（电流）互感器提供二次负载，互感器检定装置的操作依靠互感器校验软件来支持。

按准确度等级分为0.05（S）级、0.02（S）级、0.01（S）级及以上互感器检定装置。

2. 工作原理

互感器检定装置的原理框图见图17–1–1，互感器检定装置实物图见图17–1–2。

三、互感器检定装置的使用

（1）接线。选择被检互感器，按照JJG 313—2010、JJG 314—2010的要求，连接检定电流或电压互感器的检定线路，接线时注意使用规定的接线，正确选择实验设备量程或挡位。

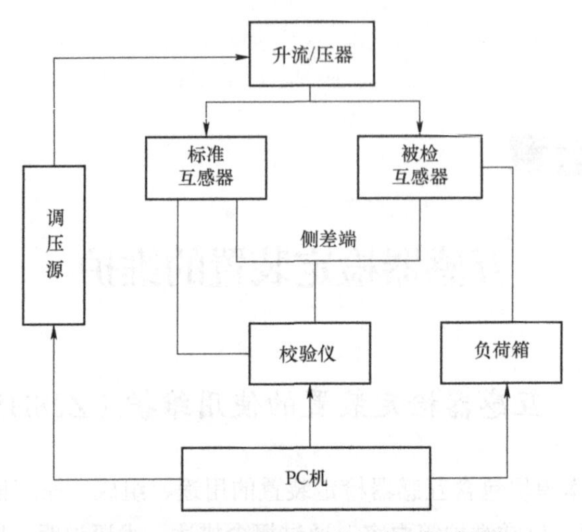

图 17-1-1 互感器检定装置的原理框图

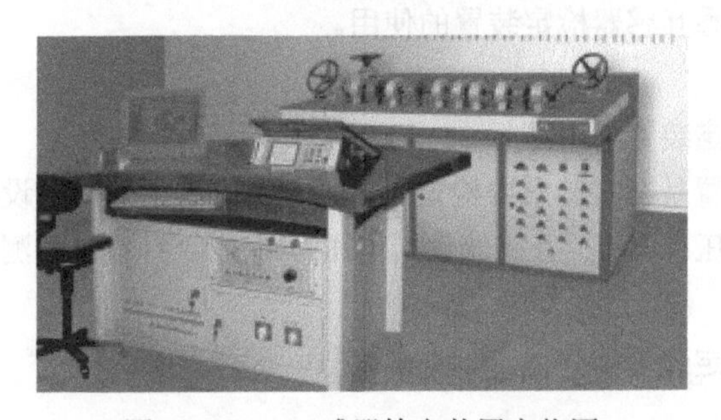

图 17-1-2 互感器检定装置实物图

（2）安全措施。主要做好安全防范措施，如应接地点接地线连接好、安全遮栏围好或悬挂警示牌，调压器调在零位。

（3）开机。依次合上装置、调压器、互感器校验仪、计算机的电源开关。按照各仪器说明书的时间要求进行预热。选择正确的开关挡位、正确的负荷箱量程。

（4）按照检定规程制定互感器检定方案，逐项开展检定工作。

（5）根据制定的互感器检定方案，根据规程要求进行校验。

（6）检定完成，保存测试数据。

（7）依次关闭校验仪、操作台电源。

（8）拆除测试导线。

四、使用中注意的几个问题

1. 电流互感器二次导线阻抗的测量

（1）互感器检定装置电流二次回路阻抗的技术要求。

二次负载对电流互感器误差的影响很大，因此在考核互感器检定装置的技术性能时，除进行误差测量、电压和电流调节设备及其连接导线的检查试验等测试外，还必须对装置测量被检电流互感器二次回路的阻抗测量。

DL/T 668—2017《测量用互感器检定装置》规定：被检电流互感器二次回路的实际负荷（包括二次电流负荷箱及二次回路的阻抗），当在额定二次电流的5%～120%或对用于检验S级互感器的装置，还应在额定二次电流的1%～5%范围内时，其有功分量和无功分量的误差应不超过3%。当$\cos\varphi=1$时，残余无功分量应不超过额定二次负荷的3%。为了能准确的测试出电流互感器的误差，必须保证二次回路的负载在合格范围内。

（2）二次导线阻抗测量的方法。

互感器检定装置都具有测量二次回路阻抗值的功能，二次导线阻抗测量的方法主要有两种。一种是较早以前常用的双桥法测试。该方法是用双桥直接测量二次导线两端，测出导线阻值。这种方法直观，接线也比较简单，但这种测量方法只能测量电阻而不能测量电抗。目前常用的是互感器校验仪测试。

互感器校验仪是现场、实验室检测互感器常用的仪器之一，是二次导线阻抗测量首选的仪器。如图17–1–3所示，找一只常用的被试电流互感器按常规校验接好线后，再把K1和K2用一根阻抗较小的线将其短接，把校验仪选在阻抗Z测试挡上，升少许电流（5%～10%之间），测出的阻值即为二次导线阻抗值。根据测量值的大小对二次线进行修正，使其达到二次导线阻值要求。

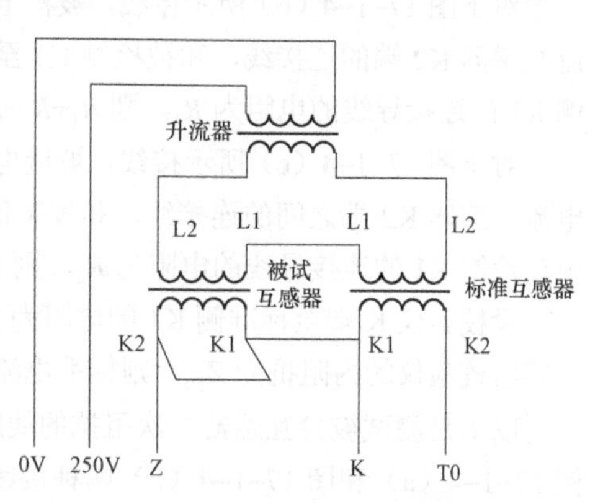

图17–1–3　二次导线阻抗值测试接线图

阻抗值测试出来后怎样判断其是否合格呢？测试出来的结果应根据所选的阻抗值和功率因数来计算是否合格。

例如：电流负载箱选择的是0.2Ω，功率因数为0.8，负载箱的等级是2级的话，则测试出来的电阻值应在0.2×0.8±（0.2×2%）=0.156～0.164Ω之间算合格，电抗值在0.2×sin（arccos（0.8））±（0.2×2%）=0.116～0.124Ω之间算合格。

（3）二次导线阻抗测量时的注意事项。

二次导线阻抗测量时接线方式不同，测试电流互感器二次负载阻抗值也不同。如图17–1–4为电流互感器检定线路不同接线方式，测量值也不同。

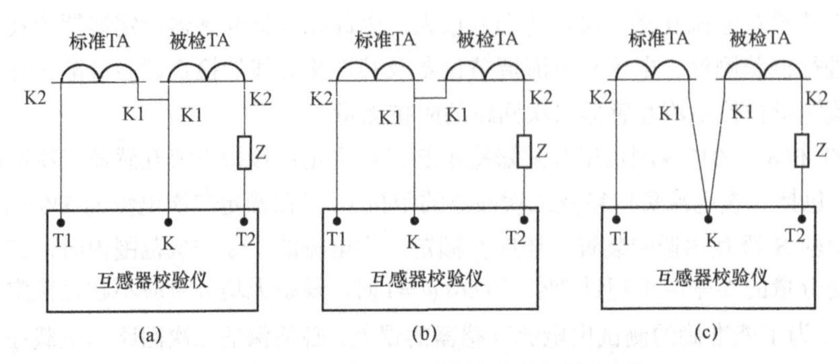

图 17–1–4 电流互感器检定线路接线图

对于图 17–1–4（a）所示接线，被检电流互感器的导线（一般为 0.05Ω或 0.06Ω）是从校验仪 T2 端至被检电流互感器 K2 端之间的连接线。设 T2 端至 Z 的连接导线的电阻为 R_1，K2 端至 Z 的连接导线的电阻为 R_2，则 $R_1+R_2=0.05\Omega$或 $R_1+R_2=0.06\Omega$。

对于图 17–1–4（b）所示接线，被检电流互感器的导线包括校验仪 T2 端到被检电流互感器 K2 端的连接线，和被检侧 K1 至标准侧 K1 的连接线。设被检侧 K1 至标准侧 K1 的连接导线的电阻为 R_3，则 $R_1+R_2+R_3=0.05\Omega$或 $R_1+R_2+R_3=0.06\Omega$。

对于图 17–1–4（c）所示接线，被检电流互感器的导线包括从校验仪 T2 端至被检电流互感器 K2 端之间的连接线，和校验仪 K 端至被检侧 K1 的接线。设校验仪 K 端至被检侧 K1 的连接导线的电阻为 R_4，则 $R_1+R_2+R_4=0.05\Omega$或 $R_1+R_2+R_4=0.06\Omega$。

设校验仪 K 端至标准侧 K1 的电阻为 R_5，校验仪 T1 端至标准侧 K2 的电阻为 R_6，互感器校验仪的内阻抗为 Z_{T0}，则标准电流互感器的二次负载阻抗为 $R_5+R_6+Z_{T0}$。

以上是测试被检互感器二次阻抗的线路和方法，通常检定电流互感器的接线使用图 17–1–4（a）和图 17–1–4（b）两种接线方式。

另一个注意的问题是，阻抗值的大小除与导线的长度、导线横截面积大小有关外，与接触电阻也有关系，有些装置因使用年限长，导线老化，使得阻抗值增大，另外接线时的紧固程度对接触电阻的影响也较大。这些都要在测试阻抗值时注意。

2. 二次导线阻抗的配置

电流互感器检定中所包括的二次负荷为：电流负荷箱、二次导线的阻值和各端子的接触电阻。电流负荷箱在设计中已包含二次导线的阻值及接触电阻，所以外接导线阻值的大小直接影响到互感器的测量误差。二次线阻值过大会导致所带负荷超出所标范围，阻值过小会导致所带负荷低于所标的阻值。一般将二次线阻值设计为 0.057Ω（0.047Ω），这样加上接触电阻 0.003Ω，其阻值恰为 0.06Ω（0.05Ω）。

需要说明的是，外接导线阻值包括被试互感器非极性端到负荷箱的连线，及负荷箱的出线到校验仪 Tx 端的连线。另外，互感器二次极性端与校验仪 K 端的连线位置，也与二次阻值有关。K 线接在标准互感器的极性端上，则标准的极性端 K1 与被试的极性端 K1 间的连线也需要计入二次阻值中，即：外接导线阻值=标准极性端 K1 与被试极性端K1间二次连线的阻值+被试非极性端K2到负荷箱进线端子连线的阻值+负荷箱出线端子到校验仪 Tx 端连线的阻值。如 K 线接在被试互感器的极性端 K1 上，则被试与标准互感器 K1 间的连线不计入外接导线阻值中。标准与被试 K1 间的连线虽然不长，但足以影响互感器的测量误差。互感器校验仪的内阻通常小于 0.1Ω，因此标准线 T_0 的阻值也应设计为小于 0.1Ω。

JJG 313—2010《测量用电流互感器检定规程》规定，电流负荷的误差不得超过额定负荷的±3%，即 0.1Ω负荷的误差范围为 0.097～0.103Ω。二次导线的误差为 0.058～0.061 8Ω，只允许有 0.003 6Ω的误差。一根不长的导线足以使负荷超出误差允许的范围。许多厂家二次导线的阻值在出厂时设置不准确，造成测量误差。所以在互感器检定前应对二次导线阻值进行复查，以保证其准确性。

3. 互感器负载箱的选择与使用

电流负荷箱串联在电流互感器二次回路中，因此开关接触电阻和引线电阻应考虑进去。电流负荷箱每一档实际阻抗值比标称值少 0.05Ω或 0.06Ω，就是预留给二次引线电阻的，因此，电流负荷箱的连接导线必须专用，且保证导线电阻值为 0.05Ω或 0.06Ω。

如电流负荷箱标称值为 0.2Ω时，其内部阻抗值只为 0.14Ω，加上外接导线电阻 0.06Ω才为标称阻抗 0.2Ω；如电流负荷箱标称值为 $\cos\varphi=1$、0.4Ω时，实际负荷箱的电阻为 0.4–0.06=0.34Ω；标称值为 $\cos\varphi=0.8$、0.4Ω，实际负荷箱的电阻 R=0.4×0.8–0.06=0.26Ω，电抗 X=0.4×0.6=0.24Ω。

4. 标准电压互感器二次与校验仪之间连接导线要求

检定电压互感器时，标准电压互感器二次与校验仪之间连接导线，应保证其电阻压降引起的误差不超过标准电压互感器允许误差限的 1/10。

五、互感器检定装置的日常维护

（1）应放置在一个良好的工作环境中，远离强磁场和具有干扰源的环境，防尘防潮，有专人维护。

（2）操作前仔细阅读使用手册，熟悉操作步骤。

（3）如怀疑装置出现故障，应与专业维修人员联系进行检查，切勿继续操作。

（4）要保持检定装置的整洁，定期打扫，确保装置的铭牌、标识完整无损，字迹清晰。

（5）检验装置的检定证书或测试报告要妥善保管，便于随时掌握装置的运行情况。

【思考与练习】

1. 试述互感器检定装置的组成。

2. 如何对互感器检定装置进行操作？

3. 二次导线阻抗如何配置，测量时应注意哪些？

4. 测量时如何选择负载箱？

模块2 测量用互感器检定装置的技术要求（Z28H5002Ⅱ）

【模块描述】本模块包含测量用互感器检定装置的分类、特点、功能及技术要求等内容。通过概念描述、术语说明、条文解释、要点归纳，掌握测量用互感器检定装置的技术要求。

【模块内容】

一、测量用互感器检定装置的分类

1. 按被检互感器的种类分

按被检互感器的种类分为电压互感器检定装置、电流互感器检定装置（包括用于检定特殊用途S级电流互感器的检定装置）、电压和电流互感器检定装置。

2. 按采用交流检验线路的相/线数分

按采用交流检定线路的相/线数分为单相接线检定装置以及单相和三相接线检定装置。

3. 按准确等级分

按准确度等级分为0.01、0.02、0.05级互感器检定装置。

二、技术要求

DL/T 668—2017《测量用互感器检验装置》从互感器检定装置的外观、功能、配置等方面，对互感器检定装置提出了具体的技术要求，主要有：一般性要求、检定装置的输出、功能、测量误差限、测量重复性、标准互感器及主要配套设备、监视与测量仪表、退磁、电压互感器励磁特性测量、保护与报警功能、绝缘电阻及工频耐压试验等11个方面。

1. 一般要求

一般要求是指装置的标准互感器和配套设备应完整齐全，相关的技术文件、环境条件、供电电源满足相应的要求。

装置要有正确完整的电气原理图、安装接线图和使用说明书，装置标准互感器及配套使用的供电电压互感器、互感器校验仪、二次负荷箱、测量与监视仪表以及升压升流器应具有有效期内的检定证书或测试报告。供电电源频率的变化范围（50±0.5）Hz，电源波形应为正弦波，其波形失真度系数应不大于 5%。装置上的各种开关、按钮、端钮、调节旋钮应有明确的标志并操作灵活，工作接地和保护接地应分开设置并有明显的标志。

2. 检定装置的输出

检定装置应能调节和测量其输出的电压（电流）值，和输出电压对称度以及被检互感器二次负荷及其功率因数，根据检定的需要设置一系列的挡位，使之符合检验要求。

（1）输出范围。检定装置的输出电压范围为被检互感器额定一次电压的 20%～120%；输出电流范围为：对一般电流互感器检定装置为被检互感器额定电流的 5%～120%，对 S 级电流互感器检定装置为被检互感器额定电流的 1%～120%。

（2）输出量程。输出量程至少应有如下量程：

电压量程（kV）：0.12、0.28、0.46、0.72、1.0、7.5、12、27、42、80、132、264。

电流量程（A）：0.25、0.6、1.2、2.5、5、10、20、50、100、250、600、1200、1800、3000。

（3）二次负荷。装置可以提供以下二次负荷：

电压互感器额定二次负荷（VA）：0.5、1、1.25、2.5、3.75、5、6.25、7.5、10、12.5、15、18.75、20、25、30、37.5、40、50、60、75、80、100、125、150、200、250、300、400、500、1000。

二次负荷的功率因数：0.2、0.3、0.5、0.8、1，功率因数小于 1 为感性（或容性）负荷。

电流互感器额定二次负荷（VA）：1、1.25、2.5、3.75、5、6、7.5、10、12.5、15、20、25、30、40、45、50、60、80、100。

二次负荷的功率因数：0.6、0.7、0.8、1，功率因数小于 1 为感性（或容性）负荷。

3. 检验装置的功能

检定装置应该具有基本功能和扩展功能。

（1）基本功能。

可以进行端子标志的检验、电流互感器的退磁试验、电压互感器的励磁特性测量、互感器误差测量、互感器的实际二次负荷测量，还具有进行数据通信的功能。

（2）扩展功能。

除完成互感器检验的基本功能外，还可以有互感器的二次负荷功率因数改变的影响试验、二次负荷箱测量、电流互感器仪表保安电流测量等其他功能。

4. 检定装置的测量误差限

在环境温度（20±5）℃、相对湿度 45%～80%、对三相装置输出的三相电压不对称度应不大于 2%、装置在最大输出时，在被检互感器位置由装置产生的电磁场引起的互感器测量误差，应不大于被检互感器误差限值的 1/10。参比条件下，不同等级的检验装置，其测量误差限在 DL/T 668—2017《测量用互感器检验装置》中都有相应的规定。

5. 测量重复性

当装置对装置检验标准进行不少于 6 次的重复测量时，其测量结果的标准偏差值应为：在 20%～100%额定一次电压、5%～100%额定一次电流时，不大于 1/10 装置误差限，对 S 级电流互感器的检验装置还应在 1% ～5%额定一次电流时，不大于 1/5 装置误差限。

6. 标准互感器及主要配套设备

（1）标准互感器。

1）标准互感器是检验装置的核心，标准互感器的准确级一般应与装置的准确级相同。

2）标准互感器的一次和二次电压（电流）回路的测量范围应与被检互感器相同，其中对 S 级电流互感器检定装置，其测量范围应为额定值的 1%～120%。

3）标准互感器的升降变差，互感器的电压（电流）上升和下降两次所测误差值之差，应不大于其误差限值的 1/5；在检定周期内标准互感器的误差变化，应不大于其误差限值的 1/3。

4）标准互感器二次负荷的实际值与检定证书上所标负荷之差应不超过 5%，与检定证书上所标功率因数之差折算为二次负荷有功分量和无功分量时应不超过折算值的 3%。

（2）互感器校验仪。

接入校验仪的标准与被检互感器二次回路的额定工作电压（电流）及其测量范围应与被检互感器相同，对 S 级电流互感器检定装置，其测量范围应为额定值的 1%～120%，由校验仪所引起的测量误差应不大于被检互感器误差限值的 1/10。

（3）电压（电流）调节设备及连接导线电压。

电压（电流）调节器的调节范围应设计为与装置的输出电压（电流）量程相适应，调节器的最大输出容量，应与升压（升流）器的输出容量相匹配，以保证在输出端接不同负荷时调节器的输出能够有一定的裕度，升流器的输出端钮、标准电流互感器的输入端钮及其连接导线，在环境温度为参比温度时通电 2h 后，温升应不超过 50K。

（4）被检互感器二次负荷。

被检电压互感器二次回路的实际负荷（包括二次电压负荷箱及二次差压回路折算导纳），当标准电压互感器在额定二次电压的 20%～120%范围内，或测量用电压互感器在额定二次电压的 80%～120%范围内时，其有功分量和无功分量的误差应不超过 3%，当 $\cos\varphi=1$ 时其残余无功分量应不超过额定二次负荷值的 3%。

被检电流互感器二次回路的实际负荷（包括二次电流负荷箱及二次回路的阻抗），当在额定二次电流的 5%～120%，或对用于检验 S 级互感器的装置，还应在额定二次电流的 1%～5%范围内时，其有功分量和无功分量的误差应不超过 3%，当 $\cos\varphi=1$ 时残余无功分量应不超过额定二次负荷的 3%。

7. 监视与测量仪表

检验装置输出监视用的电压、电流表应为真有效值数字式仪表，应满足量程切换时阻抗值变化不大于 5%，具有四位有效数字，其准确级应不低于 0.5 级，对 S 级电流互感器检定装置的电流表在 1%额定电流时的准确级可放宽至 1 级。

8. 退磁

装置应具有对电流互感器进行开路和闭路退磁的两种线路。闭路退磁法中使用的退磁电阻，其阻值应满足不同额定二次负荷的电流互感器，以其 10～20 倍额定二次负荷值进行退磁试验的要求，其阻值误差应不大于 10%。

9. 电压互感器励磁特性测量

检验装置应具有测量电压互感器励磁特性线路，和进行临时试验接线的安全工作条件。

10. 保护与报警功能

装置应具有以下保护和报警功能：电压电流调节器非零位闭锁保护、电压互感器检验回路短路保护、电流互感器检验回路过流保护、试验错接线报警。

11. 绝缘电阻及工频耐压试验

（1）绝缘电阻。

1）电流：用 500V 绝缘电阻表测量其各绕组之间和绕组对地之间的绝缘电阻，应符合 JB/T 5472—1991《仪用电流互感器》第 6.7 款要求；额定电压 3kV 及以上的电流互感器使用 2.5kV 绝缘电阻表测量一次绕组与二次绕组以及一次绕组对地间的绝缘电阻，应不小于 500MΩ。

2）电压：1kV 以上的电压互感器用 2500V 绝缘电阻表测量绝缘电阻时，不接地互感器一次绕组对二次绕组及接地端子之间的绝缘电阻不小于 10MΩ/kV，且不小于 40MΩ，二次绕组对接地端子之间以及二次绕组之间的绝缘电阻不小于 40MΩ。

（2）工频耐压试验。

1）电流：

① 试验设备和方法应符合 GB/T 16927.1—2011《高电压试验技术　第一部分：一般试验要求》。试验过程中如果没有发生绝缘损坏或放电闪络，则认为通过试验。

② 实验室作标准用的互感器，在周期复检时可根据用户要求进行工频耐压试验。

2）电压：标准互感器、升压器的输出回路工频耐压试验要求，应符合相应技术条件的规定。

【思考与练习】

1. 测量用互感器检定装置如何分类？

2. 测量用互感器检定装置的基本功能有哪些？

3. 测量用互感器检定装置的绝缘电阻是如何规定的？

模块3 互感器检定装置的检测分析（Z28H5003Ⅲ）

【模块描述】本模块包含互感器检定装置检测分析的目的、危险点分析及控制措施、试验方法、检验规则、常见故障的判断处理及对测试结果影响的分析等内容。通过概念描述、要点归纳，掌握互感器检定装置检测结果分析方法。

【模块内容】

一、互感器检定装置检测分析的目的

对互感器检定装置的检测进行分析，能有效的发现互感器检定装置在使用当中可能出现的偏差或不稳定现象，而对互感器的量值传递造成影响。

二、危险点分析及控制措施

（1）将被试品和标准装置接入工作电源及试验中，应注意安全，防止触电对人身的伤害。

（2）在试验过程中应严格遵守执行安全规程，设置安全护拦，悬挂安全指示牌，保持安全距离，防止人员进入造成伤害。

（3）升压及升流过程应缓慢，密切注意监视仪表，防止电压、电流值的突然变化。严禁TV二次回路短路和TA二次回路接线开路，不允许带负荷切换二次负荷箱，防止操作失误对人身的伤害、设备的损坏。

（4）严禁设备带负荷状态下检测人员离开工作现场，必须关断动力电源方可离开。

三、互感器检定装置的试验方法

1. 一般检查

采用目测或通电测试的方法对以下内容进行检查：

（1）技术文件。检查电气原理图、安装接线图和使用操作说明书是否正确完整；装置标准互感器及配套使用的供电电压互感器、互感器校验仪、二次负荷箱、测量与监视仪表以及升压升流器的检定证书或测试报告是否齐全。

（2）装置的结构。检查装置的外观结构和标志，检查各种开关、按钮、接线端钮

等部件是否有明确的标志，安装是否牢固，动作是否灵活；检查装置的接地是否可靠，保护接地和测量接地是否分开；检查互感器校验仪位置是否加装屏蔽并可靠接地。

（3）装置中标准互感器及主要配套设备。主要检查标准互感器及主要配套设备的配置及测量功能和技术指标是否满足相关要求，检定证书或测试报告是否齐全；检查外观结构和标志及接线端钮等部件是否有明确的标志。

（4）监视仪表的检查。检查装置配套的监视仪表的量程和准确级，主要有电压/电流表、相序指示器、电压平衡指示器、测量空载电流的电流表、测量励磁电流用的电动式电流表、测量二次极限感应电动势的静电电压表、开路退磁法中使用的峰值电压表。

（5）输出额定值检查。在装置输出端接入标准互感器和检测仪表，通电检查装置输出电压电流量程的正确性；在电压（电流）回路带最大最小负载的情况下用 0.1 级频率表测量装置的输出频率。

（6）检定装置的功能检查。逐项检查检定装置的基本功能和扩展功能是否正常。

2. 检定装置误差的测量

（1）试验方法。应在装置规定接线方式下测量装置的误差，装置检验标准应接在被检电压（电流）互感器的位置，通过比较法，由互感器校验仪的指示值取负号后得到装置的误差。

（2）电压和电流量程及负荷点的选择。在测量装置误差时，应包括基本量程、最大电压（电流）量程及最小电压（电流）量程。

基本量程为 5/5（对电流互感器）和 100/100（对电压互感器），按表 17–3–1 规定的负荷点来检验，最大、最小电压（电流）量程仅检验额定值负荷点和最小负荷点。对其他安匝不同的量程应选择标准互感器检定证书中误差最大和最小的量程进行检验，检验点为额定和最大、最小负荷点。

表 17–3–1　　测量装置误差的负荷点

装置的类别	装置误差测量时应选定的额定电流的百分数（%）
电压互感器装置	20、50、80、100、120
电流互感器装置	5、20、100、120
S 级电流互感器装置	1、5、20、100、120

每个检验点均连续测量两次综合比值差、综合相位差，取两次数据的平均值作为测量结果，如一次测量结果的误差超过允许极限的 80%，则在这一检验点增加两次附加测量。

3. 装置的重复性试验

（1）量程选择。电压互感器在额定电压时，变比为100/100及最大、最小3个电压比；电流互感器在额定电流和5%额定电流时，变比为5/5及最大、最小3个电流比；S级电流互感器在额定电流和1%额定电流，时变比为50/5。

（2）试验方法。

1）第一步：测试。对选定的稳定性较好的被检互感器进行重复性测量，测量次数n不少于6次，测量时平稳地升降电压（电流）。每次测量完成后，调节设备和控制开关均应加以操作，并将所有连线全部拆除，然后重新接好线再进行下一次测量。

2）第二步：计算。用贝塞尔公式计算测量结果。

4. 电压和电流调节设备及其连接导线检查试验

（1）一般检查。

1）在装置输出端连接最大和最小负载，调节器应能够连续平稳地调节到监视电压电流表所需的示值。

2）利用装置上的电压、电流监视仪表，检查电压、电流调节设备的输出值应能平稳连续地调节到120%额定值。

3）检查调节器与升压（升流）器的配合时，应分别选择几个不同的输出量程，对S级电流互感器检定装置，检查调节器输出能否方便地在1%～120%额定电流值内调节。

（2）升压（升流）器的检查。

1）升压（升流）器输出容量的检查。

① 选择电压（电流）最小和最大量程，在装置的输出端接入相应变比的被检互感器并接入额定二次负荷，检查升压（升流）器的输出容量是否满足要求。

② 选择升流器输出最大值，接入相应变比的电流互感器，进行闭路退磁，检查升压（升流）器的输出容量是否满足要求，同时检查升压（升流）器的容量输出电压与被检互感器的匹配。

2）升压升流器输出波形失真度的测量。

① 电流量程应选择5A/5A，最小电流和最大电流量程；电压量程应选择100V/100V，最小电压和最大电压量程。

② 在升流器输出回路按正常检定接线，小电流量程测量时将取样电阻串接在升流器的输出回路中，用失真度测量仪在取样电阻上直接测量其输出电流的波形失真度，大电流量程测量时可直接在一次电流导线上取样测量。

③ 在升压器的输出侧接标准和被检电压互感器，在标准电压互感器二次侧测量。其波形失真度不大于5%。

3）升压器的负载调整率测量。在升压器输出常用最大和最小量程下测量其电压调整率。测量时应使升压器的一次侧施加额定电压在其二次侧空载和最大负载时分别测量其二次电压，两电压的差值应不大于10%。

4）升压器的励磁电流测量。将升压器的二次绕组开路，在一次绕组中串入电流表并施加额定一次电压，测得的一次电流与额定一次电压的乘积应不大于输出额定容量的5%。

5）装置输出三相电压不对称度测量。在正相序下，将装置的监视电压表或电压平衡指示器调节至最佳对称时，用三只0.5级及以上的电压表在标准电压互感器的二次进行测量，然后按式（17–3–1）计算电压不对称度。

$$\text{电压不对称度}(\%)=\frac{\text{相（线）电压}-\text{三相相（线电压）平均值}}{\text{三相相（线电压）平均值}} \quad (17\text{–}3\text{–}1)$$

测量结果应不大于10%。

6）三相装置调节器相互影响检查。对分相调节的三相装置输出电压的相互影响试验，应将三相电压调节到额定值，然后将其中任何一相电压值调节至零，利用装置内的监视仪表，测量其余相的最大变化值ΔU。相互影响百分数按式（17–3–2）计算。

$$\gamma(\%)=\frac{\Delta U}{U_{\mathrm{N}}}\times 100 \quad (17\text{–}3\text{–}2)$$

式中　U_{N}——电压额定值。

测量结果应不大于输出值的±3%。

（3）连接导线检查。检查升流器、标准电流互感器端钮及其连接导线的温升。

用点温计或其他测温仪器，对升流器的输出端钮、标准电流互感器的输入端钮及其连接导线的温升进行测量。

5. 装置被检回路的阻抗测量

（1）量程选择。选择装置二次负荷最大常用和最小量程，功率因数为0.8或1.0进行测量。

（2）试验方法。用互感器校验仪，对装置中配置的二次电压（电流）负荷的准确度直接进行测量。

6. 退磁电路和退磁电阻准确度测量

用准确级为2.0级数字式欧姆表，直接测量装置配置的退磁电阻的阻值。

7. 电压互感器励磁特性测量

（1）试验点选择：试验在0.8、1.0、1.2、1.5（1.9）倍的额定电压下进行。

（2）试验方法：

1）在装置输出端接入被检电压互感器，试验时电压施加在二次端子上，其一次侧开路，试验电压应为实际正弦波，利用装置上配置的电流表测量其励磁电流。

2）用平均值电压表（有效值刻度）和有效值电压表，同时对所加电压进行测量，当平均值电压表读数与有效值电压表读数偏差不超过2%时，则以平均值电流表为准进行励磁电流测量，如果超过2%，则取平均值电压表和有效值电压表所测励磁电流的平均值为实测励磁电流值。

8. 绝缘电阻及工频耐压试验

（1）用额定电压为500V的绝缘电阻表分别在升流器的输出回路、标准电流互感器各绕组之间和绕组对地之间测量电流互感器装置的绝缘电阻。

（2）用额定电压为2500V的绝缘电阻表分别在装置的输入电源、电路升压器的输出回路、标准电压互感器各绕组之间和绕组对地之间测量电压互感器装置的绝缘电阻。

（3）绝缘电阻合格后，分别在装置的输入电源电路、升流器的输出回路对不通电的外露金属部件之间用耐压试验装置进行试验。试验时应将互感器校验仪断开，试验电压应在（5～10）s内由零升到规定值并保持1min，绝缘应无击穿现象，随后试验电压以同样速度降到零。

四、检验规则

1. 检验项目

按照检定装置使用的时段不同，其检验项目也有所不同，将检验类别分为型式检验、出厂检验、验收检验。型式检验、出厂检验、验收检验项目见表17–3–2。

表17–3–2 型式检验、出厂检验、验收检验项目表

序号	检验项目	试验类别		
		型式检验	出厂检验	验收检验
1	一般检查	+	+	+
2	装置输出额定值检查	+	+	+
3	装置的功能检查	+	+	+
4	装置测量误差试验	+	+	+
5	装置的测量重复性试验	+	+	+
6	装置中主要配套设备的测量和检查	+	+	+
7	监视仪表检查和准确度试验	+	+	−
8	退磁电路和退磁电阻准确度测量	+	−	−
9	电压互感器励磁特性测量	+	−	−
10	间接法测量电流互感器的仪表保安电流测量	+	−	−
11	检查装置所具有的保护功能	+	+	+

续表

序号	检　验　项　目	试验类别		
		型式检验	出厂检验	验收检验
12	绝缘电阻试验	+	+	+
13	工频耐压试验	+	+	+
14	装置的结构检查	+	+	+
15	包装试验	+	–	–

注　+为应做项目，–为可不做项目。

2. 抽样检验结果的判定

型式检验应从出厂检验合格品中随机抽取不少于3 台装置进行检验。如检验中有不合格项目时，可在同一批中再抽取加倍数量样品，对不合格项目进行复验，如全部样品合格，则型式检验认为合格。复验的不合格项目不应超过两项，否则型式检验判为不合格。

五、常见故障的判断处理及对测试结果影响的分析

互感器检定装置常见故障有调压器的故障、管理软件与校验仪不能正常通信、校验 TV/TA 时装置发出报警提示等故障。

1. 调压器输入端无电压

原因 1：电源输入未接好。处理办法： 检查并接好电源输入线。

原因 2：熔断器断路。处理办法：检查并更换相应的熔断器。

2. 互感器管理软件与校验仪不能正常通信

如出现互感器管理软件与校验仪不能通信故障，一般是通信电缆故障或通信端口设置错误。

处理步骤如下：

（1）首先检查计算机和校验仪之间的通信电缆是否脱落或接触不好，如是这个原因，将通信电缆连接好。

（2）检查通信端口设置是否与实际相符合，重新设置端口，使端口号与实际相符合。

（3）检查校验仪串口通信部分。

3. 检定电流互感器时装置发出报警提示的故障处理

（1）用数字万用表的交流挡，在 TA 校验时查 TA 调压器输出是否从 0V 连续上升，观察调压器的可调连接线和碳刷是否接触好，再检查调压器的电机和控制回路。

（2）检查 T_x、T_o 电流一次接线和电流二次接线是否正确，以及极性、变比是否正常。

（3）检查台体转换开关，一次、二次切换是否正确。

（4）检查电流负载箱及其接线是否有问题。

（5）检查校验仪内 T_x、T_o 间的电阻值是否满足要求。

4. 检定电压互感器时装置发出报警提示的故障处理

（1）用数字万用表的交流挡，在 TV 校验时查 TV 调压器输出是否从 0V 连续上升，观察调压器的可调连接线和碳刷是否接触好。

（2）检查电流一次接线和电流二次 a、x 接线否正确，以及极性、变比是否正常。

（3）检查台体转换开关以及 a、x 的相关回路。

（4）检查电压负载箱及其接线是否有问题。

（5）检查 TV 标准、校验仪是否正常。

5. 基本误差超出允许范围

断开台体背板 K 线，判断误差是否为零。如果误差不为零，则检查台体转换开关和 TV 接触器 K、D 相关回路；如果误差为零，按以下步骤检查。

（1）校验 TA 时。

1）检查电流一次导线是否发烫及其接线是否正确，再检查电流二次 K、D 相关接线。

2）检查电流互感器测试台一次接触器、二次继电器切换是否正确。

3）检查电流负载箱连接线，及负载切换是否正确（可做二次导线阻抗为 0.06Ω试验，及负载箱阻抗试验）。

4）检查 TA 标准是否有问题（做 5/5 自校：任选测试台上一通道二次 K 线——测试台 COM 压紧机构；测试台 T_o 线——测试台 0～600 压紧机构；测试台 T_x 线——测试台 T_o 线）。此时软件功率因数选择 1.0，额定负荷 5VA，轻载负荷 2.5VA，选择标准铭牌上精度等级，试验应不超差。

（2）校验 TV 时。

1）检查电压一次接线，检查电压二次 K、D 相关接线。

2）检查电压负载箱连接线，及负载切换是否正确。

3）检查 TV 标准是否有问题（标准二次电压和被试互感器二次电压比对：万用表选到交流档检测台体背板 a、x；万用表选到交流档检测台体背板 Y、O）。

经以上处理后互感器的误差依然超过规定值，则可判断该互感器存在问题，比如互感器匝间短路、变比错误等，这种情况送厂家修理。

6. 标准互感器的基本误差及变差变化对检定结果的影响

以上故障状况直接影响到测试工作的开展，如果标准互感器不准确，那么检定结果肯定不可靠。按规程规定，标准互感器的检定周期为 2 年，在检定周期内标准器的误差变化，不得大于其允许误差的 1/3，变差不得大于其允许误差的 1/5。在一个检定周期内，如果标准互感器的基本误差及变差变化都超出规定的范围，势必对检定结果造成一定的影响。

以 0.01 级标准互感器检定 0.05 级标准互感器为例。

0.01 级标准互感器由上一级法定计量检定机构传递时也引入了测量误差，0.01 级标准互感器还存在误差，如果基本误差周期内的变化大于 1/3，变差变化超过了其允许误差的 1/5，当用该标准器对 0.05 级标准互感器进行量值传递时，引入的误差就包含了上一级法定计量检定机构传递时的传递误差、互感器自身误差、误差的变化值及变差变化，对于检定结果就存在较大的不确定性。

【思考与练习】

1. 测量用互感器检定装置一般检查主要检查哪些内容？
2. 对测量用互感器检定装置进行检测时有哪些注意事项及采取的措施？
3. 检定电流互感器时装置发出报警提示如何处理？
4. 检定电压互感器时装置发出报警提示如何处理？

◢ 模块 4　互感器检定装置的建标（Z28H5004Ⅲ）

【模块描述】本模块包含建立计量标准的概念、建立计量标准的过程、《计量标准技术报告》的填写要点等内容。通过概念描述、术语说明、条文解释、要点归纳、案例介绍，掌握互感器检定装置的建标考核与复查的方法。

【模块内容】

以下重点介绍建立互感器检定装置计量标准应准备的技术资料以及开展的技术测试工作，通过案例介绍建立计量标准的过程。

一、建立计量标准的概念

为了加强电能计量标准的管理，保证量值传递的一致性、准确性，根据《中华人民共和国计量法》有关规定，凡企事业单位各项最高计量标准器具都必须经有关人民政府计量行政部门主持考核合格后才可以使用，交流电能表检定装置属于强制检定计量器具，必须经过有关人民政府计量行政部门主持考核合格后才可以使用。企事业单位申请建立计量标准考核的过程就称为建立计量标准，简称“建标”。

互感器标准装置的建标与交流电能表标准装置的建标过程一致，以下以 0.05 级电压互感器标准装置为例，着重介绍互感器标准装置建标过程中开展的技术测试工作。

二、建立电压互感器计量标准的目的

为了加强电压互感器计量标准的管理，保障国家计量单位制的统一和量值传递的一致性、准确性，为国民经济发展以及计量监督管理提供公正、准确的检定结果，建立电压互感器计量标准。

三、计量标准考核的程序

主要分为四个阶段：计量标准考核的申请（申请考核前的准备、申请资料的提交）、计量标准考核的受理、计量标准考核的组织与实施、计量标准考核的审批。

（一）计量标准申请考核前的准备工作及申请资料的提交

计量标准申请考核前的准备阶段主要从计量标准器及配套设备、计量标准的主要计量特性、环境条件及设施、人员、文件集、计量标准测量能力的确认等方面着手。计量标准应当经过试运行，并考察计量标准的稳定性及测量重复性。完成《计量标准考核（复查）申请书》《计量标准技术报告》《计量标准履历书》的填写并应符合有关要求。

1. 计量标准器及配套设备

计量标准器及配套设备的配置应能满足开展检定或校准工作的需要，应当科学合理、完整齐全，能满足开展检定或校准工作的需要。0.05 级电压互感器标准装置的主要标准器应配置 0.05 级的标准电压互感器、根据电压等级不同，可以配置数台。主要配套设备有互感器校验仪、电压负载箱等，这些计量标准的溯源性应得到保证，应当定期溯源到国家计量基准，也就是说，必须要有法定计量检定机构或人民政府计量行政部门授权的计量技术机构出具的有效的检定证书或校准证书。

计量标准的计量特性都必须符合相应计量检定规程或技术规范的规定。第一步，了解测量范围是否能够满足传递范围内被检电压互感器所有的电压等级；第二步，确定所建电压标准装置的准确度等级，所建电压标准装置的准确度等级应比被检电压互感器高出二个等级；第三步，考核所建标准的重复性。通过重复性试验验证计量标准的重复性是否满足检定或校准的测量不确定度的要求；第四步，考核所建标准的稳定性。通过一段时间（通常半年以上）的稳定性考核，证明所建计量标准所复现的量值是否可靠。重复性和稳定性考核都应提供准确的试验数据，根据试运行情况，完成《计量标准技术报告》的撰写。

2. 环境条件及设施

环境条件和设施应当满足开展检定或校准工作的要求，并按要求对环境条件进行有效监测和控制。互感器标准装置的环境条件主要从温度、湿度、洁净度、振动、电磁干扰、辐射、照明、供电等方面来进行考虑。开展互感器检定的周围气温要求为：+10～+35℃；相对湿度要求为：不大于 80%。

互感器标准装置对检定场所有较高的要求，场所面积不能太小，检定工作场所与不相关的区域要进行有效隔离，检定人员与施加高压的互感器等设备的安全距离至少3m以上，实验室要有良好的接地系统。

3. 人员

建标单位应当配备能够履行职责的计量标准负责人，计量标准负责人应当对计量标准的建立、使用、维护、溯源和文件集的更新等负责。

建标单位应当为每项计量标准配备至少两名具有相应能力、并满足有关计量法律法规要求的检定或校准人员。

4. 文件集

每项计量标准应当建立一个文件集，文件集目录中应当注明各种文件的保存地点、方式和保存期限。建标单位应当确保所有文件完整、真实、正确和有效。

（1）文件集应当包含以下文件：

1）《计量标准考核证书》（如果适用）；

2）《社会公用计量标准证书》（如果适用）；

3）《计量标准考核（复查）申请书》；

4）《计量标准技术报告》；

5）《检定或校准结果的重复性试验记录》；

6）《计量标准的稳定性考核记录》；

7）《计量标准更换申报表》（如果适用）；

8）《计量标准封存（或撤销）申报表》（如果适用）；

9）《计量标准履历书》；

10）国家检定系统表（如果适用）；

11）计量检定规程或计量技术规范；

12）计量标准操作程序；

13）计量标准器及主要配套使用说明书（如果适用）；

14）计量标准器及主要配套的检定证书或校准证书；

15）检定或校准人员能力证明；

16）实验室的相关管理制度；

17）开展检定或校准工作的原始记录及相应的检定或校准证书副本；

18）可以证明计量标准具有相应测量能力的其他技术资料（如果适用）。

（2）管理制度。

建标单位应当建立并执行下列管理制度，以保证计量标准处于正常运行状态。

1）实验室岗位管理制度。

应当明确实验室管理人员、计量标准负责人和检定或校准、核验人员的具体分工和职责。

2）计量标准使用维护管理制度。

应当明确计量标准的保存、运输、维护、使用、修理、更换、改造、封存及撤销以及恢复使用等工作的具体要求和程序。包括：计量标准器及配套设备在使用前的检查和（或）校准，唯一性标识和检定或校准状态，出现故障的处置方法，计量标准器及配套设备的使用限制和保护措施。

3）量值溯源管理制度。

应当明确计量标准器及主要配套设备的周期检定或定期校准计划和执行程序，包括偏离程序应当采取的措施。

4）环境条件及设施管理制度。

应当确保实验室的设施和环境条件适合计量标准的保存和使用，同时应当满足所开展计量检定或校准项目的计量检定规程或校准规范的要求。应当对温度、湿度等环境条件进行监测和记录，对实验室互不相容的活动区域进行有效隔离。

5）计量检定规程或计量技术规范管理制度。

应当能确保开展计量检定或校准时采用符合规定要求的计量检定规程或校准规范。

6）原始记录及证书管理制度。

应当明确计量检定或校准过程原始记录、数据处理、证书填写、数据核验和证书签发等环节的工作程序及要求。

7）事故报告管理制度。

应当明确仪器设备、人员安全和工作责任事故的分类和界定，以及各种事故的发现、报告和处理的程序规定。

8）计量标准文件集管理制度。

应当明确计量标准文件集的管理内容和要求，对文件的起草、批准、发布、使用、更改、评价、存档及作废等作出明确规定，设置专人负责，确定其借阅、保存等方面的具体要求。

（二）计量标准申请考核阶段

该阶段主要工作有两方面，一是申请单位递交申请，二是主持考核部门对申请的资料进行初审，以确定是否受理。

1. 申请资料的提交

（1）申请新建计量标准考核，建标单位应当向主持考核的人民政府计量行政部门提供以下资料：

1）《计量标准考核（复查）申请表》原件一式两份和电子版一份。

2)《计量标准技术报告》原件一份。

3）计量标准器及主要配套设备有效的检定或校准证书复印件一套。

4）开展检定或校准项目的原始记录及相应的模拟检定或校准证书复印件两套。

5）检定或校准人员能力证明复印件一套。

6)可以证明计量标准具有相应测量能力的其他技术资料（如果适用)复印件一套。

（2）申请计量标准复查考核，建标单位应当在《计量标准考核证书》有效期届满前6个月向主持考核的人民政府计量行政部门提出申请，除上述资料外，还应提供以下资料：

1)《计量标准考核证书》的原件一份。

2)《计量标准考核证书》有效期内计量标准器及主要配套设备连续、有效的检定或校准证书复印件一套。

3)随机抽取该计量标准近期开展检定或校准工作的原始记录及相应的检定或校准证书复印件两套。

4)《计量标准考核证书》有效期内连续的《检定或校准结果的重复性试验记录》《计量标准的稳定性考核记录》复印件各一套。

5)《计量标准更换申报表》(如果适用）复印件一份。

6)《计量标准封存（或撤销）申报表》如果适用）复印件一份。

2. 计量标准考核的受理

主持考核的人民政府计量行政部门收到建标单位申请考核的资料后，应当对资料进行初审，确定是否受理。

(三)计量标准考核的组织与实施

(1）主持考核的人民政府计量行政部门受理考核申请后，应当及时确定组织考核的人民政府计量行政部门。

(2）组织考核的人民政府计量行政部门应当及时委托具有相应能力的单位（即考评单位）或组成考评组承担计量标准考核的考评任务，并下达计量标准考核计划。计量标准考核的组织工作应当在10个工作日内完成。

(3）考评员的聘请及考评组的组成。

计量标准考评实行考评员负责制，每项计量标准一般由1至2考评员执行考评任务。

组织考核的人民政府计量行政部门可以聘请有关技术专家和相近专业项目的考评员组成考评组执行考评任务。

考核分为书面审查和现场考评。新建计量标准的考评首先进行书面审查，如基本符合条件，再进行现场考评，复查计量标准的考核通常采用书面审查判断计量标准的测量能力。现场考评为首次会议、现场观察、资料核查、现场实验和现场提问、末次会议五个程序。对于在考评过程中发现的不符合项或缺陷项的计量标准，申请单位应当对存在的问题按照整改要求和期限进行改正、完善。

主持考核的人民政府计量行政部门对考核资料及考评员的考评结果进行审核，考核合格的颁发《计量标准考核证书》。

四、举例说明《计量标准技术报告》的填写要点

《计量标准技术报告》要求用计算机打印或墨水笔填写，要求字迹工整清晰，共有12个填写栏目，下面以0.01级电压互感器检定装置为例说明《计量标准技术报告》的填写要点和要求。

1. 建立计量标准的目的

简要地叙述建立计量标准的目的、意义，分析建立计量标准的社会经济效益，以及所建计量标准的传递对象及范围，以确保电能量计量和量传的公正性。

2. 计量标准的工作原理及其组成

用文字、框图或图表简要叙述该计量标准的基本组成，以及开展量值传递时采用的检定或校准方法。应符合所建计量标准的国家计量检定系统表和国家计量检定规程或技术规范的规定。《计量标准技术报告》中必须对装置的工作原理及组成进行简要叙述，其组成部分可以采用工作原理框图的形式表达。

3. 计量标准器及主要配套设备

计量标准器是指计量标准在量值传递中对量值有主要贡献的那些计量设备。主要配套设备是指除计量标准器以外的对测量结果的不确定度有明显影响的其他设备。“名称”“型号”和“测量范围”分别根据计量标准器及主要配套设备的商品名称、型号和测量范围或量值填写。对于可以测量多种参数的计量标准应分别给出每一个参数的测量范围和量值（计量标准的测量范围应当满足开展检定或校准的需要）。“不确定度或准确度等级或最大允许误差”栏按具体情况填写该标准器或配套设备的不确定度或准确度等级或最大允许误差（最大允许误差用符号MPE表示，其数值一般应带“±”号），对于能提供量值的计量标准，可直接填写所提供量值的不确定度；对于测量仪器或器具，可以填写最大允许误差或准确度等级；对于经校准并提供修正值的测量仪器或器具，可以填写修正值的不确定度。具体采用何种参数表示应根据具体情况确定，或遵从本行业的规定或约定俗成。填写时必须用符号明确注明所给参数的含义。

4. 计量标准的主要技术指标

明确给出整套计量标准的量值或量值范围、分辨力或最小分度值、不确定度或准确度等级或最大允许误差以及其他必要的技术指标。

5. 计量标准的重复性试验

【例 17–4–1】选一常规的被检电压互感器，电压等级为 10kV，型号：JDZ–10；准确度等级：0.2 级；额定电压比：10 000/100。

对被检电压互感器在额定电压为 100%时连续测量 10 次，得到比值差和相位差的测量值见表 17–4–1（每次测量均重新接线）。

表 17–4–1　　计量标准的重复性试验记录

次数	测量值 f_i（%）	次数	测量值 δ_i（′）
1	0.121	1	1.6
2	0.118	2	1.8
3	0.132	3	2.1
4	0.125	4	1.6
5	0.127	5	1.5
6	0.123	6	2.2
7	0.115	7	1.8
8	0.123	8	1.6
9	0.118	9	2.3
10	0.125	10	2.2
平均值 $\overline{f}$	0.123	平均值 $\overline{\delta}$	1.87
实验标准差 S_f	0.005	实验标准差 S_δ	0.302
平均值的实验标准差 $\overline{S}_f$	0.001 6	平均值的实验标准差 $\overline{S}_\delta$	0.096

表 17-4-1 中：

$$S_f=\sqrt{\frac{\sum_i (f_i-\overline{f})^2}{n-1}}\ ;\ S_\delta=\sqrt{\frac{\sum_i (\delta_i-\overline{\delta})^2}{n-1}}$$

$$\overline{S}_f=S_f/\sqrt{n}\ ;\ \overline{S}_\delta=S_\delta/\sqrt{n}$$

考核结果表明，测量重复性符合要求。

6. 计量标准的稳定性考核

【例 17–4–2】选一稳定的核查标准，电压等级为 10kV，型号：JDZ–10；准确度等级：0.2 级；额定电压比：10 000/100。每隔一个月，用本计量标准对电压互感器进行一组测量，结果见表 17–4–2。

表 17–4–2 计量标准稳定性考核记录

测试时间		××年1月4日		××年2月19日		××年3月31日		××年5月15日	
测试条件		$100\%U_n$		$100\%U_n$		$100\%U_n$		$100\%U_n$	
		f_i（%）	δ_i'	f_i（%）	δ_i'	f_i（%）	δ_i'	f_i（%）	δ_i'
测试次数	1	0.121	1.8	0.132	2.2	0.120	2.2	0.134	1.8
	2	0.128	1.8	0.116	2.4	0.132	2.4	0.142	2.1
	3	0.142	2.1	0.124	2.0	0.118	2.0	0.120	2.2
	4	0.135	1.6	0.118	2.1	0.128	2.2	0.130	2.4
	5	0.127	1.6	0.129	1.6	0.119	1.6	0.132	2.2
	6	0.123	2.2	0.118	1.8	0.128	1.8	0.118	2.0
	7	0.125	1.8	0.126	2.0	0.128	1.8	0.128	2.2
	8	0.123	1.6	0.124	2.2	0.119	2.1	0.118	2.4
	9	0.128	2.4	0.133	2.4	0.116	2.2	0.116	2.2
	10	0.126	2.2	0.126	1.6	0.118	2.0	0.118	2.2
平均值		0.128	1.91	0.125	2.03	0.123	2.03	0.126	2.17

比差/角差	f_i（%）	δ_i'
四次测试结果的最大值	0.128	2.17
四次测试结果的最小值	0.125	1.91
差值	0.003	0.26

计量标准的稳定性，小于计量标准扩展不确定度（k=2）或最大允许误差的绝对值，满足要求。

7. 检定或校准结果的测量不确定度评定

在建标报告的“检定或校准结果的测量不确定度评定”一栏中应填写在计量检定规程或技术规范规定的条件下，根据 JJF 1059.1—2012《测量不确定度评定与表示》的要求，应详细给出用该计量标准对常规的被检定对象进行检定时，所得结果的测量不确定度的评定过程。

与交流电能表检定装置的建标一样，互感器标准定装置的建标也要进行测量不确定度评定，评定的方法与交流电能表检定装置的相同，关键在于不确定度来源的寻找，由于互感器标准定装置的计量设备较多，互感器校验仪、电压负载箱、升压器、连接线等计量设备的变化都会对测量结果有一定的影响，所以在进行测量不确定度评定时，应考虑全面，不能遗漏，也不要重复。

8. 检定或校准结果的验证

检定或校准结果的验证是指对用该计量标准得到的检定或校准结果的可信度进行实验验证。验证方法可以分为传递比较法和比对法两类，传递比较法是具有溯源性的，而比对法并不具有溯源性，因此检定或校准结果的验证原则上应采用传递比较法，只有在不可能采用传递比较法的情况下才允许采用比对法进行检定或校准结果的验证，并且参加比对的实验室应尽可能多。在建标报告的“检定或校准结果的验证”一栏中直接填写实验验证的方法和测试数据，并根据验证方法进行判断。

用被考核的计量标准测量一稳定的被测对象，然后将该被测对象用另一套更高级的计量标准进行测量。

【例 17–4–3】若用被考核计量标准和高一级计量标准进行测量时的扩展不确定度（k=2）分别为 U 和 U_0，它们的测量结果分别为 y 和 y_0，则应满足：$\left|y-y_0\right| \leqslant \sqrt{U^2+U_0^2}$ ，当 $U_0 \leqslant \frac{U}{3}$ 成立时，可忽略 U_0 的影响，则应满足：

$$\left|y-y_0\right| \leqslant U$$

被检电压互感器：HJ–S6、10G1、0.01 级　No.HD02–018。

上级标准装置为 0.002 级电压互感器。

检测点：10kV/100V；100%。

检测结果见表 17–4–3。

表 17–4–3　　　　**检　测　结　果**

被检对象	比差值（%）	相位差值（′）
本标准检定结果 b	+0.005	–0.12
上级标准检定结果 a	+0.001	–0.08
差值$\left|a-b\right|$	0.004	0.04
结论	该标准测量的检定结果实验验证符合要求	

9. 结论

经过分析和实验验证，对所建计量标准是否符合国家计量检定系统表和计量检定规程或技术规范、是否具有相应的测量能力、是否能够开展相应的检定及校准项目、是否满足本规范要求等方面给出肯定性的总评价。

10. 附加说明

主要包括：采用的检定规程、实验数据原始记录、计量标准装置的操作程序、其他必要的文件和资料。

【思考与练习】

1. 互感器标准装置的重复性试验如何进行？
2. 互感器标准装置的稳定性考核如何进行？
3. 互感器标准装置建标应提供哪些资料？

第十八章

标准装置测量结果的不确定度分析与评定

模块1　电能表检定装置测量不确定分析与评定（Z28H6001Ⅲ）

【模块描述】本模块包含对电能表检定装置测量结果不确定度分析与评定的方法介绍等内容。通过概念描述、术语说明、公式运算、要点归纳、计算示例，掌握电能表检定装置测量结果的不确定度分析与评定的方法。

以下重点介绍不带互感器的标准装置测量电能表测量结果的不确定度计算案例。

【模块内容】

电能表标准装置是检定电能表必不可少的标准设备，为了保证电能表的校验质量，我们必须对电能表标准装置进行定期校准和检定。在检定电能表标准装置测量误差的同时还要按要求计算出测量结果的不确定度。测量结果的不确定度分析，一般根据被测量对象的测量条件、测量原理和测量方法，分析出对其测量结果有明显影响的实验设备和外界因素的不确定度分量。最后计算出合成不确定度，确定扩展不确定度。

结合检定规程、智能电能表技术规范，及测量不确定度评定与表示等相关规定的要求，下面以案例说明电能表标准装置测量结果的不确定度评定方法。

根据计量规范，计量检定装置的所有测量点都应进行不确定度评定，限于篇幅仅选择相关测量点进行评定。

通过分析不带互感器标准装置测量智能电能表测量结果的不确定度计算过程，来进行测量不确定度的评定。如果是带有标准电流、电压互感器的，还要进行电流、电压互感器对不确定度带来的影响分析。

一、对以下条件的0.1级三相电能表标准装置为例进行评定

（1）测量依据：JJG 596—2012《电子式交流电能表检定规程》。

（2）环境条件：温度应符合23±2℃，相对湿度（40～60）%。

（3）测量标准：0.1级三相电能表标准装置，0.05级标准电能表。

（4）被测对象：0.5S级智能电能表，3×100V、3×1.5（6）A，常数20 000imp/kWh。

（5）测量过程：装置输出一定功率给被检表，并对被检表输出的脉冲进行累计，得到的电能值与装置给出的电能值比较，得到被检表在该功率时的相对误差。

二、评定过程如下

1. 分析测量结果的不确定度来源

由经验证明：对电能表测量结果的不确定度来源可从测量结果的重复性影响、由标准电能表的影响、标准装置的导线压降的影响、数据修约的影响四个方面来考虑。

2. 建立数学模型

$$\gamma=\gamma_1+\gamma_2+\gamma_3+z$$

式中 γ——被检电能表相对误差，%；

γ_1——在相同条件下被测量在重复观测中的变化引起的误差，%；

γ_2——标准表的误差，%；

γ_3——标准装置中电压回路导线电压降引起的误差，%；

z——检定数据化整引起的误差，%。

3. A 类不确定度的评定

对 1 只表号 1300099465，0.5S 级被检智能电能表，在额定电压 3×100V 和负载电流 3×5A，功率因数为 1.0 和 0.5L 时，在重复性条件下各进行 10 次独立测量，所的数据见表 18–1–1。

表 18–1–1 测量重复性记录

功率因数 \ 序号		1	2	3	4	5	6	7	8	9	10
1300099465	1.0	−0.003 2	−0.008 8	−0.010 6	−0.013 2	−0.015 9	−0.020 6	−0.006 2	−0.013 2	−0.027 8	−0.031 2
	0.5L	−0.059 6	−0.063 0	−0.085 9	−0.071 9	−0.052 6	−0.064 8	−0.093 2	−0.084 8	−0.075 9	−0.068 8

$$s_{1.0}=\sqrt{\frac{\sum_{i=1}^{n}(q_i-\overline{q})^2}{n-1}}=0.009\%$$

$$s_{0.5\mathrm{L}}=\sqrt{\frac{\sum_{i=1}^{n}(q_i-\overline{q})^2}{n-1}}=0.012\%$$

实际工作中以两次测量值的平均值为测量结果，于是

$$u_{1.0}(r_1)=s/\sqrt{2}=0.006\,4\,\%$$

$$u_{0.5\mathrm{L}}(r_1)=s/\sqrt{2}=0.008\,5\,\%$$

4. B类不确定度的评定

（1）由标准电能表引起的标准不确定度分量$u(r_2)$。

0.05级标准电能表在额定电压和负载电流等于5A，功率因数为$\cos\varphi$=1.0时，由JJG 1085—2013中规定的标准表误差的绝对值不会超过0.05%，属均匀分布，$k=\sqrt{3}$，则

$$u(r_2)=\frac{0.05\%}{\sqrt{3}}=0.029\%$$

（2）由导线压降引起的标准不确定度分量$u(r_3)$。

导线压降最大允许误差为 0.017%（即装置等级的 1/6），即分散区间的半宽为0.01%，在此区间服从均匀分布，$k=\sqrt{3}$，则$u(r_3)=\frac{0.01\%}{\sqrt{3}}=0.005\ 77\%$。

（3）由修约估算的不确定度分量$u(r_z)$。

因为证书中给出的测量结果是化整后的测量结果，因此数据修约将产生不确定度，0.5级的化整间隔为0.05%，即分散区间的半宽为0.025%，在此区间服从均匀分布，$k=\sqrt{3}$，则$u(r_z)=\frac{0.025\%}{\sqrt{3}}=0.015\%$。

5. 合成标准不确定度u_c的评定

（1）灵敏系数：

$$C_1=\partial r/\partial r_c=1$$
$$C_2=\partial r/\partial r_b=1$$
$$C_3=\partial r/\partial r_d=1$$
$$C_4=\partial r/\partial r_z=1$$

被检表相对误差数据修约产生的不确定度分量的灵敏度系数为1。

（2）各输入量估计值彼此不相关，合成标准不确定度按：

$$u_c=\sqrt{\sum c_i{}^2u^2(r_i)}\ 计算$$

6. 合成不确定度一览表（见表18–1–2）

表18–1–2 不确定度分量汇总表

序号	不确定度来源		a_i（%）	k_i	$u(r_i)$（%）	c_i	$c_iu(r_i)$（%）
1	由标准电能表引起的标准不确定度		0..05	$\sqrt{3}$	0.029	1	0.029
2	由导线压降引起的标准不确定度		0.01	$\sqrt{3}$	0.005 77	1	0.005 77
3	被检表误差化整产生的不确定度		0.025	$\sqrt{3}$	0.015	1	0.015
4	重复性测量引起的不确定度	1.0	0.009	$\sqrt{2}$	0.006 4	1	0.006 4
		0.5L	0.012	$\sqrt{2}$	0.008 5	1	0.008 5

注 1.0：$u_c^2=0.001\ 156$（%）^{2}，$u_c=0.034$ %；0.5*L*：$u_c^2=0.001\ 172$（%）^{2}，$u_c=0.035\%$。

7. 扩展不确定度U（取k=2）

$$U_{1.0}=Ku_c=2\times0.034\%=0.068\%=0.07\%$$

$$U_{0.5L}=Ku_c=2\times0.035\%=0.070\%=0.07\%$$

$$U=0.07\%\ (k=2)$$

可见，在额定电压，负载电流为5A时，功率因数为$\cos\varphi$=1.0时，$U=0.07\%$，k=2。

同理，在额定电压，负载电流为5A时，功率因数为$\cos\varphi$=0.5L时，$U=0.07\%$，k=2。

8. 结论

与被检表最大允差比较，因为$U\leqslant\frac{\text{被检电能表的等级}}{3}=\frac{0.5}{3}=0.17$，所以该装置可满足开展0.5级及以下三相电能表的检定要求。

【思考与练习】

1. 试做0.05级的电能表标准装置的不确定度分析与评定。
2. 电能表标准装置的B类不确定度分量有哪些？
3. 单、三相电能表标准装置的不确定度分析有什么区别吗？

模块2 电流互感器检定装置测量不确定分析与评定（Z28H6002Ⅲ）

【模块描述】本模块包含对电流互感器检定装置测量结果不确定度分析与评定的方法介绍等内容。通过概念描述、术语说明、公式运算、要点归纳、计算示例，掌握电流互感器检定装置测量结果的不确定度分析与评定的方法。

【模块内容】

电流互感器检定装置是检定电流互感器必不可少的标准设备，为了保证电流互感器的校验质量，我们必须对电流互感器检定装置进行定期校准和检定。在检定电流互感器检定装置测量误差的同时，还要按要求计算出测量结果的不确定度。测量结果的不确定度分析，一般根据被测量对象的测量条件、测量原理和测量方法，分析出对其测量结果有明显影响的实验设备和外界因素的不确定度分量。最后计算出合成不确定度、确定扩展不确定度。

结合互感器检定装置检定规程、电流互感器检定规程、及测量不确定度评定与表示等相关规定的要求，下面以案例说明电流互感器检定装置测量结果的不确定度评定方法。

根据计量规范，计量检定装置的所有测量点都应进行不确定度评定，限于篇幅仅选择相关测量点进行评定。

一、测量方法

依据 JJG 313—2010《测量用电流互感器检定规程》，标准器一般采用高两个以上准确级别的电流互感器，在环境温度为 10～35℃，相对湿度小于 80%的条件下进行。标准器选用 5～2000A/5A、0.01 级的电流互感器，检定方法采用比较线路法来接线，被检电流互感器选用 5～2000A/5A、0.05 级，被检电流互感器的误差则由电流互感器全自动检定装置上互感器校验仪的数字示值来直接给出。

二、数学模型

被检电流互感器的误差在互感器校验仪分为比值差示值和相位差示值，所以可以分别建立比值差和相位差的数学模型。

由　$\varepsilon=\varepsilon_x$（被检电流互感器误差的复数形式），得 $\varepsilon_f=\varepsilon_{fx}$。

$$\varepsilon_\delta=\varepsilon_{\delta x} \tag{18-2-1}$$

式中　ε_f ——被检电流互感器的比值误差；

ε_{fx}——互感器校验仪的比值误差示值；

ε_δ ——被检电流互感器的相位误差；

$\varepsilon_{\delta x}$——互感器校验仪的相位误差示值。

三、方差和灵敏系数

依照公式：

$$u_c^2(f)=\sum_{i=1}^{n}\left[\frac{\mathrm{d}f}{\mathrm{d}x_i}\right]^2 u^2(x_i) \tag{18-2-2}$$

可得

$$u_{fc}^2=u_c^2(\varepsilon_f)=c^2(\varepsilon_{fx})u^2(\varepsilon_{fx}) \tag{18-2-3}$$

$$u_{\delta c}^2=u_c^2(\varepsilon_\delta)=c^2(\varepsilon_{\delta x})u^2(\varepsilon_{\delta x}) \tag{18-2-4}$$

式中

$$c(\varepsilon_{fx})=1$$

$$c(\varepsilon_{\delta x})=1$$

四、标准不确定度一览表

比值误差标准不确定度一览表和相位误差标准不确定度一览表见表 18-2-1 和表 18-2-2。

表 18–2–1 比值误差标准不确定度一览表

标准不确定度分量 $u(x_i)$	不确定度来源	标准不确定度值 $u(x_i)$（%）	$C_i=\frac{df}{dx_i}$	$\|c_i\| \cdot u(x_i)$（%）	分布
$u(\varepsilon_{fx})$	合成不确定度	7.6×10^{-3}		7.6×10^{-3}	
$u_1(\varepsilon_{fx})$	标准电流互感器的不确定度	5.77×10^{-3}	1	5.77×10^{-3}	均匀分布
$u_2(\varepsilon_{fx})$	对被检电流互感器重复测量	3.0×10^{-4}	1	3.0×10^{-4}	t 分布
$u_3(\varepsilon_{fx})$	互感器校验仪的影响	2.89×10^{-3}	1	2.89×10^{-3}	均匀分布
$u_4(\varepsilon_{fx})$	二次回路负荷影响	1.45×10^{-3}	1	1.45×10^{-3}	均匀分布
$u_5(\varepsilon_{fx})$	工作电磁场影响	2.9×10^{-3}	1	2.89×10^{-3}	均匀分布
$u_6(\varepsilon_{fx})$	外磁场影响	1.45×10^{-3}	1	1.45×10^{-3}	均匀分布
$u_7(\varepsilon_{fx})$	电源频率影响	2.9×10^{-4}	1	2.9×10^{-4}	均匀分布
$u_8(\varepsilon_{fx})$	误差数值修约	1.45×10^{-3}	1	1.45×10^{-3}	均匀分布
$U_{fc}=u(\varepsilon_{fx})=7.6\times10^{-3}$ $\nu_{feff}=\infty$					

表 18–2–2 相位误差标准不确定度一览表

标准不确定度分量 $u(x_i)$	不确定度来源	标准不确定度值 $u(x_i)$（′）	$C_i=\frac{df}{dx_i}$	$\|c_i\| \cdot u(x_i)$（%）（′）	分布
$u(\varepsilon_{\delta x})$	合成不确定度	0.27		0.27	
$u_1(\varepsilon_{\delta x})$	标准电流互感器的不确定度	0.173 2	1	0. 173 2	均匀分布
$u_2(\varepsilon_{\delta x})$	对被检电流互感器重复测量	0.004 8	1	0. 004 8	t 分布
$u_3(\varepsilon_{\delta x})$	互感器校验仪的影响	0.115	1	0. 115	均匀分布
$u_4(\varepsilon_{\delta x})$	二次回路负荷影响	0.057 8	1	0. 057 8	均匀分布
$u_5(\varepsilon_{\delta x})$	工作电磁场影响	0.116	1	0. 116	均匀分布
$u_6(\varepsilon_{\delta x})$	外磁场影响	0.058	1	0. 058	均匀分布
$u_7(\varepsilon_{\delta x})$	电源频率影响	0.011 6	1	0. 011 6	均匀分布
$u_8(\varepsilon_{fx})$	误差数值修约	0.058	1	0. 058	均匀分布
$U_{\delta c}=u(\varepsilon_{fx})=0.27'$ $\nu_{\delta eff}=\infty$					

五、计算分量标准不确定度

1. 由标准电流互感器引入的不确定度分量 $u_1(\varepsilon_{fx})$和 $u_1(\varepsilon_{\delta x})$

根据标准电流互感器检定证书可知，其比值误差限值在±0.01%内，其不确定度属于 B 类分量，呈均匀分布，查 JJF1059.1—2012 中表 2 可知 $k=\sqrt{3}$，则

$$u_1(\varepsilon_{fx})=0.01/\sqrt{3}=5.77\times10^{-3}\text{（%）}$$

$u_1(\varepsilon_{fx})$很可靠，因此其自由度

$$\nu_1(\varepsilon_{fx})\to\infty$$

$$u_1(\varepsilon_{\delta x})=0.3/\sqrt{3}\approx0.173\ 2' \quad v_1(\varepsilon_{\delta x})\to\infty$$

2. 对被检电流互感器重复性测量所引入的不确定度分量 $u_1(\varepsilon_{fx})$和 $u_2(\varepsilon_{\delta x})$

对 0.05 级电流互感器，50A/5A 电流互感器的重复性测量来做 A 类不确定评定。

故在重复性条件下，对此量限的 100%额定电流值下的误差进行 10 次测量，所得一组数据见表 18–2–3。

表 18–2–3　　重复性测量数据

测量序号	1	2	3	4	5	6	7	8	9	10
比差值（%）	0.003 5	0.003 7	0.003 9	0.004 1	0.004 0	0.004 1	0.004 2	0.004 6	0.004 2	0.004 1
相位差（分）	–0.31	–0.30	–0.30	–0.31	–0.30	–0.31	–0.31	–0.31	–0.31	–0.31

比值误差的实测数据的算术平均值：

$$n=10 \quad \overline{q_f}=0.004\ 04$$

用贝塞尔公式求出其实验标准差：

$$u_2(\varepsilon_x)=s_f=\sqrt{\frac{1}{n-1}\sum_{i=1}^{n}(q_{fi}-\overline{q_f})^2}=3\times10^{-4}\ (\%)$$

自由度　　　　　　　$v_2(\varepsilon_{fx})=n-1=9$。

相位误差的实测数据的算术平均值：

$$n=10 \quad \overline{q_\delta}=0.307$$

用贝塞尔公式求出其实验标准差：

$$u_2(\varepsilon_{fx})=s_\delta=\sqrt{\frac{1}{n-1}\sum_{i=1}^{n}(q_{\delta i}-\overline{q_\delta})^2}=0.004\ 8'$$

自由度　$v_2(\varepsilon_{\delta x})=n-1=9$。

3. 由互感器校验仪的影响得到的不确定度分量 $u_3(\varepsilon_{fx})$和 $u_3(\varepsilon_{\delta x})$

根据 DL/T 668—2017《测量用互感器检验装置检定规程》，由互感器校验仪所引起的测量误差，应不大于被检互感器误差限值的 1/10。其中包括校验仪的基本误差、校验仪的灵敏度的测量误差等，则由互感器校验仪引入的误差不大于被检误差限值 ε_x 的 10%，其不确定度属 B 类分量，呈均匀分布，即 $k=\sqrt{3}$，则

$$u_3(\varepsilon_x)=\frac{10}{100}\varepsilon_x/\sqrt{3}=0.057\ 7\varepsilon_x$$

$$u_3(\varepsilon_{fx})=\frac{10}{100}\varepsilon_{fx}/\sqrt{3}=0.057\ 7\varepsilon_{fx}=2.89\times10^{-3}\ (\%)$$

估计其相对不确定度为 10%，则 $v_3(\varepsilon_{fx})=\frac{1}{2}\times\left[\frac{10}{100}\right]^{-2}=50$

$$u_3(\varepsilon_{\delta x})=\frac{10}{100}\varepsilon_{\delta x}/\sqrt{3}=0.057\,7\varepsilon_{\delta x}=0.115'$$

估计其相对不确定度为 10%，则 $v_3(\varepsilon_{\delta x})=\frac{1}{2}\times\left[\frac{10}{100}\right]^{-2}=50$

4. 由二次回路负荷影响得到的不确定度分量 $u_4(\varepsilon_{fx})$和 $u_4(\varepsilon_{\delta x})$

规程规定，温度为 20±5℃时，电流负荷的有功分量和无功分量的误差在 5%～120%额定电流范围内均不得超过±3%，周围温度每变化 10℃时，负荷的误差变化不超过±2%，因此，在周围气温为 10～35℃时，负荷的最大误差为±5%，引入的误差不大于 $0.05\varepsilon_x$（被检误差限值），其不确定度属 B 类分量，呈均匀分布，即 $k=\sqrt{3}$，则

$$U_4(\varepsilon_x)=\frac{5}{100}\varepsilon_x/\sqrt{3}=0.028\,9\varepsilon_x$$

$$U_4(\varepsilon_{fx})=\frac{5}{100}\varepsilon_{fx}/\sqrt{3}=0.028\,9\varepsilon_{fx}=1.45\times10^{-3}\text{（\%）}$$

估计其相对不确定度为 25%，则 $v_4(\varepsilon_{fx})=\frac{1}{2}\times\left[\frac{25}{100}\right]^{-2}=8$

$$U_4(\varepsilon_{\delta x})=\frac{5}{100}\varepsilon_{\delta x}/\sqrt{3}=0.028\,9\varepsilon_{\delta x}=0.057\,8'$$

估计其相对不确定度为 10%，则 $v_4(\varepsilon_{\delta x})=\frac{1}{2}\times\left[\frac{25}{100}\right]^{-2}=8$

5. 由工作电磁场影响引入的不确定度分量 $u_5(\varepsilon_{fx})$ 和 $u_5(\varepsilon_{\delta x})$

用于检定工作的升流器、调压器、大电流电缆线等所引起的测量误差，不大于 ε_x 的1/10，其不确定度属于 B 类分量，呈均匀分布，即 $k=\sqrt{3}$，则

$$u_5(\varepsilon_x)=\frac{1}{10}\varepsilon_x/\sqrt{3}=0.058\,\varepsilon_x$$

$$u_5(\varepsilon_{fx})=\frac{1}{10}\varepsilon_{fx}/\sqrt{3}=0.058\,\varepsilon_{fx}=0.058\times0.05=2.9\times10^{-3}\text{（\%）}$$

$$u_5(\varepsilon_{\delta x})=\frac{1}{10}\varepsilon_{\delta x}/\sqrt{3}=0.058\,\varepsilon_{\delta x}=0.058\times2=0.116'$$

6. 由外磁场影响引入的不确定度分量 $u_6(\varepsilon_{fx})$ 和 $u_6(\varepsilon_{\delta x})$

存在于工作场所周围电磁场引入的误差不大于 ε_x 的1/20，其不确定度属于 B 类分量，呈均匀分布，即 $k=\sqrt{3}$，则

$$u_6(\varepsilon_x)=\frac{1}{20}\varepsilon_x/\sqrt{3}=0.029\,\varepsilon_x$$

$$u_6(\varepsilon_{fx})=\frac{1}{20}\varepsilon_{fx}/\sqrt{3}=0.029\,\varepsilon_{fx}=0.029\times0.05=1.45\times10^{-3}\ (\%)$$

$$u_6(\varepsilon_{\delta x})=\frac{1}{20}\varepsilon_{\delta x}/\sqrt{3}=0.029\,\varepsilon_{\delta x}=0.029\times2=0.058'$$

7. 由电源频率影响引入的不确定度分量 $u_7(\varepsilon_{fx})$ 和 $u_7(\varepsilon_{\delta x})$

规程规定，电源频率应为 50±0.5Hz，波形畸变系数不超过 5%，电源频率变化±1% 时，对电流负载箱的正交分量成正比变化±1%，由此引入的误差小于 ε_x 的 1/100，其不确定度属于 B 类分量，呈均匀分布，即 $k=\sqrt{3}$，则：

$$u_7(\varepsilon_x)=\frac{1}{100}\varepsilon_x/\sqrt{3}=0.005\,8\,\varepsilon_x$$

$$u_7(\varepsilon_{fx})=\frac{1}{100}\varepsilon_{fx}/\sqrt{3}=0.005\,8\,\varepsilon_{fx}=0.005\,8\times0.05=2.9\times10^{-4}\ (\%)$$

$$u_7(\varepsilon_{\delta x})=\frac{1}{100}\varepsilon_{\delta x}/\sqrt{3}=0.005\,8\,\varepsilon_{\delta x}=0.005\,8\times2=0.011\,6'$$

8. 由误差数值修约引入的不确定度分量 $u_8(\varepsilon_{fx})$ 和 $u_8(\varepsilon_{\delta x})$

规程规定，误差数值修约单位为 ε_x 的 1/10，根据四舍五入修约规则，由于修约而引入的误差为修约单位的 1/2，其不确定度属 B 类分量，呈均匀分布，即 $k=\sqrt{3}$，则

$$u_8(\varepsilon_x)=\frac{1}{20}\varepsilon_x/\sqrt{3}=0.029\,\varepsilon_x$$

$$u_8(\varepsilon_{fx})=\frac{1}{20}\varepsilon_{fx}/\sqrt{3}=0.029\,\varepsilon_{fx}=0.029\times0.05=1.45\times10^{-3}\ (\%)$$

$$u_8(\varepsilon_{\delta x})=\frac{1}{20}\varepsilon_{\delta x}/\sqrt{3}=0.029\,\varepsilon_{\delta x}=0.029\times2=0.058'$$

六、合成标准不确定度

合成以上 8 项，得到合成标准不确定度 u_{fc} 和 $u_{\delta c}$。

$$\begin{aligned}u_{fc}^2&=u^2(\varepsilon_{fx})\\&=u_1^2(\varepsilon_{fx})+u_2^2(\varepsilon_{fx})+u_3^2(\varepsilon_{fx})+u_4^2(\varepsilon_{fx})+u_5^2(\varepsilon_{fx})+u_6^2(\varepsilon_{fx})+u_7^2(\varepsilon_{fx})+u_8^2(\varepsilon_{fx})\\&=5.66\times10^{-5}\end{aligned}$$

$$u_{fc}=u(\varepsilon_{fx})=7.6\times10^{-3}\ (\%)$$

$$\begin{aligned}u_{\delta c}^2&=u^2(\varepsilon_{\delta x})\\&=u_1^2(\varepsilon_{\delta x})+u_2^2(\varepsilon_{\delta x})+u_3^2(\varepsilon_{\delta x})+u_4^2(\varepsilon_{\delta x})+u_5^2(\varepsilon_{\delta x})+u_6^2(\varepsilon_{\delta x})+u_7^2(\varepsilon_{\delta x})+u_8^2(\varepsilon_{\delta x})\\&=0.066\,91\end{aligned}$$

$$u_{\delta c}=u(\varepsilon_{\delta x})=0.27(')$$

七、扩展不确定度

取 k=2，则扩展不确定度为：

$$U_f=ku_{fc}=2u_{fc}=0.016\%$$

$$U_\delta=ku_{\delta c}=2u_{fc}=0.54'$$

八、结论

该电流互感器在 50/5A 量限 100%额定电流值下比值误差的扩展不确定度 U_f=0.016%（k=2）。

该电流互感器在 50/5A 量限 100%额定电流值下相位误差的扩展不确定度 U_δ=0.54′（k=2）。

符合 JJG 313—2010 检定规程要求，可以开展 0.05 级及以下电流互感器的检定。

【思考与练习】

1. 电流互感器标准装置的 B 类不确定分量有哪些来源？
2. 试对本单位的电流互感器标准装置做不确定度的分析与评定。
3. 电流互感器标准装置在开展工作过程中有哪些注意事项？

模块 3 电压互感器检定装置测量不确定分析与评定（Z28H6003Ⅲ）

【模块描述】本模块包含对电压互感器检定装置测量结果不确定度分析与评定的方法介绍等内容。通过概念描述、术语说明、公式运算、要点归纳、计算示例，掌握电压互感器检定装置测量结果的不确定度分析与评定的方法。

【模块内容】

电压互感器检定装置是检定电压互感器必不可少的标准设备，为了保证电压互感器的校验质量，我们必须对电压互感器检定装置进行定期校准和检定。在检定电压互感器检定装置测量误差的同时还要按要求计算出测量结果的不确定度。测量结果的不确定度分析，一般根据被测量对象的测量条件、测量原理和测量方法，分析出对其测量结果有明显影响的实验设备和外界因素的不确定度分量。最后计算出合成不确定度和确定扩展不确定度。

结合互感器检定装置检定规程、电压互感器检定规程，及测量不确定度评定与表示等相关规定的要求，下面以案例说明电压互感器检定装置测量结果的不确定度评定方法。

根据计量规范，计量检定装置的所有测量点都应进行不确定度评定，限于篇幅仅选择相关测量点进行评定。

一、测量方法

依据 JJG 314—2010《测量用电压互感器检定规程》，标准器一般采用高两个以上准确级别的电压互感器。在环境温度为 10～35℃，相对湿度小于 80%的条件下进行。标准器选用 10kV/100V、0.05 级、型号 HJ–S10.20G3 的标准电压互感器，检定方法采用比较线路法来接线，被检电压互感器选用 10kV/100V、0.2 级、型号 JDZ–10，被检电压互感器的误差则由电压互感器全自动检定装置上互感器校验仪的数字示值来直接给出。

二、数学模型

由于被校电压互感器误差在互感器校验仪上分为比值差和相位差，故分别建立比值差和相位差模型：

由 $\dot{\varepsilon}=\dot{\varepsilon}_{\mathrm{x}}$（被检电压互感器误差的复数形式），得

$$\varepsilon_{\mathrm{f}}=\varepsilon_{\mathrm{fx}} \qquad \varepsilon_{\delta}=\varepsilon_{\delta\mathrm{x}} \tag{18-3-1}$$

式中 ε_{f} ——被检电压互感器的比值误差；

$\varepsilon_{\mathrm{fx}}$ ——互感器校验仪的比值误差示值；

ε_{δ} ——被检电压互感器的相位误差；

$\varepsilon_{\delta\mathrm{x}}$ ——互感器校验仪的相位误差示值。

三、方差和灵敏系数

依照公式：

$$u_{\mathrm{c}}^{2}(y)=\sum_{i=1}^{N}\left[\frac{\partial f}{\partial x_{i}}\right]^{2} u^{2}(x_{i}) \tag{18-3-2}$$

可得

$$u_{\mathrm{fc}}^{2}=u_{\mathrm{c}}^{2}(\varepsilon_{\mathrm{f}})=c^{2}(\varepsilon_{\mathrm{fx}})u^{2}(\varepsilon_{\mathrm{fx}}) \tag{18-3-3}$$

$$u_{\delta\mathrm{c}}^{2}=u_{\mathrm{c}}^{2}(\varepsilon_{\delta})=c^{2}(\varepsilon_{\delta\mathrm{x}})u^{2}(\varepsilon_{\delta\mathrm{x}}) \tag{18-3-4}$$

式中

$$c(\varepsilon_{\mathrm{fx}})=1$$

$$c(\varepsilon_{\delta\mathrm{x}})=1$$

四、A 类不确定度

由测量重复性估算的标准不确定度分量 $u(w_1)$:

以检定 0.2 级电压互感器为例，出厂编号 5110135 电压 10kV/100V，型号为 JDZ–10，负载为 30VA，在 100%额定电压重复性条件下进行 10 次测量，所得数据见

表 18–3–1。

表 18–3–1　　重复性测量数据

误差 \ 序号		1	2	3	4	5	6	7	8	9	10
5110135	比差（%）	−0.061	−0.060	−0.061	−0.059	−0.060	−0.060	−0.060	−0.065	−0.066	−0.060
	角差（′）	+1.7	+0.6	+0.6	+1.6	+1.6	+0.6	+0.6	+1.6	+0.6	+0.6

标准差：
$$S_x=\sqrt{\frac{1}{n-1}\sum_{i=1}^{n}(x_i-\overline{x})^2}$$

$\cos\varphi$=1.0　比差：$S_f=2.35\times10^{-3}\%$。

$\cos\varphi$=1.0　角差：$S_\delta=0.530'$。

五、B 类标准不确定度

B 类标准不确定度分量一览表见表 18–3–2。

表 18–3–2　　不确定度分量一览表

序号	不确定度来源		误差限 b_j	分布系数 k_j	灵敏系数 C_j	$U_j=b_j/k_j$
1	标准电压互感器	比差	0.05%	$\sqrt{3}$	1	$5\times10^{-4}/\sqrt{3}$
		角差	2′			$2'/\sqrt{3}$
2	电压负荷箱影响	比差	3%×0.05	$\sqrt{3}$	1	$1.5\times10^{-3}/\sqrt{3}$
		角差	3%×2′			$0.06'/\sqrt{3}$
3	误差测量装置的灵敏度	比差	$\frac{1}{20}\times0.05$	$\sqrt{3}$	1	$2.5\times10^{-3}/\sqrt{3}$
		角差	$\frac{1}{20}\times2'$			$0.10'/\sqrt{3}$
4	工作电磁场影响	比差	$\frac{1}{10}\times0.05$	$\sqrt{3}$	1	$5\times10^{-3}/\sqrt{3}$
		角差	$\frac{1}{10}\times2'$			$0.20'/\sqrt{3}$
5	外磁场影响	比差	$\frac{1}{20}\times0.05$	$\sqrt{3}$	1	$2.5\times10^{-3}/\sqrt{3}$
		角差	$\frac{1}{20}\times2'$			$0.10'/\sqrt{3}$

续表

序号	不确定度来源		误差限 b_j	分布系数 k_j	灵敏系数 C_j	$U_j=b_j/k_j$
6	最小分度值影响	比差	$\frac{1}{15}\times0.05$	$\sqrt{3}$	1	$3.33\times10^{-3}/\sqrt{3}$
		角差	$\frac{1}{15}\times2'$			$0.13'/\sqrt{3}$
7	互感器校验仪的示值误差	比差	$\frac{2}{100}\times0.05$	$\sqrt{3}$	1	$1\times10^{-3}/\sqrt{3}$
		角差	$\frac{2}{100}\times2'$			$0.04'/\sqrt{3}$
8	误差数值修约	比差	$\frac{1}{20}\times0.05$	$\sqrt{3}$	1	$2.5\times10^{-3}/\sqrt{3}$
		角差	$\frac{1}{20}\times2'$			$0.10'/\sqrt{3}$

各分量的分析评定和计算方法同电流互感器检定装置的不确定度评定与分析。

六、合成不确定度

$$u=\sqrt{u_1(\varepsilon_{fx})^2+\sum(u_j)^2}$$

$\cos\varphi=1.0$ 比差：

$$u_f^2=(2.35\times10^{-3})^2+\left(\frac{5\times10^{-4}}{\sqrt{3}}\right)^2+\left(\frac{1.5\times10^{-3}}{\sqrt{3}}\right)^2+\left(\frac{2.5\times10^{-3}}{\sqrt{3}}\right)^2+\left(\frac{5\times10^{-3}}{\sqrt{3}}\right)^2+\left(\frac{2.5\times10^{-3}}{\sqrt{3}}\right)^2+\left(\frac{3.33\times10^{-3}}{\sqrt{3}}\right)^2+\left(\frac{1\times10^{-3}}{\sqrt{3}}\right)^2+\left(\frac{2.5\times10^{-3}}{\sqrt{3}}\right)^2$$

$$=2.50\times10^{-5}$$

$$u_f=0.005\%$$

$\cos\varphi=1.0$ 角差：

$$u_\delta^2=(0.530)^2+\left(\frac{2}{\sqrt{3}}\right)^2+\left(\frac{0.06}{\sqrt{3}}\right)^2+\left(\frac{0.10}{\sqrt{3}}\right)^2+\left(\frac{0.20}{\sqrt{3}}\right)^2+\left(\frac{0.10}{\sqrt{3}}\right)^2+\left(\frac{0.13}{\sqrt{3}}\right)^2+\left(\frac{0.04}{\sqrt{3}}\right)^2+\left(\frac{0.10}{\sqrt{3}}\right)^2$$

$$=1.645$$

$$u_\delta=1.28'$$

七、扩展不确定度

计算式：　$U=ku$（取 $k=2$）

比差：　$U_f=ku=2\times0.005=1.0\times10^{-2}\%$

角差：　$U_\delta=ku=2\times1.28=2.56=2.6'$

八、结论

经测试、计算、实际验证，本装置的扩展不确定度 $\cos\varphi=1.0$ 时比差≤0.01%和 $\cos\varphi=1.0$ 时角差≤2.6′；符合 JJG 314—2010 检定规程要求，可以开展 0.2 级及以下电压互感器的检定。

【思考与练习】

1. 评定不确定度有几个主要步骤？
2. 在电压互感器的检定过程式中有哪些因素会对不确定度有影响？
3. 试对本单位的电压互感器标准装置做不确定度分析。

第十九章

电能计量检定机构质量体系运行管理

模块1　计量标准设备的日常维护和期间核查（Z28I5003Ⅱ）

【模块描述】本模块包含使用中的计量标准设备的更换、封存、撤销与期间核查等内容。通过计量标准设备日常管理内容的介绍，达到掌握计量标准设备的更换、封存、撤销及期间核查等方法。

【模块内容】

一、日常管理工作程序

1. 计量标准的使用和维护

计量标准是用于检定或者校准其他计量标准或者工作计量器具的计量器具，它在国家量值传递（溯源）体系中起着承上启下的作用。它将计量基准复现的单位量值，通过检定或校准传递到测量现场使用的测量设备，从而使测量结果的量值与国家计量基准复现的量值联系起来，以保证计量单位量值的统一。

计量标准考核合格后，为保证计量标准正常运行，计量标准的使用、维护应注意以下几点：

（1）计量标准要指定专人负责保管，每项计量标准文件集应及时更新。保管人变更时应将移交情况及时记载在计量标准履历书中。

（2）应使用标签、编码或其他标识表明计量标准器及配套设备的检定/校准状态，包括最新检定或校准的日期和检定有效期或复校日期。

（3）计量标准应在规定使用环境中使用，必须按照规定接线，使用时应注意使用量程。

（4）计量标准应按照周期进行检定（校准），当不能采用检定（校准）方式溯源时，应当使用比对的方式。检定周期不得超过计量检定规程规定的周期；校准溯源，复校时间间隔不得超过计量校准规范的规定。超周期使用的计量标准不准投入使用。

（5）计量标准每年至少做一次计量标准测量重复性试验，测得的重复性应满足检定或校准结果的测量不确定要求。当测量重复性不符合要求时，要查找原因，予以排除。

（6）新建计量标准应当经过半年以上的稳定性考核，已建计量标准每年至少做一次计量标准稳定性考核，当稳定性不符合要求时，要停止检定工作，查找原因，予以排除，必要时应追溯前一段的检定工作。

（7）积极参加计量标准比对，特别是计量行政部门组织的比对，有条件的话，每年可自行组织一次同级计量标准的比对。应制定计量标准期间核查程序并按规定执行，利用期间核查维持计量标准器及配套设备检定/校准状态的可信度。

（8）计量标准器及配套设备的溯源应制定周期检定计划，绘制出量值传递/溯源框图，并组织实施，按照计量标准量传要求保证溯源的有效性、持续性。计量标准器及配套设备如果出现过载或处置不当、给出可疑结果、已显示缺陷、超出规定限度等情况时，均应停止使用，恢复正常后，经重新检定/校准合格后再投入使用。

2. 计量标准及主要配套设备的更换

计量标准有效期内，不论何种原因，更换计量标准器或主要配套设备，均应当履行相关手续。如发生开展检定或校准所依据的计量检定规程或技术规范发生变更、计量标准的环境条件及设施发生重大变化、更换检定或校准人员、申请考核单位名称发生变化等情况，也应按照 JJG 1033—2016《计量标准考核规范》的要求办理相关手续。

（1）更换计量标准或主要配套设备后，如计量标准不确定度或准确度等级或最大允许误差发生变化，应按新建计量标准申请考核。

（2）更换计量标准或主要配套设备后，如测量范围或开展检定或校准的项目发生变化，应申请计量标准复查考核。

（3）更换计量标准或主要配套设备后，如计量标准测量范围、准确度等级或最大允许误差以及开展检定和校准的项目无变化，则填写《计量标准更换申请表》、提供更换设备的有效期内检定证书或校验证书、必要时提供《计量标准重复性实验记录》和《计量标准稳定性考核记录》报主持考核单位审批。

（4）更换计量标准或主要配套设备为易耗品，且更换后不改变原计量标准测量范围、准确度等级或最大允许误差，开展检定和校准项目无变化，则应在《计量标准履历表》中予以记载，不必向考核单位办理更换申请。

3. 计量标准封存与撤销

计量标准在有效期内，因计量标准器或主要配套设备发生问题，不能继续开展检定或校准工作，或者因为某种变故而导致长期无工作任务时，按照 JJF 1033—2016《计量标准考核规范》要求，申请单位填写《计量标准封存（或撤销）申报表》报主管部门审核同意后，报主持考核单位审批。

当封存的计量标准需要重新恢复使用时，如在有效期内，申请单位可向主持考核单位申请复查，如超过有效期，申请单位应按新建标准向主持考核单位申请考核。

二、期间核查

期间核查又称运行检查，期间核查是指使用简单实用并具相当可信度的方法，对可能造成不合格的测量设备或参考标准、基准、传递标准或工作标准以及标准物质（参考物质）的某些参数，在两次相邻的校准时间间隔内进行检查，以维持设备状态的可信度，即确认上次校准时的特性不变。实验室建立的最高计量标准项目的主标准器、现场使用频繁的主要计量标准器、新建项目的计量标准器及量值易发生变化的计量标准器是期间核查的重点。参加各类量值比对项目所用主要计量标准器在使用前应进行期间核查。

1. 核查对象及核查时间间隔

通常情况下，在仪器设备两次周期检定（校准）间隔时间的中期进行期间核查。量值比对项目所用主要计量标准器使用前进行期间核查，检测人员对计量标准、检测设备的技术性能发生疑问时，及时对所怀疑装置（设备）进行期间核查，特殊情况根据需要而定，质量管理部门根据计量标准器、检测设备的周检时间制定期间核查实施计划。

2. 核查方法

期间核查的目的是为了发现运行中的计量标准器（装置）和检测设备的技术性能的异常变化，核查其是否保持合格状态。由于不同的计量标准器（装置）实现量值传递的过程不同，所以可根据具体情况选择如下所列的期间核查方法：

（1）采用核查标准进行期间核查。此方法是选择与被核查计量标准器具有相同技术特性的计量器具作为核查标准，通过较方便的测量过程证明被核查计量标准器（装置）的主要技术性能是否发生异常。核查标准应与被核查计量标准器（装置）的准确度等级相同或低一等级，技术性能稳定，不作其他用途。

被核查计量标准器完成周检后，选择合适的核查点，依据相关的技术规范以被核查计量标准器（装置）为标准对核查标准进行检测，在每个核查点对核查标准进行 n 次（$n \geqslant 10$）测量，计算出标准偏差 $s=\sqrt{\dfrac{\sum_{i=1}^{n}(x_1-\overline{x})^2}{n-1}}$，每次期间核查时对所选的核查点进行不少于 3 次测量，其平均值为 $\overline{x}_n$。当 $\overline{x}-2s \leqslant \overline{x_n} \leqslant \overline{x}+2s$ 式成立时，则说明被核查计量标准器技术状态正常，此种核查方法适用于实物型计量标准器的期间核查。

（2）采用高一等级的计量标准进行期间核查。此方法是利用实验室所建立的高一等级计量标准对低一等级计量标准或检测设备进行核查。这种核查方法的检测过程依据相应的规程（规范），通常情况下只作主要技术参数，数据记录按规程（规范）所要求的格式填写，不出具证书。核查结果的判定直接采用规程（规范）所规定的方法，此种核查方法适用于次级计量标准项目中计量标准器和检测设备的期间核查。

（3）采用留样方式进行期间核查。此核查方法是选定某一计量性能较稳定的被测对象作为核查样品，通过用被核查标准对其进行测量，发现被核查计量标准器的异常变化。

在被核查计量标准器经检定合格初期，用其对核查样品进行第一次检测，保存原始记录（含主要技术参数的测量结果不确定度 U），在期间核查时，再次用其对核查样品进行第二次测量，将这两次的检测数据进行比较，判定被核查计量标准器是否发生异常。

判定方法：设第一次检测的结果为 y_0，第二次检测的结果为 y，它们的扩展不确定度均为 U（k=2）（因两次测量条件基本相同，所以认为两次检测结果的扩展不确定度相同），由于两次检测结果是由同一套装置提供的，因此在扩展不确定度中应扣除由系统效应引起的测量不确定度分量，在扣除由系统效应引入的不确定度分量后的扩展不确定度为 U'（k=2），则应满足：$|y-y_0|\leqslant\sqrt{2}U'$，若此式成立，则说明被核查计量标准器技术状态正常。此种方法适应实验室最高计量标准核查，以及仪器类计量标准核查。

3. 期间核查实施细则

期间核查实施细则中应包括被核查计量标准器或仪器设备名称、型号规格、测量范围、出厂编号及主要技术参数名称，所采取的核查方法中涉及的核查标准或计量标准或留样样品的名称、型号规格、测量范围等内容，所采取的期间核查方法；核查测量过程描述，数据记录及分析，判定方法及判定结论等。

4. 核查不合格的处理

在实施期间核查中，若发现被核查计量标准器或检测设备技术状态异常，应进行分析、查找原因，可更换核查方法及增加核查点，必要时应提前进行检定或校准。

不同实验室所拥有的测量设备和参考标准的数量和技术性能不同，对检测/校准结果的影响也不同。实验室应从自身的资源和能力、设备和参考标准的重要程度以及质量活动的成本和风险等因素考虑，确定期间核查的对象、方法和频率，并针对具体项目制定期间核查的操作方法和程序，实验室应在体系文件中对此做出规定。

【思考与练习】

1. 电能表检定装置中标准表更换后应如何处理？

2. 某法定检定机构的电流互感器检定装置检定有效期是 2014 年 10 月 30 日，2014 年 3 月 2 日按规定办理封存手续，由于 9 月检定任务重，经机构负责人同意后与当年

9月1日开始启用，请问此作法合规吗？为什么？

3. 简述期间核查的目的及方法有哪些。

模块2 法定计量检定机构考核（Z28I5004Ⅲ）

【模块描述】本模块包含计量授权和法定计量检定机构考核的基本内容。通过对内容和管理程序的介绍，达到掌握法定计量检定机构申请授权及机构考核的方法。

【模块内容】

计量授权是指县级以上人民政府计量行政部门，依法授权于其他部门或单位的计量检定机构或技术机构，执行《计量法》规定的强制检定和其他检定、测试任务。县级以上人民政府计量行政部门，应根据本行政区实施计量法的需要，充分发挥社会技术力量的作用，按照统筹规划、经济合理、就地就近、方便生产、利于管理的原则，实行计量授权。

一、计量授权的形式

计量行政部门可以根据需要，采取以下四种形式授权其他单位的计量检定机构和技术机构，在规定的范围内执行强制检定和其他检定、测试任务。

（1）授权专业性或区域性计量检定机构，作为法定计量检定机构。

（2）授权有关技术机构建立社会公用计量标准。

（3）授权某一部门或某一单位的计量检定机构，对其内部使用的强制检定的计量器具执行强制检定。

（4）授权有关技术机构，承担法律规定的其他检定、测试任务。

供电企业目前所开展的各项电能计量器具强制检定则是以上述第三种形式进行授权的。

二、计量检定机构授权前的准备

1. 建立质量体系文件

质量体系文件包括形成文件的质量方针和总体目标、质量手册、程序文件和记录、为确保过程有效策划、运行和控制所需的文件（包括记录）。文件发布前应得到机构负责人批准，机构应定期对文件进行评审，必要时修订并重新发布。

（1）质量方针由机构负责人正式发布的总的质量宗旨和质量方向，总体目标是在质量、技术和管理方面追求的目标，总体目标应可测量并与质量方针保持一致。

（2）质量手册是规定机构管理体系的文件，它包含注明技术程序在内的支持性程序，并概述管理体系的文件构架。

（3）程序文件是进行某项活动或过程所规定的途径，程序文件是提供如何一致地完成管理活动的信息，如含有技术程序文件，技术程序文件主要针对某项活动或过程提出具体的技术指标或技术方法，也可成为作业指导文件（作业指导书）。作业指导文件是对质量手册和程序文件的补充，主要由规范、指南、图样等。还有一种文件是外来文件，它包含国家颁布的相关法律法规、计量技术规范、技术标准、检定规程、管理规范等。

（4）记录是为完成的活动或达到的结果提供客观证据的文件，管理文件可采用任何载体，如电子媒体、纸质材料。

2. 授权考核申请

机构依据 JJF 1069—2012《法定计量检定机构考核规范》向有关政府计量行政部门提出考核申请，提交考核申请书、考核项目表和考核规范要求与管理体系文件对照检查表、证书报告签发人员考核表和质量手册以及程序文件目录等申请文件。

三、法定计量检定机构的考核

政府计量行政部门在收到申请考核机构的上述文件后，检查文件是否完整，如果文件完整，按照考核准备、现场考核和考核结果评定三个步骤组织考核；如果文件不完整，应要求申请机构予以补充。

1. 考核准备

（1）初审。

组织考核的部门应指派考评员对申请文件进行初审。经初审不具备现场考核的条件，应由组织考核部门向申请机构指出，暂不安排考核，待问题解决后再重新申请。

（2）成立考核组。

对具备现场考核条件的申请机构，由组织考核部门组织成立考核组，并负责将考核组名单和现场考核时间以文件形式通知申请机构并征求申请机构意见。考核组至少二人组成并设立一名组长主持考核。

（3）制订考核计划。

由考核组长制订现场考核计划形成文件提交组织考核部门审批，经审批后实施，经批准后的考核计划由组织考核部门分发申请考核单位和考核组成员。当申请考核机构对考核计划有异议时，考核组长应进行沟通和解释，达成一致后实施，如确实要修改，应履行审批手续。

（4）准备文件资料。

考核组长负责准备现场考核用的工作文件，主要包括考核项目表、考核规范要求与管理体系文件对照检查表及不符合项/缺陷项记录表。

（5）准备试验项目。

考评员或专家根据申请考核项目选择有代表性的、技术比较复杂的、能力验证结果有问题或不满意的项目作为现场试验操作考核项目，检定、校准项目应不少于申请考核项目的三分之一。

2. 考核实施

（1）首次会议。

首次会议由考核组长主持，考核组全体成员、申请机构负责人和有关人员参加会议。

（2）现场参观。

首次会议后，考核组成员在被考核机构的负责人或联系人陪同下对整个机构进行一次现场参观。通过参观初步了解该机构管理体系的运行状况、环境条件和仪器设备的大致情况，为下一步分软件组和硬件组深入考核做好准备。

（3）软件组考核。

根据 JJF 1069—2012《法定计量检定机构考核规范》要求，软件组负责重点考核"组织和管理""管理体系""检定、校准和检测实施的策划""与顾客有关的过程""服务和供应品的采购"和"管理体系改进"，并做考核记录。

（4）硬件组考核。

内根据 JJF 1069—2012《法定计量检定机构考核规范》要求，硬件组负责重点考核规范"资源配置和管理"和"检定、校准和检测的实施"。

（5）末次会议。

现场考核结束，考核组应与申请机构负责人及其所辖有关部门负责人举行评审末次会议，由考核组长向机构负责人和有关人员通报考核结果，并使他们能清楚地理解考核结果。考核组长应对机构的管理体系能否确保实现质量目标的有效性提出考核组的结论，并声明考核抽样的局限性和风险性。

3. 考核报告

考核报告应由考核组长负责编制，考核组长对考核报告的准确性和完整性负责。考核报告应如实反映考核的程序和内容，其内容包括经确认的申请机构概况、考核结果汇总、整改要求和考核结论。考核报告应在考核现场完成所有签字手续，并由考核组长负责连同考核记录和证明材料提交组织考核部门。组织考核部门负责将考核报告副本一份提供给申请考核机构。组织考核部门应妥善保管考核报告和所有考核记录及证明材料，并负责保密。考核申请文件、考核文件、纠正措施跟踪文件由组织考核部门负责保存。

4. 纠正措施的验证

对于存在不符合项和（或）有缺陷项的机构，应采取纠正措施进行整改，并由考核组对其整改结果进行验证考核。验证考核视需要整改问题的性质采用现场复查或只评审整改报告及其附件的方法。整改及其验证考核应在3个月之内完成，具体完成时间由组织考核部门与被考核机构协商，并征求考核组意见后确定。考核组应在验证纠正措施之后的10个工作日之内编制并上报“纠正措施验证报告”。

四、考核结果的评定及处置

（1）组织考核部门根据考核报告及纠正措施验证报告、对申请机构管理体系的评价和对申请考核项目的合格确认，决定是否批准颁发计量授权证书和印章。

（2）对经批准的机构，授权证书附上经确认的检定项目表、校准项目表等许可开展工作项目表。对经评定确认现场考核不合格或经整改仍不合格的机构不予授权。

五、证后监督

取得计量授权证书的机构应接受政府计量行政部门的监督管理，包括监督检查、复查、对投诉或变更等情况的检查等。

（1）监督检查由批准授权部门组织考核组进行现场检查，一般在授权证书有效期内至少进行一次，批准授权部门根据监督检查结论决定是否保留对机构授权。

（2）组织考核部门可以自己组织能力验证或其他比对，也可以委托其他有能力的机构参与组织，组织考核部门应保存适当的能力验证方案和其他比对方案的清单。被考核的机构应建立能力验证和其他比对的制度和纠正措施，积极参加相关专业的能力验证和比对活动。凡政府计量行政部门指定的能力验证和比对，在授权项目范围内，机构必须参加。其结果作为政府计量行政部门对该机构授权的依据。

（3）计量授权证书由授权单位规定有效期，最长不得超过五年。被授权单位可在有效期满前六个月提出继续承担授权任务的申请；授权单位根据需要和被授权单位的申请在有效期满前进行复查，经复查合格的，延长有效期。

（4）扩项是指机构在获得授权证书的有效期内，超出原授权项目范围提出新的检定、校准或检测项目。被授权单位若需新增计量授权项目，则应重新申请新增项目的授权。

【思考与练习】

1. 计量授权有哪些形式？
2. 简述法定计量检定机构的授权考核程序。
3. 对于申请考核机构的纠正措施如何验证？

模块3 计量检定机构质量体系的内审（Z28I5005Ⅲ）

【模块描述】本模块包含计量检定机构质量体系内部审核的内容。通过对内审工作的介绍，掌握开展内审工作的方法。

【模块内容】

管理体系是在持续改进中得到不断完善的，审核是获得持续改进的一种手段。所谓审核，是指为获得审核证据并对其进行客观的评价，以确定满足审核准则的程度所进行的系统的、独立的并形成文件的过程。

按审核方进行分类，审核可分为内审（第一方审核）、外部审核（第二方审核、第三方审核）。内审（第一方审核）主要用于内部目的，由组织自己或以组织名义进行的体系审核。

一、内审目的和要求

（1）内审是一项过程。内审目的是：检查法定计量检定机构质量体系是否符合 JJF 1069—2012《法定计量检定机构考核规范》要求；自身质量体系运行和改进的需要；为（第三方）外审做准备；也是提高自身管理的一种手段。

（2）质量体系是由检定、校准、检测的事实过程和必要的支持过程构成的，因此审核体系实质上对每个过程进行评价，具体来说，就是对每个过程的四个方面进行评价。

1）过程是否识别并适当规定？

2）职责是否已经分配和明确？

3）程序是否得到实施和保持？

4）实现的结果是否达到预期效果？

（3）内审准则（依据）是 JJF 1069—2012《法定计量检定机构考核规范》、质量手册、形成文件的程序和其他相关的文件、各类记录。

二、内审人员职责

1. 内审组长

对审核全过程全权负责；有权对内审工作的开展和审核发现作最后的决定；协助选择审核组成员；编制审核计划；代表审核组与受审方领导沟通；提交内审报告。

2. 内审员职责

遵守有关内审要求，并传达和阐明内审要求；有效地策划和履行被赋予的职责；将审核发现形成文件，并报告审核结果；验证所采取的纠正措施的有效性；整理和保护与审核有关的文件；配合并支持内审组长的工作。

三、内审工作程序

内部审核一般分为准备与策划、实施、审核结果与评价、制定和确认纠正措施、改进与评价效果五个阶段。

1. 准备与策划

内部体系审核的准备和策划阶段主要有工作编制审核计划、设立审核组并指定组长、准备检查清单及审核用表。

（1）制订内审计划。主要包括一年内内审的合理安排，对组织内所有内容要求进行审核（集中式内审）的频次和对部分内容要求（可以是某个部门、某个过程等）进行审核（滚动式内审）的频次。对每一次内审活动的具体安排，如内审的目的、范围、日程、路线，成员名单及分工等，并使受审方做好准备。内审计划由内审组长编制，管理者代表批准，形成正式文件。

（2）组成内审组。管理者代表委派内审组长和内审员；由内审组长分配任务；内审员应熟悉分工部分内审所必要的体系文件，内审员不应审核自己的工作，确需审核自己的工作时，应采取回避措施。

（3）编制检查表及审核用表。内审组长根据内审员特长进行分工，内审组各成员需按分工要求编制检查表。在编制检查表时，还应考虑前一次内审结果是否存在应跟踪的项目。检查表经内审组讨论、组长确认后，作为内审员的工作文件、提纲或工具，内审结束后存档备查。审核用表根据检查表确定。

审核组长举行内审组会议，确保内审前的各项准备工作全部完成，内审员对各自审核任务已充分、完全了解。

2. 内审的实施

内审组在完成了全部内审准备工作后，就可按内审计划的时间安排实施内审，通过提问、验证和观察进行客观证据的收集并做好现场审核记录。

（1）首次会议内容主要包括与会者签到，人员介绍。由组长介绍内审组成员及分工，受审方介绍与会代表；确认内审的目的和范围，明确内审准则，确认现场审核计划（日程安排）；强调客观、公正原则；简要介绍审核方法及程序；确认联络、陪同人员；澄清疑问；内审组长致谢，会议结束。

（2）首次会议后立即转入现场审核。现场审核是内审员获得审核证据的过程，是整个内审工作中最重要的环节。内审组长要控制内审的全过程，包括内审计划、内审活动、内审结果的控制。内审方式主要包括面谈、提问、记录、观察、验证等方式。

（3）末次会议内容主要有：向高层管理者说明内审结果，以使他们清楚地理解审核的结果并得到确认；宣布内审结论；提出后续跟踪活动要求（纠正措施、跟踪审核等）。

3. 审核结果与评价

通过现场调查、取证后，根据结果判断审核内容是否符合规范或文件的规定，判断不合格项，编写不符合报告并提交审核报告。内审报告是说明内审的正式文件。内审组长对内审报告的编制、准确性、完整性负责。

4. 制定和确认纠正措施

接受审核部门针对审核中发现的不符合项，分析不合格项发生的根本原因、制定纠正措施（包括实施完成期限），审核员可以参加接受审核部门对纠正措施的讨论和对有效性进行评价。

5. 改进与评价效果

纠正措施的制定跟踪是内审双方共同的责任。受审部门要逐项落实纠正措施并对采取的纠正措施进行评价。内审员要对前次审核中的不符合项的纠正措施是否有效进行审核并提交报告。

内部审核不符合项的纠正措施得到有效跟踪，审核才算结束。

四、内审注意事项

为确保内审工作的有效性，在内审实施过程中应注意做好以下几点。

（1）选好内审组长。内审组长是内审工作的具体组织者，内审组长熟悉 JJF 1069—2012《法定计量机构考核规范》要求，具有相应的审核内容的专业知识，经过内审员培训并有较强的组织和沟通能力。

（2）做好内审员培训。建立一支内审员队伍，对内审员进行专业培训，让每位内审员具备承担相关审核工作的能力，对不合格项判断正确和合理。

（3）编制好检查用表。审核前内审员结合各自审核内容编制详细和可操作性的检查表。

（4）准确判断不符合项。审核中发现的不符合项在不符合项报告中按照体系性不符合、实施性不符合和效果性不符合表述清楚，有利于受审方整改。

（5）做好跟踪检查。内审的目的是持续改进工作，因此对内审中不符合项制定的措施必须跟踪。

【思考与练习】

1. 内审目的和内审准则（依据）包括哪些内容？
2. 分别简述内审组长和内审员职责。
3. 简述内审工作程序。
4. 内审员是否可参与纠正措施的制定？

第五部分

计量检验检测业务系统

第二十章

营销业务应用

模块1 电能计量资产流转的操作方法（Z28D2001Ⅰ）

【模块描述】本模块包含营销业务应用系统概述、运用营销业务应用系统进行电能计量资产管理等内容。通过概念描述、术语说明、流程图解示意、要点归纳、操作示例，掌握电能计量资产信息处理与流转的操作方法。

随着国家电网有限公司“三型两网”战略部署，电能计量资产流转也将纳入新的业务应用系统，本模块仅对目前使用的电力营销业务系统的计量资产流转做简单介绍。

【模块内容】

一、电力营销业务应用系统综述

营销业务应用是国家电网公司“SG186 工程”八大业务应用之一，即营销管理，由国家电网公司统一组织、统一标准、分批实施，最终建立国家电网有限公司系统统一的营销业务管理模式。

电力营销业务应用系统包括计费与账务管理、电能计量、客户服务、市场管理、需求侧管理、电量信息采集、客户关系管理等功能模块，涵盖了营销业务管理的全过程。

（1）电力营销业务应用系统实现以下目标：

1）在管理方面，做到职责清晰、任务明确，促进营销发展及管理方式转变，实现管理集约化、精益化、标准化。

2）在业务方面，实现营销业务一体化运作，业务规范、流程优化。

3）在数据方面，实现营销数据的标准化、规范化和透明共享。

4）在技术方面，统一架构设计、统一软硬件平台、统一数据结构、统一数据编码，功能体系涵盖全部营销功能节点，以先进、开放、灵活的功能架构支持营销业务发展。

（2）电能计量中包含了电能计量资产管理、计量点管理、计量体系管理、用电信息采集管理等功能模块。

1）电能计量资产管理：营销业务应用中的电能计量资产管理的功能业务应用，是从设备的需求计划管理、招标选型、订货和供应商资信管理等方面入手，对需求采购计划形成、招标过程技术支撑、订货合同及技术协议签订等选购内容进行过程管理。资产管理包括：选购，验收，检定、校准及检验，库房，配送，淘汰、丢失、停用与报废，计量印证等内容。

2）计量点管理：营销业务应用中的计量点从系统实现的角度阐述了计量点投运前管理、计量装置运行维护及检验、计量装置评价、计量装置改造等业务的系统功能实现和实现约束。从计量点的设计方案审查、设备安装、竣工验收等方面入手，对计量点设置、计量方式确认、计量装置配置、安装、验收结果等内容进行过程管理。计量点管理包括：投运前，台账，运行维护及检验，电能计量装置分析，电能计量装置改造工程等内容。

3）计量体系管理：营销业务应用为了建立健全计量体系，规范计量体系文档、计量考核、计量人员、计量标准、计量设施管理的业务流程，理顺计量体系与外部业务的关系，保障计量量值传递的准确性、可靠性等内容进行过程管理。计量体系管理包括文档、计量人员、计量考核、计量标准及测试设备和计量设施等管理。

4）用电信息采集管理：通过远程采集的现代化技术手段，采集用户和关口的负荷、电量、抄表、电能质量及异常告警信息，结合安全生产系统获取的电能信息，将购电侧、供电侧、销售侧的电能数据整合在一起，并进行统一发布。为远程抄表、市场分析、违约用电、违章窃电管理、线损分析和考核、订阅服务提供数据支持。用电信息采集功能包括：采集点设置、数据采集管理、控制执行和运行管理等内容。

二、电能计量资产的管理

资产管理是对电能表、互感器、电能计量柜（箱）、失压计时仪、采集终端、计量标准及其装置、抄表机等营销技术装备进行管理。

1. 选购管理

根据电力工程建设、专项工程、业扩发展需要以及招标选型结果、供应商资信等信息编制设备需求计划，审批通过后，编制设备订货清单，执行采购订货。选购管理业务项包括需求计划管理、招标选型、订货、供应商资信管理业务等子项。选购管理业务流程如图 20–1–1 所示。

不同设备选购管理过程差异较大，对于零星的、价格低的等非招标类的设备可根据具体情况经审核或审批后直接进行订货采购，对于电能计量器具（电能表、互感器）、采集终端等批量采购的其他设备，应预测并编制初步需求，经审核与审批通过后形成正式需求采购计划，需要招标的将需求采购计划提交招标采购单位执行，跟踪招标采购合同签订情况，获取招标结果，根据招标结果或实际需求情况编制执行期间（月度、临时）的详细设备订货清单，提交采购部门执行订货采购，跟踪并记录详细的订货信息。

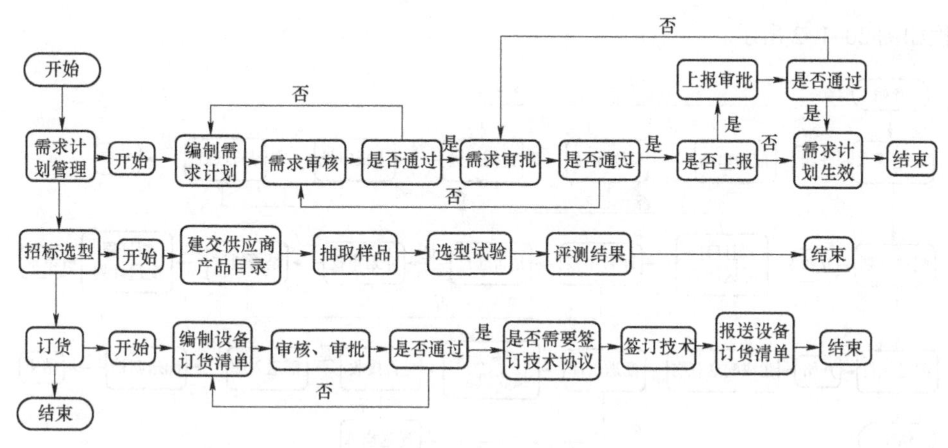

图 20-1-1 选购管理业务流程

2. 验收管理

按照订货合同（含技术协议）的要求，在新购设备发货前对所采购批次设备进行到货前检验工作，检验不合格的批次不允许发货；在新购设备到货后，进行开箱验收、取样核查、抽检验收、全检验收，对质保期内的设备进行监督抽样检验，对验收不合格的设备进行退换处理。

3. 检定、校准及检验管理

指接收设备招标选型、采购设备验收、设备安装前检定、运行设备监督抽检、设备周期检定（轮换）、用户设备申请校验和检验任务要求，按照有关检定、校准规程开展相应的设备检定、校准及检验工作，并返回检验结果的全过程。

4. 库房管理

根据设备状态、类别建立库房、库区、存放区和储位，实现库房定置管理。

5. 配送管理

对设备配送需求生成、配送计划制定、配送执行的工作进行管理，主要适用于电能表、互感器、采集终端等设备的配送。

（1）配送需求生成：设备使用单位根据库存情况、用表需求等提出配送申请，上级单位审核配送申请，生成配送需求。配送需求包括新设备配送需求、设备返回配送需求。

（2）配送计划制订：对设备配送计划的制订过程进行管理。配送计划包括上下级库房之间的配送、库房之间的调剂配送。

（3）配送执行：对设备配送执行过程进行管理，根据配送计划生成配送单从库房领出待配送设备，将设备配送到接收单位，接收设备并签收配送单。配送管理业务流程如图 20–1–2 所示。

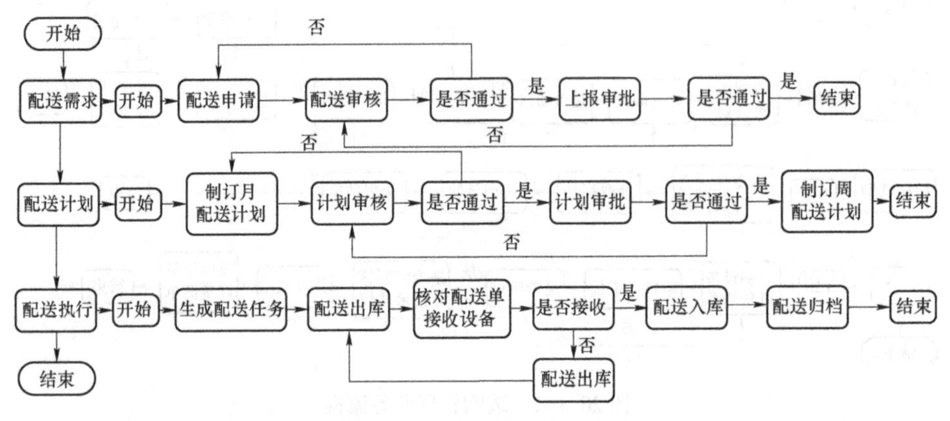

图 20–1–2 配送管理业务流程

6. 淘汰、丢失、停用与报废处理

本业务是对设备淘汰、丢失、停用、报废工作进行管理，建立和维护淘汰产品目录。

7. 计量印证管理

对计量封印的标记、采购、领用发放、使用、销废全过程的管理。

三、营销业务电能计量资产流程操作举例

（一）装用前检定（校准）流程操作方法

装用前检定（校准）在营销业务流程中主要是：制订装用前检定（校准）计划、任务分配、出库管理、检定、检定入库等。下面以其中的检定流程为例说明操作的方法。

本功能提供根据接收到的取样检验任务、抽检检验任务、装用前检定（校准）任务、临时检定、委托检定、检定质量核查任务、库存复检任务、修调前检验任务、监督抽检任务、选型试验任务，利用检定设备对待检设备进行检定（校准）并获取检定（校准）记录功能。

（1）启动检定程序，进入“检定”页面，默认显示所有待检资产信息，如图 20–1–3 所示。

（2）选择相应的检测设备信息，单击“下装”按钮，系统将相关接口数据输出到检定系统。

（3）选择相应的检测设备信息，单击“下载中间库”按钮，系统提示要求将中间库保存到相关的路径，如图 20–1–4 所示。

检定

待检资产

选择	申请编号	设备类别	类型	电压	电流	接线方式	检定类别	未检数量
○	110000214692	电能表	感应式-普通型	220V	0.3(1.2)A	单相	装用前检定	200
○	110000184928	电压互感器	高压TA				抽样检定	125
○	110000184756	电能表	电子式-普通型	3×380/220V	15(60)A	三相四线	装用前检定	1
○	110000134232	电流互感器	高压TA	110KV			抽样检定	50
○	110000134223	电压互感器	高压TA				抽样检定	50

当前显示 54 条，总共 54 条　第 1 页/共 1 页

清空中间库　下 装　下载中间库

电能表检定数据接收和录入　互感器检定数据接收　互感器检定数据录入

检测设备信息

操作	申请编号	设备种类	设备编号	资产编号	关联标识	关联说明	条形码	出厂编号	状态
没有您要查找的结果!									

图 20–1–3　检测设备信息

检测设备明细页面 - Windows Internet Explorer

检测设备明细信息

申请编号	110000214692	设备编号	110005400668	设备类别	电能表	条形码	
资产编号	0200035843	出厂编号	300000100	类别	有功表	类型	感应式-普通型
型号		接线方式	单相	额定电压	220V	标定电流	0.3(1.2)A
过载倍数		制造单位	0001	有功准确度等级	1.0	无功准确度等级	

图 20–1–4　检测设备明细

选中一条检测设备信息，单击“查看详细”图标，弹出“检测设备明细”窗口，显示检测设备明细。

1）选中电能表设备信息，单击“电能表检定数据接收和录入”按钮，弹出“电能表检定数据”窗口，显示所有电能表检定信息。单击“上装”按钮，系统从检定系统接收数据。输入“申请编号”，选择“设备类别”，单击“查询”按钮，显示相应的电能表检定记录信息。如图 20–1–5 所示。

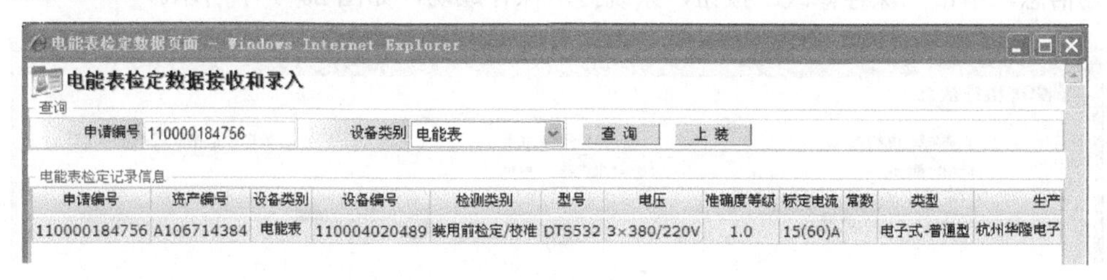
电能表检定数据页面 - Windows Internet Explorer

电能表检定数据接收和录入

查询

申请编号 110000184756　设备类别 电能表　查 询　上 装

电能表检定记录信息

申请编号	资产编号	设备类别	设备编号	检测类别	型号	电压	准确度等级	标定电流	常数	类型	生产
110000184756	A106714384	电能表	110004020489	装用前检定/校准	DTS532	3×380/220V	1.0	15(60)A		电子式-普通型	杭州华隆电子

图 20–1–5　电能表检定数据接收和录入

2）互感器检定数据接收和互感器检定数据录入功能与电能表检定数据接收和录入方法类似，详细请参见电能表检定数据接收和录入。

（二）配送执行流程操作方法

1. 生成配送任务

本功能提供将通过审批的配送计划明细形成出入库任务的生成、修改、查询、统

计、打印、导出等功能。

（1）启动生成配送任务程序，进入“生成配送任务”页面，如图 20–1–6 所示。

（2）选择“计划制订日期”“计划开始时间”“计划结束时间”“接受单位”，单击“查询”按钮，系统根据查询条件组合，显示相应的未配送计划明细信息。

生成配送任务

查询配送计划明细条件

计划制定日期　计划开始时间　计划结束时间

接收单位　查 询

未配送计划明细信息

生成配送任务　查询历史配送计划明细　打印配送计划明细

操作	设备类别	接收单位	配送人员	车辆	线路	准确度等级	接线方式	变比	电流	类型	计划配送数量	计划状态
	电能表	南京供电公司市区				2.0	单相		10(40)A	电子式-普通型	10	已审批
	电能表	南京供电公司市区				2.0	单相		10(40)A	电子式-普通型	1000	已审批
	电能表	高淳供电公司	南京管理员			1.0	三相四线		1.5(6)A	电子式-普通型	50	已审批
	电能表	高淳供电公司				1.0	三相四线		5(30)A	电子式-普通型	50	已审批
	电流互感器	高淳供电公司				0.2S		800/5		低压TA	50	已审批

当前显示 5 条，总共 32 条　第 1 页/共 7 页　转 1 页

查询配送任务条件

任务标识　任务状态 ------请选择------　设备类型 ------请选择------

配送单位　配送执行时间　到

查 询

配送任务信息

配送单位	接收单位	设备类别	设备型号	设备数量	配送人员	准确度等级	接线方式	变比	电流	任务状态	类型
南京供电公司市区	浦口供电公司	电能表		120	金萍	2.0	三相四线		10(20)A	未执行	电子式-复费率
南京供电公司市区	高淳供电公司	电能表		24	徐高升	2.0	单相		20(80)A	出库	电子式-普通型
南京供电公司市区	高淳供电公司	电压互感器		5	徐高升	0.5		10000/100		出库	高压TV
南京供电公司市区	高淳供电公司	电流互感器		3	徐高升	0.2S		200/5		出库	低压TA
南京供电公司市区	高淳供电公司	电流互感器		2	史钰	0.2S		100/5		出库	低压TA

当前显示 5 条，总共 43 条　第 1 页/共 9 页　转 1 页

图 20–1–6　生成配送任务

（3）单击“修改配送计划明细”按钮，弹出“配送计划明细”窗口，输入配送计划信息，单击“保存修改”按钮，系统提示保存成功，如图 20–1–7 所示。

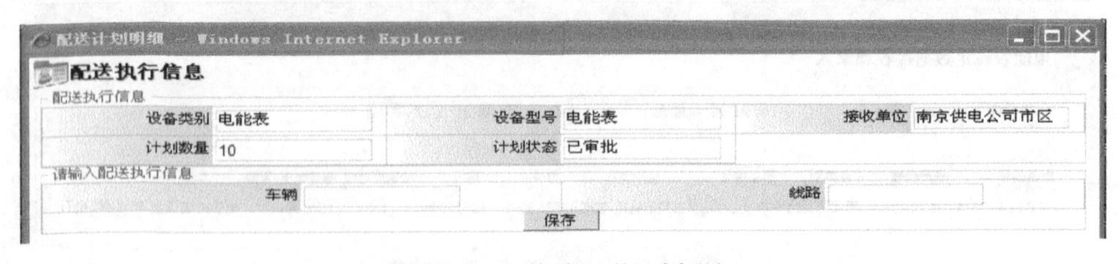

图 20–1–7　修改配送计划明细

（4）选择一条未配送计划明细信息，单击“生成配送任务”按钮，输入或选择“车辆”“线路”，单击“保存”按钮，完成保存，系统提示保存是否成功。

（5）选择一条或多条未配送计划明细信息，单击“生成完全配送任务”按钮，配送任务生成成功。

（6）单击“查询历史配送计划明细”按钮，弹出“查询配送计划历史明细”窗口，

输入或选择“配送日期”“配送单位”“接收单位”，单击“查询”按钮，显示历史计划明细信息，如图 20–1–8 所示。

查询配送计划历史明细 – Windows Internet Explorer

查询配送计划历史明细

查询历史计划明细信息条件

配送日期　配送单位　接收单位

查 询

历史计划明细信息

操作	设备类别	接收单位	配送人员	车辆	线路	配送时间	设备型号	制造单位	计划配送数量	计划状态	配送
	电能表	南京供电公司市区							10	已审批	
	电能表	浦口供电公司	金萍	11	1				120	执行	200
	电能表	南京供电公司市区	魏永辉						20	执行	200
	电能表	南京供电公司市区							1000	已审批	
	电能表	高淳供电公司	丁勇						10	执行	200

当前显示 5 条，总共 121 条　第 1 页/共 25 页　转 1 页

图 20–1–8　查询配送计划历史明细

2. 配送出库

功能描述：提供对配送资产出库、查询、删除、打印等功能。

操作过程描述：

（1）启动配送出库程序，进入“配送出库”页面，如图 20–1–9 所示。

配送出库任务

	日期	接收单位	设备类别	设备状态	类型	型号	电压	电流	变比	接线方式	准确度等级	数量
◉	2008-12-22	南京供电公司市区	电能表	合格在库	电子式-普通型			10(40)A		单相	2.0	10
○	2008-12-18	浦口供电公司	电能表	合格在库	电子式-复费率			10(20)A		三相四线	2.0	120
○	2008-11-24	南京供电公司市区	电压互感器	合格在库	高压TA				10000/100		0.2	3
○	2008-11-18	八卦洲供电所	电能表	合格在库	电子式-多功能			10(40)A		三相四线	2.0	5
○	2008-11-18	南京供电公司市区	电能表	合格在库	电子式-复费率			10(40)A		三相四线	1.0	50

当前显示 5 条，总共 8 条　第 1 页/共 2 页　转 1 页

待出库设备信息

资产编号　箱号　查 询　删 除

起始资产编号　结束资产编号　查 询

设备类别	资产编号	箱号	类型	型号	制造单位	接线方式	准确度等级	状态

当前出库的设备总数：0　整箱数：0

*领用人员　曹金华　出 库

图 20–1–9　配送出库

（2）选择待出库的配送任务，输入“资产编号”或“箱号”，单击“查询”按钮，系统显示资产的相关信息，和当前待出库的设备总数。

（3）选择要删除的资产信息，单击“删除”按钮，删除不需要出库的资产信息，系统提示删除成功。

（4）选择领用人员，单击“出库”按钮，系统提示出库成功，并提示是否要打印出库单。

3. 配送入库

功能描述：提供对配送资产入库、查询、打印等功能。

操作过程描述：

（1）启动配送入库程序，进入“配送入库”页面，如图20–1–10所示。

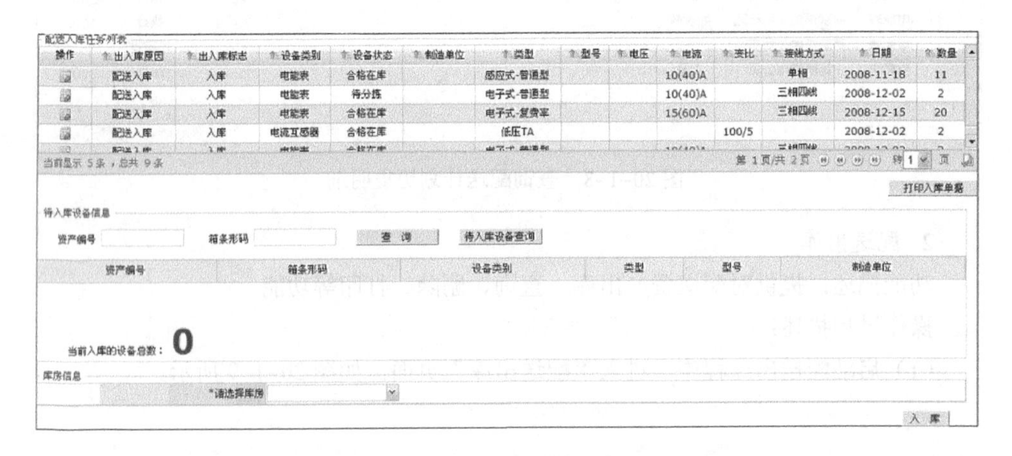

图20–1–10 配送入库

（2）选择待入库的配送任务，输入“资产编号”或“箱条形码”，单击“查询”按钮，系统显示资产的相关信息，和当前待入库的设备总数，或者单击“待入库设备查询”按钮，查询待入库的资产信息。

（3）选择要入库的库房，单击“入库”按钮，系统提示入库成功。

4. 归档

（1）配送接收单位接收入库后，配送单位在菜单栏“配送管理”下的“归档”菜单项，进入“配送归档”页面，如图20–1–11所示。

（2）选择相关配送信息前的“操作”图标，弹出“配送归档”界面，如图20–1–12所示。

（3）填写接收人，选择到达时间、接收时间，单击“配送归档”按钮，完成本次配送任务。

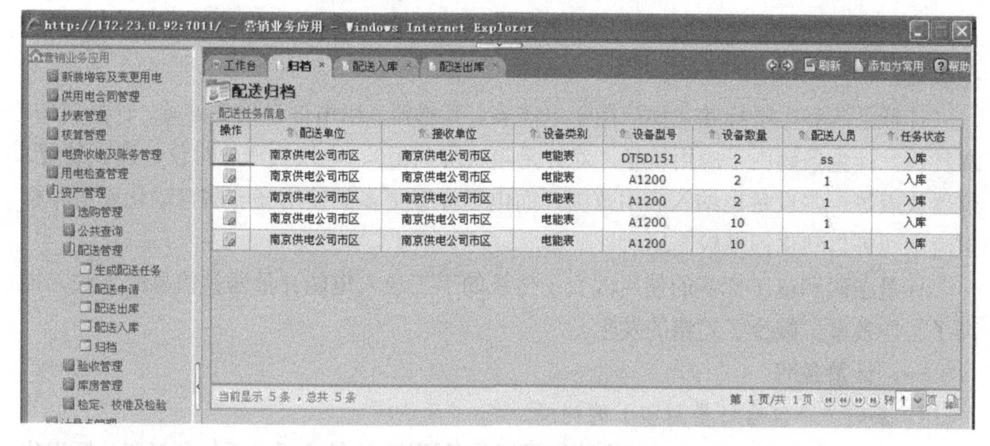

图 20–1–11　配送归档

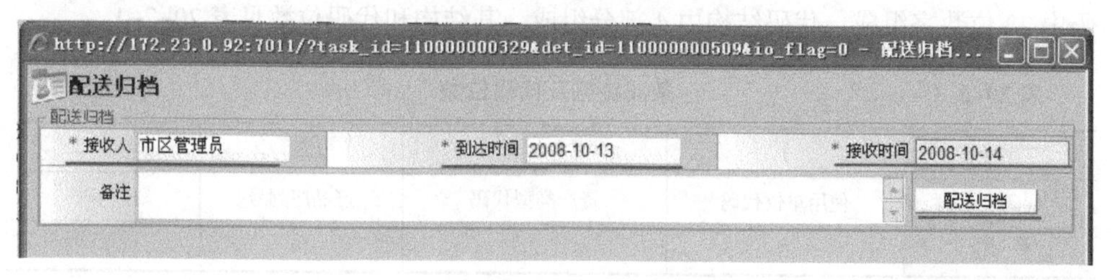

图 20–1–12　配送归档

【思考与练习】

1. 国网公司的“SG186 工程”营销业务应用内涵是什么？
2. 电能计量资产管理的主要内容是什么？
3. 画出电能表选购管理的流程图。
4. 简要说出库房管理有哪些主要内容。

◢ 模块 2　计量资产的编码方法（Z28D2002 Ⅰ）

【模块描述】本模块包含各类电能计量资产的条码编制方法、条码在电力营销业务系统中应用等内容。通过概念描述、术语说明、图表示意、要点归纳，了解计量资产条码编制方法，熟悉其在电力营销业务系统中的应用。

【模块内容】

计量标识代码目前主要采用计量条码和电子标签。计量条码是由国家电网公司统一规定的、用于标识电能计量器具及附属设备的一组数字。电子标签是用于物体或物品标识、具有信息存储机制的、能接收读写器的电磁场调制信号并返回响应信号的数据载体。

计量条码和电子标签主要应用于电能表、互感器、用电信息采集终端、计量封印、周转箱。计量条码由于应用较早，对计量箱（屏、柜）、电压失压计时仪、测试装置、仪器仪表等一些设备也纳入应用范围，而电子标签更多的使用在一些自动化库房和检定流水线等自动化程度较高场所。

计量条码和电子标签的使用改变了传统的手工录入电能计量器具信息的方法，提高了工作效率，减少了差错的发生。

一、计量条码

1. 条码（不包含计量封印）的构成

根据 Q/GDW 1205—2013《电能计量器具条码》，计量条码（不包含封印）标识代码由 22 位数字组成，代码结构由 4 部分组成，其结构和代码位数见表 20–2–1。

表 20–2–1　　条码结构及代码位数

序号	1	2	3	4
代码名称	使用单位代码	资产类型代码	产品序列号	校验码
位数（位）	5	2	14	1

（1）使用单位代码是标识电能计量器具使用单位的代码，由 5 位数字组成，其中第一、二位表示计量器具直接管理单位的代码公司；第三位表示单位类别，“0”代表客户、“1”代表公司总部、“2”代表公司分部、“3”代表省级电力公司、“4”代表直属单位；第四、五位为保留位，取值为“00”。管理单位代码见表 20–2–2。

表 20–2–2　　国家电网公司及所属单位直管计量器具使用单位代码表

代　码	名　称	代　码	名　称	代　码	名　称
01100	国网公司总部	02200	国网华北分部	03200	国网华东分部
04200	国网华中分部	05200	国网东北分部	06200	国网西北分部
11300	国网北京电力	12300	国网天津电力	13300	国网河北电力
14300	国网山西电力	15300	国网蒙东电力	16300	国网冀北电力
21300	国网辽宁电力	22300	国网吉林电力	23300	国网黑龙江电力
31300	国网上海电力	32300	国网江苏电力	33300	国网浙江电力
34300	国网安徽电力	35300	国网福建电力	36300	国网江西电力
37300	国网山东电力	41300	国网河南电力	42300	国网湖北电力

续表

代　码	名　称	代　码	名　称	代　码	名　称
43300	国网湖南电力	50300	国网重庆电力	51300	国网四川电力
54300	国网西藏电力	61300	国网陕西电力	62300	国网甘肃电力
63300	国网青海电力	64300	国网宁夏电力	65300	国网新疆电力
70400	国网计量中心	71400	中国电科院	72400	南瑞集团
73400	国网运行公司	74400	国网直流公司	75400	国网交流公司

（2）资产类型代码是标识电能计量器具及其他相关设备类型的代码，由 2 位数字组成。代码含义见表 20–2–3。

表 20–2–3　　资产类型代码表

代　码	类　型	代　码	类　型	代　码	类　型
01	电能表	10	计量标准	20	现场手持终端
02	互感器	11～12	（保留）	21～50	（保留）
03～04	（保留）	13	测试装置	51	反窃电装置
05	计量箱（屏、柜）	14	其他仪器仪表	52	流水线设备
06～08	（保留）	15～18	（保留）	53	仓储设备
09	用电信息采集终端	19	周转箱（托盘）	54	通信模块

（3）产品序列号由 14 位数字组成，产品序列号的编制遵循唯一性原则。

（4）校验码用以检查标识代码的正确性，由 1 位数字组成，采用模数 10 加权算法计算得出。校验码=mod 10 {10–［mod 10 （电能计量器具标识代码前 21 位数字的加权乘积之和）］}。

2. 计量封印条码

由于计量封印更换频繁且使用场合较多，因此计量封印作为电能计量器具的一种特殊资产类型，其标识代码规则单独定义。

计量封印的标识代码由 16 位数字组成，代码结构由 4 部分构成，其结构和代码位数见表 20–2–4。

表 20–2–4　　计量封印代码结构及位数

序　号	1	2	3	4
代码名称	管理单位代码	封印类型代码	产品序列号	校验码
位数（位）	2	1	12	1

（1）管理单位代码。标识计量封印管理单位的代码，由 2 位数字组成，代码见表 20–2–2 单位代码前二位。

（2）封印类型代码。计量封印的类型代码由 1 位数字组成，其中，1—检定封；2—现场封；3～8—备用；9—其他用途封。

（3）产品序列号。计量封印的产品序列号由 12 位数字组成，产品序列号的编制遵循唯一性原则。

（4）校验码。校验码用以检查标识代码的正确性，校验码用 mod 10 {10–［mod 10（电能计量器具标识代码前 15 位数字的加权乘积之和）］}计算得到。

3. 条码正确性的验证

下面通过对资产号为 3130002001010101010109 的上海市电力公司的互感器的校验码进行验证，来说明条码正确性。表 20–2–5 为计算过程。封印的校验码验证方法类同。

表 20–2–5 校验码计算示例

计算过程	使用单位代码					类型代码	产品序列号															校验码
取标识代码的前21位数字	3	1	3	0	0	0	2	0	0	1	0	1	0	1	0	1	0	1	0	1	0	C
取各位数字所对应的加权值	3	1	3	1	3	1	3	1	3	1	3	1	3	1	3	1	3	1	3	1	3	—
将各位数字与其相应的加权值依次相乘	9	1	9	0	0	0	6	0	0	1	0	1	0	1	0	1	0	1	0	1	0	—
将乘积相加，得出和数	9+1+9+0+0+0+6+0+0+1+0+1+0+1+0+1+0+1+0+1+0=31																					
用和数除以模数 10，得出余数	31÷10=3 余 1																					
模数 10 减余数，所得差即为校验码	10–1=9																					

4. 电能计量条码的选用和管理

（1）计量封印宜使用二维码，其他类型电能计量器具的条码使用单位可根据实际条件选择使用一维条码或二维条码。

（2）一维条码使用 128 条码，应符合 GB/T 18347—2001 的要求，图 20–2–1 为一维条码的样图。

（3）二维条码使用 DM 码，条码符号的技术要求应符合 ISO/IEC 16022—2000 的要求，图 20–2–2 为一维条码的样图。

国家电网 NO.00101010101010

011000100101010101010107

图 20-2-1 一维条码的样图

1110101010101015

图 20-2-2 DM 码的样图

（4）条码优先选择在电能计量器具铭牌的底部居中水平印制，电能表、互感器、用电信息采集终端的条码直接印制在铭牌上，其他需要使用条码粘贴介质时，条码放大系数为 1.00。

（5）电能计量器具标识代码中的资产类型代码和封印类型代码由国家电网公司统一维护和发布。需变更或增加时，由各级单位向国家电网公司提出申请，由国家电网公司统一管理。

（6）电能计量器具标识代码中的产品序列号由各省、自治区、直辖市公司自行统一编制分配，保持内部代码唯一。

二、电能计量器具电子标签

1. 电子标签的类型标识代码

国家电网公司计量用电子标签类型标识代码有四部分组成，第一部分是电子标签的统一标识；第二部分是电子标签的分类；第三部分是电子标签的适用对象，第四部分是电子标签的生产商信息，其类型标识代码见表 20-2-6。

表 20-2-6　　计量用电子标签类型标识代码分类

序号	1	2	3	4			
代码名称	电子标签标识	分类	对象	芯片厂家	厂家型号	天线型式	产品代码
位数	1	1	1	1	1	1	8

（1）电子标签标识。统一用“R“表示电子标签。

（2）分类。电子标签用 1 位数字表示在电能计量专业工作的分类，其中，1—一类标签；2—二类标签；3—三类标签。

（3）适用对象。电子标签使用对象用 1 位英文字母表示表示，其中，D—电能表；C—采集终端；H—互感器；Z—周转箱；F—计量封印。

（4）生产商信息。目前常用芯片生产商用 1 位数字或字母表示，其中：1—Alien

Technology；2—Impinj，Inc；3—NXP；4—Intermec Technology Corporation；5—Intelleflex Corporation；6—Renesas Technology Corp；7—Senstech Snd Bhd；8—Shanghai Quanray Electronics Co，Ltd；9—Toppan Printing Co，td；A—；UR LABEL & PRINTING Co，Ltd；B—ST Microelectronics；C—Sybol Technologies Inc；D—Texas Instruments；Z—其他。

电子标签生产厂家芯片类型用 1～9 表示。

电子标签天线型式用 1 位字母 A～Z 表示。

电子标签产品代码由不大于 8 位的英文字母和数字组成。英文字母可由生成企业名称拼音简称表示，数字代表产品设计序号。

2. 计量用电子标签适用范围

电子标签根据适用范围不同，分为一类标签、二类标签、三类标签三种，电子标签的使用范围见表 20–2–7。

表 20–2–7 计量用电子标签适用范围

电子标签分类	电子标签名称	适用范围	备注
一类	电能表	国家电网有限公司标准系列的智能电能表	其他电能表参考使用
	采集终端	国家电网有限公司标准系列的采集终端	其他采集终端参考使用
	互感器	国家电网有限公司标准系列的互感器	其他互感器参考使用
二类	计量封印标签	适用于电能表、采集终端、互感器、计量箱等设备的电子计量封印	
三类	周转箱	承载电能表、采集终端、互感器等电能计量设备的箱体	

3. 电子标签外形尺寸和封装

（1）电能表、采集终端标签。

标签为长方形，四个角为圆角，长度不宜超过 70mm，宽度不宜超过 30mm，安装于智能电能表、采集终端的铭牌位置。采用具有双面胶涂层的复合标签。标签的面纸背面封装一个超高频电子标签，并覆有双面胶涂层。

（2）互感器标签。

标签宜采用塑壳封装，嵌入在互感器外表面，应可防外力破坏、更换。标签为长条形，四个角为圆角，长度不宜小于 46mm，宽度不宜小于 15mm。标签的安装应满足防水、防脱落、防破坏的使用要求。标签可嵌入安装在互感器接线端子过孔正上方。

（3）计量封印。

采用与计量封印集成的一体化标签，即在计量封印中封装一个超高频电子标签。

标签的尺寸应符合计量封印的有关要求。标签的安装应满足防水、防破坏的使用要求，安装位置的选择应保证电子标签的识别成功率。标签安装应与计量封印合为一体，不得单独剥离。

（4）周转箱、非金属托。

可采用不干胶涂层的复合标签，面纸背面封装一个超高频电子标签，并覆有不干胶涂层。也可采用有防护层和防水处理的封装形式，封装成卡片式，符合 GB/T 14916 的有关要求。标签为长方形，四个角为圆角，宽度不宜超过 60mm，高度不宜超过 90mm。安装位置的选择应保证电子标签的识别成功率。

三、电能计量条码和电子标签在业务工作中的应用

电能计量器具及附属设备的资产管理包括设备从购置到报废的全过程管理。计量条码和电子标签作为计量设备在电力营销业务系统中的“身份”的标识方式，在业务流程中识别作用。下面通过计量条码在电力营销业务系统中的一些流转来说明其应用，电子标签作为一个新的计量资产“身份识别”产品，主要应用于自动化程度较高的库房和检定流水线，目前尚处于开发试用阶段，在此不作详细介绍了。

（1）计量条码发放。

新购入计量器具的资产号由计量资产管理员在电力营销业务应用系统中编制，设备订货清单，然后在营销业务应用系统内签订技术协议，在系统内自动生成资产编号，打印清单后发放给生产厂家，厂家在生产过程中将条码印刷并打印或粘贴在电能计量器具的指定位置上。图 20-2-3 为电力营销业务系统中计量资产条码生成的操作界面。

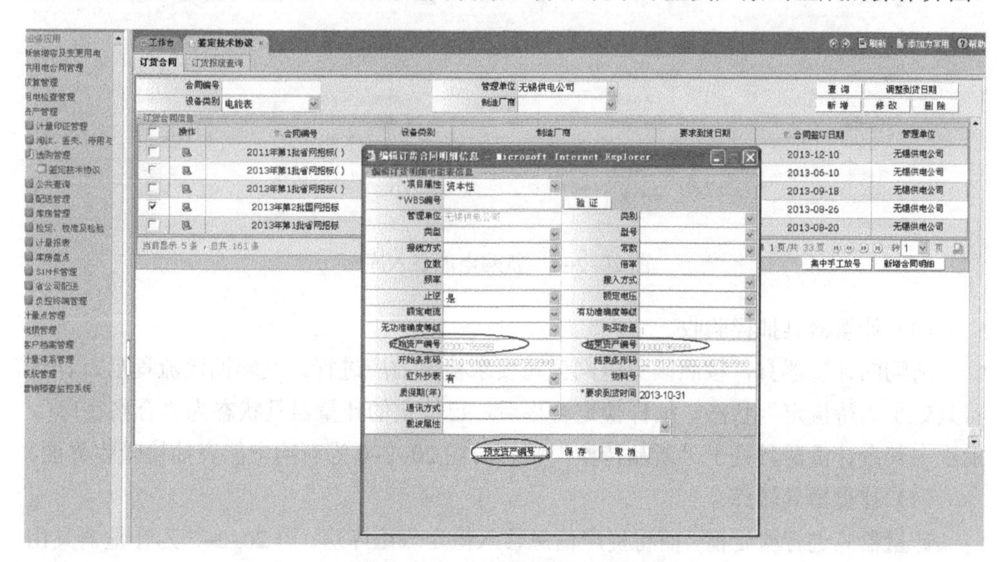

图 20-2-3　计量资产条码生成

（2）计量器具出入库。

新购和拆回的计量器具都要进入计量库房。对于新购的计量器具，计量资产管理员根据供货商提供的产品通过扫描计量箱或表的方式，将计量器具进行入库，资产入库后的电能表处于“新购暂管”状态，图 20–2–4 为新购电能表批量入库操作界面。拆回的计量器具在电力营销业务系统中处于“拆回待退”状态，入库后电能表处以“待分拣”状态，图 20–2–5 为拆回电能表入库操作界面。

工作台 新购设备暂… 刷新 添加为常用

订货明细标识 资产编号段 —

设备类别 电能表 查询

开始资产编号	结束资产编号	购买数量	到货数量	类别	类型	型号	接线方式	额定电压	额定电流	有功准确度等级	无功准确度等级	单价
1513952252	1514052091	99840	40032	费控智能电能表	2 时段+远程+RS485		单相	220V	5(60)A	2.0		
1513461932	1513494251	32320	16176	费控智能电能表	2 时段+远程+RS485		单相	220V	5(60)A	2.0		
1512513932	1512554251	40320	0	费控智能电能表	2 时段+远程+RS485		单相	220V	5(60)A	2.0		
1512414092	1512513931	99840	0	费控智能电能表	2 时段+远程+RS485		单相	220V	5(60)A	2.0		
1512314252	1512414091	99840	60048	费控智能电能表	2 时段+远程+RS485		单相	220V	5(60)A	2.0		
1501107026	1501140625	33600	26952	费控智能电能表	5时段+远程+GPRS	DTZY719-G	三相四线	3×380/220V	10(100)A	1.0		

到货信息

接收单据 211123320040318　每箱表数

接收人 徐丹枫　登记类别 到货后登记

基本信息

*到货数量	20016	*开始资产编号	1512374300	*开始出厂编号	1512374300	*产权单位	江苏省电力公司
*所在单位	江苏省电力公司	*轮换周期（年）	10	*合同标识	270000005304	*制造单位	青岛乾程电子科技有限
生产批次		*类别	费控智能电能	*类型	2 时段+远程+	*型号	DDZY3699
*接线方式	单相	*电压	220V	*电流	5(60)A	过载倍数	
*有功准确度等级	2.0	无功准确度等级		*电能表位数	6.2	分时位数	
*常数	1200	无功常数		*出厂日期	2013-03-18	波特率	2400
频率（Hz）	50	建档类型		建档人	徐丹枫	建档日期	2013-03-18

扩充信息

自身倍率	1	是否双向计量		*是否预付费	是	接入方式	
*需量表标志	否	*谐波计量标志	否	*复费率表标志	是	示数类型	
*通讯规约	DL/T645-2007	通讯接口		*通讯方式	红外通信	失压判断	
失流判断		逆相序判断		负荷曲线		停电抄表	
红外抄表		*产权	供电企业资产	当前状态	新购暂管	新表标志	是
使用用途	== 请选择==	卡表跳闸方式		计度器方式		显示方式	
RS485路数	== 请选择==	继电器接点		附属设备分类		物料号	
载波属性信息							

图 20–2–4 新购电能表入库

（3）计量器具抽样验收。

新购的计量器具，按照国家电网公司要求检定前应进行。发起抽检流程后，计量器具处于“待检定”状态，抽样检定合格后，已检定的计量器具状态为“合格在库”，批次中其余计量器具处于“新品待检”状态。图 20–2–6 为新购电能表抽检验收界面。

（4）计量器具转库。

计量器具进行检定前，需将资产信息移入检定班组库房。图 20–2–7 为计量器具由资产库房移入检定库房的界面。

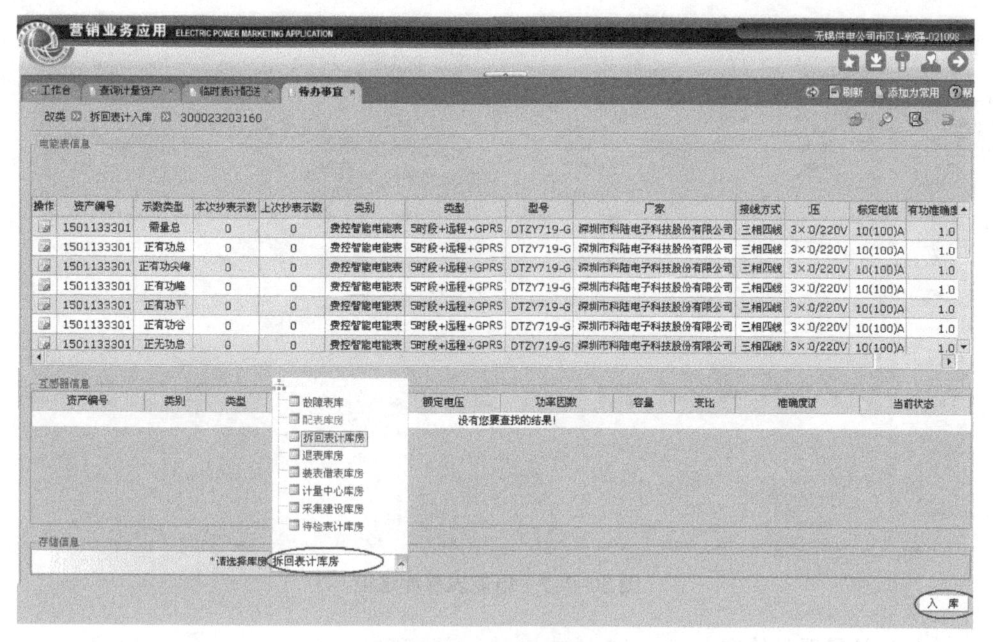

图 20-2-5　拆回电能表入库

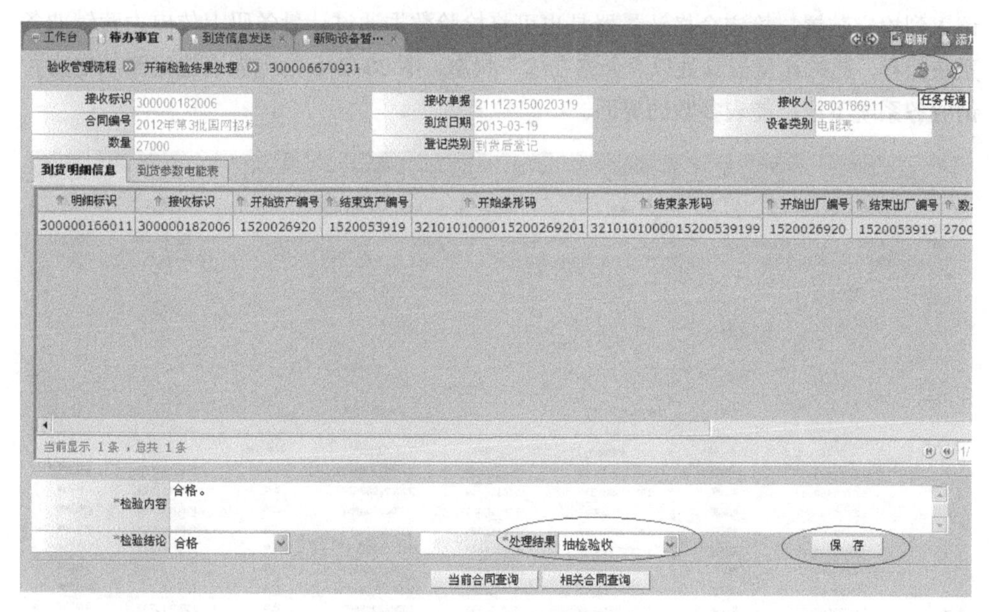

图 20-2-6　电能表抽检验收

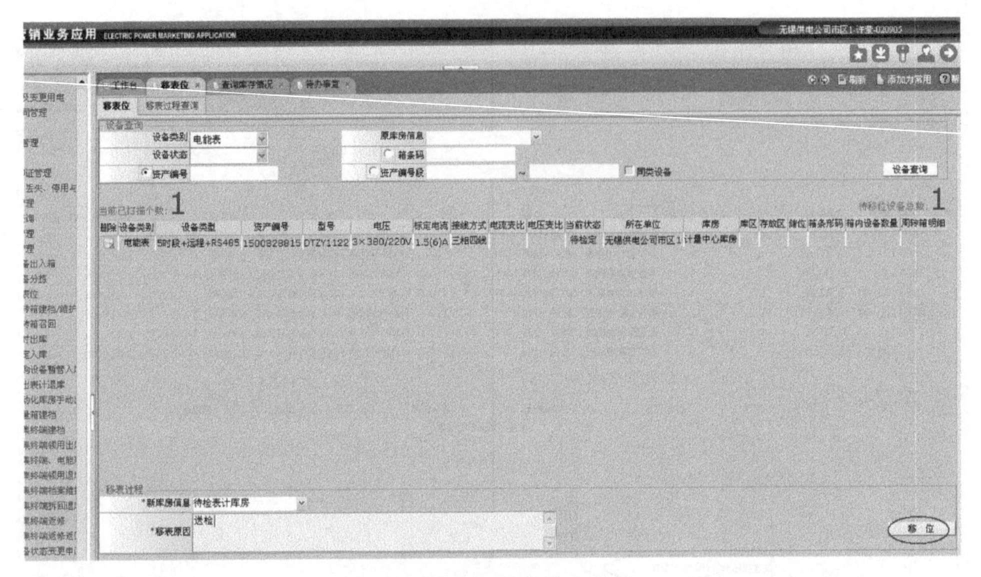

图 20–2–7 电能表移库送检

（5）计量器具检定。

检定人员检定时，可以通过计量器具条码从电力营销业务应用系统中将相关参数调入到检定装置，检定合格计量器具也可将检验数据通过计量条码上传电力营销业务系统保存，此时计量器具处以“合格在库”状态。图 20–2–8 为电能表检定时从电力营销业务系统下载电能表参数的界面。

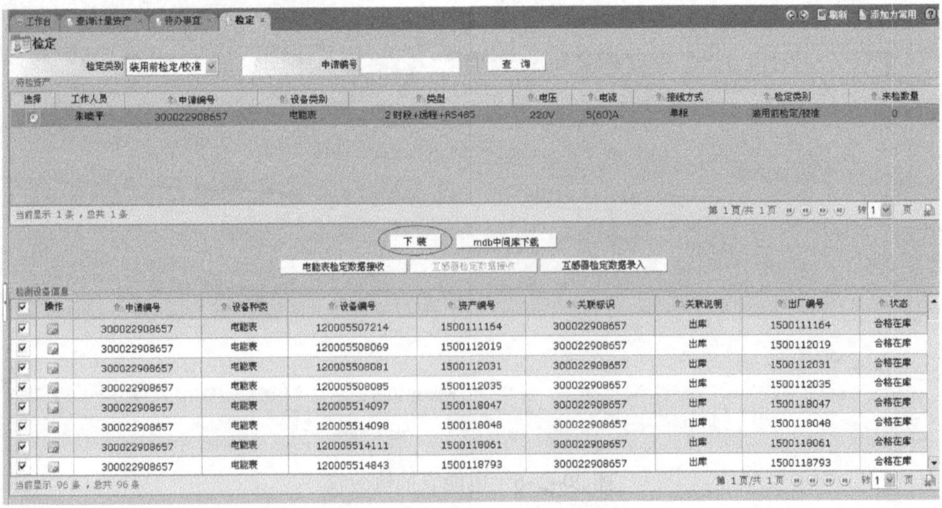

工作台 查询计量资产 待办事宜 检定

检定

检定类别 装用前检定/校准 申请编号 查询

待检资产

选择	工作人员	申请编号	设备类别	类型	电压	电流	接线方式	检定类别	未检数量
	朱晓平	300022908657	电能表	2 时段+远程+RS485	220V	5(60)A	单相	装用前检定/校准	0

当前显示 1 条，总共 1 条　第 1 页/共 1 页 转 1 页

下载　mdb中间库下载

电能表检定数据接收　互感器检定数据接收　互感器检定数据录入

检测设备信息

	操作	申请编号	设备种类	设备编号	资产编号	关联标识	关联说明	出厂编号	状态
☑		300022908657	电能表	120005507214	1500111164	300022908657	出库	1500111164	合格在库
☑		300022908657	电能表	120005508069	1500112019	300022908657	出库	1500112019	合格在库
☑		300022908657	电能表	120005508081	1500112031	300022908657	出库	1500112031	合格在库
☑		300022908657	电能表	120005508085	1500112035	300022908657	出库	1500112035	合格在库
☑		300022908657	电能表	120005514097	1500118047	300022908657	出库	1500118047	合格在库
☑		300022908657	电能表	120005514098	1500118048	300022908657	出库	1500118048	合格在库
☑		300022908657	电能表	120005514111	1500118061	300022908657	出库	1500118061	合格在库
☑		300022908657	电能表	120005514843	1500118793	300022908657	出库	1500118793	合格在库

当前显示 96 条，总共 96 条　第 1 页/共 1 页 转 1 页

图 20–2–8 电能表参数下载

（6）计量器具配送。

配送给下属单位计量器具时，可由资产管理员按整箱（箱体编有条形码，并建立箱表关系）扫描确定配送量并打印配送单，此时计量器具处以“配送在途”状态。下属单位根据配送单核对验收，可通过扫描条码建立库房和表箱（表）对应关系，此时计量器具处以“合格在库”状态。图 20–2–9 为电流互感器配送界面。

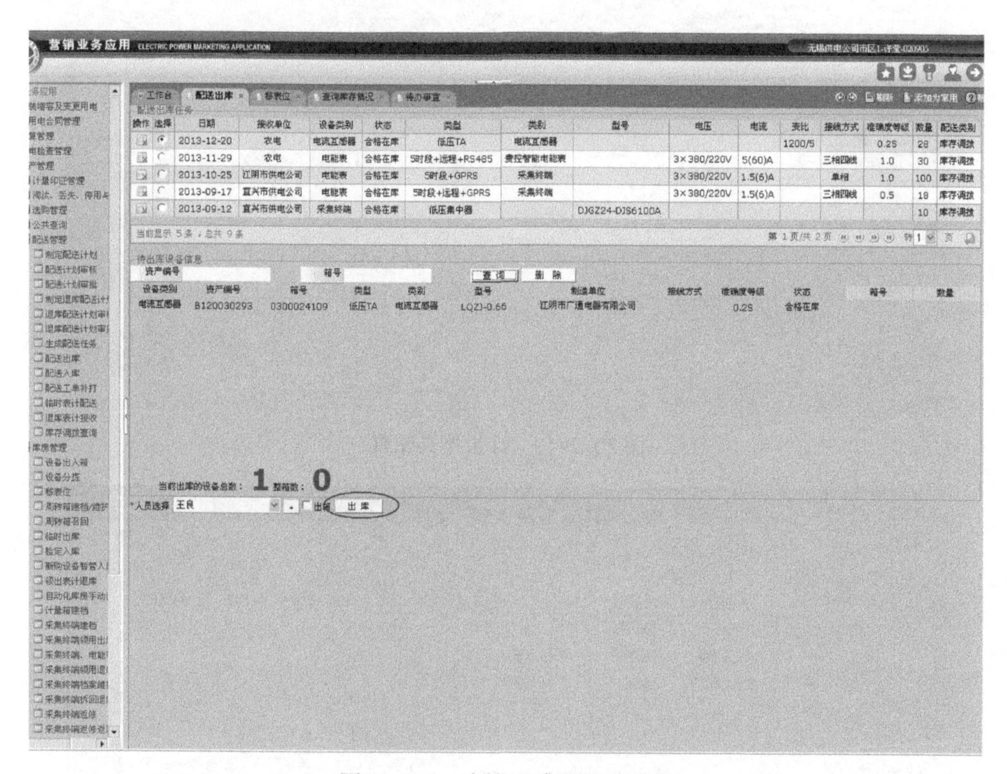

图 20–2–9　电流互感器配送界面

（7）配置计量器具。资产管理员根据业扩工单进行配表时，需仔细核对工单上要求的表计类型、类别、电压、电流、变比、精度、计量点，同时结合计量器具配置原则，配置符合要求的表计或互感器。配表完成后，表计处于“预配待领”状态。图 20–2–10 为计量器具配置界面。

（8）计量器具领用装表接电人员领用计量器具前，资产管理员需将已完成表计配置的工单进行“出库”，计量器具在系统内从“预配待领”状态自动转为“领出待装”状态。图 20–2–11 为电能表领用出库界面。

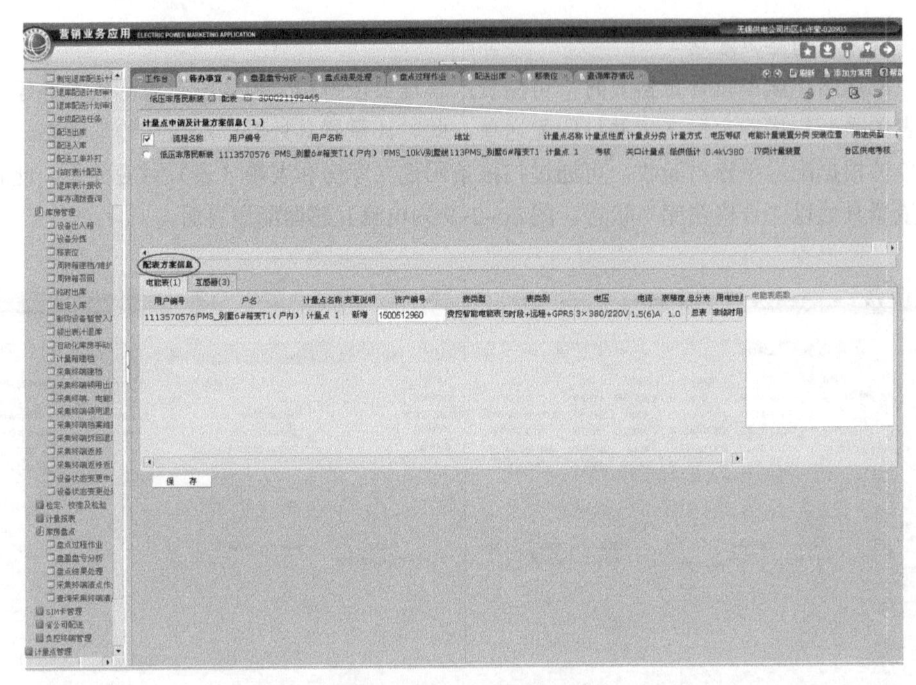

图 20–2–10 计量器具配置

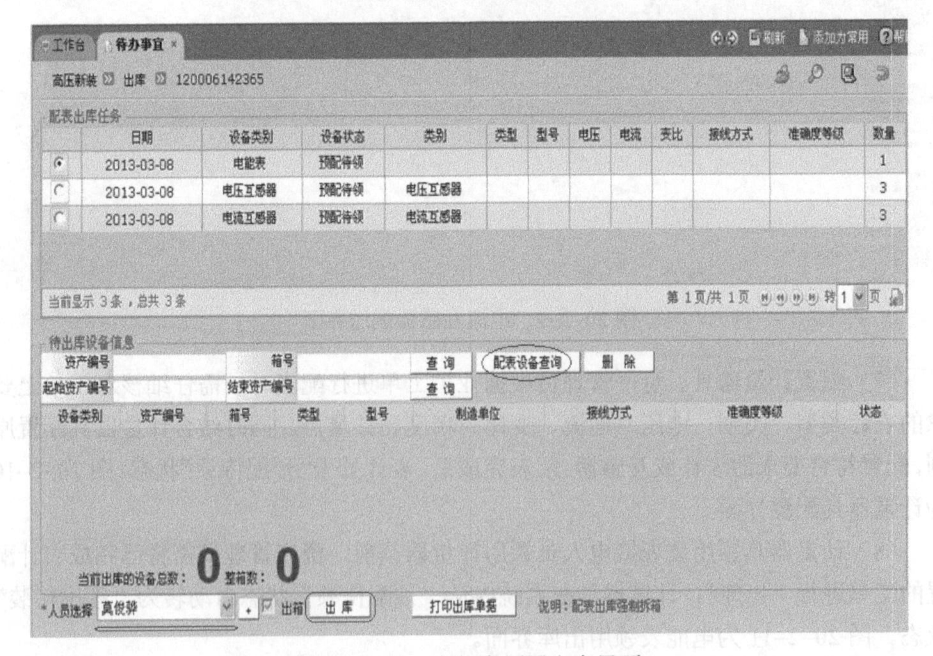

图 20–2–11 电能表领用出库界面

（9）计量器具安装。

装表接电人员根据工单表计配置信息将计量器具安装到现场，完成后，在营销系统的待办事项中选择对应的工单，进行“装拆信息录入”。此时，计量器具状态变为“运行”。图 20–2–12 为装表工单录入界面。

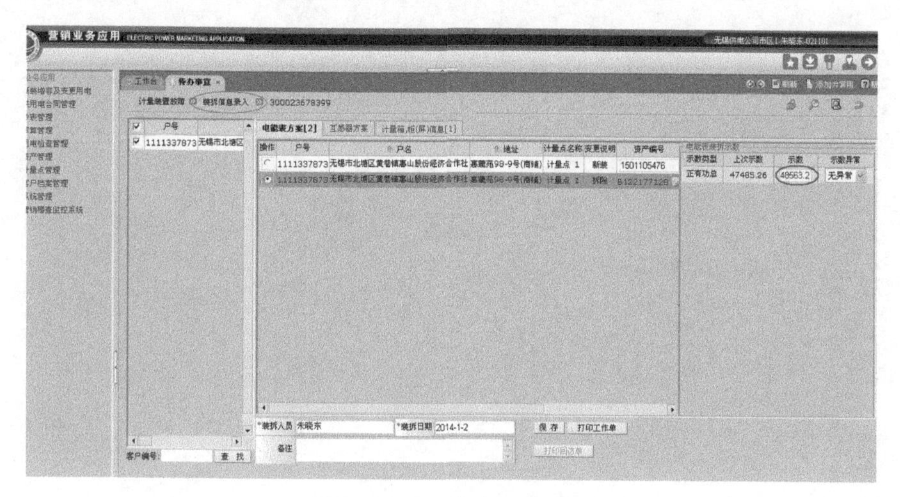

图 20–2–12　装表工单录入

（10）计量器具报废。

资产管理人员对符合报废要求的计量器具进行报废时，需在电力营销业务应用系统中“淘汰、丢失、停用与报废管理”模块中提起“报废申请”，申请完成后，计量器具处于“待报废”状态。资产管理专职对报废申请进行审批，处理后，计量器具状态变为“已报废”。图 20–2–13 为报废计量器具的申请界面。

（11）计量资产盘点。

对于电能表、互感器等计量资产的盘点工作，可以通过电力营销业务系统中的“库房盘点”模块完成。在“盘点作业过程”界面，选择需盘点的库房，生成盘点任务，之后，可以通过扫入周转箱号或资产编号的方式，录入盘点物资信息。通过“盘盈盘亏分析”及“盘点结果处理”两个模块，对非盘点中产生的“盘”和“亏”进行相应处理。图 20–2–14 为电能表盘点界面。

（12）计量资产查询。

电力营销业务系统中提供了很多关于通过条码查询计量资产功能，下面通过查询计量箱内电能表的例子来说明计量条码查询应用，其余如查询计量设备状态等可通过各单位电力营销系统来实现，在此不作一一介绍了。图 20–2–15 为计量箱条码查询计量箱中电能表情况的操作界面。

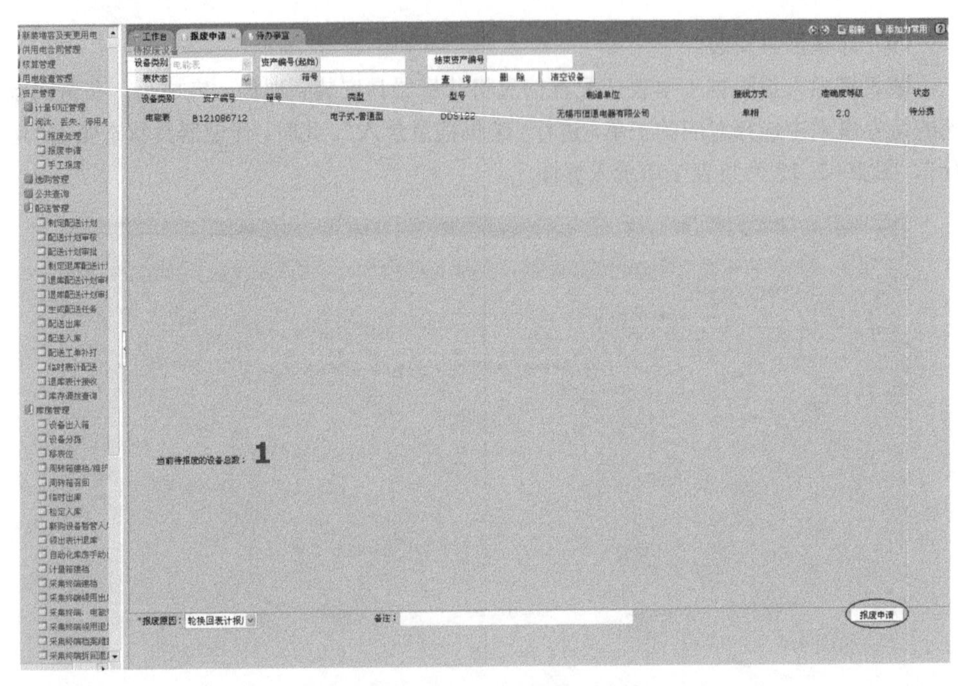

图 20–2–13 报废计量器具申请

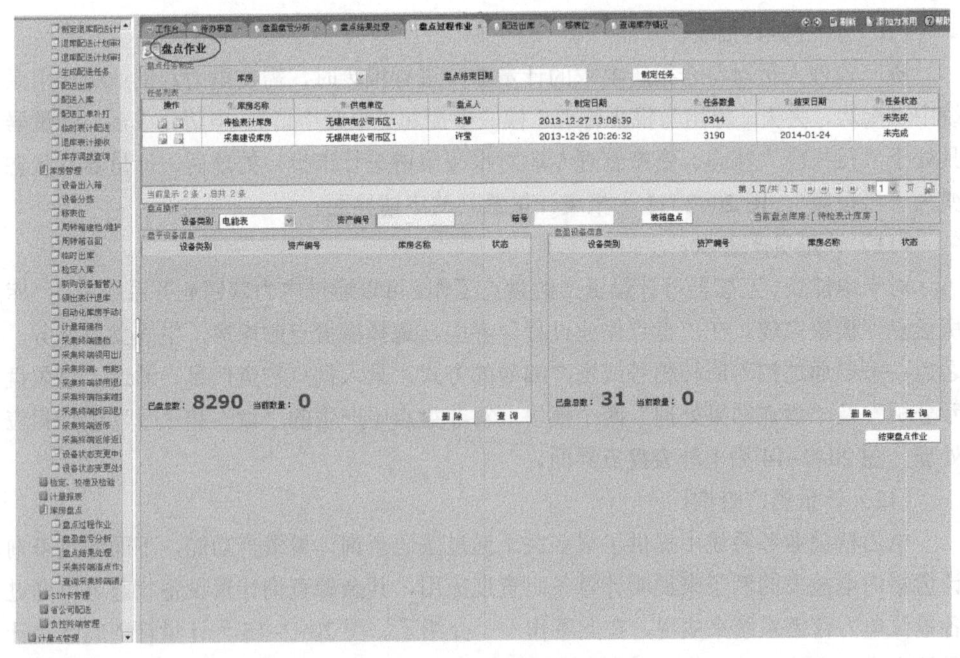

图 20–2–14 电能表盘点

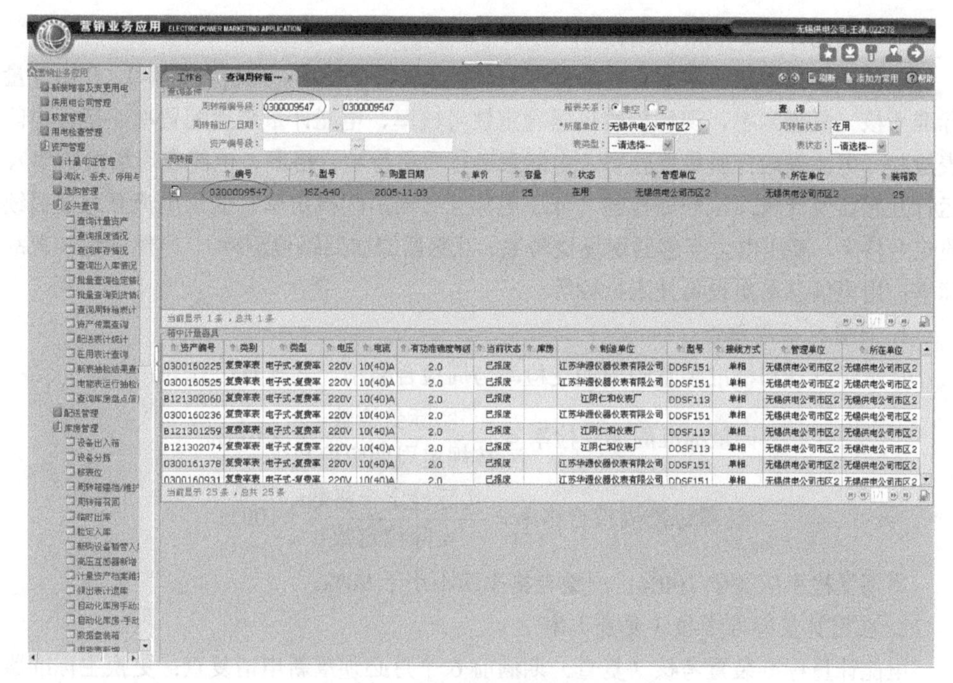

图 20-2-15 计量箱中电能表查询界面

【思考与练习】

1. 以本单位使用的智能电能表为例，说明其条码的构成含义。
2. 请说明条码“1130001000012345678X”的产品类别并确定验证码。
3. 请说明计量封印的条码和电压互感器条码有何不同。
4. 请说明计量箱的电子标签的组成。

模块 3 计量统计报表填报与分析（Z28D2003Ⅲ）

【模块描述】本模块包含电能计量专业统计报表的常用技术考核与统计指标等内容。通过概念描述、术语说明、列表示意、要点归纳、案例分析，掌握电能计量专业统计报表填表要求及分析方法。

【模块内容】

计量统计报表主要用来反映专业工作成效，使用最多的是固定格式的通用报表，日常工作中为了了解和管控工作过程，各级管理人员还根据需要设计各种专用报表。

通过对报表中数据进行分析判断，我们可以找出专业工作中存在的问题，从而制订有效措施，使计量专业管理在持续改进中得到提高。

一、电能计量专业常用指标

电能计量技术指标主要有计量标准溯源性（周期受检率、周检合格率）、在用计量标准考核（复查）率、现场校验仪器稳定性考核率、电能计量装置配置率、运行电能表检验（电能表运行质量检验率、电能表运行质量检验合格率、电能表现场检验率）、运行互感器及计量二次回路检验（低压电流互感器后续检定率、低压电流互感器后续检定合格率、高压电力互感器现场检验率、互感器二次回路检测率）、电能计量装置故障率；用电信息采集设备技术指标等。

1. 计量标准溯源性

计量标准器和标准装置的周期受检率与周检合格率，其计算公式为：

$$计量标准周期受检率=\frac{实际受检数}{按规定周期应检数}\times 100\%$$

$$计量标准周检合格率=\frac{实际检定合格数}{实际检定数}\times 100\%$$

周期受检率应等于100%；周检合格率应不小于98%。

2. 在用计量标准考核（复查）率

电能计量标准装置考核（复查）期满前6个月必须重新申请复查；更换主标准器后应按JJG 1033—2016《计量标准考核规范》的规定办理有关手续；环境条件变更时应重新考核。

在用电能计量标准装置考核（复查）率为100%。其计算公式为：

$$在用计量标准考核（复查）率=\frac{实际考核（复查）数}{规定的考核（复查）数}\times 100\%$$

3. 现场校验仪器稳定性考核率

电能计量技术机构每季度应对电能表、互感器现场校验仪器进行稳定性考核。考核方法参照JJF 1033—2016《计量标准考核规范》相关规定和相关检定规程进行。

电能表、互感器现场校验仪器进行稳定性考核率应为100%。其计算公式为：

$$现场检验仪器稳定性考核率=\frac{实际考核数}{规定的应考核数}\times 100\%$$

4. 电能计量装置配置率

电能计量装置配置率应满足GB 17167—2006《用能单位能源计量器具配备和管理通则》的规定。其中，贸易结算用电能计量装置的配置率应为100%，考核电力系统经济技术指标用电能计量装置的配置率应不低于95%。其计算公式为：

$$电能计量装置配置率=\frac{实际配置数}{规定的应配置数}\times 100\%$$

5. 运行电能表检验

运行电能表检验指标包括电能表运行质量检验率、电能表运行质量检验合格率、电能表现场检验率，其计算公式为：

$$电能表运行质量检验率=\frac{实际被检验数}{应拆回的总数}\times 100\%$$

$$电能表运行质量检验合格率=\frac{检验合格数}{实际被检验数}\times 100\%$$

$$电能表现场检验率=\frac{实际检验数}{应检验数}\times 100\%$$

Ⅰ类电能表宜每 6 个月现场检验一次；Ⅱ类电能表宜每 12 个月现场检验一次；Ⅲ类电能表宜每 24 个月现场检验一次。

电能表的运行质量检验率及合格率宜按Ⅰ～Ⅴ类分别统计，运行电能表的现场检验率应为 100%。

6. 运行互感器及计量二次回路检验

运行互感器及计量二次回路检验指标包括低压电流互感器后续检定率、低压电流互感器后续检定合格率、高压电力互感器现场检验率、互感器二次回路检测率，其计算公式为：

$$低压电流互感器后续检定率=\frac{实际检定数}{应检定数}\times 100\%$$

$$低压电流互感器后续检定合格率=\frac{检定合格数}{实际检定数}\times 100\%$$

$$高压互感器现场检验率=\frac{实际检验数}{应检验数}\times 100\%$$

$$互感器二次回路压降检测率=\frac{实际检测数}{应检测数}\times 100\%$$

电磁式电压、电流互感器的检定周期不得超过 10 年、电容式电压互感器的检定周期不得超过 4 年，对 35kV 及以上电压互感器二次回路电压降，至少每两年检验一次。

电压互感器二次回路电压降应不大于其额定二次电压的 0.2%，电压互感器二次回路电压降受检率应达 100%。

7. 电能计量装置故障率

电能计量装置故障率计算公式为：

$$电能计量装置故障率=\frac{实际发生的故障数}{运行电能表和互感器总数}\times 100\%$$

根据Q/GDW 1827—2013、Q/GDW 1364—2013的要求，智能电能表寿命保证期内的允许故障率第一年为0.2%，以后每年增加0.05%。

8. 用电采集设备技术指标

用电采集设备周期数据采集成功率指在采集系统日常运行设定的周期内（如1d）对采集点数据的采集成功率。数据采集成功率可根据不同终端数据信道进行细分。

（1）（远程）数据日均采集成功率。

远程信道分成光纤专网、无线公网、230M 无线专网和中压电力线载波，其日均采集成功率要求如下：

1）光纤专网≥99.9%；

2）无线公网≥99.8%；

3）230MHz无线专网≥99.5%；

4）中压电力线载波≥98%。

（2）（本地）数据日均采集成功率。

目前常用的本地信道主要有RS485总线、宽带电力线载波、窄带电力线载波、微功率无线，其日均采集成功率要求如下：

1）RS485总线≥99.9%；

2）宽带电力线载波≥98%；

3）窄带电力线载波≥98%；

4）微功率无线≥98%。

二、电能计量专业报表

电能计量专业统计报表是电能计量装置技术管理的基础资料和管理措施之一，DL/T 448—2016《电能计量装置技术管理规程》要求：电能计量技术机构对评价电能计量装置技术管理的各项要素和指标，以及各类计量点、计量资产至少每年统计一次，宜应用电能计量管理信息系统自动生成报表并上报其主管部门。具体统计与上报期限以及报表格式与内容，由电网企业、发电企业根据其管理需要自行规定。

根据电能计量管理的需要，目前国家电网公司在营销业务应用中建立了电力营销分析和辅助决策系统模块，设有电能计量专业统计报表三十张，其具体报表名称和上报日期见表20-3-1。

表20-3-1 计量业务统计报表汇总

计量表编号	报表名称	统计期
表一	计量机构及设施统计汇总表	年
表二	计量人员统计汇总表	年

续表

计量表编号	报表名称	统计期
表三	关口电能计量点信息统计汇总表	半年
表四	关口电能表信息统计汇总表	年
表五	关口计量用电流互感器信息统计汇总表	年
表六	关口计量用电压互感器信息统计汇总表	年
表七	关口计量用组合互感器信息统计汇总表	年
表八	关口电能计量装置现场检测统计表	半年
表九	用户电能计量点信息统计汇总表	半年
表十	用户电能表信息统计汇总表	年
表十一	用户计量用电流互感器信息统计汇总表	年
表十二	用户计量用电压互感器信息统计汇总表	年
表十三	用户计量用组合互感器信息统计汇总表	年
表十四	用户电能计量装置现场检测统计表	半年
表十五	电能计量故障差错统计表	季
表十六	电能计量设备周期轮换统计表	半年
表十七	电能计量装置配置合格率统计汇总表	年
表十八	用户用电信息采集情况统计表	半年
表十九	计量标准装置统计汇总表	年
表二十	电能计量标准设备汇总统计表	年
表二十一	电能表供前质量监督统计表	月
表二十二	电能表到货后抽样验收质量监督统计表	月
表二十三	电能表到货后全检验收质量监督统计表	月
表二十四	电能表运行故障统计表	月
表二十五	电能表故障类别统计表	月
表二十六	电能表运行抽检统计表	月
表二十七	电能表供货履约及安装应用情况统计表	月
表二十八	电能表到货批次统计表	月
表二十九	用电信息采集终端供货履约及安装应用情况统计表	月
表三十	用电采集终端故障类别统计表	月

每个专业报表要根据不同的要求填写，下面分别就《关口电能计量点信息统计汇总表》（计量表三）、《用户电能计量点信息统计汇总表》（计量表九）、《电能计量装置配置合格率统计汇总表》（计量表十七）填写时应注意的事项加以说明。

1.《关口电能计量点信息统计汇总表》（计量表三）填表要求

（1）关口分类按照《关于规范关口电能计量点统计口径的通知》（营销计量〔2006〕21号）文件执行。

（2）一个关口计量点有多种类别的按照“发电上网—跨国输电—跨区输电—跨省输电—省级供电—地市供电—趸售供电—内部考核”顺序统计一次。当计量点同时为考核关口和用户计量点时，在表20–3–1用户电能计量点信息统计汇总表（计量表九）统计。

（3）电压等级指计量点的电压等级。

（4）20kV计量点统计到10kV及以下计量点中。

2. 用户电能计量点信息统计汇总表（计量表九）填表要求

（1）同为考核关口和用户的计量点仅在此表中统计，计量表三中不进行统计。

（2）电压等级指计量点的电压等级。

（3）6、20kV计量点统计到10kV计量点中。

（4）高供低计指高压侧供电、低压侧计量。

（5）预付费中的“远程”指通过用电信息采集与管理系统实现远程预付费，“本地”指通过预付费电能表或本地控制器实现预付费。

（6）本报表只统计已安装电能计量装置的计量点。

（7）本报表“电压等级”“接线方式”“计量方式”三类合计数应相等。

3.《电能计量装置配置合格率统计汇总表》（计量表十七）填表要求

（1）总数和不合格数参照《关于规范电能计量装置配置合格率统计分析工作的通知》（营销计量〔2012〕27号）的判定方法统计。

（2）“关口计量点”考核关口参照结算关口进行统计。

（3）“关口计量点”中的“小计”栏不包含考核关口。

其他计量表填写略有不同，可根据国家电网公司相关要求填写。

三、电能计量报表分析案例

1. 五率技术指标分析

为了内部管理需要，某供电公司制定了“电能计量装置管理考核指标”专业统计分析报告，请根据2013年上半年度的统计数据表（见表20–3–2），分析其指标完成情况并提出改进建议。

表 20-3-2　　电能计量装置管理考核指标

填报单位：××供电公司　　　　2013 年度上半年

<table>
<tr><th rowspan="2">序号</th><th rowspan="2" colspan="3">考核项目</th><th rowspan="2">应检数
（只、台）</th><th colspan="2">周期受检（换）率</th><th colspan="2">周检合格率</th></tr>
<tr><th>实检数</th><th>受检率
（%）</th><th>周期合格数</th><th>合格率
（%）</th></tr>
<tr><td rowspan="5">1</td><td rowspan="5">电能表周期检定
（轮换）</td><td colspan="2">合计</td><td>31 487</td><td>29 715</td><td>94.37</td><td>—</td><td>—</td></tr>
<tr><td colspan="2">Ⅰ类电能表</td><td>124</td><td>124</td><td>100.00</td><td>—</td><td>—</td></tr>
<tr><td colspan="2">Ⅱ类电能表</td><td>269</td><td>269</td><td>100.00</td><td>—</td><td>—</td></tr>
<tr><td colspan="2">Ⅲ电能表</td><td>890</td><td>870</td><td>97.75</td><td>—</td><td>—</td></tr>
<tr><td colspan="2">Ⅳ类电能表</td><td>30 204</td><td>28 452</td><td>94.20</td><td>—</td><td>—</td></tr>
<tr><td rowspan="5">2</td><td rowspan="5">电能表修调前检验</td><td colspan="2">合计</td><td>429</td><td>429</td><td>100.00</td><td>420</td><td>97.90</td></tr>
<tr><td colspan="2">Ⅰ类电能表</td><td>12</td><td>12</td><td>100.00</td><td>12</td><td>100.00</td></tr>
<tr><td colspan="2">Ⅱ类电能表</td><td>26</td><td>26</td><td>100.00</td><td>25</td><td>96.15</td></tr>
<tr><td colspan="2">Ⅲ电能表</td><td>89</td><td>89</td><td>100.00</td><td>88</td><td>98.88</td></tr>
<tr><td colspan="2">Ⅳ类电能表</td><td>302</td><td>302</td><td>100.00</td><td>295</td><td>97.68</td></tr>
<tr><td rowspan="4">3</td><td rowspan="4">电能表现场校准</td><td colspan="2">合计</td><td>4814</td><td>4814</td><td>100.00</td><td>4802</td><td>99.75</td></tr>
<tr><td colspan="2">Ⅰ类电能表</td><td>1242</td><td>1242</td><td>100.00</td><td>1242</td><td>100.00</td></tr>
<tr><td colspan="2">Ⅱ类电能表</td><td>1345</td><td>1345</td><td>100.00</td><td>1338</td><td>99.48</td></tr>
<tr><td colspan="2">Ⅲ电能表</td><td>2227</td><td>2227</td><td>100.00</td><td>2222</td><td>99.78</td></tr>
<tr><td rowspan="2">4</td><td rowspan="2">高压互感器周期检定（首检、现检）</td><td colspan="2">TV 检定</td><td>1230</td><td>1230</td><td>100.00</td><td>1229</td><td>99.92</td></tr>
<tr><td colspan="2">TA 检定</td><td>3366</td><td>3366</td><td>100.00</td><td>3363</td><td>99.91</td></tr>
<tr><td rowspan="2">5</td><td rowspan="2">35kV 及以上 TV 二次压降检验</td><td colspan="2">系统</td><td>346</td><td>346</td><td>100.00</td><td>291</td><td>84.10</td></tr>
<tr><td colspan="2">用户</td><td>2136</td><td>2136</td><td>100.00</td><td>2001</td><td>93.68</td></tr>
<tr><td rowspan="2">6</td><td rowspan="2">标准装置主标准器周期检定</td><td colspan="2">电能表</td><td>64</td><td>64</td><td>100.00</td><td>64</td><td>100.00</td></tr>
<tr><td colspan="2">互感器</td><td>12</td><td>12</td><td>100.00</td><td>12</td><td>100.00</td></tr>
<tr><td rowspan="2">7</td><td rowspan="2">现场校验用标准器具周期检定</td><td colspan="2">电能表</td><td>36</td><td>36</td><td>100.00</td><td>35</td><td>97.22</td></tr>
<tr><td colspan="2">互感器</td><td>11</td><td>11</td><td>100.00</td><td>11</td><td>100.00</td></tr>
<tr><td>8</td><td colspan="3">在用电能计量标准装置考核（复查）率</td><td>32</td><td>32</td><td>100.00</td><td>32</td><td>100.00</td></tr>
<tr><td>9</td><td colspan="2">电能计量故障差错率</td><td>0.51</td><td>9.1</td><td colspan="2">故障差错电量
（万 kWh）</td><td colspan="2">1.23</td></tr>
<tr><td rowspan="2">9.2</td><td rowspan="2" colspan="2">故障差错次数</td><td>计量原因</td><td colspan="3">9642</td><td rowspan="3" colspan="2">备注</td></tr>
<tr><td>其他原因</td><td colspan="3">2030</td></tr>
<tr><td>9.2.1</td><td colspan="2">互感器变比差错</td><td>0</td><td>9.2.8</td><td>接线差错</td><td>12</td></tr>
</table>

续表

序号	考核项目		应检数（只、台）	周期受检（换）率		周检合格率	
				实检数	受检率（%）	周期合格数	合格率（%）
9.2.2	高压 TA 匝间短路	121	9.2.9	倍率差错	0		
9.2.3	电能表电气、机械故障	4560	9.2.10	TA 开路	21		
9.2.4	多功能电能表电池故障	2356	9.2.11	TV 断熔丝	323		
9.2.5	多功能编程错误	0	9.2.12	雷击烧表	37	备注	
9.2.6	表脉冲采样故障	2345	9.2.13	过负荷烧表	1347		
9.2.7	表通信功能故障	248	9.2.14	过负荷烧 TA	302		
9.3	TV 二次压降追补电量（万 kWh）		0				

单位主管：×××× 审核：×××× 制表：×××× 填报日期：2013 年 7 月 2 日

（1）分析：

各类电能计量标准装置在有效期内且全部合格，保证了量值传递准确可靠。现场检验用电能表由于携带使用，合格率 97.22%。

轮换率达不到考核要求，主要是Ⅲ、Ⅳ类电能计量装置的电能表轮换率相对较低。

电能表现场检验、高压互感器现场检验、互感器二次负荷检测和电压互感器二次回路压降检测工作按时完成。

通过对拆回电能表检测和现场检验合格率统计可以看出，现场运行电能表基本可控，Ⅱ、Ⅲ、Ⅳ类电能计量装置的电能表运行质量相对Ⅰ类稍差。

电能计量装置故障率 0.51%，主要是：电能表电气、机械故障、多功能电能表电池故障、表脉冲采样故障、过负荷烧表、过负荷烧 TA。按此测算，全年指标估计达不到考核要求。

（2）建议：

1）从运输、正确使用着手，加强对携带型电能表现场检验设备管理。

2）结合现场检验工作中发现的不合格电能表，加大轮换工作力度，确保全年轮换率 100%。

3）加强计量器具验收，控制检定和安装质量，结合现场工作核查多功能电能表电池使用时间、加强对用户负荷监控等，提高现场检验合格率，降低电能计量装置故障率。

2.【案例 20–3–2】接线方式配置合格率分析

表 20–3–3 为某供电公司 2013 年度《关口电能计量点信息统计汇总表》（计量表三）、《用户电能计量点信息统计汇总表》（计量表九）和《电能计量装置配置合格率统计汇总表》（计量表十七），请分析报表数据、核查其接线方式和配置合格率指标完成情况。

表 20-3-3　　关口电能计量点信息统计汇总表（计量表三）

填报单位：××供电公司　　2013 年　　单位：个

关口分类		计量分类				电压等级									接线方式	
		Ⅰ类	Ⅱ类	Ⅲ类	Ⅳ类	750kV 及以上	500kV	330kV	220kV	110kV	66kV	35kV	10kV	380V	三相三线	三相四线
合计	结算	10	97	0	0	0	0	0	10	40	0	44	12	1	56	51
	考核	200	0	14 897	17 048	0	7	0	824	1344	0	347	12 215	17 408	14 295	17 850
	小计	210	97	14 897	17 048	0	7	0	834	1384	0	391	12 227	17 409	14 351	17 901
发电上网	结算	0	97	0	0	0	0	0	0	40	0	44	12	1	56	41
	考核	0	0	0	0	0	0	0	0	0	0	0	0	0	0	0
	小计	0	97	0	0	0	0	0	0	40	0	44	12	1	56	41
跨国输电	结算	0	0	0	0	0	0	0	0	0	0	0	0	0	0	0
	考核	0	0	0	0	0	0	0	0	0	0	0	0	0	0	0
	小计	0	0	0	0	0	0	0	0	0	0	0	0	0	0	0
跨区输电	结算	0	0	0	0	0	0	0	0	0	0	0	0	0	0	0
	考核	0	0	0	0	0	0	0	0	0	0	0	0	0	0	0
	小计	0	0	0	0	0	0	0	0	0	0	0	0	0	0	0
跨省输电	结算	0	0	0	0	0	0	0	0	0	0	0	0	0	0	0
	考核	0	0	0	0	0	0	0	0	0	0	0	0	0	0	0
	小计	0	0	0	0	0	0	0	0	0	0	0	0	0	0	0
省级供电	结算	10	0	0	0	0	0	0	10	0	0	0	0	0	0	10
	考核	200	0	0	0	0	0	0	0	100	0	95	5	0	115	85
	小计	210	0	0	0	0	0	0	10	100	0	95	5	0	100	110

续表

关口分类		计量分类				电压等级									接线方式	
		Ⅰ类	Ⅱ类	Ⅲ类	Ⅳ类	750kV及以上	500kV	330kV	220kV	110kV	66kV	35kV	10kV	380V	三相三线	三相四线
地市供电	结算	0	0	0	0	0	0	0	0	0	0	0	0	0	0	0
	考核	0	0	0	0	0	0	0	0	0	0	0	0	0	0	0
	小计	0	0	0	0	0	0	0	0	0	0	0	0	0	0	0
趸售供电		0	0	0	0	0	0	0	0	0	0	0	0	0	0	0
内部考核		0	0	14 897	17 048	0	7	0	824	1244	0	252	12 210	17 408	14 180	17 765

表 20-3-4　用户电能计量点信息统计汇总表（计量表九）

用户计量点分类		电压等级							接线方式			计量方式			功能类别				
		220kV及以上	110kV	66kV	35kV	10kV	380V	220V	三相三线	三相四线	单相	高供高计	高供低计	低压供电	分时计量	无功计量	谐波计量	预付费	
																		远程	本地
大工业	Ⅰ类	17	79	0	125	4	0	0	145	80	0	225	0	0	225	225	41	0	207
	Ⅱ类	0	12	0	138	1044	0	0	1182	12	0	1194	0	0	1194	1194	0	0	1194
	Ⅲ类	0	0	0	102	26 149	0	0	17 971	8280	0	18 019	8231	1	26 250	26 250	0	0	5915
	Ⅳ类	0	0	0	2	139	0	0	1	140	0	6	135	0	141	141	0	0	0
	Ⅴ类	0	0	0	0	0	0	0	0	0	0	0	0	0	0	0	0	0	0
非普工业	Ⅰ类	0	260	0	337	0	0	0	397	260	0	597	0	0	597	597	35	0	502
	Ⅱ类	0	0	0	252	2485	2	0	2734	5	0	2693	44	2	2737	2737	0	0	4626
	Ⅲ类	0	0	0	16	6234	249	0	5661	838	0	5719	531	249	6250	6250	0	0	7616
	Ⅳ类	0	0	0	213	6695	69 515	0	6236	70 187	0	274	3582	72 567	3856	3856	0	0	40 289
	Ⅴ类	0	0	0	0	0	0	2042	0	0	2042	0	0	2042	0	0	0	0	0

续表

用户计量点分类		电压等级							接线方式			计量方式			功能类别				
		220kV 及以上	110kV	66kV	35kV	10kV	380V	220V	三相三线	三相四线	单相	高供高计	高供低计	低压供电	分时计量	无功计量	谐波计量	预付费	
																		远程	本地
农业生产	Ⅰ类	0	0	0	0	0	0	0	0	0	0	0	0	0	0	0	0	0	0
	Ⅱ类	0	0	0	0	1	0	0	1	0	0	1	0	0	0	1	0	0	0
	Ⅲ类	0	0	0	0	121	3	0	77	47	0	77	44	3	0	121	0	0	1345
	Ⅳ类	0	0	0	0	139	25 999	1568	1	27 699	6	1	138	27 567	0	138	0	0	0
	Ⅴ类	0	0	0	0	0	0	4543	0	0	4543	0	1	4542	0	1	0	0	0
商业	Ⅰ类	0	0	0	127 565	127 565	0	0	34	0	0	34	0	0	34	0	0	0	31
	Ⅱ类	0	0	0	118 209	118 209	0	0	1277	76	0	1354	0	0	1354	0	0	0	446
	Ⅲ类	0	0	0	83 694	83 694	62	0	1651	415	0	1667	337	62	2004	0	0	0	5235
	Ⅳ类	0	0	0	0	1212	21 809	0	180	22 841	0	180	32	21 809	193	0	0	0	17 345
	Ⅴ类	0	0	0	2603	2603	0	57 273	0	0	57 273	0	0	57 273	0	0	0	0	0
非居民	Ⅰ类	0	0	0	34 719	34 719	0	0	0	0	0	0	0	0	0	0	0	0	0
	Ⅱ类	0	0	0	41	41	0	0	1253	2	0	1055	200	0	0	0	0	0	0
	Ⅲ类	0	5	0	0	2827	124	0	2385	571	0	2417	415	124	0	0	0	0	0
	Ⅳ类	0	2	0	33	1704	14 990	2330	1850	14 879	2330	740	1000	17 319	0	0	0	0	1577
	Ⅴ类	0	0	0	0	0	0	16 976	0	0	16 976	0	0	16 976	0	0	0	0	0

续表

用户计量点分类		电压等级							接线方式			计量方式			功能类别				
		220kV及以上	110kV	66kV	35kV	10kV	380V	220V	三相三线	三相四线	单相	高供高计	高供低计	低压供电	分时计量	无功计量	谐波计量	预付费	
																		远程	本地
居民	Ⅰ类	0	0	0	0	0	0	0	0	0	0	0	0	0	0	0	0	0	0
	Ⅱ类	0	1	0	0	0	0	0	0	0	0	0	0	0	0	0	0	0	0
	Ⅲ类	0	0	0	0	0	0	0	0	0	0	0	0	0	0	0	0	0	0
	Ⅳ类	0	1	0	0	0	2603	0	0	2603	0	0	0	2603	0	0	0	0	0
	Ⅴ类	0	0	0	0	0	0	1 989 822	0	0	1 989 822	0	0	1 989 822	892 426	0	0	0	0
其他	Ⅰ类	0	0	0	0	0	0	0	0	0	0	0	0	0	0	0	0	0	0
	Ⅱ类	0	0	0	0	0	0	0	0	0	0	0	0	0	0	0	0	0	0
	Ⅲ类	0	0	0	0	0	0	0	0	0	0	0	0	0	0	0	0	0	0
	Ⅳ类	0	0	0	0	0	0	0	0	0	0	0	0	0	0	0	0	0	0
	Ⅴ类	0	0	0	0	0	0	0	0	0	0	0	0	0	0	0	0	0	0
合计	Ⅰ类	17	339	0	162 746	162 288	0	0	576	340	0	856	0	0	856	822	76	0	740
	Ⅱ类	0	13	0	118 640	121 780	2	0	6447	95	0	6297	244	2	5285	3932	0	0	6266
	Ⅲ类	0	5	0	83 812	119 025	438	0	27 745	10 151	0	27 899	9558	439	34 504	32 621	0	0	20 111
	Ⅳ类	0	3	0	248	9889	134 916	3898	8268	138 349	2336	1201	4887	141 865	4190	4135	0	0	59 211
	Ⅴ类	0	0	0	2603	2603	0	2 070 656	0	0	2 070 656	0	1	2 070 655	892 426	1	0	0	0
	小计	17	360	0	368 049	415 585	135 356	2 074 554	43 036	148 935	2 072 992	36 253	14 690	2 212 961	937 261	41 511	76	0	86 328

填报单位：××供电公司　　填报范围：直供直管　　2013 年　　单位：个

表 20–3–5　　电能计量装置配置合格率统计汇总表（计量表十七）

填报单位：××供电公司　　2013 年　　单位：个、只、台、条、%

计量点类别			计量点总数（N_1）	电能表总数（N_2）	互感器总数（N_3）	二次回路总数（N_4）	接线方式不合格计量点数（Q_1）	电能表配置不合格的计量点数（Q_2）	电能表等级配置不合格数（Q_2'）	互感器配置不合格数（Q_3）	二次回路配置不合格数（Q_4）	装置配置合格率（P）	接线方式合格率（P_1）	电能表配置合格率（P_2）	互感器配置合格率（P_3）	二次回路配置合格率（P_4）
关口计量点	发电上网	结算	97	97	470	470	470	0	0	0	0	100	100	100	100	100
		考核	0	0	0	0	0	0	0	0	0	100	100	100	100	100
	跨国输电	结算	0	0	0	0	0	0	0	0	0	100	100	100	100	100
		考核	0	0	0	0	0	0	0	0	0	100	100	100	100	100
	跨区输电	结算	0	0	0	0	0	0	0	0	0	100	100	100	100	100
		考核	0	0	0	0	0	0	0	0	0	100	100	100	100	100
	跨省输电	结算	0	0	0	0	0	0	0	0	0	100	100	100	100	100
		考核	0	0	0	0	0	0	0	0	0	100	100	100	100	100
	省级供电	结算	10	10	60	60	0	0	0	0	0	100	100	100	100	100
		考核	200	200	720	720	0	0	0	0	0	100	100	100	100	100
	地市供电	结算	0	0	0	0	0	0	0	0	0	100	100	100	100	100
		考核	0	0	0	0	0	0	0	0	0	100	100	100	100	100
	趸售供电		0	0	0	0	0	0	0	0	0	100	100	100	100	100
	内部考核		31 945	31 945	108 338	108 338	0	0	0	0	0	100	100	100	100	100
	小计		32 252	32 252	109 588	109 588	470	0	0	0	0	100	100	100	100	100

续表

计量点类别		计量点总数（N_1）	电能表总数（N_2）	互感器总数（N_3）	二次回路总数（N_4）	接线方式不合格计量点数（Q_1）	电能表配置不合格的计量点数（Q_2）	电能表等级配置不合格数（Q_2'）	互感器配置不合格数（Q_3）	二次回路配置不合格数（Q_4）	装置配置合格率（P）	接线方式合格率（P_1）	电能表配置合格率（P_2）	互感器配置合格率（P_3）	二次回路配置合格率（P_4）
用户计量点	大工业	27 811	27 811	127 597	127 597	0	0	0	0	0	100	100	100	100	100
	非普工业	88 300	88 300	117 963	117 963	0	0	0	0	0	100	100	100	100	100
	农业生产	32 374	32 374	83 694	83 694	0	0	0	0	0	100	100	100	100	100
	商业	813 282	813 282	37 815	37 815	0	0	0	0	0	100	100	100	100	100
	居民	1 992 427	1 992 427	0	0	0	0	0	0	0	100	100	100	100	100
	非居民	108 511	108 511	34 719	34 719	0	0	0	0	0	100	100	100	100	100
	其他	0	0	0	0	0	0	0	0	0	100	100	100	100	100
	小计	3 062 705	3 062 705	401 788	401 788	0	0	0	0	0	100	100	100	100	100
合计		3 094 957	3 094 957	511 376	511 376	470	0	0	0	0	100	100	100	100	100

分析：

（1）从表 20–3–3 中可以得到如下信息：

1）每一行的“计量分类”中Ⅰ～Ⅳ电能计量点总数、按“电压等级”分类的电能计量点总数和按“接线方式”分类的电能计量点总数应相同。

2）根据 DL/T 448—2016《电能计量装置技术管理规范》要求，110kV 及以上电能计量装置宜采用三相四线方式，因此三相四线电能计量电应不少于接线方式中 380V、110kV 和 220kV 电能计量点总数。

3）本地区无 20kV 电能计量点，35kV 计量点都采用三相三线计量方式。

（2）从报表中数据，可以做出如下判断：

1）表 20–3–3“省级供电考核关口”有 200 个计量点，110kV 及以上电能计量装置有 100 个，因此至少有 100 个三相四线电能计量点，而表格中“接线方式计量点”统计数字 85 个，根据分析有 15 个计量点接线方式不符合要求。

2）表 20–3–3 内部考核中，按电压等级分类至少有 17 408+824+1244=19 476 个三相四线计量点，而“三相四线计量点”统计为 17 765 个，因此至少有 1711 个计量点不符合要求。

3）表 20–3–4 中，大工业Ⅰ类计量点按“电压等级”分类三相四线接线为 95 个，而表格中“接线方式计量点”统计数字 80 个，至少有 15 个计量点不符合要求。

4）从上面分析可知，接线方式配置合格率=［（1–（15+1711+15）］/3 094 957×100%=99.94%。

表 20–3–5 中接线方式配置合格率统计不正确。

3.【案例 20–3–3】

图 20–3–1 为某供电公司用电信息采集系统负控终端下的电能表时钟偏差统计截图，截图中时钟值异常指电能表与终端差超限 1 年及以上，时钟复位或者乱码；无时钟值指 F27 电能表时间为空（2000–1–1），多数为电能表无时钟功能。

（1）根据图 20–3–1 设计一张报表，说明表格中“行”和“列”设计思想，分析各个单位（市区 1～4）负控终端下的电能表时钟偏差分布情况，并设计一个指标反映各单位电能表时钟偏差超差情况。

（2）根据设计的表格和掌握的专业知识，说明解决运行现场电能表产生的时钟偏差问题处理方法，并说明如何从设计的表格统计中反映各个单位工作成效。

设计的表格见表 20–3–6，说明如下：

1）表格中列为单位，单位由市区 1～4 组成，同时加上合计，以反映“整个单位”情况，并方便市区 1～4 之间各个单位了解自己和“整个单位”情况。

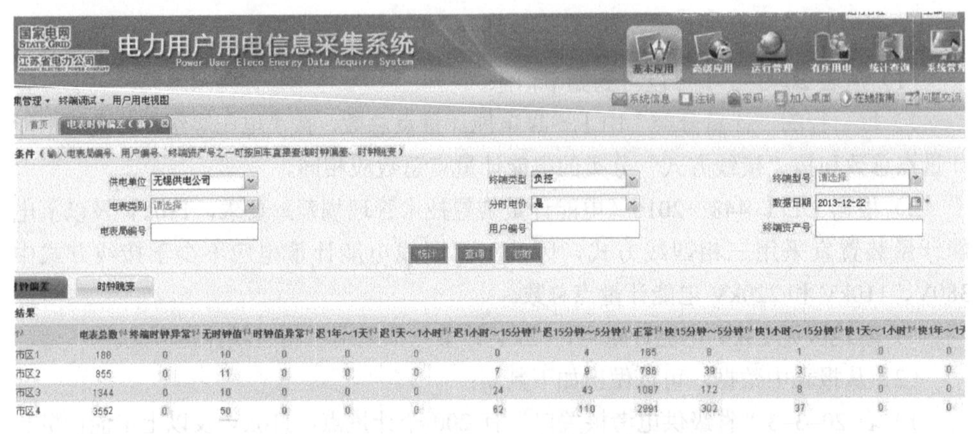

图 20–3–1 用电信息采集系统负控终端下的电能表时钟偏差统计截图

2）行设计将电能表时钟偏差按照无时钟、5～15min、15～60min、1h～1d、1d～1y 和时钟异常来展示时钟偏差分布情况，同时考虑到表格长度及实际工作中“正负”偏差对电能表的影响，将出现“正”和“负”时钟偏差段相同的电能表合并。

3）设计了电能表时钟合格率指标，定义为电能表时钟异常数在运行电能表中的比率，其中电能表异常数等于无时钟、5～15min、15～60min、1h～1d、1d～1y 和时钟异常之和。从表 20–3–6 中可以看出：市区 4 运行电能表最多，异常电能表数量最多，而且其电能表时钟合格率低于“整个单位”。

4）国网技术标准对于时钟不超过 5min 的电能表允许进行对时，因此从工作效率来说，应充分利用用电信息采集系统进行运程对时，对于“无时钟”和“时钟异常”电能表现场核查，根据情况进行现场换表或对时处理。

5）通过统计不同起始时间点的表 20–3–6“电能表时钟异常数”，就能了解各单位在统计时间段内的工作成效，一般情况下统计时间段应固定，如周、月等。

表 20–3–6　负控终端下电能表时钟偏差统计表

单位	电能表总数	电能表时钟异常数	无时钟电能表时钟超差分布						电能表时钟合格率
			无时钟	5～15min	15～60min	1h～1d	1d～1y	时钟异常	
合计	5939	839	81	687	142	0	0	0	14.13%
市区 1	188	23	10	12	1	0	0	0	12.23%
市区 2	855	58	11	48	10	0	0	0	6.78%
市区 3	1344	247	10	215	32	0	0	0	18.38%
市区 4	3552	511	50	412	99	0	0	0	14.39%

【思考与练习】

1. 电能计量装置管理技术指标有哪些？有何要求？

2. 以本单位的某季电能计量装置管理考核指标的报表为例进行五率完成情况分析。

3. 以本单位的某年电能计量装置管理考核指标的报表为例进行计量检定人员及检测设备配备分析。

4. 根据电力营销分析和辅助决策系统报表分析电能计量装置配置合格率。

5. 根据正在开展的工作，从营销业务系统或用电信息采集系统中提取数据，设计统计报表。

模块4　用电信息采集及终端应用（Z28D2004Ⅲ）

【模块描述】本模块包含用电信息采集与监控系统构成和功能、现场采集和监控终端的分类、系统应用等内容。通过概念描述、术语说明、图解示意、要点归纳，了解用电信息采集与监控系统，掌握通过系统召测现场运行中电能计量装置异常情况的方法。

【模块内容】

一、用电信息采集与监控系统概述

本节介绍用电信息采集与监控系统的基本知识。通过学习，掌握用电信息采集与监控系统的概念、功能组成及在电力营销服务工作的重要作用。

1. 用电信息采集与监控系统的概念

用电信息采集与监控系统是以计算机应用技术、现代通信技术、电力自动化控制技术为基础的用电信息采集、处理和实时监控系统。系统能对用户或某个区域电力、电能等用电状况进行监测、控制，并对采集数据进行分析，加以应用。

无线用电信息采集与监控系统是一种集中控制系统，由一个主站和几百至几千台远方终端组成，系统终端数量多、分布广，又直接管理用户的用电设备，尽管实时信息量并不大，但对系统的实时性、可靠性要求较高，同时又要维护简便。

由于环境、经济发展情况等因素的影响，用电信息采集与监控系统的组成有以下几种形式。

（1）基本系统。

一个管理中心和若干个终端组成一个基本的无线用电信息采集与监控系统，一般采用一组用电信息采集与监控专用双工频点，按照国家无线电管理委员会规定，主站的无线电台采用高发低收方式。基本系统仅适用于平原地带、控制范围不大、终端数量较少的区域。

（2）多频点系统。

当系统终端的数量很多，如果仅用一对双工频率，由于巡测时间长，影响了系统的实时性。为此，大多采用由多个专用双工/单工频点组成的多频点系统。将终端较均匀的分散到各个频点下，使每个频点所监控的终端减少至较合理的数量，在数据采集时，通过各个频点的同时巡测，使系统的巡测时间缩短，实时性提高。

（3）具有中继站的系统。

在某些地区，由于管理区域较大，或受地形条件限制，需增设中继站，才能满足覆盖范围的要求。有些地区，仅依靠一级中继站还不能满足系统的要求，需建立二级中继站以延伸监控范围。

少量的终端与主站直接通信有困难，则可采用终端转发技术，对于无线通信条件极差的个别点还可采用 GPRS 公网或有线等通信方式。

中继站的站址选择要合适。主站至中继站的通信可采用多种方式，但要求稳定、可靠，目前较多采用光纤通道。中继站设置的数量视各地区的具体情况而定。

（4）多分中心系统。

有些地方采用分级管理模式，地区级与县（市）级分别建设系统主站，管理各自管辖区域的用户终端，同时地（市）级主站也可以通过通信通道，直接监测或管理所辖县（市）级主站下的用户终端，系统相互间可以进行数据交换。通信通道可以采用微波、光纤、电话线以及负控专用无线频率等多种方式。

2. 省级用电信息采集与监控系统简介

（1）前期系统结构，采用分布式部署。

省级用电信息采集与监控系统建成后较长时期采用省、市、县三级结构的一体化系统（分布式部署），在全省各地市公司分别部署一套主站系统，独立管理本地区范围内的现场终端和采集数据，实现本地区信息采集、数据存储和业务应用。省级公司定时从各地市抽取相关的数据，对全省各地市及下属县（市）用电信息采集与监控数据进行综合、统计和分析，完成省级公司的汇总统计和全省应用，实现信息的统一和共享。

分布式部署系统，简称为分布采集、汇总应用。其系统网络结构如图 20–4–1 所示。

（2）目前系统结构，采用集中式部署。

2011 年以后，按照国家电网公司要求省级各系统分阶段均改为集中式部署，各省、直辖市仅部署一套主站系统，一个统一的通信接入平台，直接采集所属范围内的所有现场终端和表计，集中处理信息采集、数据存储和业务应用。下属的地市公司不设立单独的主站，用户统一登录到省级公司主站，根据各自权限访问数据和执行本地区范围内的运行管理职能。因此简称为集中采集，分布应用。其系统网络结构如图 20–4–2 所示。

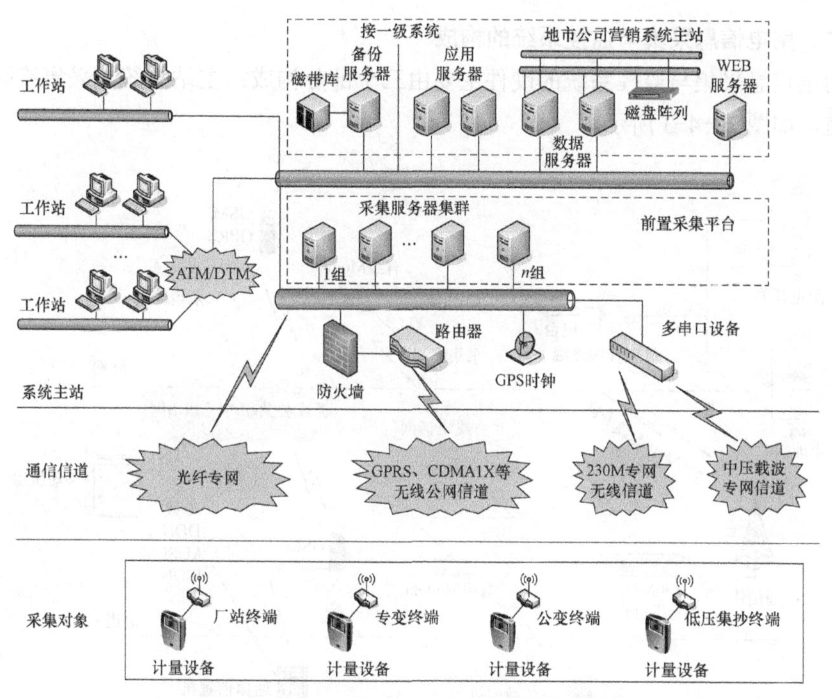

图 20–4–1　分布采集系统网络结构拓扑图

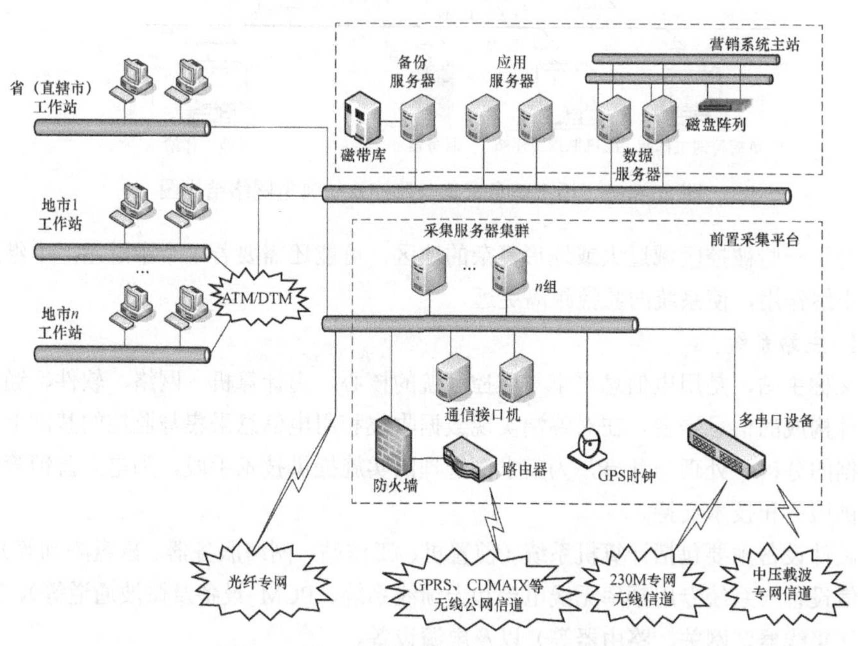

图 20–4–2　集中采集系统网络结构拓扑图

二、用电信息采集与监控系统的构成

用电信息采集与监控系统的硬件主要由三个部分构成：主站系统、采集终端、通信信道，如图 20-4-3 所示。

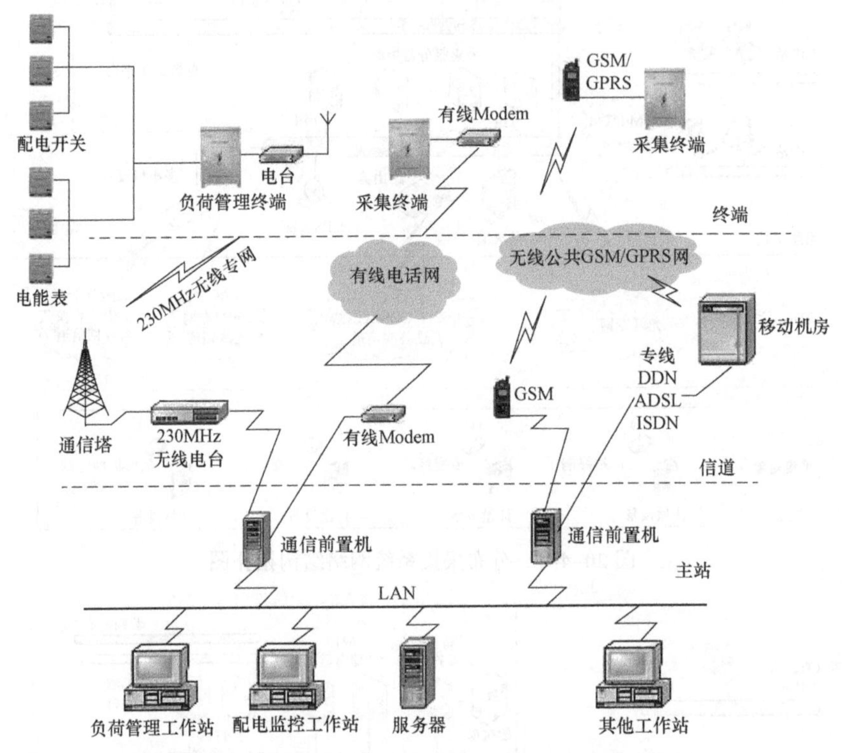

图 20-4-3 用电信息采集与监控系统典型网络结构图

对于一些被控区域过大或地形复杂的地区，可能还需要若干个中继站，中继站起信号中继作用，使系统的监控距离更远。

1. 主站系统

又称主站，是用电信息采集与监控系统的核心，由计算机、网络、软件、通信等软硬件构成的信息平台。在对终端实现数据收集和用电信息采集与监控的基础上，实现数据的分析、处理与共享，为需求侧管理的实施提供技术手段，为电力营销管理业务提供服务和技术支持。

硬件设备主要包括计算机系统（前置机、工作站、网络服务器、磁盘阵列等），专用通信设备（系统专用频率无线电台和天馈线系统、PCM 设备及微波通道等），网络设备（集线器、网关、路由器等）以及电源设备。

主站软件主要有用电信息采集与监控系统专业软件、数据库软件等。

为提高系统的可靠性，专用通信设备和前置机一般均为双机热备份，两套设备平时都运行，但只有一套设备参与工作，当出现故障时，另一套立即替代故障设备投入工作。见表 20-4-1。

表 20-4-1 用电信息采集与监控系统主站硬件设备

序号	通信信道	作用	主要硬件设备组成、巡视内容
1	230M 无线专网	无线电通信	成套电台设备：电台、控制分机、电源、天馈线系统等
		基础通信	通信接入设备：光端机、PCM 和网络交换机等
		采集、应用管理	前置服务器：WEB 服务器、前置机服务器
2	GPRS 等公网	通信/采集/应用管理	前置服务器：通信/采集/应用服务器
3	机房通用		GPS 时钟、网络打印机、UPS 电源、空调、专用机柜及连接线缆等

2. 采集终端

采集终端是安装在客户侧用于实现用电信息采集与监控功能的智能装置。负责各信息采集点电能信息的采集、数据管理、数据传输以及执行或转发主站下发控制命令的设备。

采集终端按应用场所分为专变采集终端、低压集中抄表终端（包括低压集中器、低压采集器）等类型。

3. 通信信道

通信信道常分为远程信道及本地信道两种，远程通信网络完成主站系统和现场终端之间的数据传输通信功能，现场终端到主站的距离通常较远（可在一到数百公里范围）。目前远程通信网络的主要方式有光纤通信、230MHz 无线专网通信、无线公网通信、中压电力线载波通信等。大多数省、直辖市现阶段以 230MHz 无线专网信道和 GPRS 公网信道为主，也有同时采用上述两种信道的双模工作机制。本地信道用于现场终端到表计的通信连接，高压用户在配电间安装专变终端到就近的计量表计，常采用 RS485 方式连接。

230MHz 无线专网主站电台与终端电台使用一对频点，同一频点下的每个终端都可以接收到主站的无线信号，所以同一个频点下终端需要独立的身份编号，终端识别信号后作出响应，完成通信。230MHz 无线专网在同一个频点下是点对点的通信系统。目前国家无线电委员会批准使用的一共有 15 对双工频点（异频收发）和 10 个半双工频点（同频收发）。

无线公网通信是指终端（或电力计量装置）通过无线通信模块接入到无线公网，再经由专用光纤网络接入到主站采集系统，目前无线公网主要有 GPRS、CDMA 两种。

用电信息采集与监控系统典型网络结构图如图 20-4-3 所示，它使用无线公网信道建设投资小，应用范围广，网络组建灵活、方便快捷。终端通信模块的价格低廉，体积小巧，可内置在终端内。

三、用电信息采集与监控系统的功能

1. 数据采集功能

数据采集主要包含负荷数据、电能量数据、抄表数据、工况数据等。

采集可分为定时自动采集和手工实时采集两种方式，当定时自动数据采集失败时，系统有自动及人工补测功能，以保证采集数据的完整性。

2. 控制功能

控制功能有功率定值闭环控、电能量定值闭环控和遥控等控制方式。其中功率定值控制有时段控、厂休控、紧急下浮控、营业报停控等类型；电能量定值闭环控制有月电量控、购电控、催费告警控等类型；遥控有遥控跳闸和允许合闸功能。

所有的控制可以按单地址或组地址进行操作。

3. 数据传输功能

数据传输功能主要有主站与终端进行数据传输功能、主站系统与营销系统互联实现双向数据交换功能。

4. 数据处理分析功能

数据处理分析功能主要有对终端上报的重要事件和定时查询到的事件，发出告警信号，并显示相应事件内容；对负荷、电能量统计分析；对数据合理性检查和分析，发现系统运行中存在的问题与缺陷。

5. 营销业务支持功能

实现远程抄表功能，系统根据电能量电费结算的需求，定时、完整地采集客户的电能量数据。

利用信息发布功能，向客户发送相应催费信息，实施催费告警；利用用电信息采集与监控功能，实施预购电及购电控制。

系统采集客户侧用电数据，为负荷需求预测、调整电力供需平衡提供准确的基础数据。

根据有序用电方案，控制负荷，实施错峰、避峰等实现电力需求侧管理。

6. 系统运行管理功能

系统运行管理功能主要含权限管理、系统运行参数设置、终端管理、运行状况监测、各类报表生成等功能。

四、用电信息采集与监控系统的应用

（一）电能质量管理

电能质量是指并网公用电网、发电企业、用户受电端的交流电能质量。电能质量主要指标包括电压偏差、电压波动和闪变、频率偏差、谐波（电压谐波畸变率和谐波电流含有率）和电压不对称度。

电能质量监测（管理）由电网企业专门的职能部门负责，电力营销配合其做好销售侧的电能监测和分析工作，重点在电压、谐波以及不平衡度的监测和分析等工作内容。

通过系统接入专用的电能质量监测仪可以进行电网电能质量的监测与分析功能，为电网进行电能质量控制提供依据。

1. 电压偏差指标分析

电压偏差=（实测电压–标称电压）/标称电压×100%

该标准对电压偏差的要求为：

（1）35kV 及以上供电电压正负偏差的绝对值之和不超过标称电压的 10%。

（2）10kV 及以下三相供电电压允许偏差为标称电压的±7%。

（3）220V 单相供电电压允许偏差为标称电压的+7%、–10%。

2. 频率偏差分析

频率偏差=实测电压频率–标称频率

3.电压不平衡度分析

三相电压不平衡度指三相电力系统中三相电压不平衡的程度，用电压、电流负序基波或零序基波分量与正序基波分量的方均根值百分数表示。

电网正常运行时，负序电压不平衡度要求不超过 2%，短时不超过 4%；低压系统零序电压暂不要求。

在三相系统中，可用下式近似计算负序电压的不平衡度 ε_{U2}：

$$\varepsilon_{U2} = \frac{\sqrt{3} I_2 U_\mathrm{L}}{S_k}$$

式中　I_2 ——负序电流值，A；

S_k ——连接公共点的三相短路容量，VA；

U_L ——线电压，V。

（二）预购电管理

预购电的管理模式，是解决电费回收风险的一项重要措施。

为客户提供网上充值、电话充值等新型电费缴纳方式，满足用电客户不同的需求，并为客户提供多种便捷的方式。

预付费管理需要由主站、终端、电能表多个环节协调执行，实现预付费控制方式也有主站实施预付费、终端实施预付费、电能表实施预付费三种形式。

1. 主站实施预付费管理

主站根据客户的预付费信息和定时采集的客户电能表数据计算剩余电费，当剩余电费等于或低于报警门限值时，主站下发催费告警命令，通知用户及时缴费。当剩余电费等于或低于跳闸门限值时，主站下发跳闸控制命令，告知客户并切断供电。客户缴费成功后，在规定时间内主站及时下发允许合闸命令，允许合闸。

2. 终端实施预付费管理

主站可根据用户的预付费信息，设置和存储电能量费率时段、费率以及预付费控制参数（包括购电单号、预付电费值、报警和跳闸门限值），并下发到终端。当需要对客户进行控制时，向终端下发预付费控制投入命令，终端根据报警和跳闸门限值分别执行告警和跳闸。客户缴费成功后，在规定时间内主站及时下发购电信息至终端，及时更新终端内购电控制参数，确保终端准确实施控制。

3. 电能表实施预付费管理

主站可根据用户的预付费信息，输入和存储电能量费率时段和费率以及预付费控制参数包括购电单号、预付电费值、报警和跳闸门限值，并下发到电能表。当需要对客户进行控制时，向电能表下发预付费控制投入命令，电能表根据报警和跳闸门限值分别执行告警和跳闸。客户缴费成功后，在规定时间内主站及时下发允许合闸命令，允许合闸。

（三）防窃电管理

1. 常用窃电方式

（1）欠电压法窃电。

改变电能计量电压回路的正常接线，或故意造成计量电压回路故障，致使电能表的电压线圈失电压或所受电压减少，从而导致电量少计。

（2）欠电流法窃电。

改变电能计量电流回路的正常接线或故意造成计量电流回路故障，致使电能表的电流线圈无电流通过或只通过部分电流，从而导致电量少计。

（3）移相法窃电。

改变电能表的正常接线，或接入与电能表线圈无电联系的电压、电流，还有的利用电感或电容特定接法，从而改变电能表线圈中电压、电流间的正常相位关系，从而导致电量少计。

（4）扩差法窃电。

改变电能表内部的结构性能，致使电能表本身的误差扩大，以及利用电流或机械力损坏电能表，改变电能表的安装条件，使电能表少计。

（5）无表法窃电。

未经报装入户就私自在供电部门的线路上接线用电，或有表用户私自甩表用电。

2. 防窃电管理

系统通过定时采集终端中的历史数据和实时数据，或实时接收终端主动上报的报警信息（Ⅱ型终端），进行分析，提供防窃电应用功能。

系统采集的运行计量表的电压、电流等模拟量数据可用来进行反窃电的分析与判别。正常情况下，三相电压应相对平衡，如果 TV 或 TA 发生断开（或短路）情况，平衡状态必然遭到破坏，此时主站软件依据设定条件在对采集量处理后，自动形成报警信号。

防窃电装置是利用用户的指示回路或保护回路进行电量计算，与计量回路的电量进行比较，判断用户是否有偷电行为，并能判定窃电时间、电量大小，为处罚提供依据。

（1）报警信息与事件分析。

1）设置电能表运行参数（与计量相关）产生的报警，主要包括清需量和设置底度、倍率、时钟、时区时段等。

【例 20-4-1】对现场运行的电能表对时操作。

打开用电信息采集系统负荷管理专业模块，从菜单中选择“参数设置”→“电能表参数设置”，如图 20-4-4 所示。

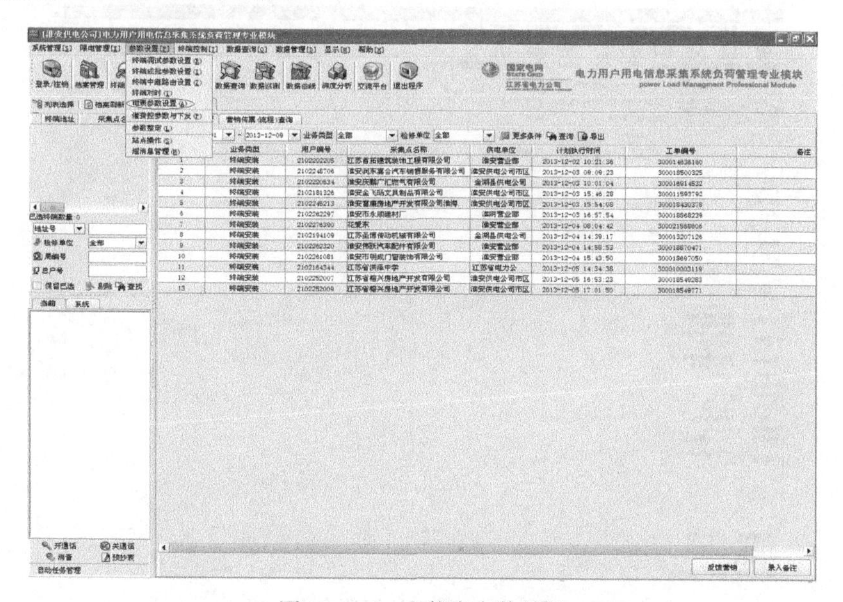

图 20-4-4 电能表参数设置

在左侧填写需对时的电能表局编号（如 H100413437），如图 20–4–5 所示。

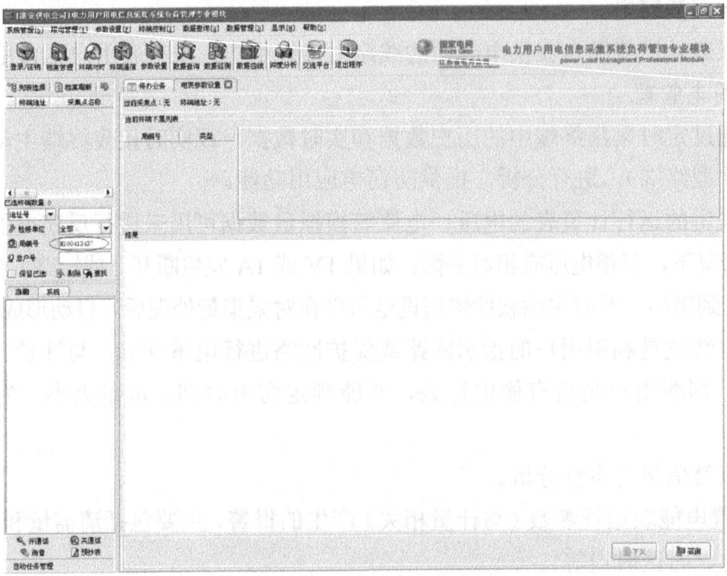

图 20–4–5 输入电能表局编号

单击右下角的“召测”按钮，如图 20–4–6 所示。

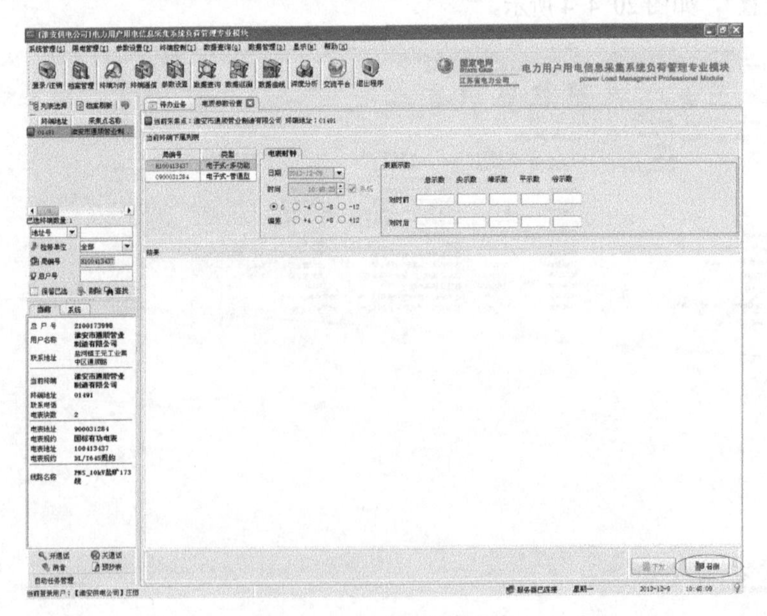

图 20–4–6 下达召测命令

系统会自动显示召测表底示数数据，如电能表时钟存在偏差，系统会自动选择偏差时间及需校时的时间。单击右下角的“下发”按钮，如图 20-4-7 所示。

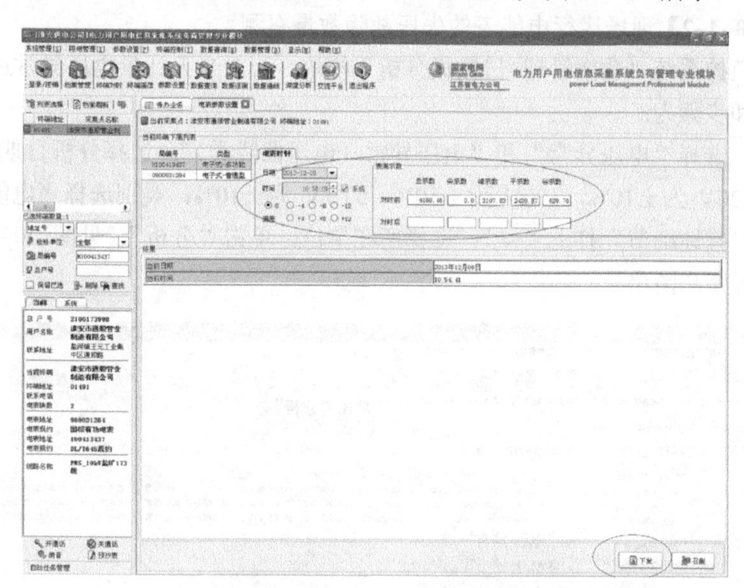

图 20-4-7　下发时间纠正命令

系统进行对时，对时成功后会显示“下发成功”，见图 20-4-8。

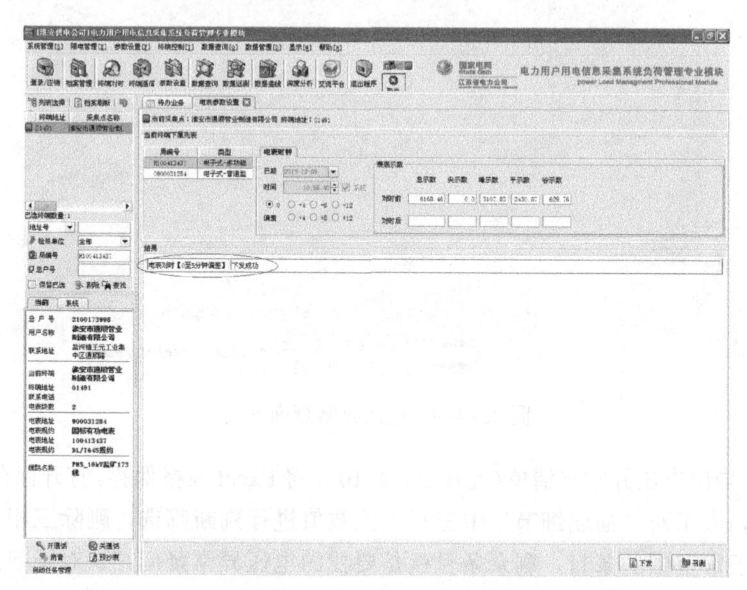

图 20-4-8　电能表对时结果

2）计量回路运行状态（与计量相关）改变所产生的报警。包括缺相、断相、电压逆相序、反接线（电流逆相序）、TA 一次短路、TA 二次开路、TA 二次短路等事件。

【例 20–4–2】现场运行电能表的失压故障数量召测。

利用负控系统“数据管理–日数据分析”模块，可对当天计量电压异常进行分析。具体方法和步骤为：

首先，选择“电压异常”和“电压异常（电压曲线类）”；选择分析日期；电压设定值为：220V 为±10%，100V 为±10%，57.7V 为±10%；类别选择“电能表”；显示栏要将“描述细节”打上“√”；选择所在单位，单击“分析”（见图 20–4–9），搜索出电压异常户清单。

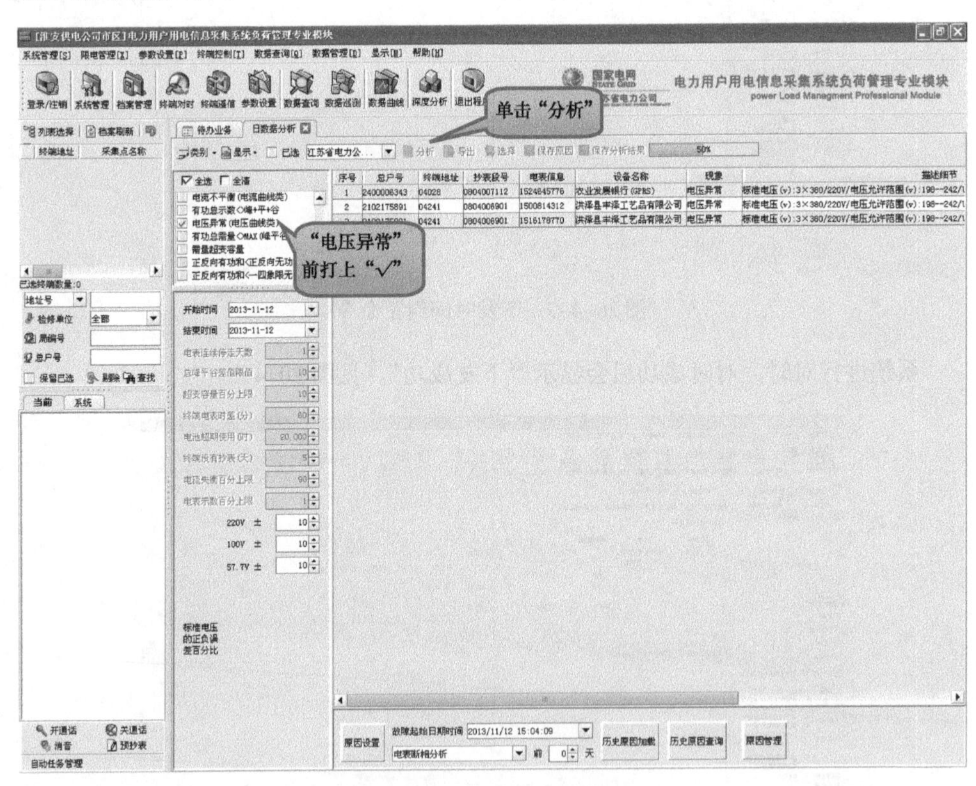

图 20–4–9 电压异常查询界面

其次，导出电压异常户清单（见图 20–4–10），将 Excel 表格保存。打开保存的 Excel 表格文件，人工对“描述细节”中三相电压数值进行判断筛选，删除三相电压基本平衡、在正常范围的条目，剩余条目就是要找的电压异常疑问户。对疑问户派员现场核查。

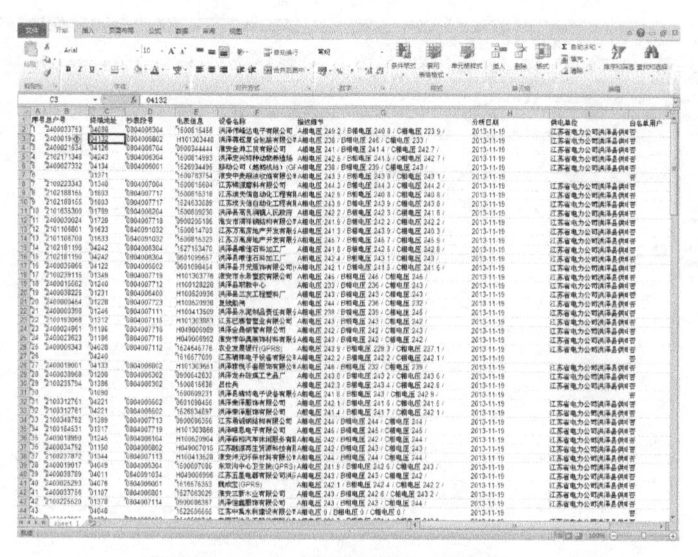

图 20–4–10　客户电压异常导出清单

3）由终端分析处理后产生的与计量相关的各种报警事件。主要包括电流不平衡、电能表停走、电能表飞走、电量下降等事件。

【例 20–4–3】现场运行电能表的电流不平衡数量召测。

进入负控系统，单击最上排图标“深度分析”按钮，如图 20–4–11 所示，选择“智能深度分析”→“电流分析”栏，进入电流分析栏，如图 20–4–12 所示。

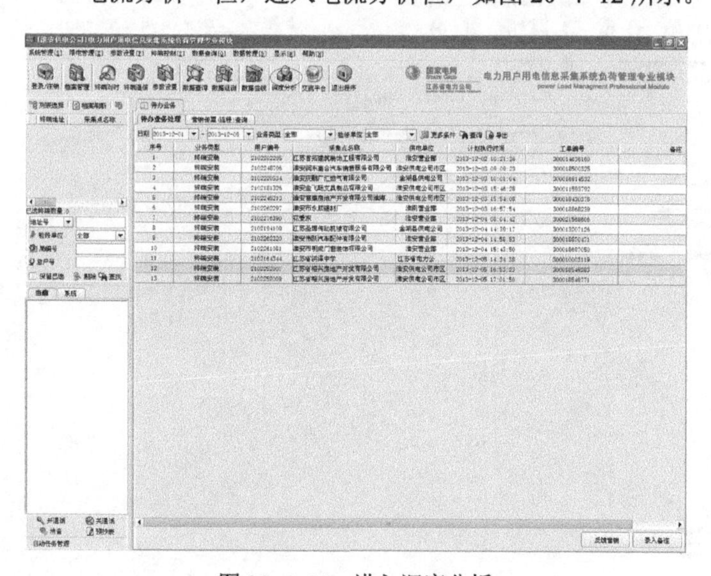

图 20–4–11　进入深度分析

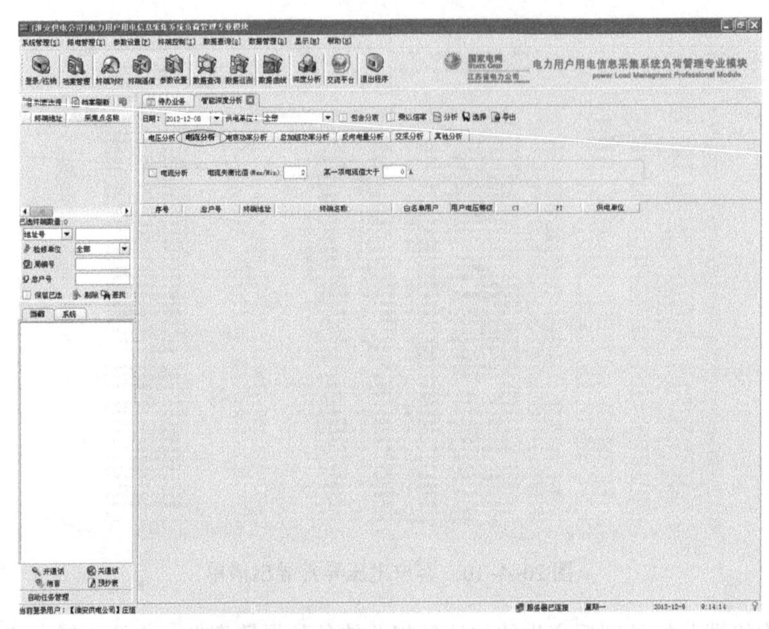

图 20–4–12　进入电流分析栏

勾选电流分析，并填写电流失衡比值（最大电流/最小电流，比值只能选择整数），并对最小电流进行选择，如图 20–4–13 所示。

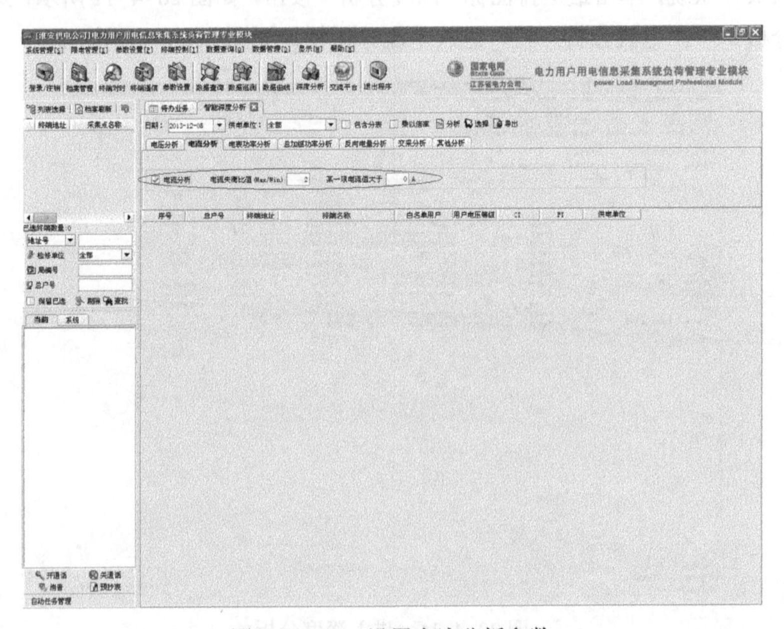

图 20–4–13　设置电流分析参数

选择分析日期及供电单位，单击“分析”按钮，如图 20–4–14 所示，可搜索出满足所选择条件的分析结果（见图 20–4–15）。

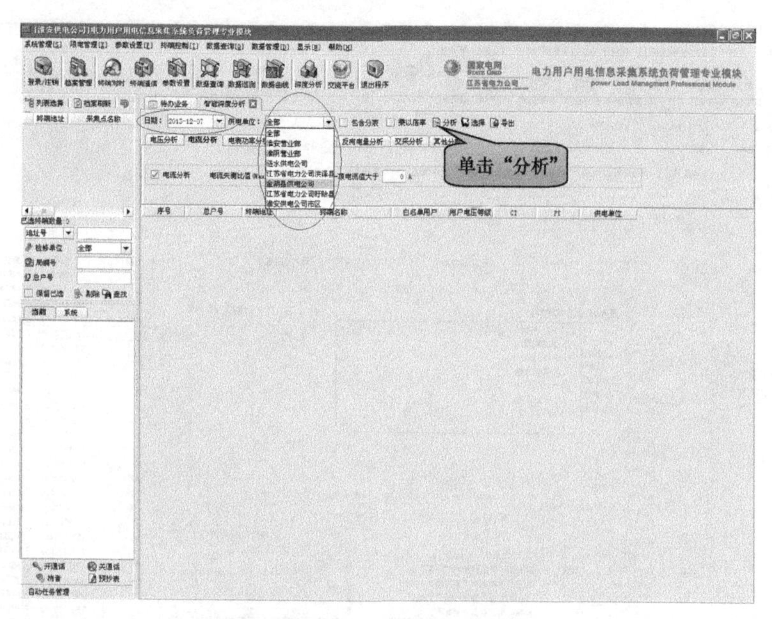

图 20–4–14　选择管理单位分析

日期：2013-12-07　供电单位：全部　包含分表　乘以倍率　分析　选择　导出

电压分析　电流分析　电表功率分析　总加组功率分析　反向电量分析　交采分析　其他分析

电流分析　电流失衡比值(Max/Min) 2　某一项电流值大于 0 A

序号	总户号	终端地址	终端名称	白名单用户	用户电压等级	CT	PT	合同容量	局编号	接线方式	电表型号
1	2400032537	4029	洪泽县建材机械设备制造有限公司	否	10kV	20	1	80	1516529994	三相四线	DTZY188
2	2300024032	3064	涟西南收（梁岔）(GPRS)	否	10kV	30	1	80	0900344694	三相四线	DTZY1296-G
3	2600037880	6020	盱眙苏欣美尔工贸有限公司(GPRS)	否	10kV	30	1	80	1500488242	三相四线	DTZY71-G
4	2600035361	6026	盱眙县捷宇内燃机配件有限公司(G...	否	10kV	30	1	80	1516507639	三相四线	DTZY188
5	2100100837	7032	淮安市恒达石油机械有限公司(GPRS)	否	10kV	30	1	80	1500772941	三相四线	DTZ1122
6	2100118165	3127	涟水县高沟水利服务站	否	10kV	160	1	500	M101302817	三相四线	DTSD22
7	2600042818	6095	盱眙高新密封保温材料有限公司(G...	否	10kV	30	1	80	1500773748	三相四线	DTZ1122
8	2600045378	6128	盱眙县鑫缘茧丝工贸有限公司(GPRS)	否	10kV	30	1	60	1500493821	三相四线	DTZY71-G
9	2600031167	6111	管镇粮管所(GPRS)	否	10kV	30	1	80	1516508227	三相四线	DTZY188
10	2600035898	6158	管镇镇西板厂(GPRS)	否	10kV	15	1	50	1516507812	三相四线	DTZY188
11	2100229803	4138	洪泽县老子山温泉公寓物业管理有...	否	10kV	10	100	800	M101302067	三相三线	DSSD71
12	2600031197	6159	中国石油天然气股份有限公司江苏...	否	10kV	20	1	80	1500779834	三相四线	DTZ1122
13	2600219661	8161	淮安市万安实业有限公司(GPRS)	否	10kV	30	1	80	1501823620	三相四线	DTZY666-G
14	2100347177	6250	盱眙金桥种子有限公司	否	10kV	30	1	80	1500809580	三相四线	DTZY1122
15	2101251086	2080	江苏润农现代农业有限公司	否	10kV	80	1	250	0900478208	三相四线	DTZY341-G
16	2101284605	2752	淮安淮龙工贸有限公司	否	10kV	80	1	250	0900345076	三相四线	DTZY1296-G
17	2101388850	2762	江苏亮通贵金属材料科技有限公司	否	10kV	40	1	125	0800931602	三相四线	DTZY1296-G
18	2600051029	6049	盱眙县明祖陵水务站	否	10kV	30	1	80	1516508224	三相四线	DTZY188
19	2300028480	3002	涟水新亚电器成套有限公司(GPRS)	否	10kV	30	1	80	1500772407	三相四线	DTZ1122
20	2100070170	7014	淮安市益牛饲料有限责任公司(GPRS)	否	10kV	80	1	250	1500777502	三相四线	DTZ1122
21	2600055812	6050	盱眙县铁佛镇铁佛村村民委员会(G...	否	10kV	30	1	80	1501063274	三相四线	DTZY22-G
22	2600037065	6033	淮安市吉利达车业有限公司(GPRS)	否	10kV	30	1	80	1516507216	三相四线	DTZY188
23	2300028647	3072	涟水县黄营乡旗杆制板厂(GPRS)	否	10kV	20	1	80	1500773292	三相四线	DTZ1122
24	2500034564	5009	金湖县华龙新型建材有限公司	否	10kV	30	1	80	1500755002	三相四线	DTZ1122
25	2600047122	6077	盱眙红日工贸有限公司(GPRS)	否	10kV	30	1	80	1500813327	三相四线	DTZY1122
26	2600044707	6066	盱眙晨欣服饰有限公司(GPRS)	否	10kV	30	1	80	1500813778	三相四线	DTZY1122
27	2100118023	8062	江苏经典景观园林工程有限公司(G...	否	0.4kV380	30	1	70	M101302758	三相四线	DTSD22
28	2100047032	7053	楚州区平桥人民卫生院(GPRS)	否	10kV	30	1	80	1500771110	三相四线	DTZ1122
29	2600044583	6087	淮安市金鑫标准件有限公司(GPRS)	否	10kV	30	1	80	1500813650	三相四线	DTZY1122
30	2100140244	8072	淮安清河新区投资发展有限公司(G...	否	10kV	30	1	80	M101302747	三相四线	DTSD22
31	2600053041	6060	盱眙县维桥乡村镇建设服务站(GPRS)	否	10kV	30	1	80	1500809791	三相四线	DTZY1122
32	2900055247	8085	淮阴市华城房地产开发有限公司(G...	否	0.4kV380	80	1	150	M100128264	三相四线	DTSD22
33	2800000889	8090	市服务公司(GPRS)	否	0.4kV380	20	1	95	1500792292	三相四线	DTZY1122

图 20–4–15　搜索出的用户清单

单击“导出”按钮，并选择保存路径。选择导出的文件，打开导出文件，如图 20–4–16 所示。

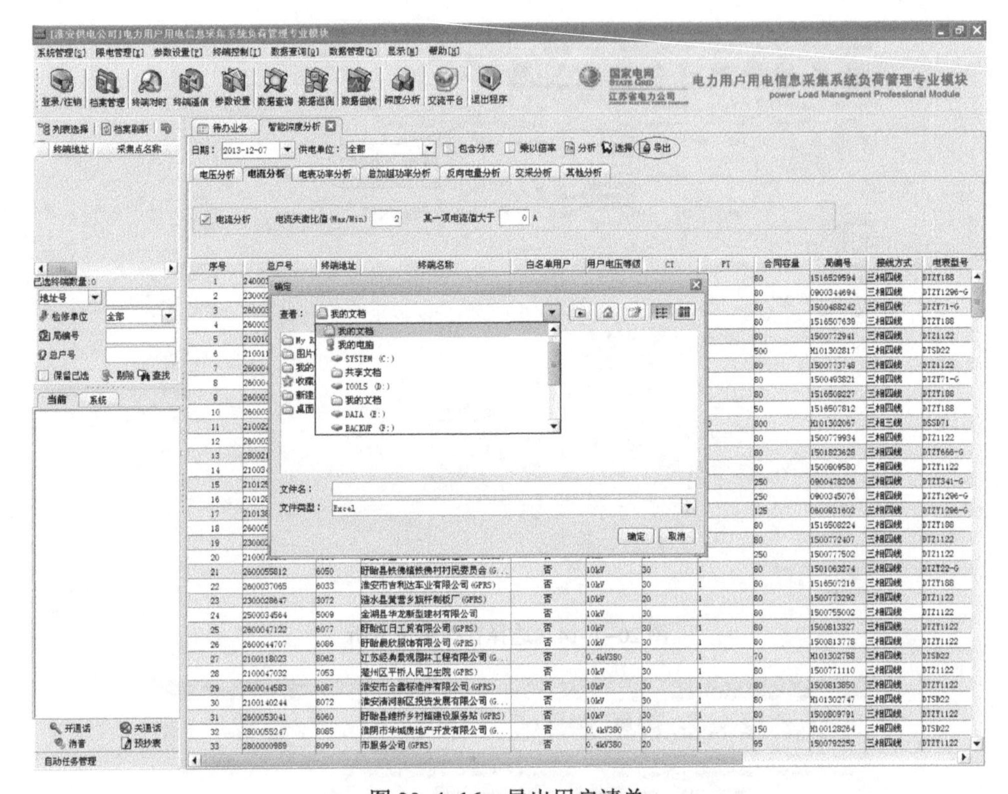

图 20–4–16　导出用户清单

选择并打开导出的 Excel 表格文件，根据高压用户电压电流应对称平衡原则和计量负荷性质，对清单中电流不平衡用户逐户进行分析，找出疑似故障计量用户。

（2）统计分析功能。根据测量可以统计分析运行情况，包括：

1）电量分析。包括有无功分时电量、异常用电分析，如电量突变、不同时间段电量对比、日电量的分析、电量曲线状况分析等，从而确认用户的用电异常情况。

2）线损分析。根据线损的异常，可以追溯引起报警的某个用户。

3）功率曲线分析。根据负荷曲线图直观显示用户的负荷状态。

4）电压合格率、供电可靠率、三相电流不平衡率分析。

（四）催费管理

1. 实时采集客户的用电信息

通过系统实现自动抄表和信息采集，为电费结算提供准确和及时的计量数据。

图 20–4–17 为导出的电流不平衡用户清单。

	A	B	C	D	E	F	G	H	I	J	K	L	M	N	O	P
1	总户号	终端地址	终端名称	白名	用户电	CT	PT	合同容量	局编号	接线方式	电表型号	电表电压等级	Ia	Ib	Ic	供电单位
2	2400032537	4029	洪泽县建材机械设备制造有限公	否	10kV	20	1	80	1516529594	三相四线	DTZY188	3×380/220V	0.02	0.26	0.36	江苏省电力公司洪泽县供电公司
3	2300024032	3064	涟西南校（梁岔）(GPRS)	否	10kV	30	1	80	0900344694	三相四线	DTZY1296-G	3×380/220V	0.84	1.14	1.9	涟水供电公司
4	2600037880	6020	盱眙苏欣美尔工贸有限公司(GPF	否	10kV	30	1	80	1500488242	三相四线	DTZY71-G	3×380/220V	0.1	0	0	江苏省电力公司盱眙县供电公司
5	2600035361	6026	盱眙县建宇内燃机配件有限公司(	否	10kV	30	1	80	1516507639	三相四线	DTZY188	3×380/220V	0.07	0.17	0.07	江苏省电力公司盱眙县供电公司
6	2100100637	7032	淮安市恒达石油机械有限公司(GI	否	10kV	30	1	80	1500772941	三相四线	DTZ1122	3×380/220V	0.14	0	0	淮安营业部
7	2100118165	3127	涟水县高沟水利服务站	否	10kV	160	1	500	H101302817	三相四线	DTSD22	3×380/220V	0.06	0	0	涟水供电公司
8	2600042818	6095	盱眙高新密封保温材料有限公司(	否	10kV	30	1	80	1500773748	三相四线	DTZ1122	3×380/220V	0.01	0.03	0.01	江苏省电力公司盱眙县供电公司
9	2600045378	6128	盱眙县鑫源茧丝工贸有限公司(GI	否	10kV	30	1	80	1500493821	三相四线	DTZY71-G	3×380/220V	0.17	0.35	0	江苏省电力公司盱眙县供电公司
10	2600031167	6111	管镇粮管所(GPRS)	否	10kV	30	1	80	1516508227	三相四线	DTZY188	3×380/220V	0	0.5	0.01	江苏省电力公司盱眙县供电公司
11	2600035886	6158	管镇镇西板厂(GPRS)	否	10kV	15	1	60	1516507812	三相四线	DTZY188	3×380/220V	0.01	0	0.02	江苏省电力公司盱眙县供电公司
12	2100229903	4138	洪泽县老子山温泉公寓物业管理	否	10kV	10	100	800	H101302067	三相三线	DSSD71	3×100V	0.03	0	0.01	江苏省电力公司洪泽县供电公司
13	2600031197	6169	中国石油天然气股份有限公司江	否	10kV	20	1	80	1500779934	三相四线	DTZ1122	3×380/220V	0.31	0.18	0.03	江苏省电力公司盱眙县供电公司
14	2800219861	8161	淮安市万安实业有限公司(GPRS	否	10kV	30	1	80	1501823628	三相四线	DTZY666-G	3×380/220V	0.03	0.21	0.04	淮安供电公司市区
15	2100347177	6250	盱眙金桥种子有限公司	否	10kV	30	1	80	1500809580	三相四线	DTZY1122	3×380/220V	0	0.17	0	江苏省电力公司盱眙县供电公司
16	2101251066	2080	江苏润农现代农业有限公司	否	10kV	80	1	250	0900478206	三相四线	DTZY341-G	3×380/220V	0	0	0.02	淮阴营业部
17	2101284605	2752	淮安淮龙工贸有限公司	否	10kV	80	1	250	0900345076	三相四线	DTZY1296-G	3×380/220V	0.09	0.01	0.03	淮阴营业部
18	2101385850	2762	江苏亮源贵金属材料科技有限公	否	10kV	40	1	125	0600931602	三相四线	DTZY1296-G	3×380/220V	0.03	0	0.21	淮阴营业部
19	2600051029	6049	盱眙县明祖陵水务站	否	10kV	30	1	80	1516508224	三相四线	DTZY188	3×380/220V	0.04	0.3	0	江苏省电力公司盱眙县供电公司
20	2300028480	3002	涟水新亚电器成套有限公司(GPF	否	10kV	30	1	80	1500772407	三相四线	DTZ1122	3×380/220V	0.04	0.25	0	涟水供电公司
21	2100070170	7014	淮安市益牛饲料有限责任公司(GI	否	10kV	80	1	250	1500777502	三相四线	DTZ1122	3×380/220V	0.03	0	0.02	淮安营业部
22	2600055812	6050	盱眙县铁佛镇铁佛村村民委员会(	否	10kV	30	1	80	1501063274	三相四线	DTZY22-G	3×380/220V	0.11	1.32	0.08	江苏省电力公司盱眙县供电公司
23	2600037065	6033	淮安市吉利达车业有限公司(GPF	否	10kV	30	1	80	1516507216	三相四线	DTZY188	3×380/220V	0	0.01	0.08	江苏省电力公司盱眙县供电公司
24	2300028647	3072	涟水县黄营乡旗杆制板厂(GPRS	否	10kV	20	1	80	1500773292	三相四线	DTZ1122	3×380/220V	0	0	0.04	涟水供电公司
25	2500034564	5009	金湖县华龙新型建材有限公司	否	10kV	30	1	80	1500755002	三相四线	DTZ1122	3×380/220V	0.06	0.41	0.33	金湖县供电公司
26	2600047122	6077	盱眙红日工贸有限公司(GPRS)	否	10kV	30	1	80	1500813327	三相四线	DTZY1122	3×380/220V	0	0.4	0	江苏省电力公司盱眙县供电公司
27	2600044707	6086	盱眙晨欣服饰有限公司(GPRS)	否	10kV	30	1	80	1500813778	三相四线	DTZY1122	3×380/220V	0.13	0.05	0.22	江苏省电力公司盱眙县供电公司
28	2100118023	8062	江苏经典景观园林工程有限公司(	否	0.4kV3(	30	1	70	H101302758	三相四线	DTSD22	3×380/220V	0	0	0.01	淮安供电公司市区
29	2100047032	7053	楚州区平桥人民卫生院(GPRS)	否	10kV	30	1	80	1500771110	三相四线	DTZ1122	3×380/220V	0.9	1.21	0.33	淮安营业部
30	2600044583	6087	淮安市合鑫标准件有限公司(GPF	否	10kV	30	1	80	1500813850	三相四线	DTZY1122	3×380/220V	0.1	0.01	0.01	江苏省电力公司盱眙县供电公司
31	2100140244	8072	淮安清河新区投资发展有限公司(	否	10kV	30	1	80	H101302747	三相四线	DTSD22	3×380/220V	0.26	0	0	淮安供电公司市区
32	2600053041	6060	盱眙县维桥乡村镇建设服务站(GI	否	10kV	30	1	80	1500809791	三相四线	DTZY1122	3×380/220V	0.02	0.01	0.01	江苏省电力公司盱眙县供电公司
33	2800055247	8085	淮阴市华城房地产开发有限公司(	否	0.4kV3(	60	1	150	H100128264	三相四线	DTSD22	3×380/220V	0	0.11	0.06	淮安供电公司市区
34	2800000989	8090	市服务公司(GPRS)	否	0.4kV3(	20	1	95	1500792252	三相四线	DTZY1122	3×380/220V	0.02	0	0	淮安供电公司市区
35	2100118956	6181	淮安市衡康服装有限公司(GPRS	否	10kV	30	1	80	1500808799	三相四线	DTZY1122	3×380/220V	0.15	0.02	0.05	江苏省电力公司盱眙县供电公司
36	2600043147	6090	江苏永邦实业有限公司	否	10kV	30	1	80	1500813003	三相四线	DTZY1122	3×380/220V	0	0.06	0	江苏省电力公司盱眙县供电公司
37	2100058047	7066	淮安市奥斯忒食品有限公司	否	10kV	60	1	200	1500779480	三相四线	DTZ1122	3×380/220V	0.43	0.25	0.6	淮安营业部
38	2100044360	7092	淮安市华夏毛巾有限公司(GPRS	否	10kV	1	1	80	0900479665	三相四线	DTZY532-G	3×380/220V	2.67	0	0.03	淮安营业部
39	2100044000	7114	淮安市金都食品有限公司@(GPF	否	10kV	1	1	80	0900483776	三相四线	DTZY532-G	3×380/220V	1.28	0.91	1.87	淮安营业部
40	2500034615	5612	江苏华丰电缆有限公司(GPRS)	否	10kV	30	1	80	1500756239	三相四线	DTZ1122	3×380/220V	0.29	0.24	0.1	金湖县供电公司
41	2100053211	7080	淮安市友鹏工艺品厂(GPRS)	否	10kV	20	1	80	1500773479	三相四线	DTZ1122	3×380/220V	0	0.01	0.03	淮安营业部
42	2100047326	7081	淮安圣铃五金塑料有限公司(GPF	否	10kV	1	1	80	0900206551	三相四线	DTZY532-A	3×380/220V	17.92	0.3	14.46	淮安营业部
43	2600047826	6106	江苏盱眙经济开发区管理委员会(	否	10kV	15	1	60	1500493714	三相四线	DTZY71-G	3×380/220V	0	0.02	0.01	江苏省电力公司盱眙县供电公司
44	2101473309	7240	淮安市淮安区久鑫建材厂	否	10kV	30	1	80	1500771531	三相四线	DTZ1122	3×380/220V	0	0.01	0.03	淮安营业部
45	2101545601	6273	盱眙恒胜机械配件有限公司	否	20kV	20	1	80	1500809471	三相四线	DTZY1122	3×380/220V	0.01	0	0	江苏省电力公司盱眙县供电公司

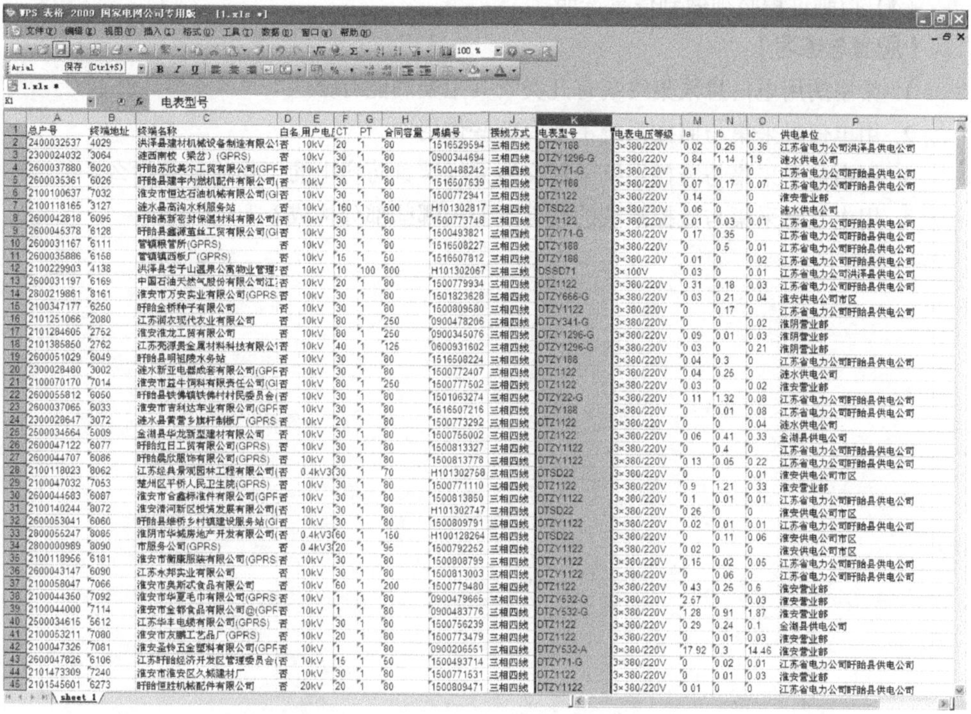

图 20–4–17 导出的电流不平衡用户清单

在客户发生欠费期间，系统可为电费催收工作提供实时的客户用电状况和变化趋势。

2. 发送电费催收信息

通过系统的信息发布网站、短信平台，及时发布催费信息，达到通知到户的目的。

3. 催费辅助控制

利用系统灵活多样的客户用电信息采集与监控功能，对欠费并继续用电的客户实行远程用电信息采集与监控，限制其用电功率水平或用电量，直至遥控断电，达到催费的目的。

4. 催费管理

利用系统对欠费客户实施催费控制是一项严肃的业务工作，必须置于严格的管理之下进行，其管理要点有：

（1）用电信息采集与监控必须依据营业规范进行。

（2）控制功能必须稳定可靠。

（3）必须对控制对象有充分的了解。

（4）控制过程必须做到信息透明。

【思考与练习】

1. 常用的用电信息采集终端有几类？其主要功能有哪些？
2. 用电信息采集与监控系统主要有哪些作用？
3. 用电信息采集与监控系统采用交流采样装置防窃电的工作原理是什么？
4. 用电信息采集与监控系统的硬件主要由哪些部分构成？

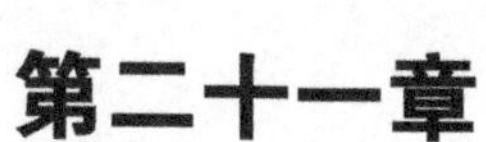

第二十一章

电能表、互感器检定软件的使用

模块1　电能表检定软件的使用（Z28D3001Ⅰ）

【模块描述】 本模块包含电能表检定方案的制作（包括数据下载、基本参数录入、电能表自动检定方案的设置）。通过概念描述、流程讲解、要点归纳、示例介绍，掌握电能表检定软件检定方案设置的方法。

【模块内容】

为了提高检定电能表的质量和效率，各电能表检定装置的生产厂商针对交流电能表检定装置和供电企业的验收标准，开发出了相应的电能表检定系统应用软件，其主要功能和使用方法基本相同，操作界面略有差异。

机电式电能表、安装式电子电能表、标准电能表等检定方案的制作方法基本相同。供电企业一个完整的检定过程一般包括电能表参数录入、基本参数录入、检定方案的设置、检定和试验、数据保存、数据上传，必要时出具检定报告。

下面以深圳市科陆电子科技股份有限公司生产的电能表检定装置（型号CL3000G，软件版本1.0.6）的操作为例，说明电能表检定软件的使用。

一、电能表参数录入

（1）双击电脑桌面上的“国网生产调度平台接口”，将出现如图21-1-1所示的接口登录界面，使用检定人员自己的用户名和跟密码进行登录。

（2）在进入“国网生产调度平台接口”后，出现如图21-1-2所示界面，选择“录入参数”，在条形码位置使用条码枪录入电能表条码（或者手动录入条码，每输入一个完整的条码按一次回车键），单击“录入完成”，在连接正常的情况下电能表的资产信息从营销业务系统下载到检定软件数据库。

用户名：

登录密码：

登录　　取消

图21-1-1　国网生产调度平台接口登录界面

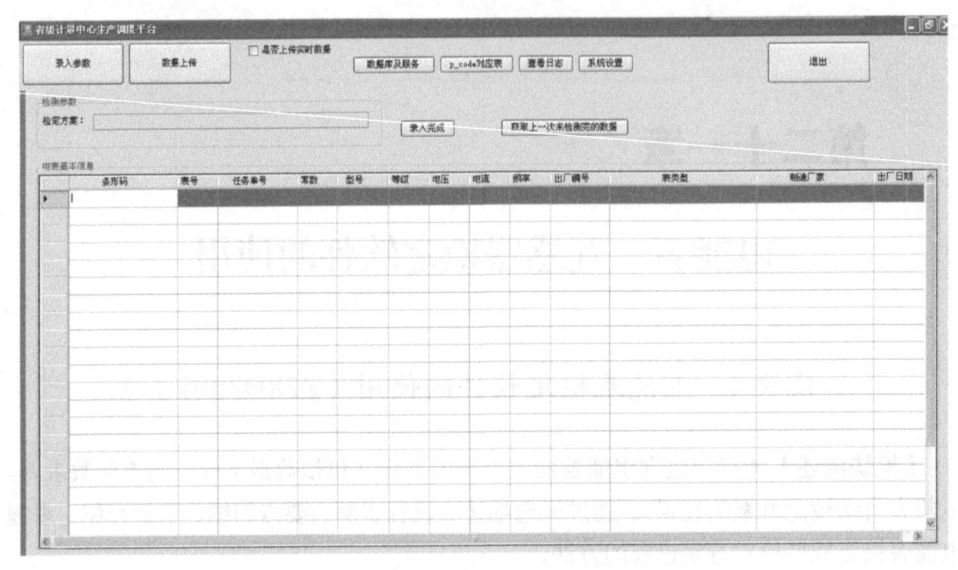

图 21–1–2　国网生产调度平台接口下载界面

二、基本参数录入

（1）双击电脑桌面上的检定软件图标，输入检定人员和核验人员的信息，登录后检定装置首先会进行联机操作并出现检定软件的主界面，如图 21–1–3 所示，通过主菜单的“参数录入”“测试检定”“数据保存”“方案配置”“数据查询”等操作来完成检测过程。

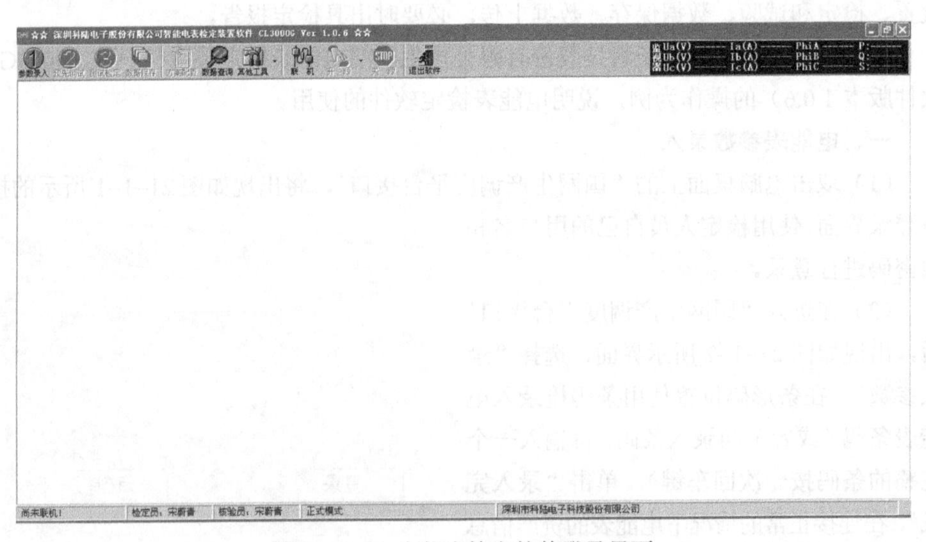

图 21–1–3　电能表检定软件登录界面

（2）在图 21–1–3 中，选择“参数录入”，如果从“电力营销业务应用系统”已下载的电能表参数信息，核对信息无误后单击“录入完成”进入下一操作步骤；如不通过电力营销业务系统下载被检电能表的数据信息而直接手动校表，也可在此页面对被检表参数进行设置，如图 21–1–4 所示，设置参数主要有：

1）表位信息，包括被检表的接线方式、制造厂家、电能表型号、表常数、类型、电压规格、电流规格、等级等。

2）涉及检定装置根据检定规程录入相关信息，包括被检表是否经互感器接入方式、是否新表检验、有无止逆器装置等。

3）表参数设置完毕，单击“录入完成”按钮，将出现电压电流信息确认框，单击“确定”，参数录入界面消失，检定软件主菜单栏将出现下一步可供选择的操作，并自动进入“测试检定”界面。

被检表信息参数录入

测量方式 三相四线　额定电压 220　互感器 直接接入　换新表　录入完成
检定类型 不合格批替换　额定电流 20(80)　止逆器 无止逆器　生成编号
频率 50　相同前缀 2012

01 02 03 04 05 06 07 08 09 10 11 12 13 14 15 16 17 18 19 20 21 22 23 24

NO	条形码	局编号	出厂编号	制造厂家	型号	常数	表类型	等级	通讯协议	载波协议	出厂日期
1	123634342325686			深圳科陆	A1350	300	电子式	1.0(2.0)	DL/T645-2007	2007标准配置	2012
2	123634342325687			深圳科陆	A1350	300	电子式	1.0(2.0)	DL/T645-2007	2007标准配置	2012
3	123634342325688			深圳科陆	A1350	300	电子式	1.0(2.0)	DL/T645-2007	2007标准配置	2012
4	123634342325689			深圳科陆	A1350	300	电子式	1.0(2.0)	DL/T645-2007	2007标准配置	2012
5	123634342325690			深圳科陆	A1350	300	电子式	1.0(2.0)	DL/T645-2007	2007标准配置	2012
6	123634342325691			深圳科陆	A1350	300	电子式	1.0(2.0)	DL/T645-2007	2007标准配置	2012
7	123634342325692			深圳科陆	A1350	300	电子式	1.0(2.0)	DL/T645-2007	2007标准配置	2012
8	123634342325693			深圳科陆	A1350	300	电子式	1.0(2.0)	DL/T645-2007	2007标准配置	2012
9	123634342325694			深圳科陆	A1350	300	电子式	1.0(2.0)	DL/T645-2007	2007标准配置	2012
10	123634342325695			深圳科陆	A1350	300	电子式	1.0(2.0)	DL/T645-2007	2007标准配置	2012
11	123634342325696			深圳科陆	A1350	300	电子式	1.0(2.0)	DL/T645-2007	2007标准配置	2012
12	123634342325697			深圳科陆	A1350	300	电子式	1.0(2.0)	DL/T645-2007	2007标准配置	2012
13	123634342325698			深圳科陆	A1350	300	电子式	1.0(2.0)	DL/T645-2007	2007标准配置	2012
14	123634342325699			深圳科陆	A1350	300	电子式	1.0(2.0)	DL/T645-2007	2007标准配置	2012
15	123634342325700			深圳科陆	A1350	300	电子式	1.0(2.0)	DL/T645-2007	2007标准配置	2012
16	123634342325701			深圳科陆	A1350	300	电子式	1.0(2.0)	DL/T645-2007	2007标准配置	2012
17	123634342325702			深圳科陆	A1350	300	电子式	1.0(2.0)	DL/T645-2007	2007标准配置	2012
18	123634342325703			深圳科陆	A1350	300	电子式	1.0(2.0)	DL/T645-2007	2007标准配置	2012
19	123634342325704			深圳科陆	A1350	300	电子式	1.0(2.0)	DL/T645-2007	2007标准配置	2012
20	123634342325705			深圳科陆	A1350	300	电子式	1.0(2.0)	DL/T645-2007	2007标准配置	2012
21	123634342325706			深圳科陆	A1350	300	电子式	1.0(2.0)	DL/T645-2007	2007标准配置	2012
22	123634342325707			深圳科陆	A1350	300	电子式	1.0(2.0)	DL/T645-2007	2007标准配置	2012
23	123634342325708			深圳科陆	A1350	300	电子式	1.0(2.0)	DL/T645-2007	2007标准配置	2012
24	123634342325709			深圳科陆	A1350	300	电子式	1.0(2.0)	DL/T645-2007	2007标准配置	2012

图 21–1–4　参数录入界面

三、设置电能表检定方案

在基本参数录入完成后即可进入“方案配置”界面，如图 21–1–5 所示，可以通过新建、复制、修改、删除完善“检定方案”。图 21–1–6 为已建好的方案，界面中将显示出选定方案名称下所有的项目配置，从上到下依次为潜动启动实验、误差偏差试验、校核常数试验、多功能试验、影响量试验、载波功能实验、通信协议检查实验、费控功能实验、误差一致性实验、功耗测试实验、冻结功能实验、计量功能试验、计时功能试验、最大需量功能试验、费率和时段功能试验、显示功能、电气要求试验、耐压试验等。下面根据检定规程和国网技术标准说明检定方案的设置。

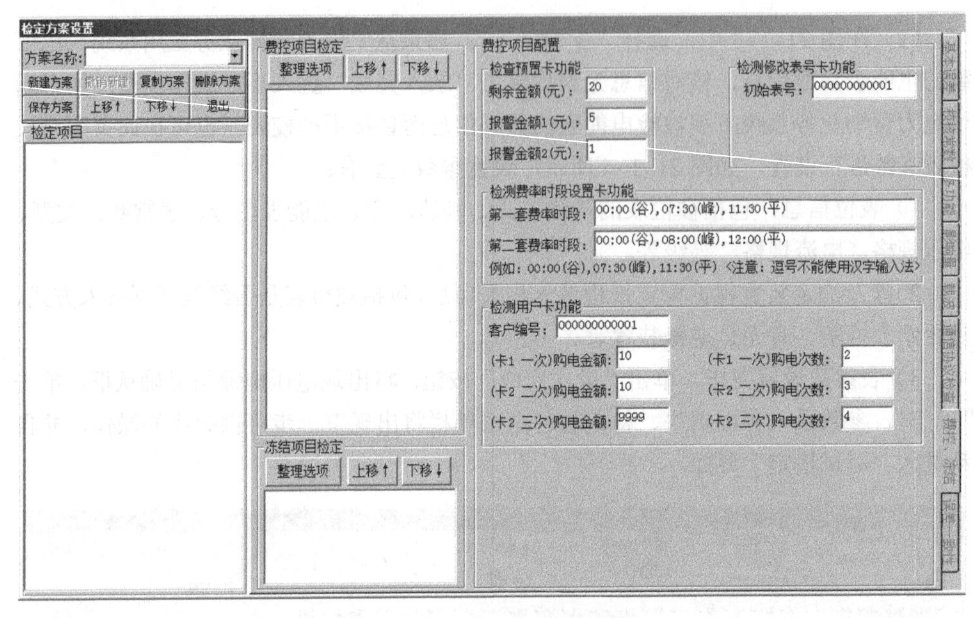

图 21–1–5 检定方案配置界面

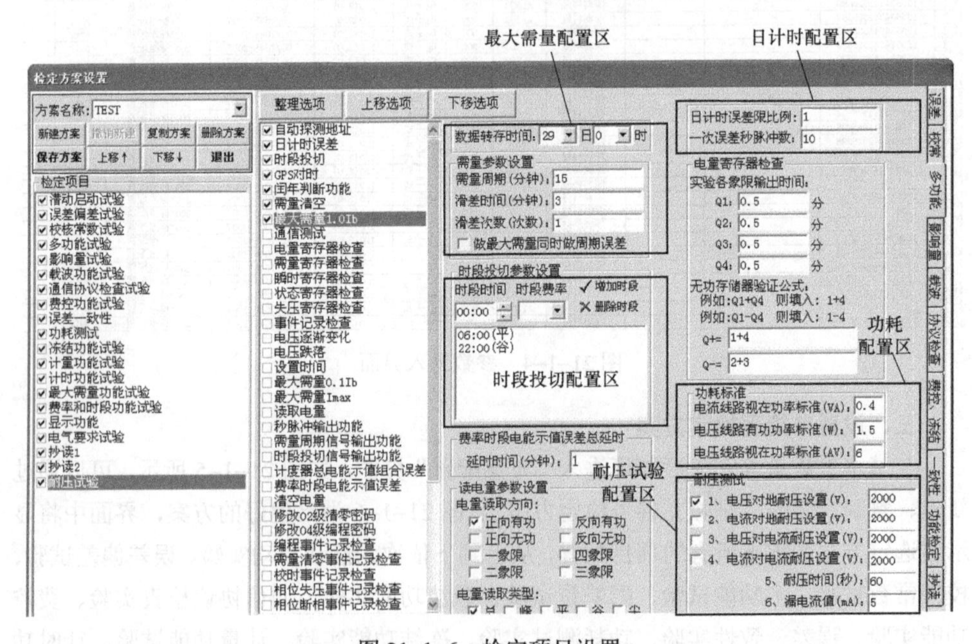

图 21–1–6 检定项目设置

（耐压试验、需量参数设置、时段投切参数设置、日计时误差测试设置、功耗测试）

1. 检定项目的设置

根据检定规程的检定项目，介绍对电能表检定过程中交流电压试验、潜动试验、起动试验、基本误差试验、仪表常数试验和时钟日计时误差试验中相关参数行正确设置的方法。

（1）交流电压试验。

打开“方案配置”，勾选“耐压试验”，对电压对地、电流对地、电压对电流、电流对电流的电压值、耐压时间、漏电流值进行配置，其中漏电流值是指每个表位的漏电流值，如图 21–1–6 所示。

（2）潜动和启动试验。

打开“方案配置”，勾选“潜动启动试验”，如图 21–1–7 所示，根据“检定方向”和不同“潜动电压”可以最多组成 4 个启动和 16 个潜动试验，如在项目中不输入潜动启动试验电流和时间，软件将按照规程自动计算。勾选“实验前预热”，设置预热电流和预热时间将会在实验前进行预热处理。

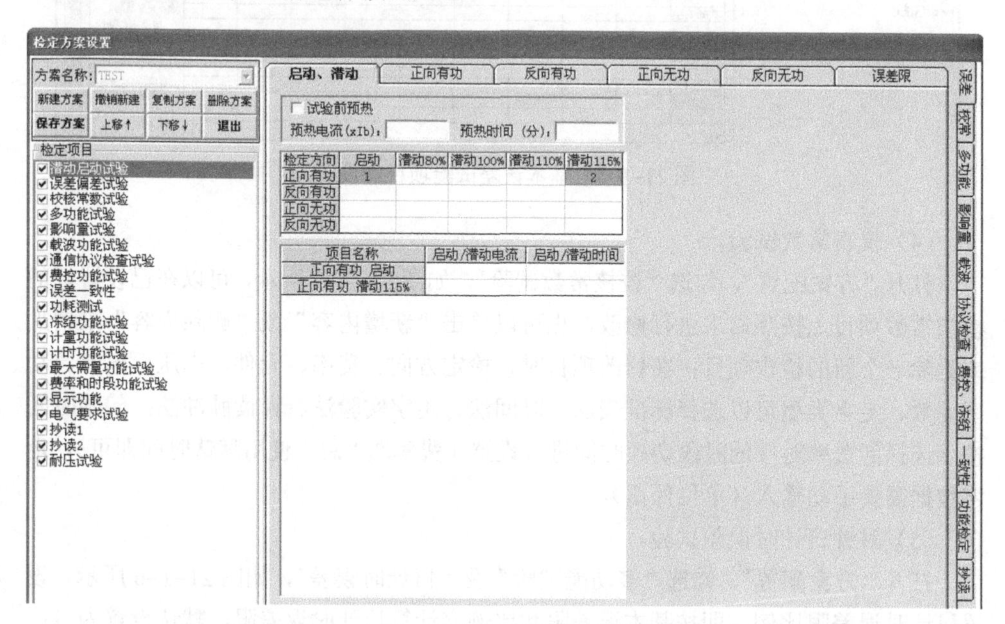

图 21–1–7　潜动和启动试验项目的设置

（3）基本误差试验。

打开“方案配置”，勾选“误差偏差试验”，如图 21–1–8 所示，根据规程和实际需要选择要检定的误差点，可通过“添加特殊负载点”添加负载点。选择负载点时按照电流从大到小选择，如单击“根据规程自动选点”将按照规程自动选定误差点；调整

“误差限”也在“据规程自动生成误差限”前勾选，可作为判断电能表误差合格依据。按照国家电网公司要求：对于首检电能表误差上、下限设置规程误差限的 60%；对于后续检定的电能表误差上、下限可设置为检定规程的误差限。

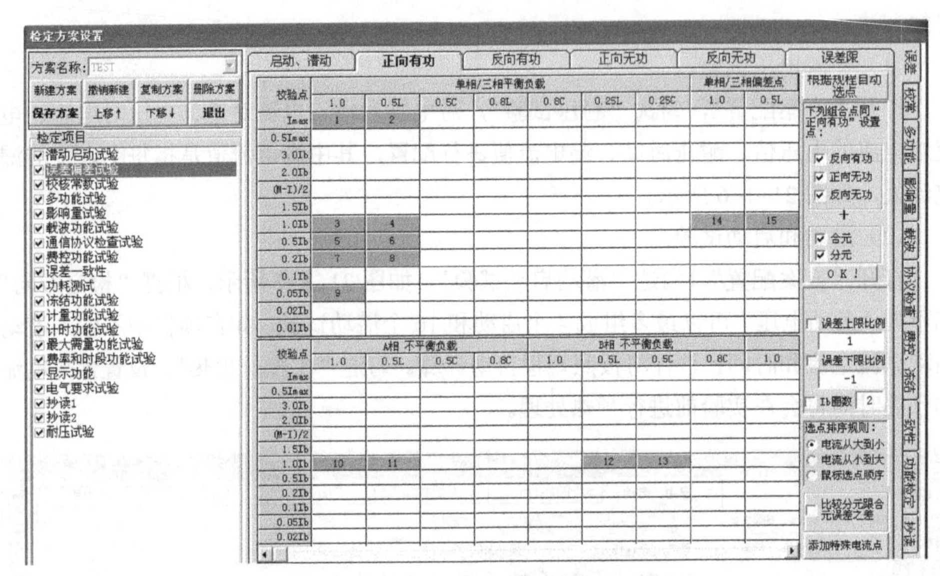

图 21-1-8　基本误差试验项目的设置

（4）仪表常数试验。

打开“方案配置”，勾选“校核常数试验”，如图 21-1-9 所示，可以在已设置好的校核常数项目上按照需求进行修改，也可以单击“新增内容”或“删除内容”来增加或删除一个新的检定项目；在修改项目时，检定方向、费率、元件、电压、电流、功率因数、走字类型可以选择标准表法、时间法、走字实验法、计读脉冲法；起始时间按照选择的费率对应的时段切换时间进行设置（费率选“总”使用默认时间即可），走字数据需要手动输入（单位保留）。

（5）时钟日计时误差试验。

打开“方案配置”，勾选“多功能试验”及“日计时误差”，如图 21-1-6 所示，设置日计时误差限比例，即按基本误差限和比例来计算日计时误差限，默认设置为 1；如果设置为 1，日计时误差限即为基本误差限。

2. 准确度要求试验项目的设置

根据国家电网公司相关电能表技术标准，介绍准确度要求试验项目中电压、电流和谐波影响量；误差变差、误差一致性、负载电流升降变差、电流过载等误差一致性项目；最大需量、时段投切等试验项目开展检测的相关参数进行正确设置的方法。

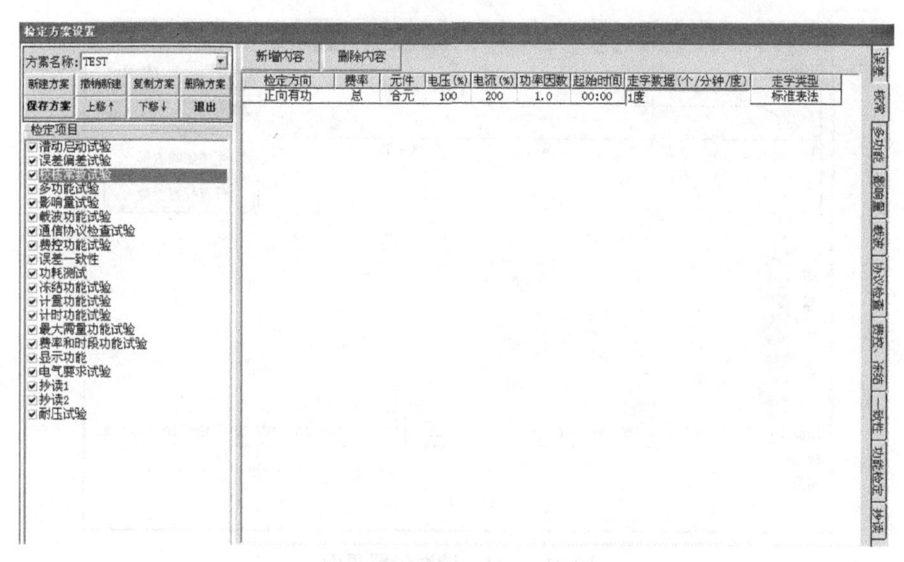

图 21–1–9　校核常数试验项目的设置

（1）影响量试验。

影响量试验项目包括电压影响、频率影响、谐波影响等；打开“方案配置”，勾选“影响量试验”，如图 21–1–10 所示，影响量试验方案设置方式跟校核常数试验类似，将相应的值设置好，如果某个影响量实验要加谐波的话，需要在“加谐波”对应列选择“加”，然后再在“双击我”处鼠标双击设置谐波含量，如图 21–1–11 所示。

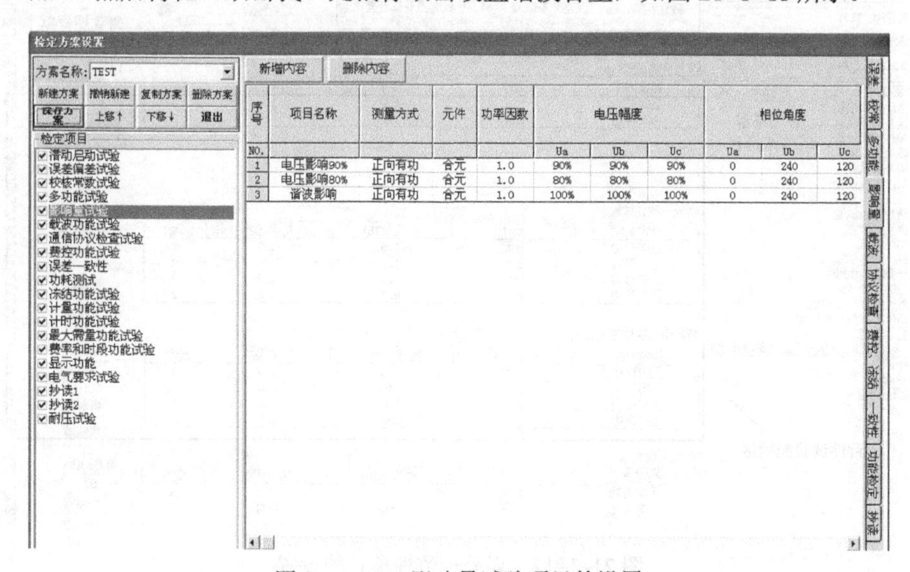

图 21–1–10　影响量试验项目的设置

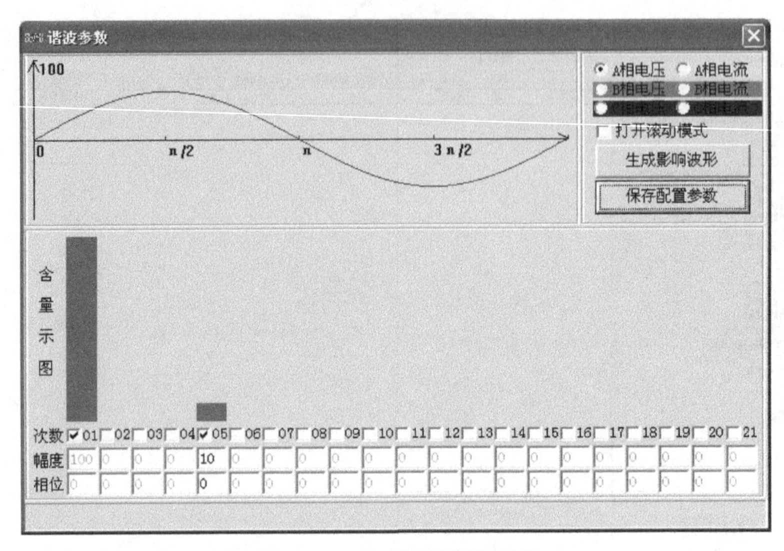

图 21-1-11 谐波设置界面

（2）误差一致性试验。

误差一致性试验界面包括误差变差、误差一致性、负载电流升降变差、电流过载四个试验。打开“电能表检定方案”，勾选“误差一致性试验”，如图 21-1-12 所示，

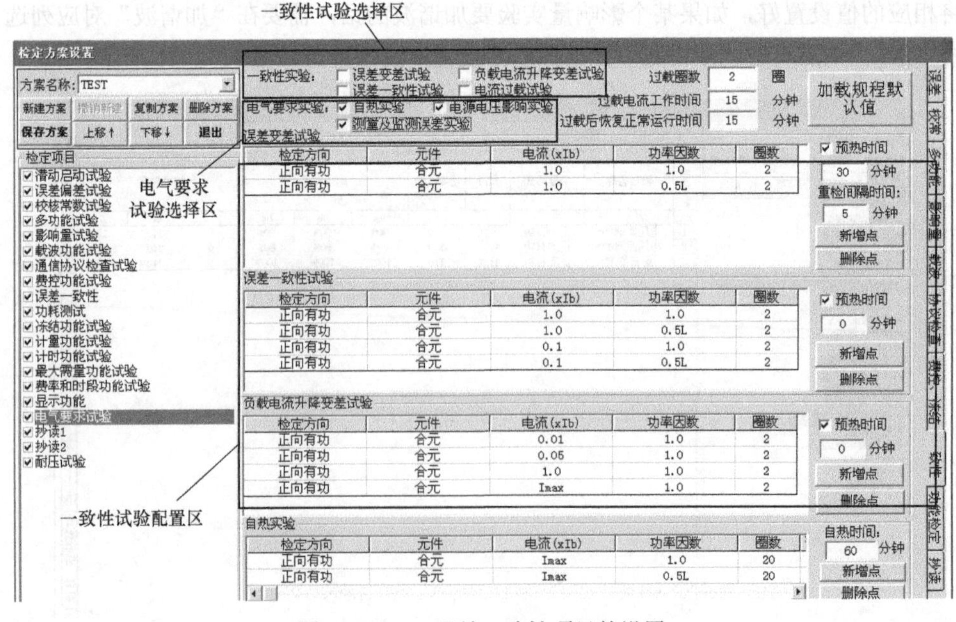

图 21-1-12 误差一致性项目的设置

选择“预热时间”，配置“重检时间间隔”“过载电流工作时间”和“过载后恢复正常运行时间”参数，当单击“加载规程默认值”将会加载智能电能表检定各项目默认要检的误差点。

（3）需量误差试验。

打开“方案配置”，勾选“多功能试验”及“最大需量 1.0I_b”（还可以选择“最大需量 0.1I_b”跟“最大需量 I_{max}”），如图 21–1–6：在“需量参数设置”中，按照实际情况进行填写需量周期、滑差时间跟滑差次数，如勾选“做最大需量的同时做周期误差”，在做最大需量试验的同时会将需量周期误差一同实现。

（4）时段投切试验。

打开“方案配置”，勾选“多功能试验”及“时段投切”，如图 21–1–6 所示，通过增加和删除方式在“时段投切参数设置”中填写实际的“时段时间”和对应的时段费率参数。

3. 电气试验

根据国家电网公司相关电能表技术标准，介绍电气试验项目中的功耗、自热、电源电压影响等试验项目的相关参数设置方法。

（1）功耗测试。

打开“方案配置”，勾选“功耗测试”，如图 21–1–6 所示，在“功耗标准”中，根据国家电网公司技术标准填写“电流线路视在功率标准”“电压线路视在功率标准”和“电压线路有功功率标准”的测试标准值即可，在新建方案的时候软件会自动给出默认值。

（2）自热、电源电压影响及监测试验。

打开“方案配置”，勾选“电气要求试验”如图 21–1–12 所示，电气要求包含自热试验、电源电压影响试验、测量及监测误差试验三个子试验项目，只有自热试验的“预热时间”及自热试验点需要配置，其他只需要勾选“保存”就可以。

4. 费率安全试验

费控试验的项目主要有安全认证试验、远程数据回抄、远程拉合闸、远程保电功能、报警功能、远程密钥更新。如图 21–1–13 所示，打开“方案配置”，勾选“费控功能试验”，这几个试验项目只要勾选保存就可以进行试验。

选择“远程密钥更新”试验，检定完成合格后该电能表已经由公钥变为私钥状态，需要特别注意的是：检定设备应和加密机处于连接正常的状态；电能表密钥更新以后不能再进行拉合闸、报警功能等试验。

本地费控试验中需要对一些卡进行试验，如图 21–1–13 所示，在“费控项目配置”中对“检查预置卡功能”“检测修改卡功能”“检测用户卡功能”等项目的参数进行设定。

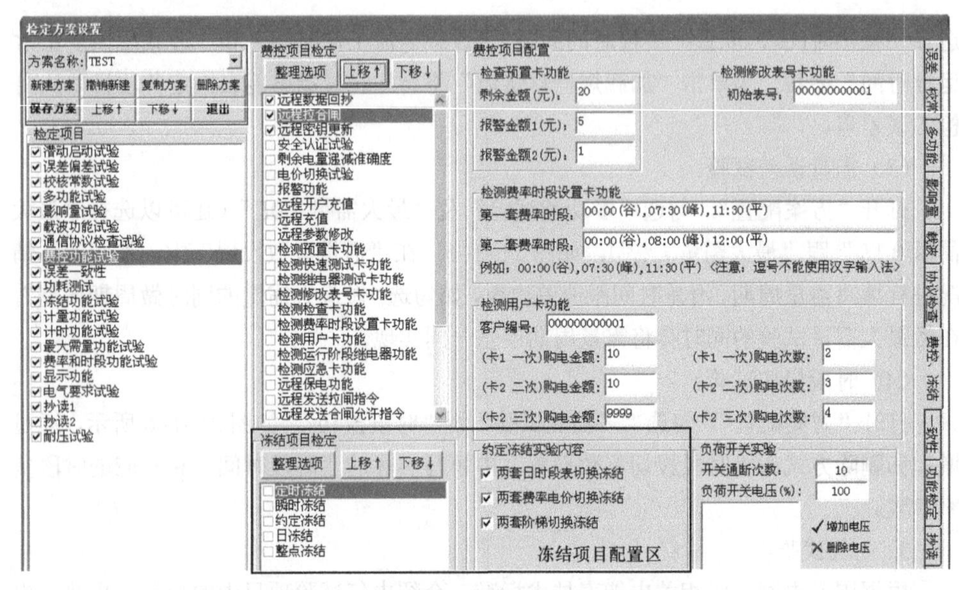

图 21-1-13 费控和冻结试验项目的设置

5. 通信功能试验

打开“方案配置”，勾选“通信协议检查试验”，如图 21-1-14 所示，通过“新增内容”和“删除内容”，配置“数据项名称”，在“功能”列选择“读”或者“写”，如果为写，在“写入内容”处填写相应内容，如果为读，不需要填写。

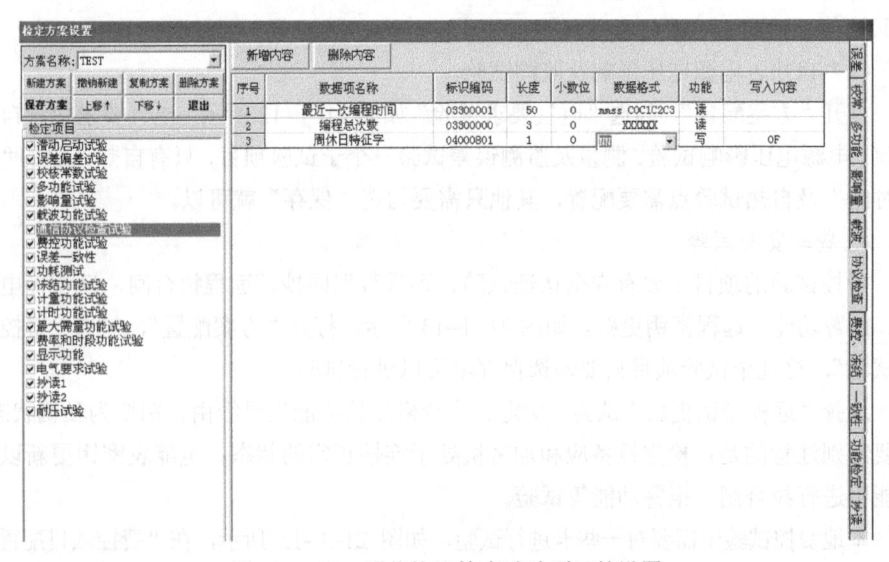

图 21-1-14 通信协议检查试验项目的设置

6. 功能检查

根据国家电网公司相关电能表技术标准，介绍计量功能、最大需量功能、冻结功能、费率和时段功能、显示功能、预置参数检查和载波功能试验项目的相关参数设置方法。

（1）计量功能检查。

打开“方案配置”，勾选“计量功能试验”，在图 21–1–15 所示的“计量功能试验”中，通过“新增点”“删除点”来设置试验项。计量功能试验中需要配置转存时间（结算日）、运行时间、电流方向（检定方向以及象限）以及有功、无功组合特征字。

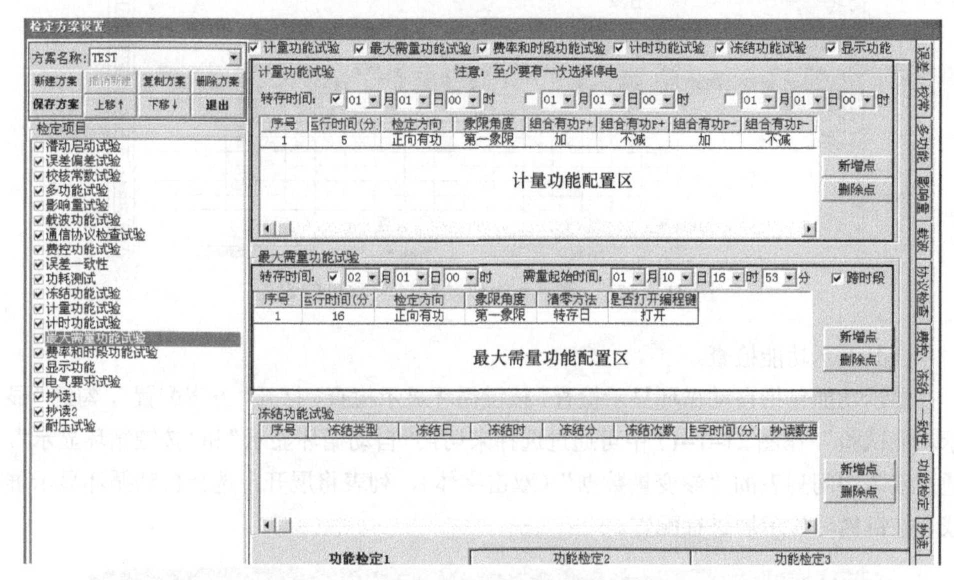

图 21–1–15　计量、最大需量试验项目的设置

（2）最大需量功能检查。

打开“方案配置”，勾选“最大需量功能试验”，在图 21–1–15 所示的“最大需量功能试验”中，通过“新增点”“删除点”来设置试验项。最大需量功能试验中需要配置：需量转存时间、需量起始时间、是否跨时段、运行时间、电能方向、清零方法。

（3）冻结功能检查。

打开“方案配置”，勾选“冻结功能试验”，在图 21–1–13 所示的“冻结项目检定”处通过勾选确定“约定冻结”“瞬间冻结”“约定冻结”“日冻结”和“整点冻结”几种方式。

（4）费率和时段功能试验。

打开“方案配置”，勾选“费率和时段功能试验”，在图 21–1–16 中配置第一套时区、第一套时段、第二套时区、第二套时段、两套时区表切换时间、两套时段表切换时间、是否判断周休日节假日等内容。目前国家电网公司系统大都只需设置一套时区和一套时段。需要注意设置时，时间格式为YYMMDDhhmm。

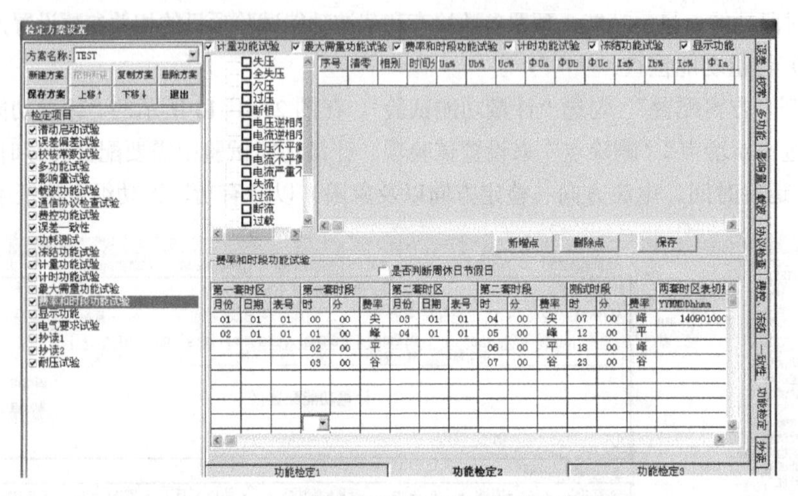

图21–1–16 费率和时段功能试验项目的设置

（5）显示功能检查。

显示功能包括自动循环显示检查、按键循环显示检查。打开“方案配置”，勾选“显示功能试验”，在图21–1–17中可通过选择来切换“自动循环显示”和“按键循环显示”，通过双击中间列表的“参变量数据”（双击字体），列表将展开，选择自动循环显示屏或者按键循环显示屏进行配置。

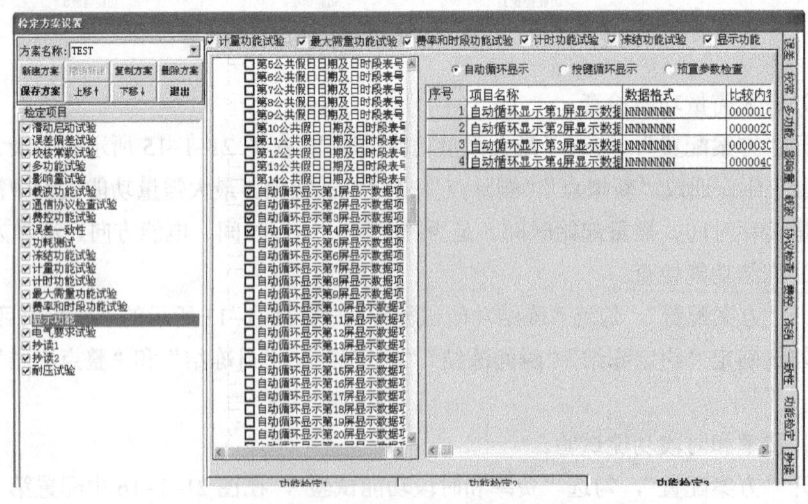

图21–1–17 显示功能和预置参数检查项目的设置

（6）预置参数检查。

显示功能除了包括“自动循环显示检查”“按键循环显示检查”以外，还增加了“预置参数检查”。打开“方案配置”，勾选“显示功能试验”，在图 21–1–17 中，选择“预置参数检查”，通过双击中间的组列表文字位置，从展开的子列表中选择想要检定的项目，如果需要比对，在右侧列表中填写“比较内容”。

（7）载波功能试验。

载波试验分召测试验、可靠性试验、成功率试验三类。打开“方案配置”，勾选“载波功能试验”，如图 21–1–18 所示，在中间的列表中选择相应的项目保存即可，如果需要新增项目，通过配置“召测项目名称”“标识项”“发送次数”“抄读成功率判断（标准）”“抄读时间间隔”等参数来新增试验项。

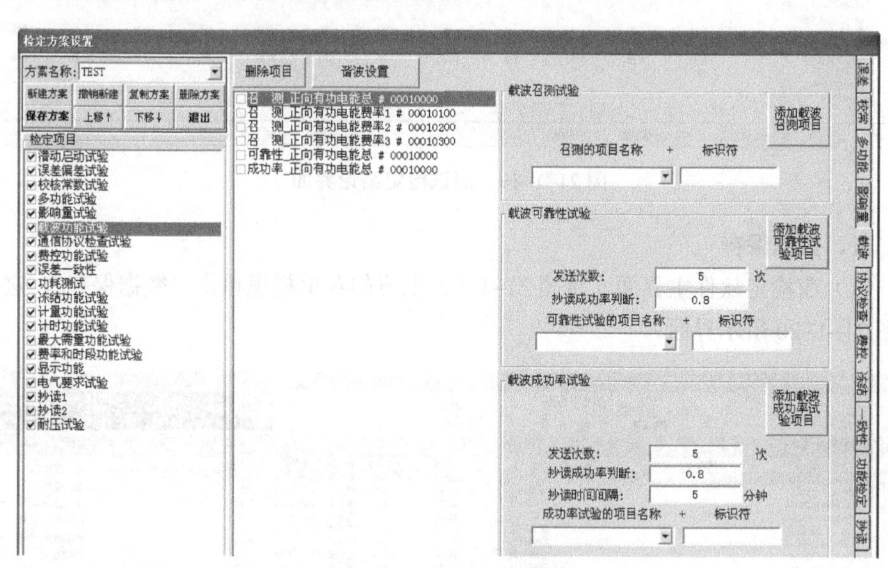

图 21–1–18　载波功能实验

四、检定和试验

（1）在检定软件主界面（见图 21–1–3）上方的菜单栏里单击“测试检定”，将进入到测试检定界面，如图 21–1–19 所示。

（2）选中要使用的检定方案，然后选中要开始检定的起始项目，单击“连续检定”或者“单项检定”来进行试验。

（3）在停止检定的情况下，单击“修改方案”进入检定方案配置界面，可以进行配置方案修改。通过单击“结论”“详细数据”“实时数据”“结论分析”，观看检定情况。

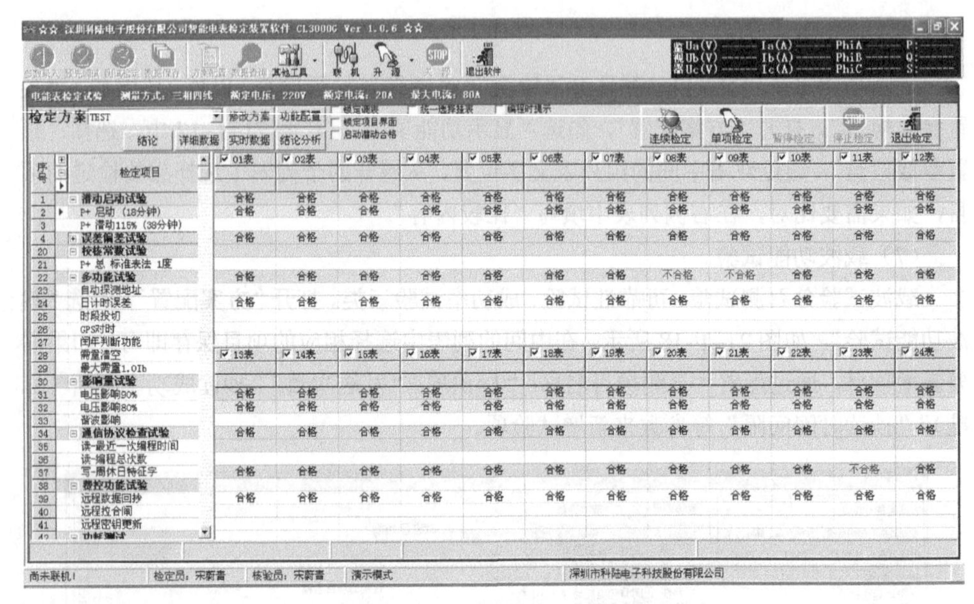

图 21–1–19 测试检定结论界面

五、数据保存

（1）在检定软件主界面（见图 21–1–3）上方的菜单栏里单击“数据保存”，进入如图 21–1–20 所示界面。

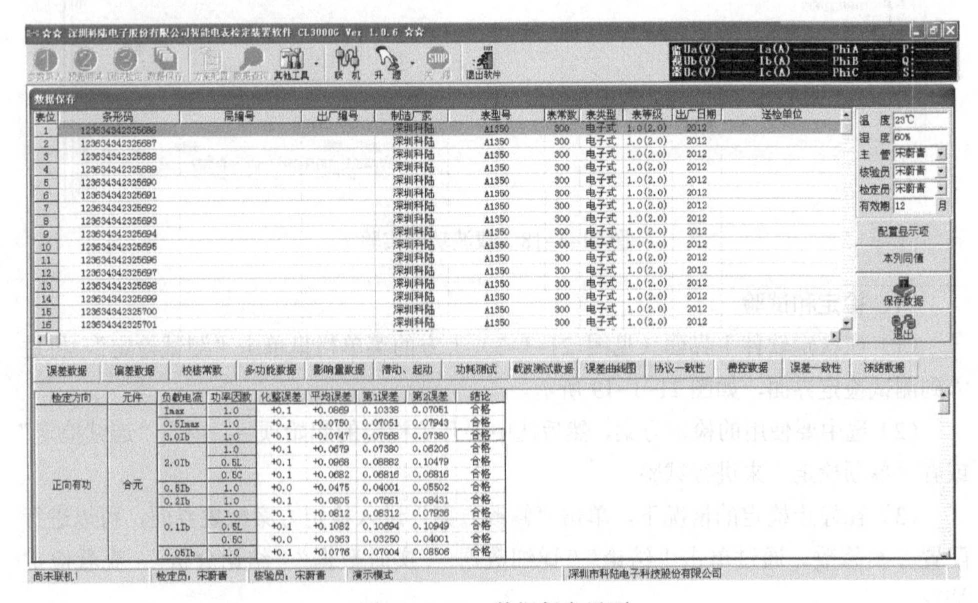

图 21–1–20 数据保存界面

（2）通过单击“误差数据”、“偏差数据”、“校核常数”等按键来显示所选表位的详细数据内容。

（3）按照实际情况填写温度、湿度、有效期。

（4）确认数据无误后单击“保存数据”完成所有数据的保存。

六、检定数据/报告打印

在检定软件主界面（见图 21–1–3）上方的菜单栏里单击“数据查询”，弹出报表打印程序，如图 21–1–21 所示，在弹出程序中单击“数据查询”，按照要求选择查询条件，单击“开始查找”，然后勾选要打印的数据记录，接着单击“报表打印”，选择“证书打印”“结果通知书打印”“原始记录打印”的其中一种，电脑将以 Word 形式输出相关资料。

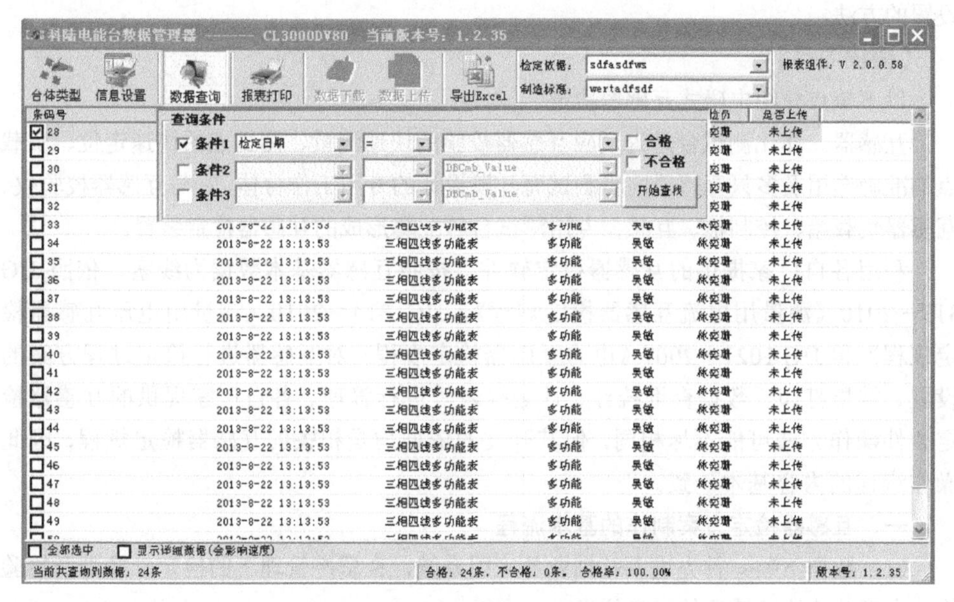

图 21–1–21　检定数据查询和打印

七、数据上传

双击电脑桌面上的“国网生产调度平台接口”，在图 21–1–1 中输入用户名和密码，桌面上出现图 21–1–2 所示的界面，单击进入“数据上传”，在连接正常的情况下会根据选中的检定日期将本批电能表自动加载到界面上，勾选要上传的电能表数据，单击“上传数据”，等待数秒即可上传到“国网生产调度平台”。

【思考与练习】

1. 在本单位的单相电能表检定装置上对精度为 1 级、电流为 10（40）A 的电能表进行检定试验方案的设置操作。

2. 在本单位的三相电能表检定装置上对精度为0.5S级，电流为3×1.5（6）A，电压为3×220/380V的三相四线多功能电能表进行检定试验方案的设置操作。

3. 在本单位的三相电能表检定装置上根据国家电网公司全检验收条件，对可以进行的试验设置检定参数。

模块2 互感器检定软件的使用（Z28D3002Ⅰ）

【模块描述】本模块包含电流互感器、电压互感器检定（试验）方案的制作等内容。通过概念描述、流程讲解、要点归纳、示例介绍，掌握互感器检定软件检定方案设置的方法。

【模块内容】

以下重点介绍电磁式互感器检定。

互感器一体化测试台是为适应互感器校验的快速测量、测试点的快速定位、负载点的准确选用及多只互感器同步测试而开发设计的专用工作台体，它与互感器校验仪、互感器负载箱、控制柜、互感器专用测试台等配套形成的互感器检定装置。

利用各自厂家提供的互感器检定软件，按照互感器基本数据为线索，依照JJG 313—2010《测量用电流互感器检定规程》、JJG 314—2010《测量用电压互感器检定规程》和JJG 1021—2007《电力互感器检定规程》对互感器进行检定过程方案的设置、结果打印、数据查询统计、计划报表等进行管理。各自厂家提供的互感器检定软件操作方法可能不尽相同，但其开发的依据均是相关的互感器检定规程，因此操作流程的内容基本一致。

一、互感器检定方案制作的基本流程

（1）数据下装：首先进入营销业务应用系统，在资产管理下的检定、校准及检验模块中下装待检互感器的资产信息。

（2）进入互感器校验装置系统“仪器检定” 对应待检类型设备菜单下的 “基本数据”中，输入标准器具的名称、等级等参数信息并“保存”。

（3）进入“测试数据”界面，单击“全程测试”，检定装置自动进行额定负荷和1/4额定负荷的全程测试，全程测试完毕后，查看检定数据是否合格，单击“保存”。

（4）进入“结论”界面输入温湿度、绝缘参数、人员等有关数据并“保存”。

（5）数据上装。

二、检定方案制作时的注意事项

（1）检定方案制作前被检设备的检定接线必须正确，其他检定项目按检定规程要求。

（2）若被检互感器的资产信息未入营销业务应用系统中，也可人工输入该待校验互感器的相关数据，其准确度等级、负载容量等参数不能填错。

（3）进入“仪器检定”对应待检类型设备时不能选错菜单。

（4）“全程测试”过程中如发现错误需停止测试并检查。

（5）安全措施要符合相关规程要求。

三、案例：检验电流互感器检定方案的制作

1. 被检设备信息下装

进入 SG186 营销业务应用系统→输入工号、密码→进入待办事宜→任务发起→检定、校准及检验→发起任务→制定计划→任务分配→待办事宜→任务安排→出库任务→进入资产管理→检定、校准及检验→检定→选择对应工作执行被检设备下装。如图 21–2–1 所示。

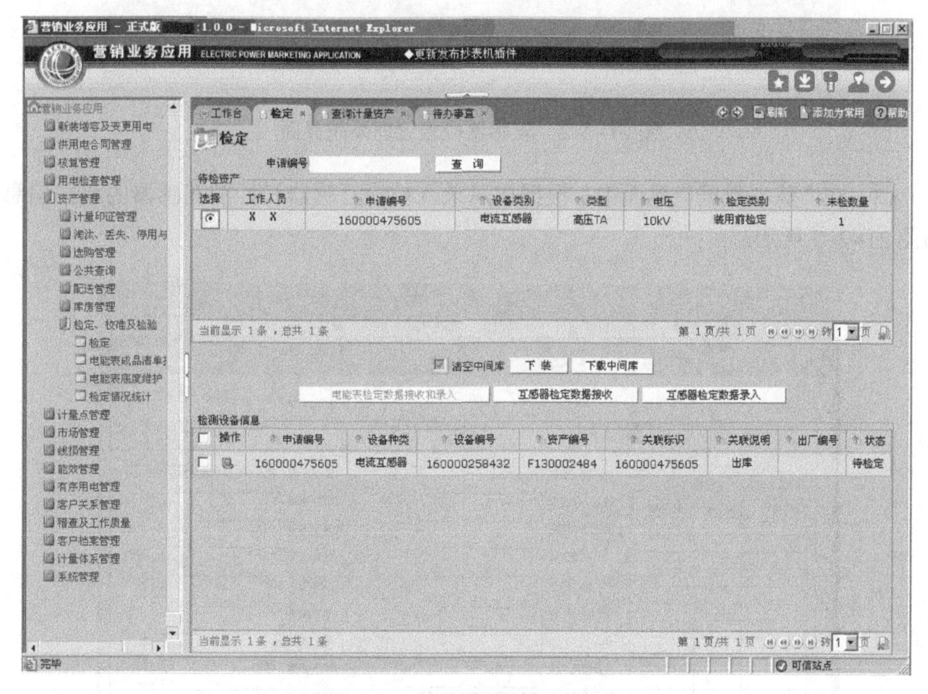

图 21–2–1 被检设备信息下装

2. 检定软件的方案设置

接下来进入由专业厂家提供的校验软件程序，如图 21–2–2 所示。

（1）根据所检互感器的类别选择，如被检是电流互感器，选择“电流互感器”。

（2）在电流互感器界面中，单击“新互感器”，程序自动进入“基本数据”界面。

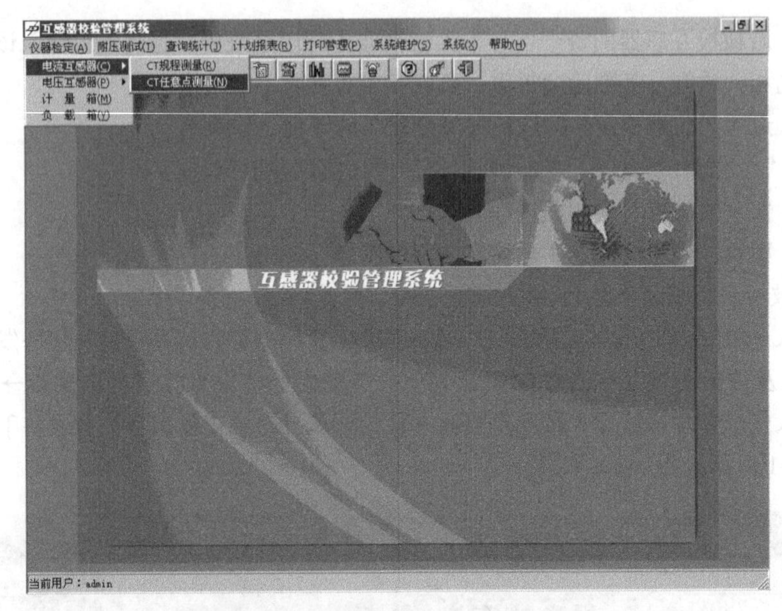

图 21–2–2 互感器校验管理系统界面

（3）在“基本数据”界面中，根据提示录入被检互感器和标准互感器的相关信息，如图 21–2–3 所示。

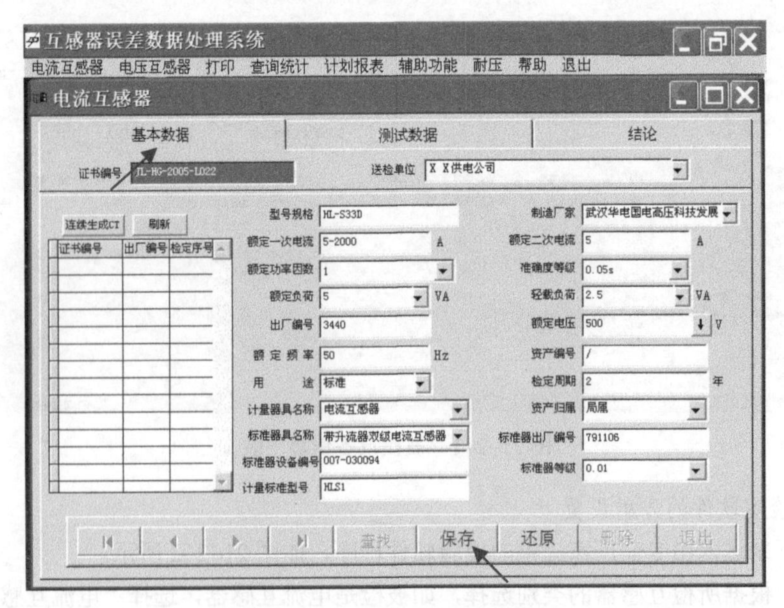

图 21–2–3 “基本数据”界面

（4）在确认相关信息正确后保存，保存后的界面如图 21–2–4 所示。保存后，发现有需要修改的地方，单击“修改”，修改后再保存。

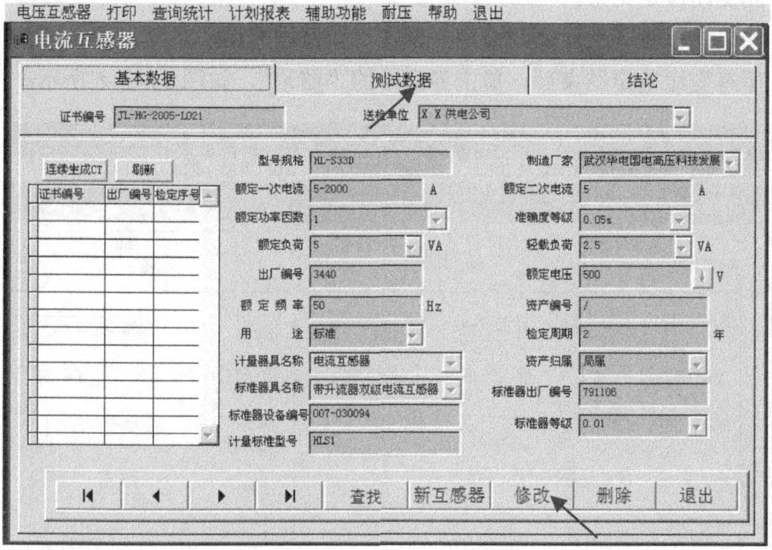

图 21–2–4 保存后的界面

（5）基本数据录入完成后，单击界面中的“测试数据”，如图 21–2–5 所示。

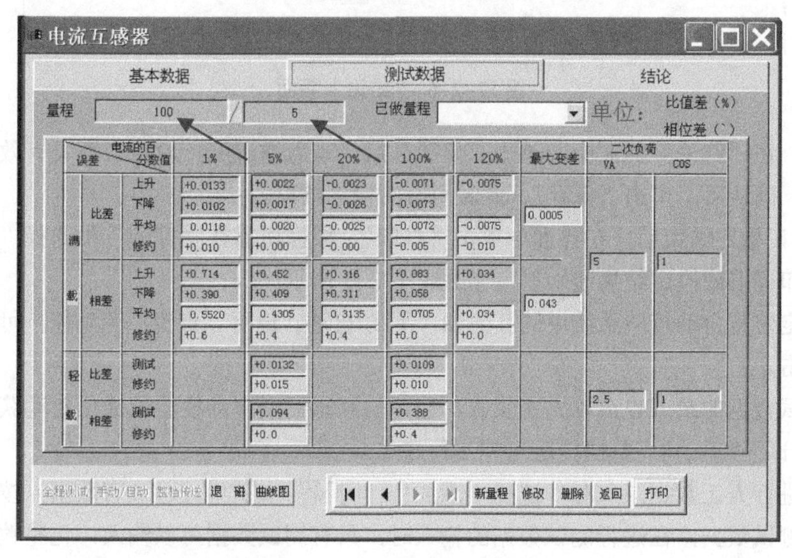

图 21–2–5 “测试数据”界面

（6）在“测试数据”界面中录入所要检定的变比，确认正确接线后，单击“全程测试”，互感器开始自动按规程规定的百分比进行满载和轻载的检定，检定完成后单击“保存”，此变比检定结束。

（7）如果进行下一个变比的检定，单击“新量程”后，重复步骤（6）。

（8）所有变比检定结束后，单击界面中的“结论”，如图 21–2–6 所示。

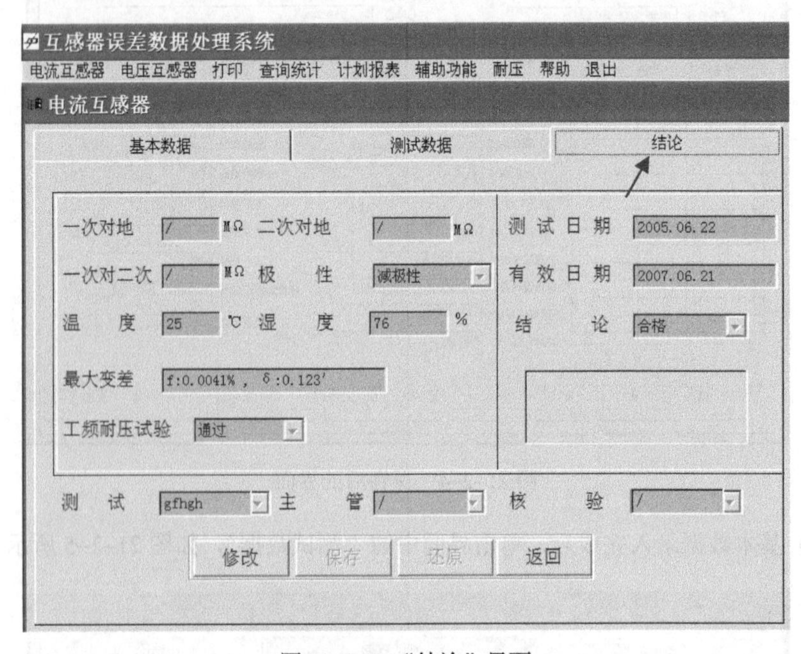

图 21–2–6 “结论”界面

（9）在“结论”界面中，单击“修改”后，录入温湿度、检定日期及有效期等相关信息，确认后，单击“保存”，此时所有的检定结束。

（10）检定结束后，在界面中单击“打印”，根据所需在“打印”中选择“标准记录、打印证书或检定结果通知书”。如图 21–2–7 所示。

检定装置自动校验系统中的其他如“手动/自动、退磁、查找”等功能，可根据需要来单击。

测试数据的录入也可以人工录入，也可与互感器全自动校验仪通信自动获取（有“全程测试”“手动”“整档传送”等三种方式）。

在进行人工数据录入时，选择“添加”（新量程）或“修改”（有数据）按钮，即可输入测试数据，在进行测试数据的输入时，只有测试数据可以输入，化整数据是根据测试数据自动计算的。在化整后数据超差时，相应的数据是红颜色。

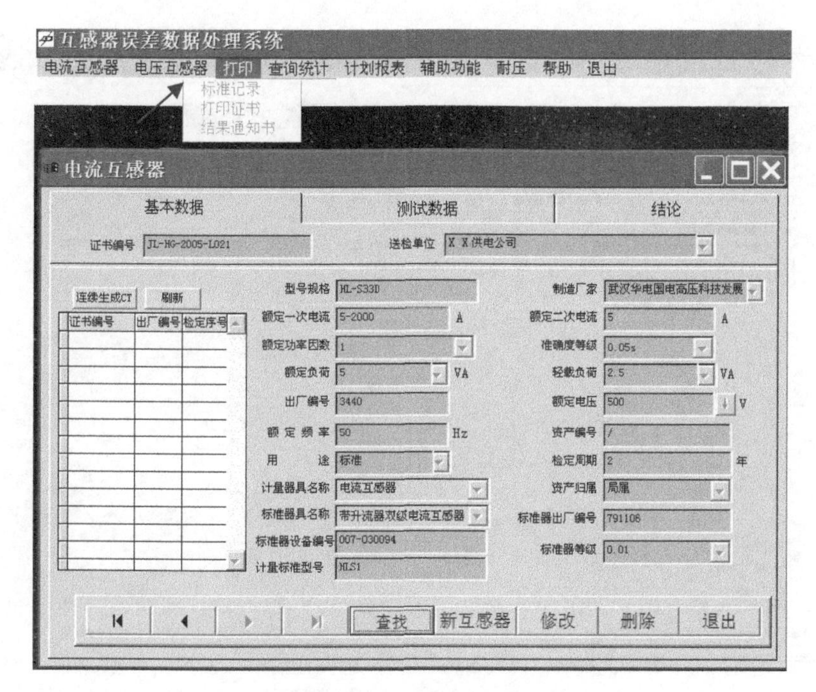

图 21–2–7 “打印”界面

测试数据录入结束后，“结论数据”是自动生成的，如果要进行“结论数据”的部分修改，选择“结论数据”页，进行结论数据的修改。

电压互感器的自动检定在选择“电压互感器”界面进入后，步骤同电流互感器的自动校验步骤一样。

与电流互感器检定方案制作的不同点为负荷点不一样，额定负载时的误差试验点为 80%、100%、115%、120%额定电压；1/4 额定负载（2.5VA）时的误差试验点为 80%、100%额定电压。

3. 检定数据上装

被检设备通过检验装置检定完成并将检定数据上传后，进入资产管理→检定、校准及检验→检定，接收检定数据并上装，整个检定流程结束。如图 21–2–8 所示。

【思考与练习】

1. 以本单位使用的互感器检定装置为例，对一只 0.4kV 的电流互感器（变比为 100A/5A，二次负载为 10VA，精度为 0.2S 级）进行检定操作软件的设置练习。

2. 以本单位使用的互感器检定装置为例，对一只 10kV 的电压互感器（二次负载为 30VA，精度为 0.2S 级）进行检定操作软件的设置练习。

3. 电流互感器检定时一定要进行退磁吗？为什么？

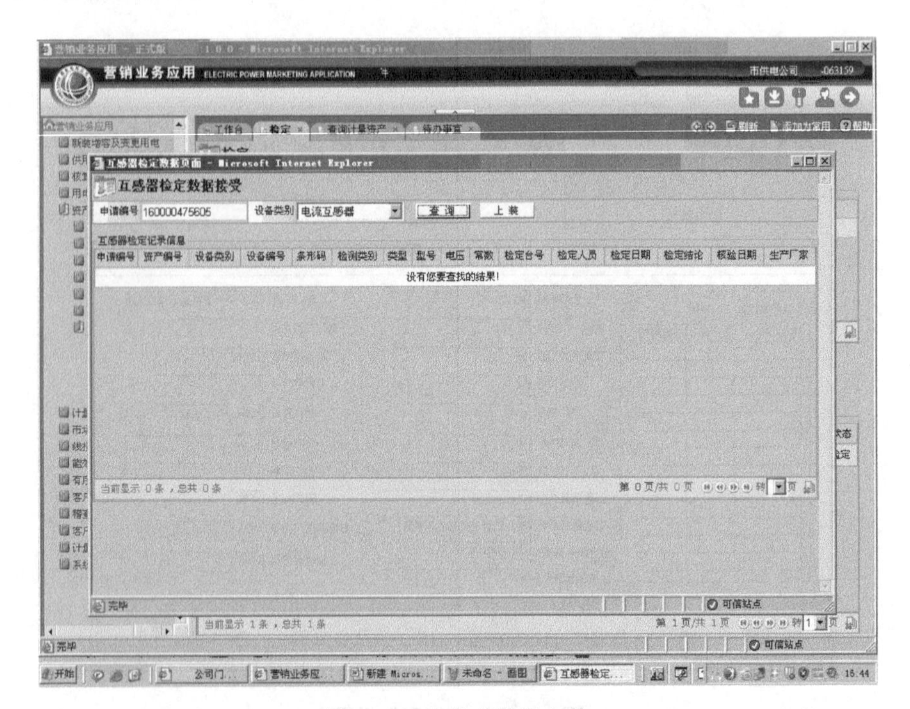

图 21-2-8　检定数据上装

模块 3　手持式终端的使用（Z28D3003 Ⅰ）

【**模块描述**】本模块包含手持式终端的用途、基本工作原理和结构、操作步骤、使用中的注意事项等内容。通过概念描述、术语说明、流程讲解、要点归纳、示例介绍，掌握手持式终端的使用。

【**模块内容**】

一、手持式终端的用途

手持式终端主要用于移动数据采集的掌上型设备。它可以实现数据的采集、存储、传输和处理等基本功能。手持式终端根据其用途不同可下载不同应用软件，目前手持式终端在电能计量方面除了在“抄表”“电能表编程”应用外，依托电力营销业务系统和用电信息采集系统，形成了“采集设备调试”和“移动作业”等新的应用。

抄表终端具有传统的抄表功能，抄收方式视情况不同而异，支持手工录入、红外抄收、RS232 抄收、RS485 抄收、电流环（CS）抄收等多种抄收方式。抄收对象包括机电式、电子式电能表、集中器等电能量储存设备。

电能表编程终端一般能够对电能表对时、费率下载、事件读取、参数设置、最大需量和电量清零、路径管理、修改表号（地址）和密码等功能。

采集设备调试终端主要应用于采集设备现场调试，具有无线、红外、RS232/RS48通信功能，能对信号强度、本地和远程信道进行测试并对采集设备通信参数进行测试。

移动作业终端是在营销业务执行过程中，利用智能移动作业终端（PDA），为现场作业提供作业辅助，它常用的功能模块有电能表装接、用电检查、采集运维、现场巡视等功能，能够实现电力营销业务系统、用电信息采集系统等业务系统和移动作业终端信息交流；现场计量装置和采集设备GPS定位、条码扫描；电能表底数读取和保存。

二、基本工作原理和结构

手持式终端常见外形如图21–3–1所示，手持终端实际上是一台微型计算机，其工作原理与之相似。也有手持式终端直接利用智能手机的强大功能进行二次开发。

手持式终端处理器一般采用32位CPU，固化了国标字库，功能强大，运行处理程序快；内存配置为128K～512KB，可以存放较大的应用程序和数据文件，有些还配备了2M～64MB的FLASH盘，若将程序和数据放在FLASH盘时就不会有因掉电而丢失的可能；显示屏配备的是液晶显示器，显示的信息清晰且丰富；键盘采用高品质硅胶，保证在温度异常时能正常使用。接口安装多种通信方式，如有线（RS485、RS232、USB等）、无线通信（高速红外、普通红外、GPS）和光电通信；有些还根据需要配备了条码扫描器。

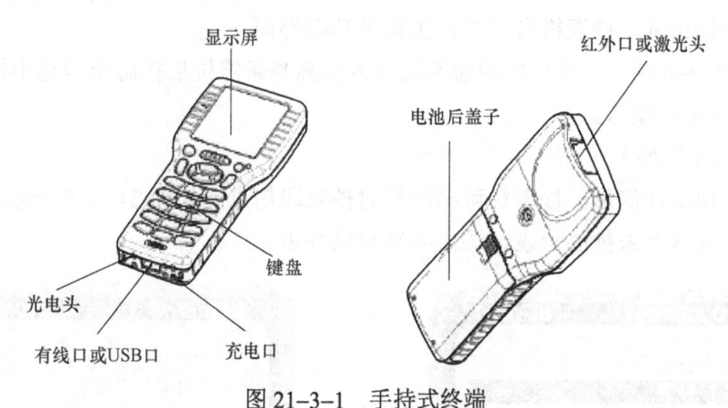

图21–3–1　手持式终端

三、抄表终端

以下以江苏光一科技股份公司的BT–3000为例介绍抄表终端的常见使用。

BT–3000采用ARM平台，采用EFC OS操作系统。提供的开发包可在PC机上进行二次开发，提供至少32MB快闪存储器作为磁盘使用，在无电源供电的情况下，存储在其中的数据仍可保存达10年之久，可同时具有USB、RS232、标准红外、微功率无线、RS485、20mA 电流环等多种通信接口。

1. 开机操作

按黄色开关，如果本机第一次开机，则出现主控台信息。如图 21-3-2 所示。

■D：电池符号，根据其黑白对比可了解当前电池容量。

2. 密码验证

进入主菜单前必须先输入密码。密码长度 0～6 位。密码与设定的不一致时验证不能通过。三次确认均不通过，程序自动退出运行。如图 21-3-3 所示。

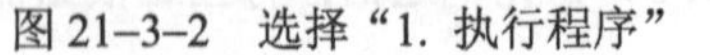
图 21-3-2 选择“1. 执行程序”

图 21-3-3 输入密码，请按“确定”继续

密码验证正确，抄表机自动进入主菜单功能界面。

如图 21-3-4 所示，按菜单项前的数字或以高亮条定位后按确定键选中操作项；用“取消”退出菜单操作。

3. 抄表（红外）

首先出现统计信息。抄表员可据此核对抄表段信息。如图 21-3-5 所示。

未完：表示有未抄的户表，该段必须继续抄表。

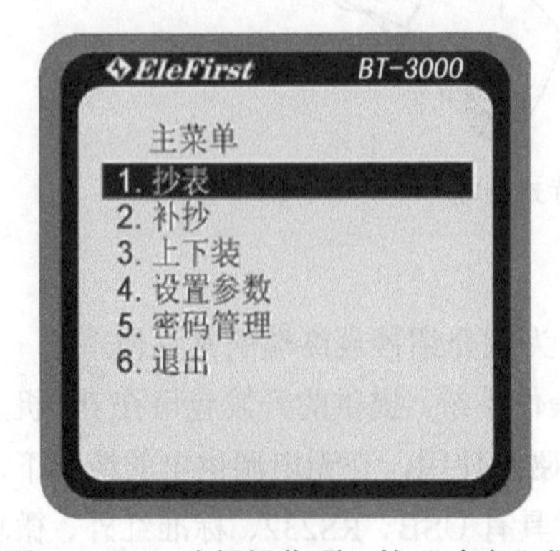

图 21-3-4 选择操作项，按“确定”继续

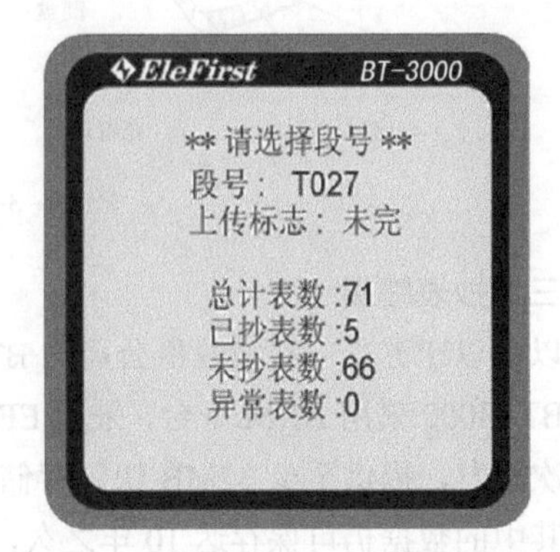

图 21-3-5 按“取消”可退回主功能菜单

如果有多个段，可通过“▲”“▼”变动选择察看，并确定首先要抄表的段。如图 21–3–6 所示。

未抄：表示该段未进行过抄表，按“取消”退回到抄表主菜单。

（1）选定抄表段号。

选定 T027 段，按“确定”，进入抄表功能后，定位到第一个未抄户。如果该户记录有提示信息，首先显示提示信息。在表号显示行的行末显示抄表标志。

在抄表信息显示界面上，可执行各种热键和功能菜单操作。如图 21–3–7 所示。

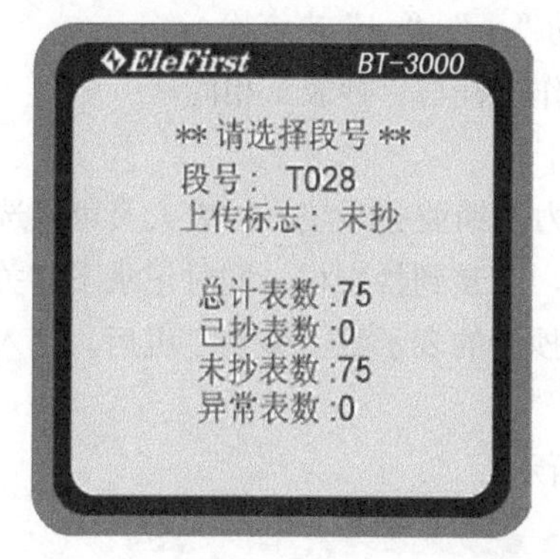

图 21–3–6　选择抄表段，按“确定”继续

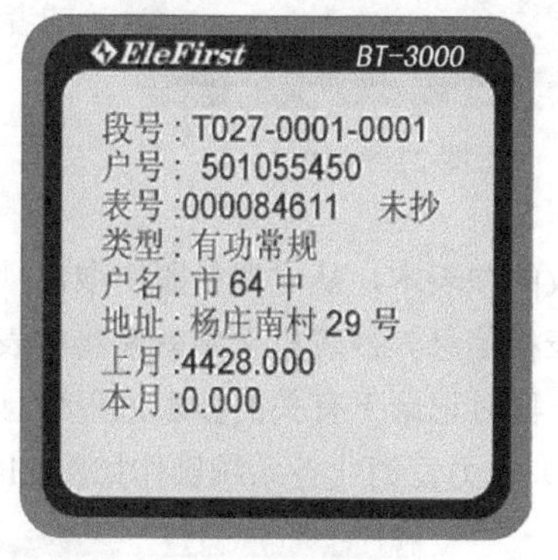

图 21–3–7　按“确定”进入录入窗口

（2）红外抄表。

抄表时抄表机的红外口和电能表的红外口的抄收距离以 4m 之内为佳，角度小于 15°。抄收时间视电能表类型而定，一般为 8s。抄收完成后自动入库。如果无“总和峰谷之和不等”的提示，自动定位到下一户。如图 21–3–8 所示。

如果通信失败，机器将会给出提示，如图 21–3–9 所示。检查表号地址是否和现场抄收的表号地址一致。

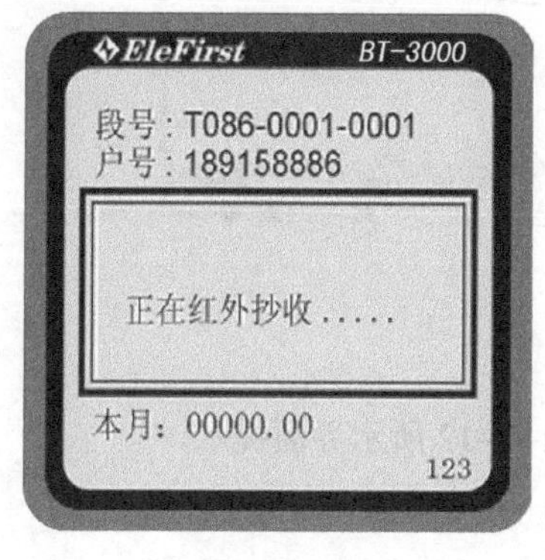

图 21–3–8

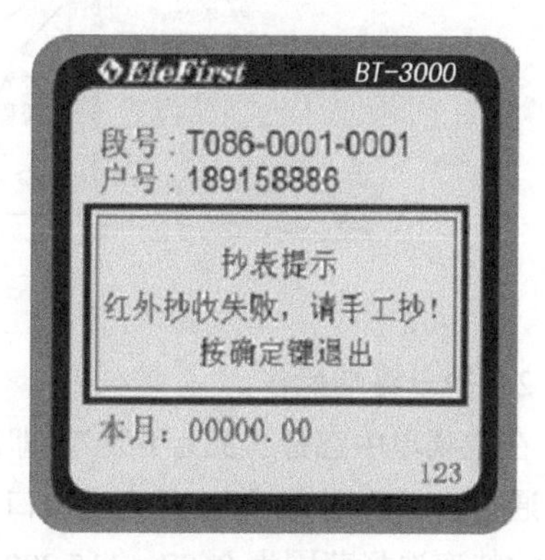

图 21–3–9

4. 其他操作

（1）补抄。

如果当前段还有未抄表，并且需抄表，可进行补抄。

选择“补抄”后，自动定位到第一个未抄完段（或未抄段）的第一个未抄表户，而且在抄完一个未抄户后，系统自动定位到下一个未抄户，见图 21–3–10。或者通过移动“←”“→”来查找。

具体操作过程与“抄表”相同。

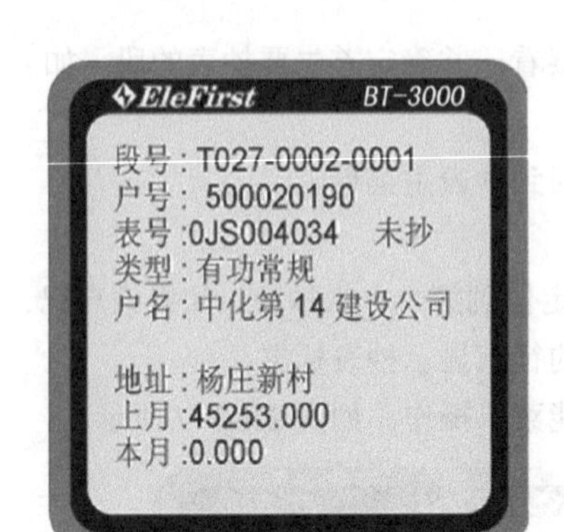

图 21–3–10

（2）上下装。

配合电力营销业务系统，抄表人员可以选择所要抄收的抄表本，从电费台账中取出抄表数据，下装到抄表机，同时记录下有关的下装抄表机信息。抄表机上装就是将抄表终端中抄录的表示数上装到主机后，填入电费台账，同时记录下有关的抄表过程信息。

1）电力营销业务系统操作如图 21–3–11 所示。

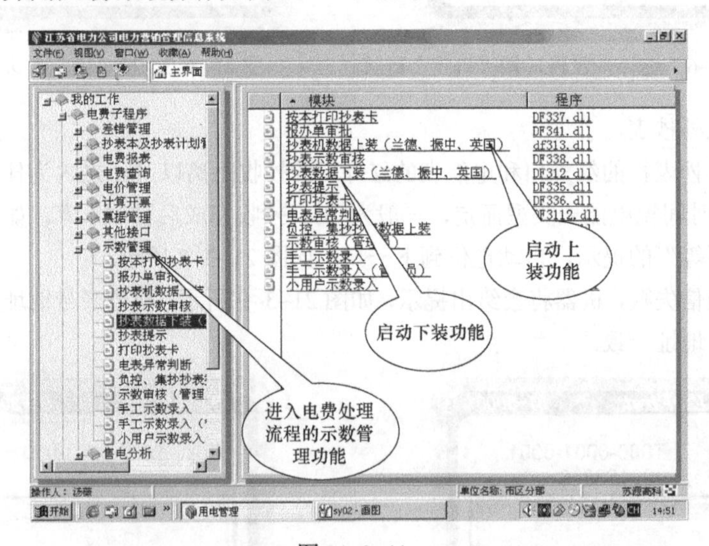

图 21–3–11

2）抄表终端操作。

在主菜单中选择“3.上下装”，即出现如图 21–3–12 所示界面提示。

通信口可分别为“串口”“光电口”。

波特率选择范围为 9600～115 200。

如果通信正常，文件上（下）装正常开始后，显示通信过程和进度，直到 100%，通信正常并结束，此时数据存放文件 CBJXZDBF 中，如图 21-3-13 所示。

图 21-3-12　上下装界面操作显示

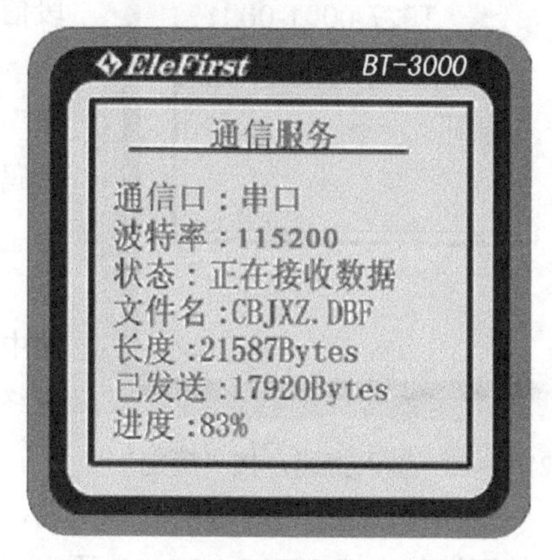

图 21-3-13　通信正常结束后，按“确认”返回

（3）设置参数。

主要是对一些运行参数和通信参数进行设置。

首先要求系统管理员输入超级权限密码，如图 21-3-14 所示，只有密码正确时才能进入到参数设置中。

系统管理员根据主台系统与抄表机上下装连接的要求，调整通信端口和速率的设置，如图 21-3-15 所示。

通信端口可调整为：串行口、机座、IrDA，缺省为串行口；

通信速率可调整为：115 200、57 600、38 400、19 200、9600，缺省为 115 200。

图 21-3-14　输入正确密码，并按“确定”

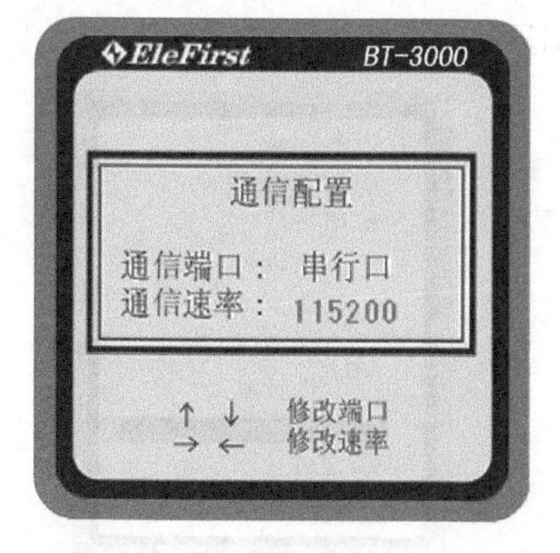

图 21-3-15　调整通信端口和速率

图 21-3-16 输入密码，按“确定”

（4）密码设置。

抄表终端操作人员通过设置密码，保护抄表段信息。

密码输入过程中，在按“确定”之前，按“删除”键删除误输入数字。退出密码保护必须输入密码。如图 21-3-16 所示。

四、电能表编程终端

以下以江苏林洋电子股份有限公司使用北京振中公司 TP–800 编制的软件为例，介绍电能表编程终端的使用。

TP–800 采用 Motorola DragonBall 32bit 处理器，采用独立知识产权的 TPOS 嵌入式操作系统。提供的开发包支持 ZZDBASE、C 语言在 PC 机上进行二次开发，提供至少 32M 快闪存储器作为磁盘使用，在无电源供电的情况下，存储在其中的数据仍可保存达 10 年之久，可同时具有 USB、RS232、标准红外、微功率无线、RS485、20mA 电流环等多种通信接口。

1. 开机操作

按红色开机键开机，开机后进去主菜单界面，如图 21-3-17 所示。通过上下键选择“7. 程序运行”，选择“国网表”，即可进行编程程序。

2. 通信口选择

通过选择不同通信方式和波特率来对电能表操作，如图 21-3-18 所示。其中，485 通信默认 2400bps；红外通信默认 1200bps；如果需要 485 口其他波特率，请选择其他通信口。

图 21-3-17 选择“7. 程序运行”，按“确认”

图 21-3-18 选择红外通信口，按“确认”

3. 主程序界面

菜单显示不同操作功能，如图 21–3–19 所示，根据上下键选择或者数字选择对应功能。或选择“退出”键返回主菜单。

4. 设置参数

操作项功能根据数字键选择来操作，如图 21–3–20 所示。部分项目后面有子项目，根据需求逐级选择。“确认键”设置，“取消键”退出。

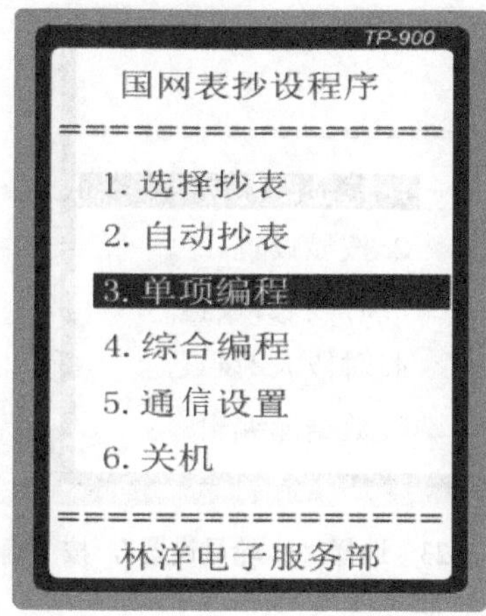

图 21–3–19　选择“3. 单项编程”，按“确认”

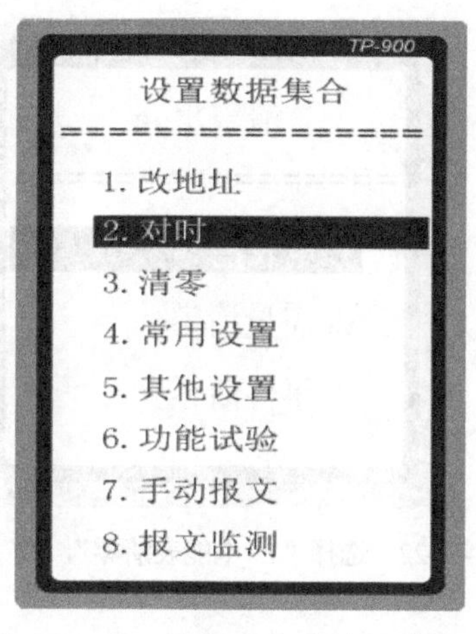

图 21–3–20　选择“2. 对时”，按“确认”

5. 修改时间

校时必须先把掌机时间调整到正确的时间，如图 21–3–21 所示。电能表校时大于 5min 应打开电能表编程开关。校时时输入正确的表通信地址和正确的密码权限。

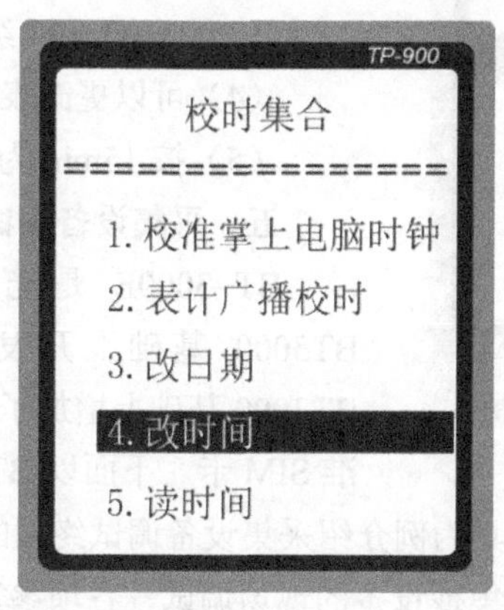

图 21–3–21　选择“4. 改时间”，按“确认”

6. 电能表清零

清零集合包含了电能表（电量）、需量和时间三个项目的清零，如图 21–3–22 所示，操作方法都是一样的。

7. 常用设置

常用设置可以对轮显、按显项目以及时段表进行设置，如图 21–3–23 所示。在设置前，必须先在“5.数据库编辑”中填写你需要设置的内容。

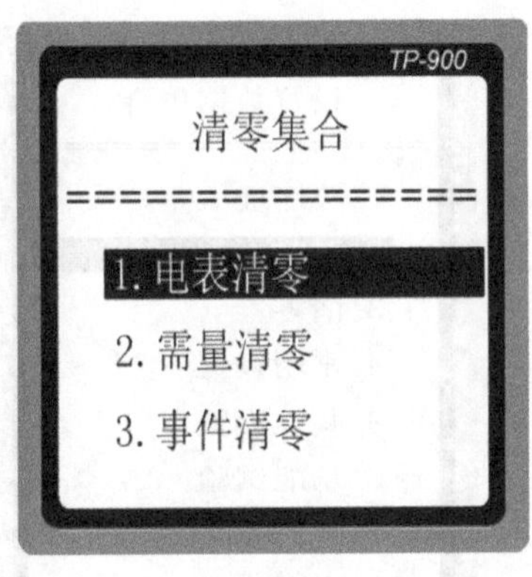

图 21–3–22 选择“1. 电能表清零”，按“确认”

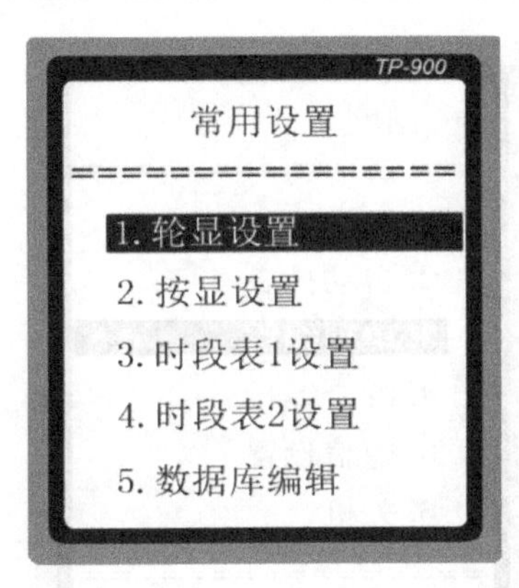

图 21–3–23 选择“1. 轮显设置”，按“确认”

8. 功能试验

功能试验如图 21–3–24 所示。

（1）切换表计的多功能口为时钟口、时段切换口或需量周期口。

（2）在公钥状态下可以进行拉合闸操作。

（3）对 02、04 级密码进行更改。

（4）可以更改表计 RS485 通信口的波特率。

（5）按 15min 为间隔设置试验时段。

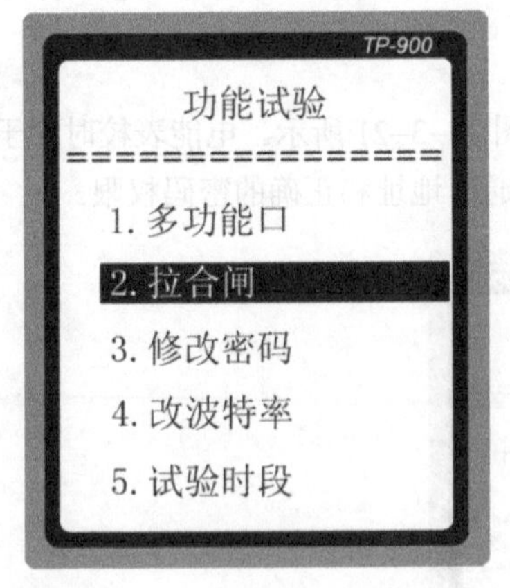

图 21–3–24 选择“2. 拉合闸”，按“确认”

五、采集设备调试终端

BT–3000E 是光一科技股份有限公司在 BT3000 基础上开发的增强型手持终端，在 BT3000 基础上增加了 GPRS 通信功能，可插入标准 SIM 卡。下面以 BT–3000E 开发的Ⅱ型集中器（以下简称“终端”）调试工具为例介绍采集设备调试终端的常见使用。

该采集调试终端能实现集抄设备的现场调试、各项参数设置、数据的读取和浏览主要功能模块有无线信号测试、无线通信测试、终端参数读取、终端参数设置和电能表 RS485 测试。

1. 开机操作

按黄色“开关”，如果本机第一次开机，则出现主控台信息，如图 21–3–25 所示。

2. 进入集抄调试

进入程序后首先显示程序版本信息，按“确定”键进入主功能菜单界面。如图 21–3–26 所示。

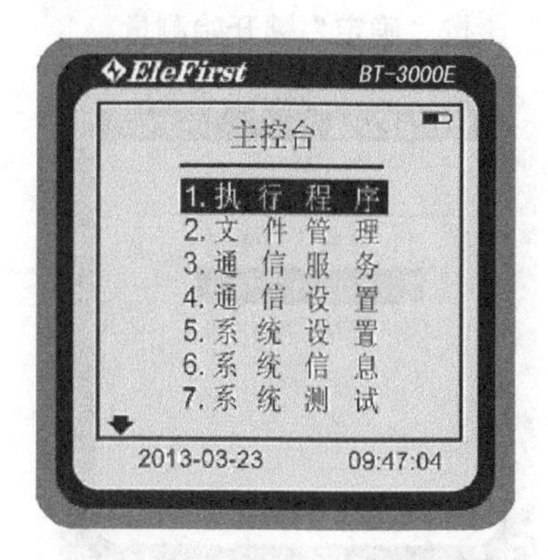

图 21–3–25　选择“1. 执行程序”

图 21–3–26　集抄终端测试工具

显示无线集抄终端调试工具主菜单界面，如图 21–3–27 所示，可以按上、下键选择功能菜单，按“确定”键进入选择的功能。

3. 无线信号测试

无线信号测试包括终端信号（强度）读取、本地信号测量和终端天线测试。如图 21–3–28 所示。

图 21–3–27　无线集抄终端调试工具主菜单

图 21–3–28　无线信号测试

(1) 终端信号读取。

如图 21–3–29 所示，选择“终端信号读取”，输入终端地址，按“确定”键，通过红外读取终端的当前信号强度。

通信成功后 BT3000E 显示终端的信号值，单位是 dBm，以及当前信号的强弱。信号强度分为无、很弱、一般、较好、很强五个级别。

(2) 本地信号测量。

如图 21–3–30 所示，选择“本地信号测量”，按“确定”键开始测量。

图 21–3–29 终端信号读取

图 21–3–30 本地信号测量

先提示“模块初始化中……”，初始化完成后以坐标图形形式显示信号场强，如图 21–3–31 所示，连续测量会出现连续的柱状图，以及当前信号值和信号强度的级别。

(3) 终端天线测试。

如图 21–3–32 所示，选择“终端天线测试”，根据提示将终端天线安装到 BT3000 上，然后开始测试，模块正常工作屏幕显示终端天线接收的信号值和信号强度的级别。

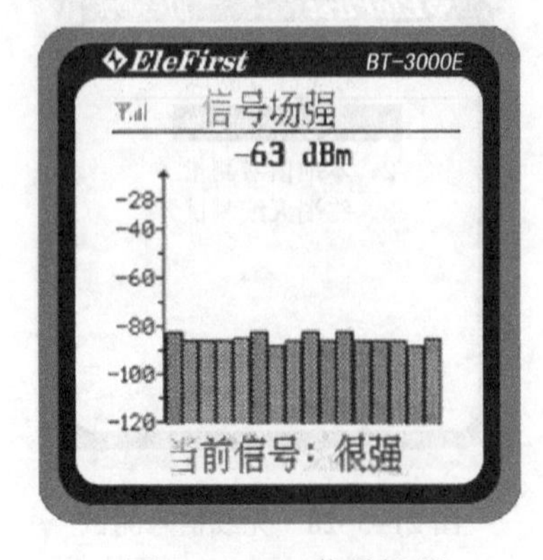

图 21–3–31 信号场强

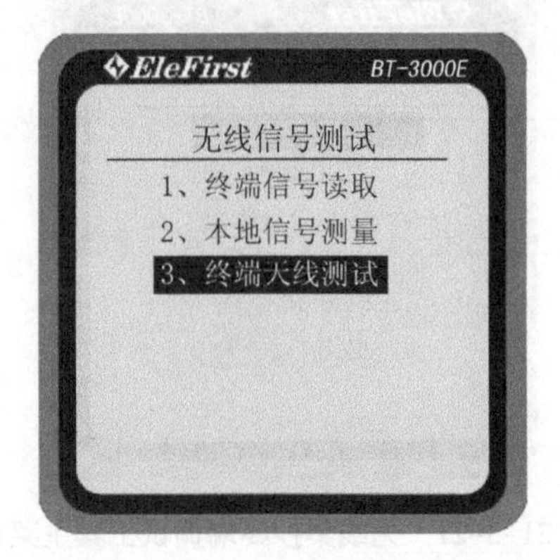

图 21–3–32 终端天线测试

4. 无线通信测试

无线通信测试包括 SIM 卡测试、模拟终端通信测试及终端上、下线测试，如图 21–3–33 所示。

（1）SIM 卡测试。

如图 21–3–34 所示，选择“SIM 卡测试”，将待测试 SIM 卡插入 BT3000E 的 SIM 卡槽中，按“确定”键开始 SIM 卡测试，出现“正在登录 GPRS”的提示，稍后屏幕显示测试成功或者失败提示。如果失败请检查些 SIM 卡是否开通 GPRS 功能。

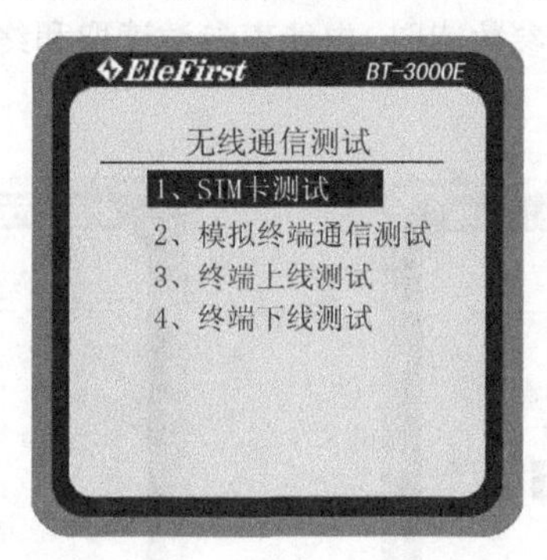

图 21–3–33 SIM 卡测试

（2）模拟终端通信测试。

如图 21–3–34 所示，选择“模拟终端通信测试”，将待测试 SIM 卡插入 BT3000E 的 SIM 卡槽中，按“确定”键开始 SIM 卡测试，出现“正在登录 GPRS”的提示，稍后屏幕显示测试成功或者失败提示，如果成功则屏幕显示“登录 GPRS 网络：成功”和“模拟终端登录：成功”。

（3）终端上线测试。

如图 21–3–35 所示，选择“终端上线测试”，通过红外对终端发送上线命令。输

图 21–3–34 模拟终端通信测试

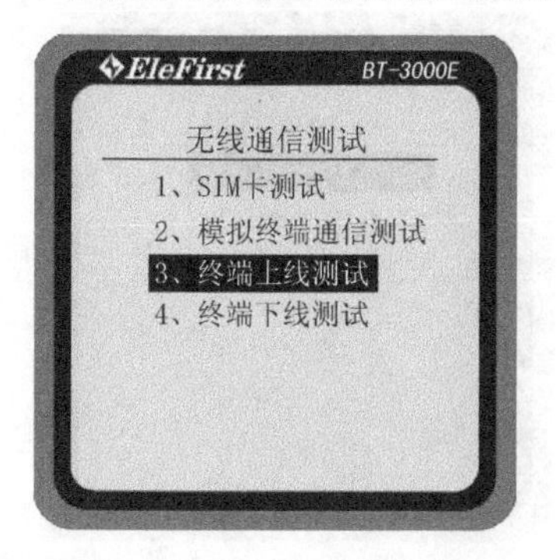

图 21–3–35 终端上线测试

入终端地址按确定键进行通信，如果提示终端设置成功。表示命令发送成功，观察终端指示灯是否上线。

（4）终端下线测试。

如图 21–3–36 所示，选择“终端下线测试”，通过红外对终端发送下线命令。输入终端地址按确定键进行通信，如果提示终端设置成功。表示命令发送成功，观察终端指示灯是否下线。

5. 终端参数读取

终端读数测试包括通信参数读取、电能表参数读取和终端时间读取，如图 21–3–37 所示。

图 21–3–36 终端下线测试

图 21–3–37 终端参数读取

（1）通信参数读取。

如图 21–3–38 所示，选择“通信参数读取”，按“确定”键，通过红外读取并验证终端通信参数是否正确。通信成功自动判断并提示终端参数是否正确，显示终端参数的内容。

如图 21–3–39 所示，显示终端通信参数的内容，包括主站 IP 和端口等内容。

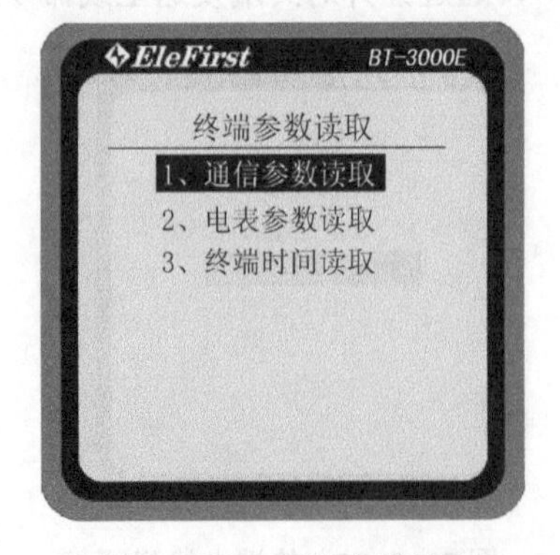

图 21–3–38 通信参数读取

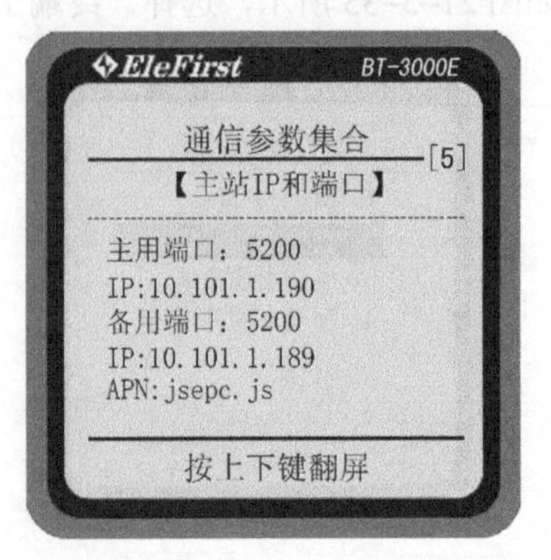

图 21–3–39 主站 IP 和端口

（2）电能表参数读取。

如图 21–3–40 所示，选择“电能表参数读取”，按“确定”键，通过红外读取终端中电能表参数信息。通信成功提示终端显示电能表参数的内容，现场检查电能表参数是否正确。

（3）终端时间读取。

如图 21–3–41 所示，选择“终端时间读取”，按“确定”键，通过红外读取终端时间。如时间不正确，则提示对终端进行对时，确认后对终端进行对时操作。

图 21–3–40　电能表参数读取

图 21–3–41　终端时间读取

6. 终端参数设置

终端通信参数设置主要有通信参数设置、立即抄表和终端复位，如图 21–3–42 所示。

（1）通信参数设置。

如图 21–3–42 所示，选择“通信参数设置”，按“确定”键，对终端设置通信参数，输入终端地址后按“确定”键进行通信，设置默认通信参数，设置成功后出现结果提示。

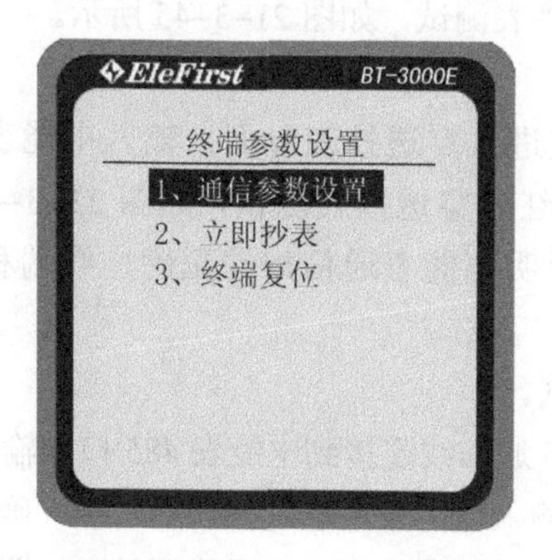

图 21–3–42　通信参数设置

（2）立即抄表。

在终端电能表参数已经正确配置的情况下，对终端发送立即抄表命令，验证终端抄表功能是否正常。

如图 21-3-43 所示，选择“立即抄表”，按“确定”键，输入终端地址进行通信，终端收到命令返回成功提示，终端开始立即抄表。

（3）终端复位。

如图 21-3-44 所示，选择“终端复位”，按“确定”键，输入终端地址，通过红外对终端下发硬件复位命令。终端收到命令返回成功提示，终端开始复位。

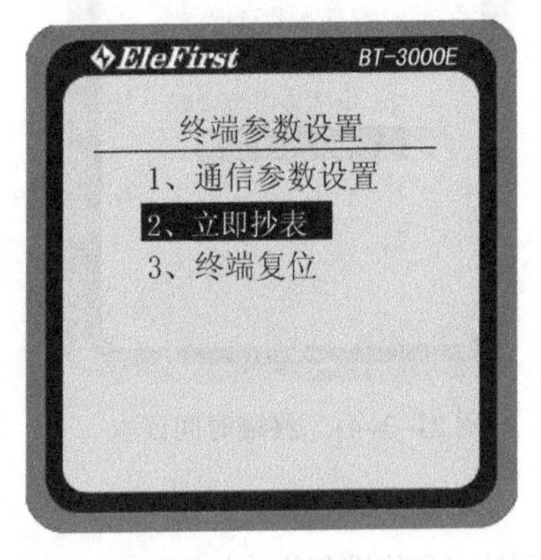

图 21-3-43 立即抄表

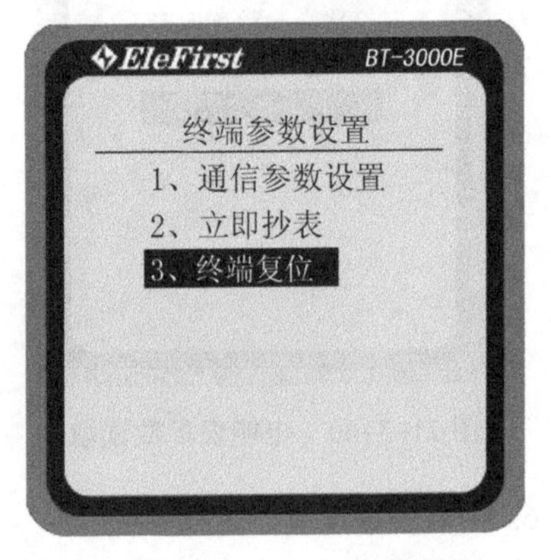

图 21-3-44 终端复位

7. 电能表 485 测试

现场出现终端抄表不成功的情况时，首先对终端进行穿透抄表测试，如果穿透抄表不成功，则可以进行 485 直接抄表测试，以判断 485 接线好坏。“电能表 485 测试分为穿透抄表和 485 直接抄表测试，如图 21-3-45 所示。

（1）穿透抄表测试。

输入终端地址按确定进入穿透抄表界面，输入电能表地址、选择规约、数据类型，按“确定”键进行红外穿透抄表测试，如图 21-3-46 所示，如果穿透成功，则显示电能表的示数，说明电能表通信规约正确，终端和电能表之间通信连接线没有问题。

（2）485 直接抄表测试。

首先用 BT3000 的 485 通信线连接到电能表 485 口，输入终端地址，按“确定”进入 485 抄表测试界面，输入电能表地址选择规约，按“确定”键开始通信，通信成功显示抄收的电能表示数，说明电能表 485 通信正常，如图 21-3-47 所示。

图 21-3-45　电能表 485 测试

图 21-3-46　穿透抄表测试

图 21-3-47　485 抄表测试

六、移动作业终端

江苏方天电力技术有限公司以一般通用商用机型（智能手机、平板电脑）为基础硬件环境开发的营销移动业务终端，并结合红外通信设备、条码扫描设备、便携式打印设备等形成移动作业终端套件，适应各种营销现场业务应用。它的特点是终端硬件随着商用机型的更新换代能快速进行升级，成本低，功能丰富，外设可动态扩展和灵活配置。

移动作业终端通过无线（4G/GPRS）安全网络实时与营销业务系统（营销、采集系统）衔接，形成业务流程对接，数据信息交互，并结合工具设备，为营销现场业务提供了智能化、规范化的办公环境。

下面通过图 21-3-48 所示的流程，介绍手持式移动作业终端在装表接电中的应用。

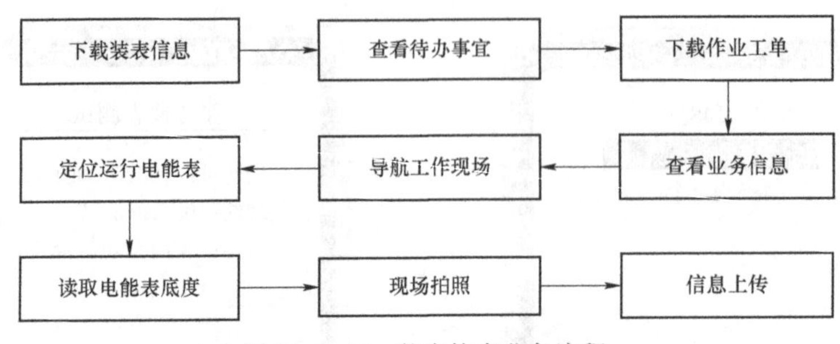

图 21–3–48 装表接电业务流程

1. 登录

操作者用营销业务系统中工号和密码进行登录，如图 21–3–49 所示。

2. 下载作业（装拆）工单

查看待办事宜（内容与营销系统完全一致），选择当前需要操作的工单进行下载，如图 21–3–50 所示。

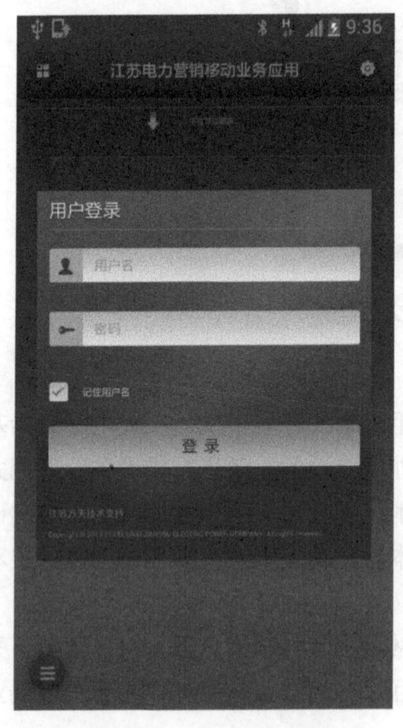

图 21–3–49 登录界面

图 21–3–50 下载作业（装拆）工单

3. 业务信息查询

根据工单，了解工单类型，用户申请原因和工作内容等信息。也可根据用电户号，查看用电户基本信息，如计量点安装的电能表和互感器规程、安装位置等，如图 21–3–51 所示。

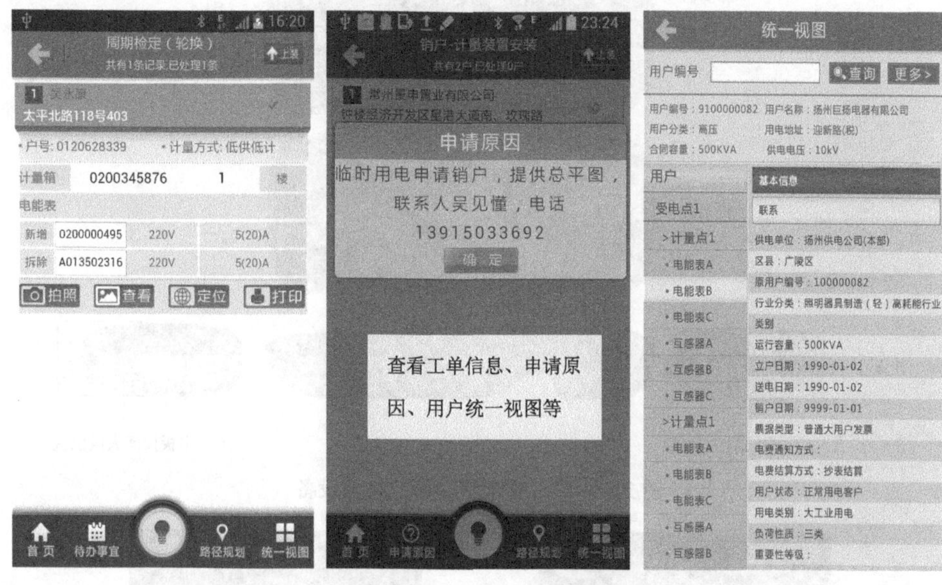

图 21–3–51　业务信息查询

4. 路径规划和导航

使用路径规划/导航等工具为现场作业提供方便，如图 21–3–52 所示。

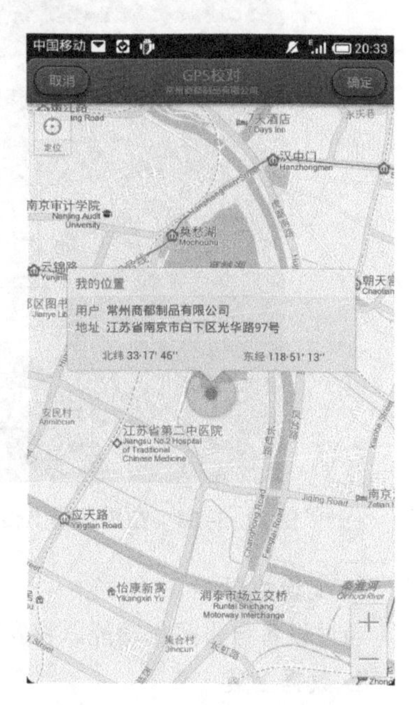

图 21–3–52　路径规划和导航

5. 定位运行电能表

通过图 21–3–53 所示的营销移动作业终端的红外/条码扫描设备定位电能表。

直接采用红外/条码扫描对电能表进行扫描，移动终端将定位对应的工单。在进行条码扫描时，系统将自动获取 GPS 定位数据，与电能表进行绑定，在上装环节把定位数据上传给营销系统，如图 21–3–54 所示。

6. 读取电能表底度

通过抄表设备自动读取电能表示值，也可通过手工录入调整。系统将对获取示数的准确性进行数据的校核，如图 21–3–55 所示。

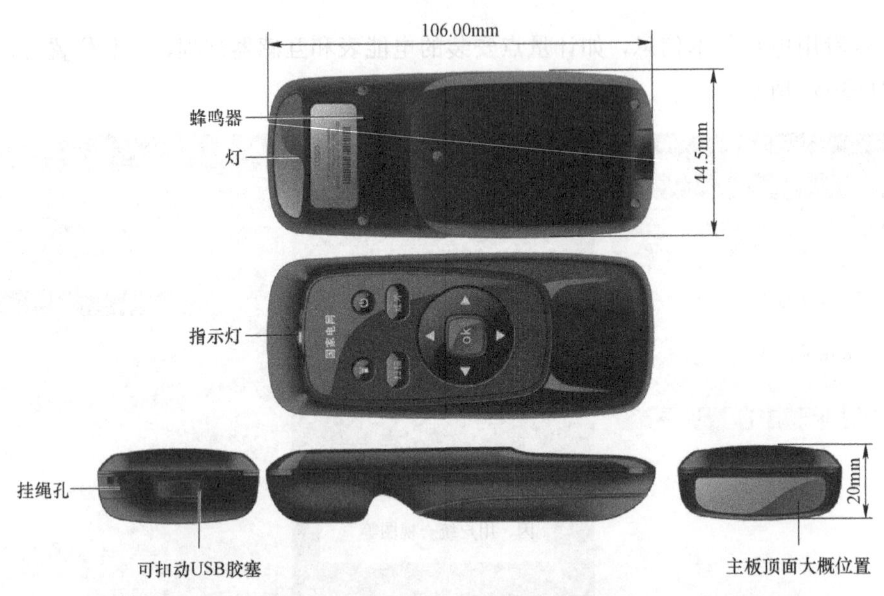

图 21-3-53 营销移动作业终端设备

图 21-3-54 扫描条码上传数据

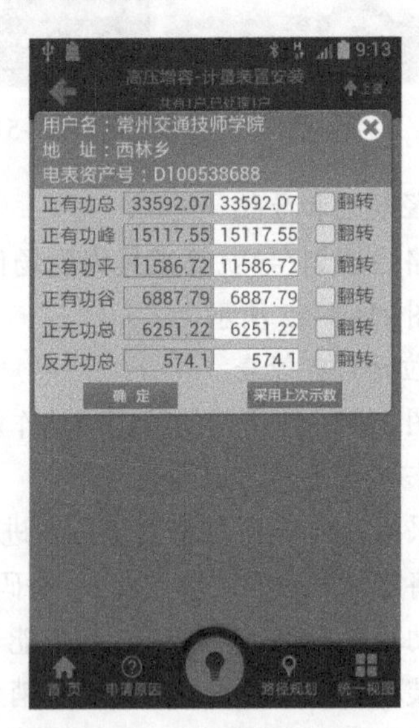

图 21-3-55 读取电能表底度

7. 现场拍照

通过设备自带照相功能，将安装前后的计量装置拍照留存，如图 21-3-56 所示。

8. 数据上装

现场处理完毕后实时将装拆电能表的信息自动上传营销业务系统，在现场信号不好的情况下，移动终端将在信号恢复后自动完成上传，如图 21–3–57 所示。

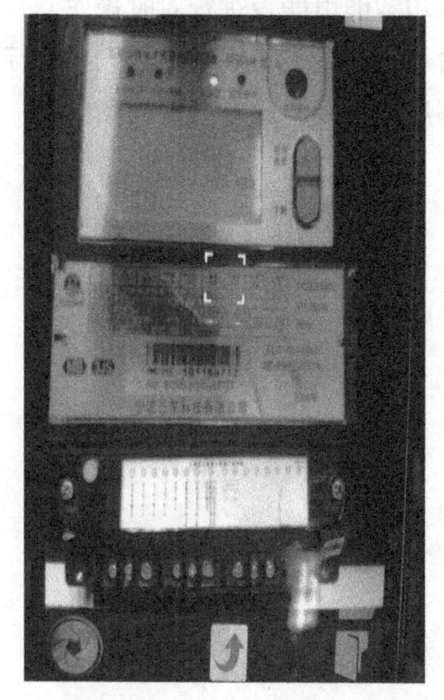

图 21–3–56 现场拍照

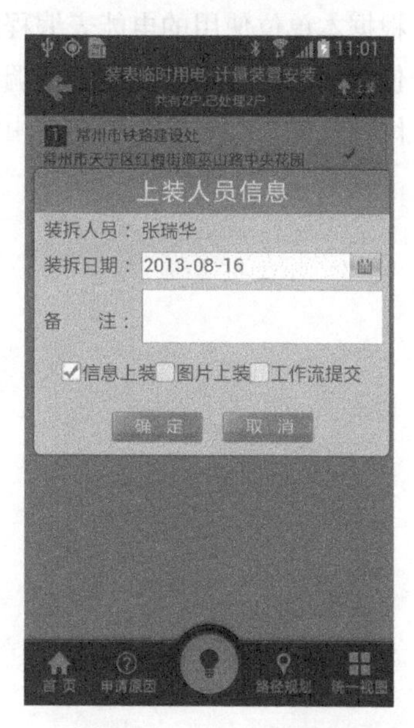

图 21–3–57 上装信息

七、手持终端使用中的注意事项

（1）电能表编程终端对电能表进行编程时，操作人员必须在手持终端上输入正确密码并打开电能表编程开关方能通过编程菜单对电能表进行编程设置。

（2）不要将电能表编程终端存放在过冷或过热的地方，否则会毁坏电子线路、缩短电子器件和电池的使用寿命，并造成塑料部件的变形。

（3）电能表编程终端如出现故障，不要随意试图拆卸本机。

（4）不要扔放、敲打、振动手持终端，有可能损坏内部元件或电路。

（5）不要用烈性化学制品、清洗剂或强洗涤剂清洗手持终端。

（6）不要用颜料涂抹手持终端。涂抹会在可拆卸部件中阻塞杂物，从而影响其正常使用。

（7）保持手持终端的干燥，雨水、湿气和水分都因可能含有矿物质而腐蚀电子线路，必要时将其风干切忌不要开启开关以免电池漏液毁坏机内电路板。

（8）不要在特别肮脏和灰尘很大的地方使用或存放手持终端。这样有可能损坏本机的可拆卸部分，并影响手持终端的正常使用。

（9）屏幕外面覆有一层塑料保护薄膜，在使用前最好不要将其取下以防屏幕磨损。

（10）在贴有禁用电子设备的场所关闭机器，以免影响其他电子设备。

【思考与练习】

1. 根据本单位使用的电能表编程终端对单相智能电能表进行对时操作。
2. 使用本单位的采集设备手持调试终端对用电信息采集系统中的设备进行调试。
3. 比较原来营销业务系统和使用移动终端后装表接电业务的流程变化。

参 考 文 献

[1] 陈向群，杨宗刚. 预付费电能表及其检定. 北京：中国电力出版社，2000.

[2] 陈向群. 电能计量技能考核培训教材. 北京：中国电力出版社，2003.

[3] 张有顺，冯井岗. 电能计量基础. 北京：中国计量出版社，1996.

[4] 国家电网公司人力资源部. 生产技能人员职业能力培训专用教材　电能计量. 北京：中国电力出版社，2010.